U0094454

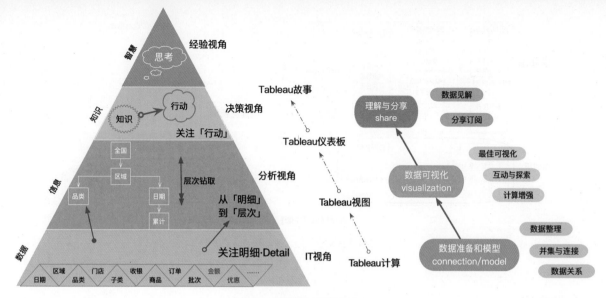

图11-1 数据分析的完整过程

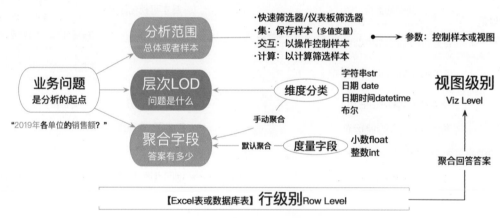

图2-6 问题分析是一切的起点

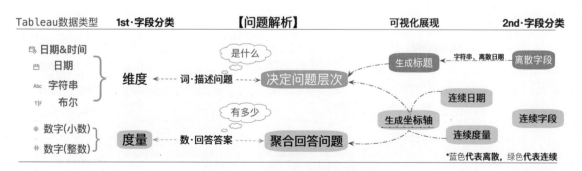

图2-24 Tableau字段分类与可视化逻辑

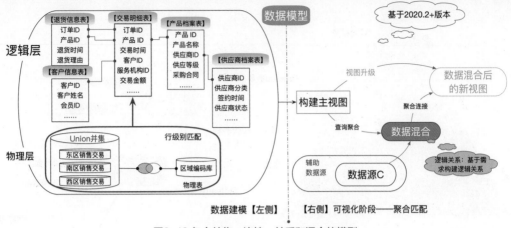

图2-13 包含并集、连接、关系和混合的模型

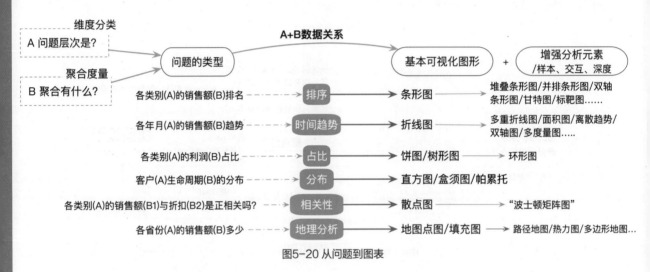

图5-20 从问题到图表

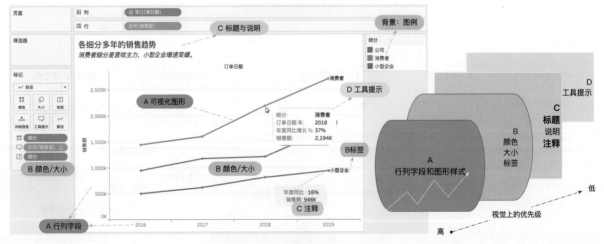

图5-38 多层次视图及视觉的优先级

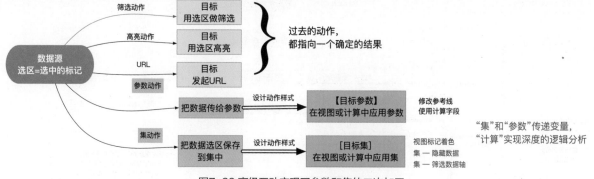

图7-39 高级互动实现了参数和集的二次加工

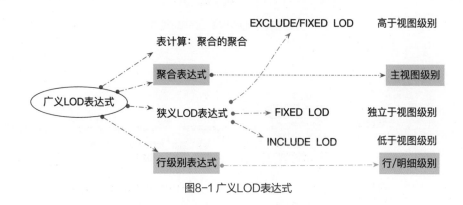

图8-1 广义LOD表达式

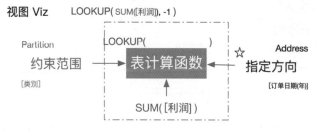

表计算设置要点：
1．方向的尽头，就是范围的开始
2．通过设置"计算依据"，间接设置计算范围
3．"谁和谁比较/计算"，对应的字段就是计算依据
4．参考线都是表计算的化身

图9-20 表计算的逻辑

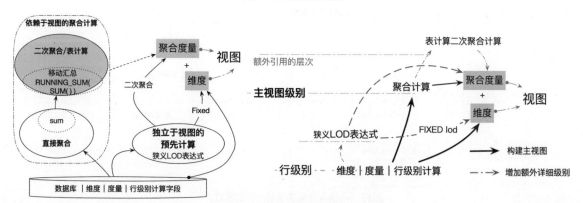

图10-30 主视图中维度和聚合的来源

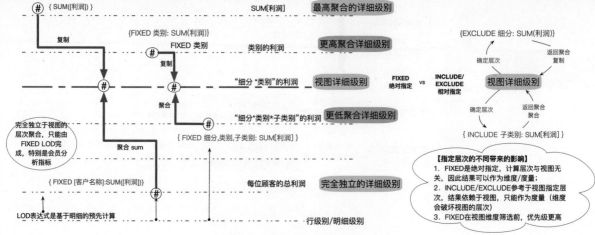

图10-22 三种LOD表达式的逻辑示意图

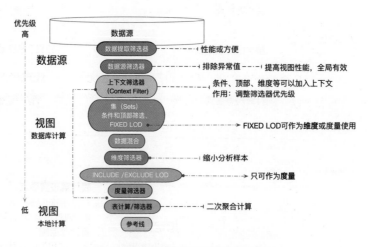

图10-79 多种筛选器和计算的先后顺序

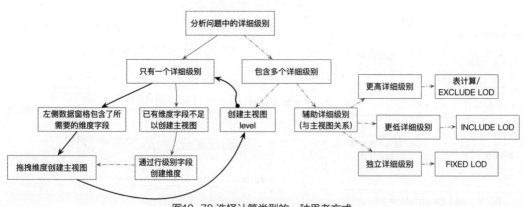

图10-78 选择计算类型的一种思考方式

数据可视化分析

Tableau原理与实践

喜乐君　著

电子工业出版社

Publishing House of Electronics Industry

北京·BEIJING

内 容 简 介

本书系统地讲解了 Tableau Prep Builder 和 Tableau Desktop 的原理与实践应用。全书以可视化分析、Tableau 计算为重点，详细介绍了如何理解数据的层次、如何使用 Tableau Prep Builder 整理和准备数据、如何使用 Tableau Desktop 开展敏捷数据分析、Tableau 高级互动，特别是深入介绍了 Tableau 的各种计算，从而以有限的数据实现无限的业务场景分析。

全书贯穿数据与问题的层次分析方法，并用实例加以说明，不仅适合希望系统学习 Tableau 的初学者，而且适合 Tableau 的中高级分析师。

未经许可，不得以任何方式复制或抄袭本书之部分或全部内容。

版权所有，侵权必究。

图书在版编目（CIP）数据

数据可视化分析：Tableau 原理与实践 / 喜乐君著. —北京：电子工业出版社，2020.7
ISBN 978-7-121-39129-3

I. ①数… II. ①喜… III. ①可视化软件－数据分析－高等学校－教材 IV. ①TP317.3

中国版本图书馆 CIP 数据核字（2020）第 103185 号

责任编辑：石　倩
印　　刷：中国电影出版社印刷厂
装　　订：中国电影出版社印刷厂
出版发行：电子工业出版社
　　　　　北京市海淀区万寿路 173 信箱　邮编 100036
开　　本：787×980　1/16　印张：29　字数：690 千字
版　　次：2020 年 7 月第 1 版
印　　次：2021 年 1 月第 4 次印刷
定　　价：169.00 元

凡所购买电子工业出版社图书有缺损问题，请向购买书店调换。若书店售缺，请与本社发行部联系，联系及邮购电话：（010）88254888，88258888。
质量投诉请发邮件至 zlts@phei.com.cn，盗版侵权举报请发邮件至 dbqq@phei.com.cn。
本书咨询联系方式：010-51260888-819，faq@phei.com.cn。

推荐序一

英国数学家和企业家、消费者洞察公司 Starcount 的首席数据科学家 Clive Humby 曾经说过："数据是新的石油！"但是如果数据不能被提炼，就不能被真正利用。就像石油需要被转换成燃料、化工制品等才可以变成有价值的物品驱动盈利的行为，数据必须被整合、分析后才会产生价值。

越来越多的企业领导者认识到数据的价值，并且付出行动，开始向"数据驱动型企业"转型。根据咨询公司麦肯锡的调查，在数据转型的道路上，92%的企业面临挫折，只有 8%的企业取得了成功。市场咨询公司 IDC 和 Gartner 的研究指出，在推动数据驱动型企业的转型道路上，企业员工的数据素养是企业转型的关键因素之一；所谓的数据素养是指人们读取、处理分析和讨论数据的能力。Gartner 预测，数据素养是 21 世纪人类需要的最重要的技能之一。自 2003 年诞生以来，Tableau 一直致力于"帮助人们看到和理解数据"这一伟大使命，很多数据分析爱好者、Tableau 的粉丝也在默默传播数据分析文化。

在国内，有很多学术机构和商业机构编写了不少 Tableau 主题的书籍，介绍如何使用 Tableau 进行数据分析。最近，我拜读了"Tableau 传道士"喜乐君的《数据可视化分析：Tableau 原理与实践》初稿，马上给人眼前一亮的感觉。喜乐君以非技术人员的背景，将数据可视化的原理、过程和方法娓娓道来，以浅显的道理将读者带入了可视化分析的领域，进而用 Tableau 将这些理论方法变成实践。

在国内众多的图书中，本书创造了众多"第一次"，具有鲜明的特征：

- 国内第一本用 DIKW 模型解释可视化分析原理的书——在商业用户中，很多人问 Tableau 和其他厂商有什么区别？当你了解 DIKW 模型后，你自然会理解为什么 Tableau 可视化分析与其他厂商产品有本质区别。
- 国内第一本以可视化心理学研究的成果解释了什么是可视化的前意识属性（Preattentive Attribute）的书，并利用可视化最佳实践将这些元素用于可视化分析。
- 国内第一本详细阐述了 Tableau 可视化分析全流程的书，并一一讲解可视化分析的平台，真正反映了 Tableau 可视化数据分析平台的精髓。
- 国内第一本系统介绍 Tableau 可视化数据准备产品——Tableau Prep Builder 的书，方便用户进行数据准备。
- 数据是为了回答业务问题的，本书以业务实例的方式展示了技术人员和业务人员看待数据的不同方式，按照业务人员的分析思维用 Tableau 将数据分析层层展示，探索数据的价值。

- 本书也展示了大量 Tableau 使用中的最佳实践和业务模型，方便读者快速应用到实际业务场景中。

感谢喜乐君倾心编写本书，无论你是数据分析的老兵还是数据数据分析的小白，这本书都会给你提供非常有价值的信息。作为帮助企业推广数据分析文化的同道中人，感谢喜乐君将自己的实践心得整理成书，奉献给读者！感谢喜乐君在践行Tableau 的使命——Help People See and Understand Data！祝愿更多的读者通过本书进入数据分析领域，帮助企业成为数据驱动型企业，成为企业数据分析文化的布道者！

Tableau 大中华区副总裁　张磊

2020 年 3 月 21 日于新加坡

▎推荐序二▎

欣闻喜乐君要写一本关于 Tableau 学习方面的书，我很是期待。

我在 2007 年真正深入接触数据分析，除了 Office 里面的 Excel 和 Access，公司正在逐步推行 BI，在早些年接触过 SAP BW、SAP BO 等建模和展示工具，直到 2014 年 7 月公司升级 BI 系统，引入 Tableau，从此被这款绚丽的可视化工具所吸引。Tableau 这些年在国内发展迅猛，版本不断迭代，但我们对其的认识和应用基本还是停留在最初的作图展示阶段。

在 Tableau 官方的推荐下，2019 年夏天，我请喜乐君为我的团队提供了 3 天的 Tableau 深层应用培训，这使得我们第一次比较系统地学习了 Tableau 的理论基础、数据处理以及深层次应用。也正因为这 3 天的培训，使我对作者对 Tableau 的掌握和理解程度感到由衷赞叹。因为他并非技术人员出身，而是一个典型的应用人员，通过自己的实践、摸索和自学达到了专家级的水平。

数据分析的难点在哪里？在理解业务的前提下，无非是复杂的数据处理、错综的逻辑表达以及如何直观地展示，而 Tableau 具备了解决以上问题的所有特点。不过，市面上很多 Tableau 相关书籍或一些视频课程，都偏于功能介绍，却不能系统地从原理和应用两个方面阐述。

我翻阅了这本书的样稿，除去前面的理论介绍，大致分为 3 个方面：数据基础处理、数据可视化和高级应用。作者都结合自己的实践经验将其故事化、场景化，通过优雅的文笔、哲学的思维在纸上娓娓道来。通过阅读，你会发现技术并不枯燥，数字亦很有趣。作为由业务人员成长起来的数据分析师，本书作者更加了解业务需求的痛点、使用的难点以及 Tableau 的核心优点。

我也相信读者通过阅读学习此书，不仅能绘制适合应用场景的图表，更能学会和理解其原理和方法；还能养成数据思维，进而能在自己的领域达到一定的高度。

作者是一位有深厚修为、深谙哲学且学识渊博的人，本书虽为侧重应用的工具书，但也不乏是一本介绍数据思维培养的难得读本！每一个章节不仅有专业的统计学术语，也有对数据处理原理通俗的解释，这些论述内容都融入了作者哲理性的思维和个人的虔诚。

这是一本可以面向初级、中级和高级各个阶段应用者学习的书籍，我相信每位读者都会有不同的收获！

石家庄以岭药业股份有限公司，营销效率部经理　宋洪涛

2020 年 4 月 3 日

推荐序三

十年前，作为供应链管理咨询顾问团队成员，我为外企、国企、民企等各类型企业提供数据方案规划时，感受特别深的就是各层级领导和部门关注的 KPI 差异很大。当我们试图提供一套通用的 KPI 报告时，公司的各级管理层、经营层和执行层，都会提出层出不穷的新需求。那时我就想，如果能有一个工具，让各层级的人员结合自己的业务经验，确定分析视角，自行完成数据提取、分析展现和预测趋势，那么将会使行业管理变得更轻松。

五年前，我开始深入零售数据分析领域，我和团队列出了 25 个影响门店销量和利润的关键点，借助数据分析精确指导门店铺货、调货，不仅完全控制了货物损失，更是实实在在地将销售额增长了 65% 以上，净利润增长自不必说。不过，那时仅靠团队成员从各种报表中手动提取数据，再用 Excel 分析，不仅工作量巨大，而且需要每天反复地进行数据验证，这对团队中的每个人的能力、体力、精力是考验也是折磨。那时我就想，如果能有一个工具可以即时呈现、灵活验证、固化模型，将会减少非常多的工作量。

很幸运的是，2019 年年底，我认识了喜乐君，他向我简单介绍了敏捷 BI 的代表作 Tableau，不足两小时的时间，我就确定它能解决我多年来的数据困扰，能让我的团队发挥更大的价值。

喜乐君并非 IT 专业，却有深厚的业务背景，正因为如此，他更清楚业务分析的需求点，更明白如何可视化数据，让管理者一目了然，包括各种维度、习惯，所以基于业务目标或者问题的分析，他总是能深入浅出地解析。他那种不骄不躁的沉稳、执着让人佩服，Tableau 工具的灵活、便捷也被他演绎得淋漓尽致。当他说想写一本 Tableau 主题的数据分析的书，帮助所有爱好者、需要者快速掌握并受益时，我就非常期待这本书的问世。

时隔不足半年，喜乐君便将本书的第一稿寄给了我。他用通俗易懂的方式，特别是大量的图形和示例，向读者展示了他多年来使用 Tableau 的经验和思考。特别是他总结的报表分析的多个步骤、高级分析的过程，可以帮助公司的数据分析师少走弯路，从而大幅度地提高效率。

衷心地感谢这本书介绍的工具、方法、分析维度给我带来的轻松感，它可以说是让 IT 部门升级为 DT 部门并得到企业认可的催化剂。

湛江国联水产开发股份有限公司，信息总监　王强

2020 年 4 月 26 日

‖推荐序四‖

能为我的学生作序，十分开心，因为我看到玉鹏（喜乐君）在继续前行。

我和玉鹏在 2007 年的山东大学创新教育的课堂上结下师生之缘，至今保持了十多年的师生友谊。玉鹏是法学本科和教育学硕士毕业，对学习创新一直保持着渴望，更难能可贵的是，他能在学习中加入自己的理解、展望。他早早地寄来他的书稿请我过目，这本书有许多与众不同之处。

其一，他在书中展示的不只是操作方法，而更多是自己的理解；其二，理念超前，他从自己的分析经验中努力构建各种分析方法，"营造方法"是发明创造中关键的部分。

玉鹏时常和我沟通他的工作、学习，以及动态性思考问题的方法，呈现在你眼前的这本书，是他最近几年的学习成果。当你读完本书后就会发现，他没有教科书一般地罗列知识点，而是独具匠心地将软件的工具知识和来自经验的所思所想创造性地结合，并用问题分析和层次思维一以贯之。

如今，数据分析师成为 21 世纪最重要的职业之一，正因如此，越来越多的大学开设了数据相关专业，旨在为企业培养具有丰富的知识基础、创新性的分析能力的从业者。以 Tableau 为代表的数据可视化分析软件，是这个专业中非常重要的细分领域。不管是大学生，还是企业的从业者，都可以从本书中快速地了解数据可视化分析的思维和原理，以及 Tableau 的基础知识与应用。

本书中也包含了很多企业真实的分析场景和案例，故有助于读者提前了解企业的真正需求，更有针对性地进行学习，对于尚未进入职场的学生或者初入职场的新人而言非常重要。

期待每位读者都有所收获。

山东大学发明创造研究室主任　王思悦教授

2020 年 4 月

|自　序|

鸟会飞是因为有羽毛吗——Tableau 与笔者的分析之旅

从 2017 年在婴贝儿偶遇 Tableau 至今整整三年时间，从昨日的爱好到今朝的工作，仿佛一瞬，又好似半生。如今，笔者完成了之前未曾想象的任务——把笔者的所思所想、所知所悟以出版的方式分享给更多人。

理想主义者总是习惯性地低估困难，写书这件事情尤其如此。累计 638 张精心制作的插图，有别于博客内容，建立新的体系框架，你我虽隔书相望，但笔者希望每一位读者都能感受到我毫无保留的写作态度与努力。

与此同时，还是想说一下笔者和 Tableau 的渊源，以此说明笔者如何以文科学历和业务背景从零开始成为今日的 "Tableau 大使"，这条路每个人都可以走，只需要用心与努力即可抵达。

1. 我和 Tableau 的渊源

毕业后历经国企、创业、私企几番锻炼，2017 年回到婴贝儿担任总裁助理，忙里偷闲四处学习，并且获得了 "买任何图书均可报销" 的公司特权，受领导鼓励，也在公司义务培训 Excel、消费心理学等；考虑到公司低效的 "PPT 数据传统" 和自身专业数据分析知识的薄弱，因此私下搜寻各种大数据分析工具，最后被 Tableau 的灵活、易用和美观所折服。之后陆陆续续为运营、采购、人资等板块做了一些并非成熟的分析。

笔者是典型的 "写作型"，因此从学习第一周开始，笔者就陆陆续续记笔记、写博客，纯粹为了帮助自己增强理解，不料三年下来，竟然积累了可观的笔墨。笔者相信 "所有的成功都是长期主义的胜利"。数据和数据分析恰好是不错的风口，而且至少会常年不衰，于是误打误撞进入了这个 "陌生但新鲜的行业"。

《经济学人》中曾写道："21 世纪最重要的资源是数据"，但是不经过分析的数据没有价值，如同不经过反省的人生没有意义，而这正是转型期的企业遇到的成长烦恼。笔者决定和 Tableau 同行，将自己多年的工作经验与笔者对数据的理解融为一体，认真服务每一位客户，同时获得自我的提升。笔者选择了 Tableau，之后通过了 Tableau Desktop 和 Server 的原厂 QA 认证，并在参加 Tableau 峰会时认识了众多的 Tableau 员工和爱好者，之后开始了开发客户、服务客户的美好旅程。

在服务客户的过程中，笔者不断积累自己的 Tableau 知识和业务理解，并持续更新博客增强理解并向更多客户传播 Tableau 文化。笔者从不拒绝客户的任何问题，把它视为最好的收集问题和不断学习的机会——没有什么是学习不能解决的问题，如果有，那就是学艺不精。

2. 从所知到所悟

在学习过程中，笔者不断阅读各类数据分析的书籍，并仔细翻阅官方近万页的文档和白皮书。可惜的是，笔者能找到的国内外每一本 Tableau 主题书籍，只能满足笔者的初学，却不能满足中高级进阶的胃口，总觉得要义未精、框架欠明，如同武林秘籍缺少最后一章，即便各种招式纯熟，却难以在实战面前随心所欲。这种理解上的束缚，阻碍了为客户交付最高品质的培训、实施和咨询。跟随山东大学王思悦老师十年学习，他教给笔者一种处事态度："和人交往改变自己，和物交道改变对方"，因此，笔者希望重新构建 Tableau 的知识体系，并希望帮助初学者和高级分析师都能更好地使用 Tableau 产品。

在克里斯坦森教授《你该如何衡量你的人生》一书的开篇，作者提出了一个让我终生难忘的问题："鸟会飞是因为有羽毛吗？" 笔者曾经以为是，但正如作者所言，人类上千年来一直尝试仿制轻盈的翅膀飞上天，最后，倒是成吨的钢铁飞机实现了。100 年前，人类在"流体力学"和"空气动力学"领域积累了足够的知识，才实现了飞翔的梦想，这就是原理的重要性，重要的不是翅膀，而是如何创造升力。

在瑞·达里奥的《原则》一书中，作者说："要明白几乎所有'眼前的情况'都是'类似情景的再现'，要识别'类似情景'是什么，然后应用经深思熟虑的原则来应对。"生活如此，工作如此，分析亦是如此。

因此，笔者迫切地希望洞察 Tableau "拖拉曳"、可视化，特别是高级计算背后的原理，只有掌握了原理，笔者才能用最简单的语言，让所有的客户以最低的时间和金钱成本换来最高效的培训和使用效果。

而通往大彻大悟的道路只有一条，那就是持续的努力和深度的思考相融合的道路。

整个 2019 年，笔者一方面不断地向 Tableau 最难的高级计算和高级互动发起总攻，并持续修改博客作为通达明了的明证；另一方面每月组织 Tableau 公开课程，在分享过程中不断深化自我理解，并在为中原消费金融、以岭药业等客户交付培训的过程中不断总结本书的宏观框架。2019 年年底在国联水产的项目中，带着写书的心态为客户额外提供了多天的培训，又获得了本书第 5 章的关键灵感。如今，笔者的不少 Tableau 博客文章，特别是关于"LOD 详细级别表达式"原理和案例解读系列，几乎可以与官方的介绍文章并驾齐驱。2020 年年初，因疫情在家，得以从头重写每一个细节及其思路，并把基础计算和高级计算融为一炉，形成了全新的讲解体系，从而保证初学者也可以快速掌握最高难度的知识环节。

最后，笔者找到了从 Excel 分析到 Tableau 数据分析的根本性差异，即层次。客观的数据层次用于描述数据结构和颗粒度，主观的视图层次用于描述业务问题及其相关性，并通过计算的多种分类把二者融为一体。全书都贯穿了"层次分析"的思路，并在高级计算部分得以升华——高级计算的实质就是多层次问题分析。因此，读者在本书中能看到很多全新的内容，比如用 DIKW 模型理解数据的层次，用层次理解大数据分析的核心特征，用层次理解数据结构并识别行级别唯一性，以层次理解 Tableau 的计算并引导如何选择等。

而精心绘制的插图，旨在用可视化的方式增强理解，而非仅仅是文本。并通过二次处理，尽可能提高每一个图片的知识密度。

同时，本书特别推崇集和集动作，大数据分析通常都是某一个样本的分析，集正是保存样本的绝佳功能，随着 Tableau 2020.2 集控制功能的推动，可以进一步将集作为传递多值变量的媒介，与之相对的是参数作为传递单值变量的媒介。笔者之前把"集、详细级别表达式和表计算"称之为 Tableau 的"三剑客"，如今有了数据关系，大家不妨以"F4"称之。

3. 大数据时代的趋势与业务驱动的数据分析

随着互联网经济的蓬勃发展，大数据时代已经成为不可回避的事实。在经济危机面前，企业更应该追求精益分析驱动的精益成长。

正因为此，敏捷 BI 已经是大势所趋、不可抵挡。企业成长依赖于在竞争环境中不断做出最优的决策，而决策来自于充分的建立假设并高效地验证，数据分析是连接数据资产与价值决策的纽带，而敏捷 BI 提高数据的利用效率和企业的决策效率。"分析即选择，决策即择优"，数据分析可以直接创造企业价值，未来已来，所有的企业都将是数据驱动型的组织。

以 Tableau 为代表的敏捷 BI，超越了 Excel 的局限性，操作灵活，对业务用户足够友好，帮助他们把数据与业务紧密结合，为企业中最庞大的群体打开了一扇进入大数据的窗户。

作为世界首屈一指的敏捷 BI 和大数据可视化分析平台，Tableau 为企业提供了低成本试错、高杠杆收益，且面向业务、模型构建的解决方案。作为文科背景、业务出身、自学成长起来的 Tableau 分析师，笔者享受了大数据时代的"数据红利"，提前从传统 BI 切换到了敏捷 BI 的快车道，如果有朝一日笔者重返业务岗位，就如同手握尚方宝剑必然更加得心应手。如果企业有更多用户能在 Tableau 帮助下发挥数据的价值，不仅能在危机面前确保个人的竞争力，而且能为企业创造更多的分析价值。

对于业务分析师而言，Tableau 入门容易、使用灵活，因此它适用于企业中的几乎每一位数据用户和业务决策者；同时，Tableau 博大精深、足够专业，在可视化样式、互动探索、高级计算等方面有无限空间值得探索，因此不断钻研的 Tableau 分析师可以为自己构建足够高的技术壁垒，从而捍卫自己的专业领地。这也是笔者的选择和道路，只要努力，人人皆可模仿，没有所谓的"学习力"，需要的只是用心和努力而已。

在这条充满光明的道路上，最大的障碍其实不是工具，而是人和文化。借助于本书，衷心地希望更多的人能熟练 Tableau，并建立自己的职业壁垒，节省时间就是拯救个人生命，提高效率就是创造企业利润。

4．致谢

从博客到一本书，这是一年之前笔者还未曾预料的事情；因为疫情在家隔离，一个春天，不料梦想就变成了现实。

特别感谢笔者工作之旅中遇到的每一位同事和领导，以及服务的每一家 Tableau 客户。特别是山东婴贝儿的领导早年为笔者提供了广泛学习的机缘，中国软件（CS&S 600536）的各位领导对我工作的支持，感谢平安惠普、北投集团、红塔集团玉溪卷烟厂及楚雄、大理、昭通卷烟厂、航科院、河南中原消费金融、以岭药业、石药恩必普、百洋医药、野村综研、大连日信、国联水产股份、青岛啤酒、烟台创迹等众多客户对笔者的信任和支持。

感谢电子工业出版社石编辑为本书付出的努力，她帮笔者实现了而立之年的第一个梦想，也帮助大家目睹了这本书的精彩。

特别感谢 2019 年陪笔者一起学习的几位朋友：济南公安局于警官、秦皇岛税务局冯伟、沈阳李博、百威啤酒刘洋、婴贝儿史国丽等，他们不远万里来听我不成熟的课程；古人云"教学相长"，在笔者才疏学浅之时，每一位聆听者都是对笔者的激励。

特别感谢百胜中国唐小强先生、红塔集团付聪先生及其他众多读者为本书勘误做出的贡献。

特别感谢 Tableau 给我的学习机会，认识了各行各业的企业客户和朋友，结交了众多的 Tableau 爱好者。

感谢山东大学七年求学历程最重要的导师王思悦教授，追随他学习"发明创造学"前后逾十年，他已午迈，我正年轻，亦师亦友，受益良多。感谢每一位信任与支持笔者的朋友，他们给了笔者诸多勇气。

感谢我的家人，他们给了笔者生活的意义，并陪伴了笔者写书的每一天。

感谢时间，感谢充满坎坷与喜乐的人生。

喜乐君

2020 年 6 月 10 日

注：

本书主体部分依据 Tableau 2020.2 版本完成写作和绘图；同时增加了 Tableau 2020.3 版本的新功能，特别是数据关系、集控制。不同版本之间的界面略有差异，但不影响功能展示和使用，后续重印或修订会逐步更改。

本书案例源文件下载地址：http://www.broadview.com.cn/39129。

目 录

第 1 篇　从问题到图形：Tableau 可视化

第 2 篇　从有限到无限：Tableau 计算

第 3 篇　从可视化到大数据分析平台

从问题到图形：Tableau 可视化

第 1 章

可视化分析：进入大数据时代的理性与直觉之门

关键词：数据金字塔模型、分析与决策、直觉、可视化心理学

数据分析的目的是辅助决策，这就需要数据分析者和业务决策者能快速获取外部数据并高效地做出分析。可视化分析借助位置、颜色、长度、形状、大小等直观可见的方式表达数据，帮助我们更快地识别数据中的关键信息，发现数据背后的逻辑关系，从而做出业务决策。

在本章，笔者将结合实际的业务决策过程，从数据金字塔模型、数据决策过程、可视化心理学等方面，向读者介绍数据分析的关键背景。本书中的"业务分析师"指业务部门的数据分析师，而"IT 分析师"指信息部门或者 IT 部门的数据分析师。

1.1 数据金字塔：从数据到决策有多远？

由于计算机技术的迅速发展，人类从数据稀缺，进入了数据爆炸的时代。伴随着产生的一个问题是：如何将数据、信息转化为知识，从而有效辅助决策？

在 20 世纪 90 年代以前，辅助决策一直未能有效发展起来，直到关系数据库兴起，数据挖掘、可视化分析崭露头角，辅助决策才快速发展起来。1989 年，知名咨询机构 Garner 的报告中明确提出了 BI（Business Intelligence，商业智能）的概念，指"使用基于事实的支持系统支撑商业决策的概念与方法"（Concepts and methods to improve business decision making by using fact-based support systems），自此之后，BI 的概念和应用逐步被官方使用。如今，Gartner 的"BI 和分析平台魔力象限"（Magic Quadrant for Business Intelligence and Analytics Platforms）代表了整个行业的风向标，而我们的主角 Tableau 则已经连续 8 年出现在领导者（Leader）象限中，不出意外，Tableau 还将持续代表

敏捷 BI 行业的发展方向。

得益于互联网经济的引导和驱使，众多的中国企业开始重视 IT 软硬件设施、数据收集和存储等方面的投入，企业的数据量也开始呈指数级增长。不过，数据并不意味着价值，分析和决策才能创造价值。笔者最爱的管理大师彼得·德鲁克当年的感慨，特别适合于当下的中国：

> "迄今为止，我们的系统产生的还仅仅是**数据**，
> 而不是**信息**，更不是**知识**。"

那什么是数据、信息和知识呢？ 涂子沛老师在《大数据》一书中举了一个形象的例子，"185""奥巴马"等仅仅是孤零零的**数据**，只有当将这些数据置于特定背景时，比如"奥巴马身高 185cm"，相互独立的数据才转化为有效的**信息**；基于更多的数据就会发现特定的规律，比如"大多数成年美国人的平均身高为 185cm"，这样就积累了特定的行业**知识**。因此，数据仅仅是分析的原材料，知识才是数据分析的最终产品，也是辅助决策的关键依据。

也就是说，数据本身并没有价值，价值来自数据整理、分析和加工的综合过程，而人的智力和经验，是数据分析过程中最重要的"催化剂"。从数据到信息，再从信息到知识，构成了数据金字塔最主要的三个层次。在这三层模型中加入"Wisdom"，笔者称之为"智慧"或者"洞见"，就形成了标准的如同金字塔的"DIKW 模型"（见图 1-1）。DIKW 模型清晰地表述了从数据到信息，从信息到知识的过程，反复积累的知识不断提升了我们的心智和智慧。由于每一次对数据的分析，都是答疑解惑和数据增值的过程，可以理解为"数据密度"在不断增加——一张 A4 纸放不下上市公司一天的营业数据（Data），却能给投资者展示充满价值的业绩简报（Information）。

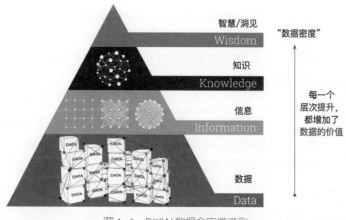

图 1-1　DIKW 数据金字塔模型

《经济学人》发表的一篇文章中称，"21 世纪最有价值的不是石油，而是数据"。在一次给中石油山东公司的员工上大数据分享课时，笔者把数据分析的过程比作石油勘测、挖掘和提炼的过程，以此形象理解数据分析各环节的含义，如图 1-2 所示。

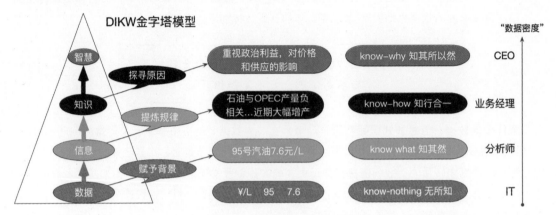

图 1-2　DIKW 模型各层次关系

- Data（数据）：是理解事实的符号，比如数字、单位、程度描述等，在未被整理或者加以理解之前，它是无用的，有人称之为 "know-nothing"（无所知）；不经分析的数据如同不经反省的人生，如同地底下未经开采的石油，存在却缺乏意义。计算机用字段描述数据，详见第 2章，对应 Tableau 的基础概念、拖曳逻辑。

- Information（信息）：信息是带有逻辑的数据组合，多是结构化表述，比如 "95 号汽油 7.6 元/升"；通过信息，我们可以了解数据背后的世界和关系，因此称之为 "know-what"（知其然）。从数据到信息的过程如同从地壳中勘测和挖掘石油，这个过程的基础是数据整理和数据准备，详见第 3 章、第 4 章，对应 Tableau Prep Builder 和 Tableau Desktop 的部分功能。

- Knowledge（知识）：知识是在众多数据、信息中增加了主观理解并进一步升华的数据见解，因此因人而异；和信息不同，知识是直接指导业务决策和行动的，因此能直接产生价值，故称之为 "know-how"（知行合一）。就像石油经过精炼转化为汽油，汽油为汽车提供动力，知识是数据分析最关键的产品。

- Wisdom（智慧/洞见）：古人说"玄之又玄是为道"，到了这一层，就融合了决策者的深层理解和经验性的洞见，透析数据，不仅知其然，更知其所以然，此乃妙理，即 "know-why"（知其所以然）。每个公司总有少数的业务领导和管理者可以通过微小的数据线索判断行业大势，见微知著，预判未来。所有的智慧和洞见背后，是更加抽象和前瞻性的数据逻辑和知识体系。

简而言之，数据分析就是从数据中提取和整理信息，进而总结知识、增进洞见，并指导决策的过程。

在企业中，DIKW 模型的每一个层次对应不同的"数据相关者"。如图 1-2 所示，数据层面对应 IT 人员（管理和维护数据），信息对应分析师（IT 分析师或者业务分析师），知识对应业务经理（基于数据做决策的人），而智慧对应公司高管和 CEO（领导业务经理看到数据，也看到未来）。

随着数据爆炸，企业在数据领域的主要焦点从"如何获得更多数据"变成了"如何做出更有助于决策的分析"。而影响决策分析的主要矛盾是"拥有数据的 IT 分析师不了解业务逻辑与直接做出数据决策的业务经理难以精通数据分析方法"之间的矛盾。正是意识到了这一点，从新兴的互联网公司到传统的医药公司，越来越多的企业正在将数据分析工作从信息部门转向业务部门，甚至在业务部门中成立专门的数据分析团队。

也正因此，Gartner 在 2019 年的 BI 分析报告中写道："到 2020 年，业务部门的数据以及分析专家数量的增长速度将是 IT 专家增长速度的 3 倍，这将迫使企业重新考虑其组织模式，以及人力资源管理。"如今，这一预测正在逐步成为现实，经济危机进一步促使企业领导重视数据分析的重要性——借助数据分析，进一步降低决策的试错成本。

对业务分析师和业务经理而言，可视化的数据分析是进入大数据时代最好的捷径，因为这条道路符合人类直觉决策和理性决策结合的基本逻辑。

1.2　直觉先于理性：可视化的心理学

人类历史从有考古记录开始虽已有三百多万年，但有文字记录却不足一万年。在几百万年的历史中，人类和其他动物一样要随时面临各种突如其来的危险，判断必须迅速而敏捷才能免于死亡。时至今日，每日的穿衣出行、躲避车辆、家庭言语，甚至手机游戏，80%以上的决策依然依赖于眼、耳、鼻、舌、身的感官信号，无须大脑深刻思考，根据经验和习惯做出快速判断，这种方式不仅安全，而且节省能量。著名行为经济学家、诺贝尔奖得主丹尼尔·卡尼曼在《思考：快与慢》一书中深刻揭示人类决策时直觉思考和理性思考二者搭档的过程，并深入分析了这种决策模型在经济运行中的决策行为——经济领域的决策分析，可以视为数据分析的黄金地带，融合了各利益相关方的理性思考与直觉反应。

我们身边有很多关于可视化的经典案例。比如机场、高铁站的公共洗手间普遍都是用"图形"来代表男/女洗手间，用箭头指引路线；在全世界的各个十字路口，用红绿灯指挥交通；世界顶尖的公司或者公益组织，普遍选择用图形作为 Logo，比如华为的"花瓣"、苹果公司的"苹果"。这些被广泛使用的标志背后，都是可视化元素的典型应用，是为了更好地顺从消费者的直觉思考过程。

人类进入文明时代后，这样的"直觉决策系统"依然被保留下来，将频繁发生的相似事件前的决策难度降低；而文明社会的标志在于"理性决策"的快速发展，我们不再仅仅依赖眼、耳、鼻、舌、身的直觉，而更依赖逻辑、理性和深刻的常识，超越此前的认知限制，从而可以研发疫苗对抗病毒、发射火箭探索太空。直觉判断和理性思考是人类的决策体系，也是数据分析的基本过程。

随着大数据时代的数据爆炸，数据噪音越来越多，快速、有效地表达信息，就成了数据分析的关键。交叉表和简单图形的方式逐步失效，分析师必须使用更好的展示方式，而数据可视化是最佳的窗口，它有足够的"知识密度"，且能直观地展示数据重点。直觉判断是理性思考的引路人，可视化是大数据时代的解析语言。

可视化分析的关键是选择最佳的"前意识属性"（Preattentive Attribute）。现代心理学把颜色、形状等能快速引起心理反应的信号统称为"前意识属性"，它们在我们的潜意识中活动，只需要 0.25 秒就可以做出识别，因此是可视化分析最佳的引子。主要的"前意识属性"如图 1-3 所示。

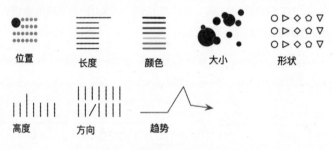

图 1-3 常见的"前意识属性"

首选的"前意识属性"是位置，即把最重要的信息放在最关键的地方，比如企业数据简报把营收和增长率放在首页顶部。

"因位置胜利"的经典案例是印度数字（阿拉伯数字）。印度的十进制和 0 经过阿拉伯人传入欧洲之后，罗马数字就逐渐衰落，关键原因之一，印度数字借助于 0 和十进制能更简单地表达"大数据"，无须思考即可理解数字大小。举例来说，如果想要表达"1888"，印度数字的逻辑是左边的数字更大，逢 10 进 1。如果用罗马数字表示，则需要 MDCCCLXXXVIII 这样的一串字符，罗马数字没有进位制，位置不能代表大小，只能通过计算来表达（见图 1-4）。想象一下，如果用罗马数字来做财务报表……

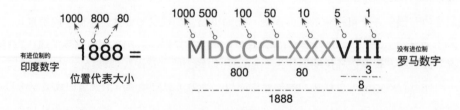

图 1-4 印度数字和罗马数字的对比

排在位置之后的常用属性是颜色和大小，在不同场合下大小又可以分为长度、高度，甚至角度、面积等多种形式，分别应用在条形图、柱状图、饼图和树形图中（见第 5 章）。

在传统的数据分析中，条形图、折线图和饼图是三大基本图表，而大数据分析更强调大数据样本的宏观特征、分布规律和相互关系，所以就有了直方图、盒须图和散点图等高级图形。所有的图形，都是通过长度、颜色、形状等直观方式增加信息展示的深度和层次的，比如图 1-5 所示的"准时装运趋势"中，使用颜色代表分类，使用面积代表数量，使用条形图的长度代表发货时长，从而清晰地表示数据的相互关系。

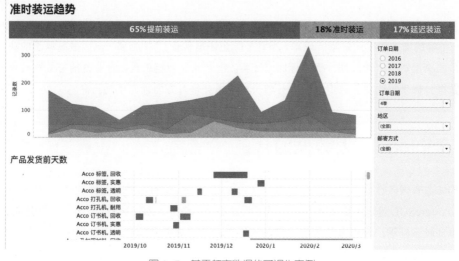

图 1-5 基于超市数据的可视化案例

在企业的运营过程中，无时无刻不在做决策，或者为下一个决策做准备。直觉思考虽然快，但是不适合复杂问题；理性思考虽然可靠，但是效率却不够高。可视化分析借助图形要素简化数据表达，从而节省更多的心智资源用于理性思考，实现二者的平衡。

也可以说，可视化的数据分析是艺术与科学的结合，是快思考与慢思考的结合，它努力帮助我们从多样、快速、庞大的数据中快速识别数据线索，进而借助经验和思考验证假设，从而实现数据辅助决策的目标。

此时，我们就需要一个真正敏捷的数据可视化分析工具，让每一位业务运营者都能随时分析数据，提高决策的效率。可视化的敏捷 BI 分析，能帮助更多的人，特别是业务分析师和业务经理整理和分析数据，从而提高决策的效率。

Tableau 正是顺应了这样的时代大趋势，从单一的可视化分析工具，快速成长为企业级的数据可视化分析平台。Tableau Prep Builder 帮助用户更快、更好地整理数据，Tableau Desktop 通过拖曳分析、计算和互动把数据转化为信息和知识，而 Tableau Server 帮助企业把每个人的知识转化为组织的知识，进一步提高数据分析的价值。持续使用 Tableau 等 BI 产品，可以有效帮助我们增进对数据的理解，帮助企业成为"数据驱动组织"（见图 1-6 ）。

图 1-6 Tableau 主要产品在数据分析过程中的位置

笔者毕业后经历过多个行业和岗位，在国企和零售私企的经验格外记忆犹新。在日益激烈的竞争面前，不管是增加效率还是降低成本，不管是国企还是私企，"拍脑袋"已经是高风险的决策方式，越来越多的决策需要依赖数据分析去证伪或证实。借助商业智能工具，企业就能将数据转化为资产，实现以数据分析来驱动业务进步，在业务增长和市场竞争力方面领先于同行。

1.3 Tableau：大数据时代的"梵高"

我们知道有很多数据存储和分析工具，比如 Excel、WPS，还有各种数据库软件，比如 SQL Server、Oracle、PostgreSQL 等，它们普遍存在于从手机通信录到企业 ERP 的各种场景中。数据越来越多，分析数据却越来越难，在越来越激烈的市场竞争中，必须由掌握数据逻辑和最终决策的群体接管数据分析过程，技术是数据探索的助力，而经验和知识才是数据分析最好的催化剂。正如 Tableau 所倡导的一样，"谁提问题谁寻找答案"。

对于拥有数据、拥有经验的业务人员而言，唯一的障碍就是工具了。简单的数据工具无法满足需求，SQL 语言过于抽象和艰涩，难以作为基础知识普及。

大势已到，只欠东风，在业务用户逐渐成为分析主力军的时代，我们需要全新的直观、快速、敏捷、易用的数据处理技术。Tableau 独创 VizQL 技术，正是顺应了这样的潮流，快速发展并被行业所普及，它具有 SQL 查询的综合性功能，又兼顾了业务人员的便捷易用需求。

"Tableau 帮助人们查看并理解数据。"

VizQL 如同为 SQL 数据库查询语言封装了一件人人易懂的"新衣"，而把复杂的技术交给了黑箱。如图 1-7 所示，只需要拖曳动作，就能生成可视化图形、增加分析深度、筛选数据样本、创建计算字段，甚至创建综合仪表板和发布数据故事。本书将在第 2 章介绍创建简易可视化图表的过程，并在第 5 章详细介绍创建高级可视化图表的方法。

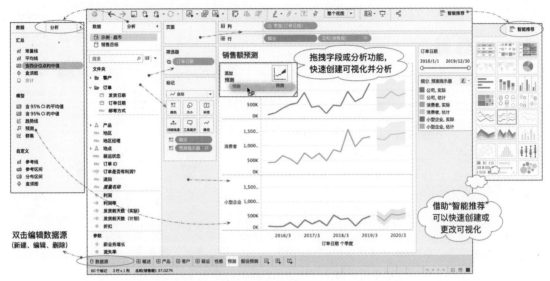

图 1-7　通过拖曳字段或者分析功能实现可视化分析

特别是在数据可视化领域，Tableau 无愧于"大数据时代的'梵高'"的美誉。

笔者作为没有技术背景的业务人员，因为工作需要寻遍市面上的各种 BI 产品，最后选定的 Tableau 不负期望，帮助笔者极大地提高了零售分析、营销定价等方面的工作效率，也不断积累了本书的素材。如今，Tableau 已经从可视化分析工具，逐步发展成为企业级的数据可视化分析平台，并在自然语言、AI 分析等方面持续进步。

一方面，Tableau 不断拓展和丰富产品线。

如图 1-8 所示，Tableau 在 Tableau Desktop 可视化工具的基础上新增 Tableau Prep Builder，弥补了此前敏捷数据整理的短板（2018 年），在 Tableau Server 基础上扩展了数据治理和大规模管理的平台功能（2019 年）。特别是 Tableau Prep Builder，笔者对它的热爱甚至要超过早年对 Tableau Desktop 的喜欢，它帮助笔者节省了无数的时间。

Tableau Prep Builder2020.3 版本支持将流程结果写入数据库，自此真正成为敏捷 ETL 工具。每次客户培训或者客户实施项目，笔者都急切地希望大家尽快学习 Tableau Prep Builder，从根本上改变与数据打交道的方式——相比可视化分析的博大精深，数据整理总是能立竿见影。

图 1-8　不断丰富的 Tableau 产品线（2020.3 版本）

另一方面，Tableau 已经从可视化敏捷分析工具，成长为数据可视化分析平台。

如图 1-9 所示，Tableau 支持广泛的部署选择、丰富的交互渠道，模块化的产品组合、与日俱进的功能迭代、不断开放的开发接口，都让它成为大数据时代最重要的参与者。

图 1-9　Tableau 已经成长为数据可视化分析平台

2019 年，Tableau 开始借助 AI 赋能 BI，相继推出"数据问答""数据解释""智能视图"等智能化功能。很多客户对"数据解释"一见钟情，借助自动化"贝叶斯统计"，数据解释帮助客户更快地查看和理解数据中的异常值及异常原因，加快决策前的假设和验证。

本书将会介绍 Tableau 2020.1 版本推出的多项功能更新，包括地图缓冲计算、动画、动态参数等。2020 年度最重要的产品功能是 Tableau 2020.2 版本的"数据模型"，将在本质上升级基于数据并集、连接和混合的数据合并方法；其次是 Tableau 2020.3 版本推出的"写入数据库表"和预测函数，以及 Tableau 2020.4 版本即将推出的地图层功能。

1.4　Tableau 快速学习路线图

对于选择和学习 BI 分析工具而言，企业和数据分析师的考虑有明显的差异。企业希望"以金钱换取时间"，换取高效数据决策带来的市场先机；而数据分析师希望"以时间换取金钱"，分析创造价值，价值换取收入。

实事求是地说，Tableau 入门很容易，精深很难，但也正因为此，数据分析师可以借助 Tableau 建立自己在分析领域的职业壁垒，并通过不断学习形成长期的市场竞争力。

分析师 Yvan Fornes 绘制了一个快速学习 Tableau 的路线图，笔者在其基础上稍加修饰，如图 1-10 所示。

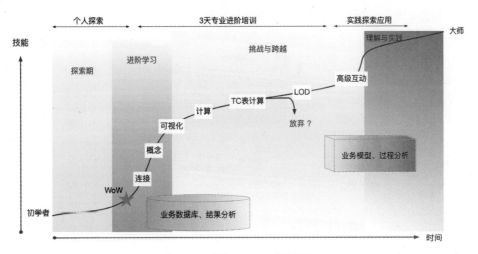

图 1-10　学习 Tableau 的路线图

很多人在首次接触 Tableau 之后，总有一种"原来你在这里"的欣喜，不过，缺少系统学习通常难以从数据统计跨越到数据分析。

本书是笔者多年学习和做企业培训的总结，读者可以在短时间内完整地学习和理解数据连接、可视化概念、数据可视化和计算的主题内容，并学习企业分析的思考方法和常见模型。

除按照图 1-10 和本书目录逐步学习之外，还需要特别注意以下几个方面。

（1）从 Excel 到 Tableau 最本质的思维跨越是层次思维。

学习 Tableau 最忌讳的是用它来完成各种 Excel 报表。真正的数据分析应该是用可视化方法直观地表达数据逻辑，辅之以数据交叉表。

数据分析关注问题，胜过关注数据。敏捷 BI 工具用层次代表不同高度的问题，理解层次是可视化的基础，也是高级计算的基础。层次分析贯穿在本书的每个章节，重点详见第 2 章、第 5 章和第 8 章的介绍。

（2）先理解原理，后掌握技能，再融会贯通。

"鸟儿会飞是因为有羽毛吗？"看似是，其实不是，人绑上翅膀不能飞上天，飞机却能以钢铁之身翱翔天空。实现这一跨越的是人类积累了关于"空气动力学"的知识，从而通过气流的压力创造升力。

学习 Tableau 也是一样，能制作简单的图表不代表能做数据分析，只有先理解原理，才能更快掌握分析技能，并能在复杂问题面前融会贯通。全书的概念基础详见第 2 章，分析过程详见第 5 章，高级分析方法详见第 10 章。近期在思考"从业务问题到深入可视化分析"的框架，把第 5 章的框架体系重新总结为如图 1-11 所示，后期有机会有展开详细说明。

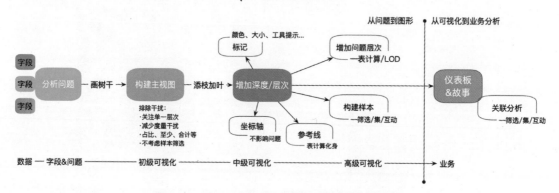

图 1-11　Tableau 从业务问题到深入可视化分析的框架

（3）技术无难事，分析之难，在于理解业务。

数据分析师之所以被推崇为 21 世纪的十大稀缺岗位之一，不是因为技术难以普及，而在于能从数据和信息中提取知识的思维难以培养。每个行业甚至每家企业，都有自成体系的分析框架、分析指标和分析逻辑，因此学习本书只是数据分析的起点，不断地借助 Tableau，以数据化的方法理解和描述行业和企业的业务逻辑，才是数据分析最重要的工作，而这却正是本书难以碰触的地方，只能由数据分析师不断探索。

本书力争用尽可能简练的语言，全面介绍 Tableau Desktop 和 Tableau Prep Builder 从数据整理、数据可视化到数据展示的过程，并重点介绍数据分析的原理、数据互动和高级计算的过程。本书不仅适合于新入门者浅尝，也适合于中高级用户举一反三。

同时，本书假定读者已经安装了 Tableau Desktop 和 Tableau Prep Builder 本地化工具，初次使用可以通过 Tableau 官方网站获得试用许可，并按照提示安装。

| 第 2 章 |

数据可视化：理念与基础

关键词：层次思维、问题解析、维度和度量、离散和连续、聚合、详细级别

学习新技能，要先理解新工具背后的关键逻辑。对于大部分缺少专业 IT 知识背景的业务分析师而言，这一点更为重要。

本章重点讲述大数据分析的层次思维、通往可视化的问题解析模型、敏捷 BI 的核心概念知识。全书的基础概念概括言之两句话：

"维度字段描述问题（是什么），聚合度量回答答案（有多少）"
维度决定层次、度量默认聚合；离散生成标题、连续创建轴

由于 2.2 ~ 2.3 节的内容偏于抽象，建议读者先"不求甚解"，但需要反复阅读，再在练习技能和业务分析过程中融会贯通，假以时日，方能大成。

2.1　综述：从 Excel 数据视角到 Tableau 问题视角

很多人对数据的理解和使用数据的习惯，始于 Excel。Excel 是一个伟大的产品，它为所有人提供了输入、整理、查看和分析数据的工具，也奠定了笔者从业多年对数据的基本理解方式。不过，随着大数据时代的到来，在数据分析领域出现了一些深刻的变化，以至于微软也在 Excel 的基础上做出了很多转变和升级，最后整合为 Power BI。

其一，随着数据从几千行到几千万行的爆炸式增长，查看明细数据的重要性已经降低，取而代之的是关注样本的整体特征，以及相互之间的关系，复杂问题还涉及多个问题之间的关联分析和结构分析，比如不同品类商品的交叉购买率、不同区域的客户购买力等。《大数据时代》一书就把"关

心总体"视为大数据时代的关键特征。

其二，数据太多，信息量越来越大，注意力却非常有限。数据分析师必须用直观、简洁的方式展示数据重点，传统的交叉表已经无能为力，符合直觉的可视化展示成为分析主流。之前在单位凭借 Excel 和 PPT 叱咤风云的"表哥""表姐"，需要学习新技术方可"进化"为可视化图形的"图神"，SQL 语言和 Tableau 就是进化中的必备工具。

其三，高端技术不断进化并以通俗易懂的方式跨越了 IT 的部门边界，随着"技术平民化"，越来越多的重复性工作被自动化，从数据清理、元数据管理到 AI 驱动的智能问答、数据解释。分析的重点从过去的整理数据到如今面向业务决策的逻辑探索，此乃分析最后的领地。面向业务决策的分析才是价值，即把数据资产转化为业务价值。

趋势背后，是看待数据视角的重大变化——从过去面向数据的视角，向基于问题的视角转变；从数据的一次性聚合，到层次的灵活变化转变。如同 2-1 所示，Excel 和 Tableau 可以作为两个阶段的典型代表。Excel 适用于基于明细的"小数据分析"，Tableau 则是面向问题（样本）的"大数据分析"。

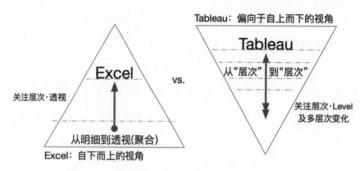

图 2-1　从 Excel 明细透视到 Tableau 层次分析

更具体地说，Excel 分析基于如图 2-2 所示的明细数据。"自下而上"的数据透视表是每位分析师的必备技能。数据整理与原数据通常不分先后，每次分析都是一次重新开始。

	A	B	C	D	E	F	G/H	I	J	K	L	M	N	O	P	Q	R	S
1	订单 ID	订单日期	邮寄方式	发货日期	产品 ID	产品名称	国家/地区 地区	省/自治区	城市	类别	子类别	细分	客户 ID	客户名称	折扣	数量	销售额	利润
2	US-2019-15	2019/4/27	二级	2019/4/29	办公用-信	Fiskars 剪	中国 华东	浙江	杭州	办公用品	用品	公司	曾惠-14485	曾惠	0.4	2	￥130	￥-61
3	CN-2019-1	2019/6/15	标准级	2019/6/19	办公用-信	GlobeWeis	中国 西南	四川	内江	办公用品	信封	消费者	许安-10165	许安	0	2	￥125	￥43
4	CN-2019-1	2019/6/15	标准级	2019/6/19	办公用-装	Cardinal 孔	中国 西南	四川	内江	办公用品	装订机	消费者	许安-10165	许安	0.4	2	￥32	￥4
5	US-2019-30	2019/12/9	标准级	2019/12/13	办公用-用	Kleencut 开	中国 华东	江苏	镇江	办公用品	用品	公司	宋良-17170	宋良	0.4	4	￥321	￥-27
6	CN-2018-2	2018/5/31	二级	2018/6/2	办公用-器	KitchenAid	中国 中南	广东	汕头	办公用品	器具	消费者	万兰-15730	万兰	0	3	￥1,376	￥550

图 2-2　IT 分析师视角的明细数据（为标题分类增加颜色）

在数据爆炸前的时代，明细是了解业务的窗口，IT 部门是分析的主力。IT 分析师看待数据的起点是静态的，面向明细的**"行级别"数据**。

随着技术快速发展，越来越多的公司建立了完备的数据库，独立于数据库，致力于辅助决策的敏捷 BI 开始兴起，业务人员成为分析主力军。**业务人员更关心动态的问题和答案**，他们可能不了解数据库的结构，问题解析才是准备数据、可视化展示和表达的基础。

简单的业务问题类似于"2019 年，各个类别的利润（总和）是多少？"如图 2-3 所示。

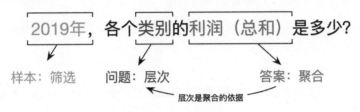

图 2-3　问题的解析方法

这种简单问题难不倒任何一个数据处理工具，不管是 Excel 的"筛选+透视"，还是 SQL 的"查找与聚合"（select…from…where…group by…）[1]都能轻松完成。

但是，随着问题复杂性的提高，传统的方式就无能为力了。业务人员的问题是层层追问、伴随假设与验证的，业务分析师必须能快速地找到这些问题背后的数据逻辑，并建立多个问题之间的关联。

复杂性通常来自于问题的延展宽度和结构性分析的深度两个方面，甚至二者兼具。同时，不同的业务领导对分析的需求也会截然不同。

一方面，业务分析通常是一连串问题的组合，寻找答案更像是"剥洋葱"地探索。

比如，分析"2019 年，各个类别的利润（总和）是多少"时发现，"日用品"利润总额大幅下滑，于是去验证与之相关的各种假设：是"日用品"下的某个子分类利润下滑，还是某些门店的销售折扣偏高？如果是折扣偏高，那么高折扣在哪些子品类或者集中在哪一段时间？通常分析师要从几十种假设中筛选和总结，才能给领导提供有意义的决策参考。如图 2-4 所示，问题探索经常要在同一个问题中查看多个度量及其相互关系，或者穿行在不同问题层次之间。

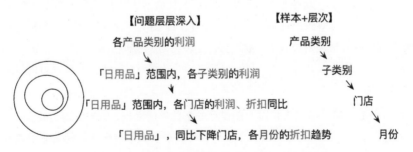

图 2-4　业务分析师需要在不同的问题层次之间探索

1　对应的 SQL 查询：select category, sum(profit) from db.superstore where YEAR(order_date)=2019 group by category

不断地筛选过程自动构建下一个问题的分析样本。问题中的产品类别、子类别、门店、月份等字段用来描述问题本身，它们构成了每个问题的层次；而利润、折扣等量化字段用来回答问题的答案。简单的问题只有一个数据层次，企业业务分析却要在不同问题层次之间做钻取和关联分析。这样的分析场景，就难以使用 Excel 或者 SQL 快速响应。

而 Tableau 帮助分析师更快地建立和验证假设，更好地辅助业务决策。Tableau 的起点是问题，并能随着多个问题的层次变化灵活更改。可以说，层次是从 Excel 到 Tableau 的最本质的思维升级，也是理解复杂问题、复杂表达式的关键。

另一方面，企业不同层级的数据用户的需求也截然不同，进一步增加了分析的复杂性。

同样一份数据，不同岗位、不同人的需求截然不同，对应问题所在的层次不同，通常还要伴随业务的深度理解，这明显超出了 IT 分析师对数据的掌握和理解。下面列举几个常见层级的需求视角及其问题。

- 总经理和高管：关注总公司的关键业绩指标进度与达成，特别是利润与比率指标（如毛利率、利润率、周转率等）、主力品类和大客户的贡献变化，以及其他关键的结构性指标；
- 部门负责人：关注本部门的关键指标进度与达成，下级部门子分类的达成进度和异常，随时间的业绩趋势和异常，异常门店的数据特征，员工的绩效指标等；
- 基层管理人员和员工：关注本岗位的业绩进度、绩效指标，特别是与绩效挂钩的关键指标（如新开发客户数、重点商品的销售数量和提成金额等）。

综上所述，正因为 IT 部门和业务部门看待数据的视角不同，导致了二者的分析起点和重点不同，IT 部门重在"维护数据"，而业务部门重在"探索问题"。而正因为业务部门问题的复杂性和多变性，所以在大数据时代，通常主张"谁拥有数据谁提供解释""谁提问题谁找答案"，越来越多的企业业务分析从 IT 人员主导逐步回归业务人员主导，并催生了 CDO（首席数据官）相关的新岗位和新部门。

结合第 1 章中的数据金字塔模型，以及数据分析的使命（从数据资产到价值决策），笔者总结了用图 2-5 描述分析的阶段与对应的视角、Tableau 功能。IT 团队在数据层面为业务部门提供专业的数据基础，而业务部门的分析师则负责将"数据资产"转化为"决策价值"，辅助业务领导更快、更好、高效地做出业务决策。随着以 Prep 为代表的敏捷 ETL 的持续进化，业务分析也可以深入数据层面独立完成数据准备工作。

虽然 Tableau 的官方帮助是笔者见过的最详尽的帮助手册之一，但专业词汇缺少通俗解读、缺少"潜在知识"的背景阐述，部分翻译又增加了误解，导致很多初学者无法领悟背后的逻辑关系。在努力之外，语义是学习路上最常见的拦路虎，"语言"是沟通最笨拙的工具，阻碍了领悟神灵的爱，甚至阻碍了余生的幸福。笔者经过多年思考和整理，接下来尝试展开数据分析最重要的问题解析与层次分析方法。

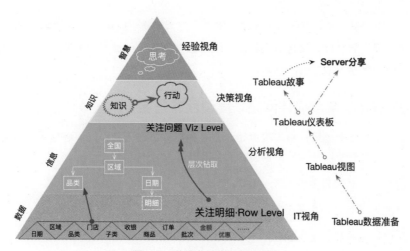

图 2-5　数据分析的金字塔模型

展开之前，先特别说明本书有以下对等概念：

- 层次 Level=LOD（Level of Detail）=详细级别
- 视图层次=视图 LOD=视图详细级别（Viz Level）
- 数据表层次=行级别（Row Level）=明细级别

本书主要使用"层次"描述问题及相互关系，用"详细级别"介绍 Tableau 相关功能。

2.2　解析：问题的解析与层次分析方法

问题解析是分析的开始（见图 2-6）。

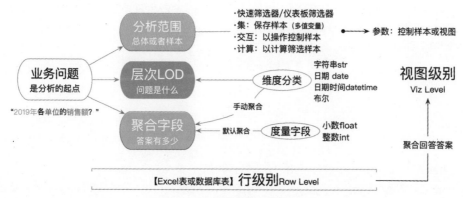

图 2-6　问题分析是一切的起点

基于图 2-6 的框架，笔者要努力诠释几个重点：何为层次（LOD），层次如何变化？何为聚合，聚合从何而来？层次有几层，聚合分几种？它们与数据准备、计算有何关联？因此，本节可以视为整本书的微缩版，贯穿了本书的核心内容。

2.2.1　问题解析：维度描述问题，度量回答答案

假设一个简单的业务场景：新季度伊始，领导要求分析一下各类别、各地区的销售情况，客户数量，并从客户数量角度探索一下市场风险。其中可能会分析以下问题：

- 公司的销售额总和是多少？[1]
- 各类别的销售额总和是多少？
- 各地区的销售额总和是多少？
- 在技术类别中，各地区、各月的销售额总和分别是多少？
- 在技术类别中，各地区、各月的客户数量分别有多少？

一句话必然由多个字段构成。每一个问题都必然包含两类字段："描述问题是什么"的描述字段和"回答答案有多少"的聚合字段，分别位于"的"字前后。上面用蓝色代表问题，绿色代表答案[2]，着重号代表答案中包含的聚合方式，而橙色代表样本范围。

用来"描述问题是什么"的字段，通常称之为"分类字段"，而"回答答案有多少"的聚合字段，称之为"量化字段"（比如销售额总和、客户数量）。顾名思义，"分类字段"用于描述数据彼此各不相同，比如"红塔山、玉溪、泰山"等；而"量化字段"即以"数量"描述多少，比如 10，108.88 等，数字揭示问题的精准答案。

在 Tableau 中，"分类字段"称为"维度"（Dimension），而"量化字段"主要来自于"度量"（Measure）的默认聚合，也可来自维度字段的聚合，比如"客户数量""最大日期"。由于维度字段的聚合可以通过计算字段生成聚合，必要时还可以保存为"度量字段"，因此本书概括如图 2-7 所示。

1　此处使用默认"示例超市"的场景，没有"公司"的字段，因此公司代表总体。

2　在 Tableau 中，蓝色和绿色另有所指——蓝色代表离散，绿色代表连续。通常维度都是离散的，度量默认连续。

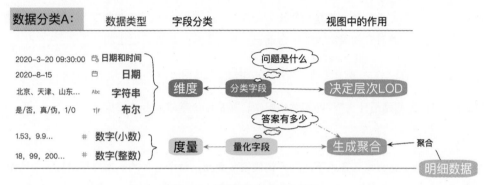

图 2-7　维度和度量的字段分类

用一句话概括，如下：

> "**维度字段**描述问题（是什么），*聚合字段*回答答案（有多少）"

很多问题还包含了"分析的样本范围"部分，如最后两个示例中的"在技术类别中"。分析样本范围，可以是基于维度字段的，也可以是基于度量字段的，通常都是"在……中""（时间或数字等连续范围）从……到……""（销售额）前……名的（客户）""（利润）大于……的（客户）"等表述方式。Tableau 中对应筛选（Filter）、集（Set）等功能，并能通过参数（Parameter）、动作（Action）等交互方式控制样本范围。多种筛选器和数据查询动作构成了 Tableau 特别重要的一个主题——操作顺序（Order of Operations）。本书会在第 5 章、第 7 章及第 2 篇深入介绍。

按照问题的分解方法，上述多个问题可以用表 2-1 表示。简单的问题只有一个维度字段，复杂问题则会同时包含多个。本书中用"地区*月"表示一个问题的层次/详细级别。

表 2-1　问题的分解

问　　题	样本范围	维度（层次）	聚合方式（度量）
公司的销售额总和是多少？	公司，即总体	无/最高聚合	SUM(销售额)
各类别的销售额总和是多少？	无，即总体	类别	SUM(销售额)
各地区的销售额总和是多少？	无，即总体	地区	SUM(销售额)
在技术类别中，各地区、各月的销售额总和分别是多少？	技术类别——维度筛选器	地区*月	SUM(销售额)
在技术类别中，各地区、各月的客户数量分别有多少？	技术类别——维度筛选器	地区*月	COUNTD(客户 ID)

问题的复杂性与度量无关，都是由维度字段引起的，比如主视图中包含了另一个层次的度量。度量的聚合只是在问题对应的层次上的聚合而已。那"聚合"是如何发生的？

2.2.2　聚合解析：可视化是从行级别到视图级别的聚合过程

"维度字段描述问题是什么"，即问题的层次，就是度量字段聚合的依据。

1．何为聚合

举例而言，楼下超市每天要给不同客户销售很多商品，每个客户的一次交易对应一个订单 ID，一个订单 ID 包含一种或多种商品（类似于你的购物篮或者购物推车放上了各种产品去结算），这些字段和成交信息（如销售额、数量、利润等）一起保存在数据库中。摘要主要的字段如图 2-8 所示。

订单日期	订单 Id	产品名称	类别	客户名称	数量	销售额	利润
2020/4/27	US-2020-1357144	Fiskars 剪刀,...	办公用品	曾惠	2	¥130	-¥61
2020/6/15	CN-2020-1973789	GlobeWeis	办公用品	许安	2	¥125	¥43
2020/6/15	CN-2020-1973789	Cardinal 孔...	办公用品	许安	2	¥32	¥4
2020/12/9	US-2020-3017568	Kleencut 开...	办公用品	宋良	4	¥321	-¥27
2019/5/31	CN-2019-2975416	KitchenAid...	办公用品	万兰	1	¥1,376	¥550
2018/10/27	CN-2018-4497736	柯尼卡 打印...	技术	俞明	9	¥11,130	¥3,784
2018/10/27	CN-2018-4497736	Ibico 书机,...	办公用品	俞明	2	¥480	¥173

图 2-8　超市交易对应的行级别/明细数据示例（部分字段、部分数据）

假如超市领导问："2020 年 6 月，各类别的销售额与订单数分别是多少？"

按照前文的解析方法，可以快速分解问题："2020 年 6 月"是样本范围、"类别"是维度代表问题的层次、"销售额（总和）"和"订单数（不同计数）"是聚合度量用于回答答案。

假定只有 3 个类别，那就意味着答案中要有 3 个销售额和 3 个订单数数量，共计 6 个数字标记。它们从成千上万的交易中累加而成，把这个过程之为"聚合"。总结而言，聚合就是从数据库记录的明细级别（行级别），以多种方式聚合到问题所在的层次级别（视图级别）的过程，聚合必然是从多变少的过程，维度则是由多变少聚合的依据。Tableau 用视图回答问题，因此问题对应的层次也称之为"视图层次"，如图 2-9 所示。

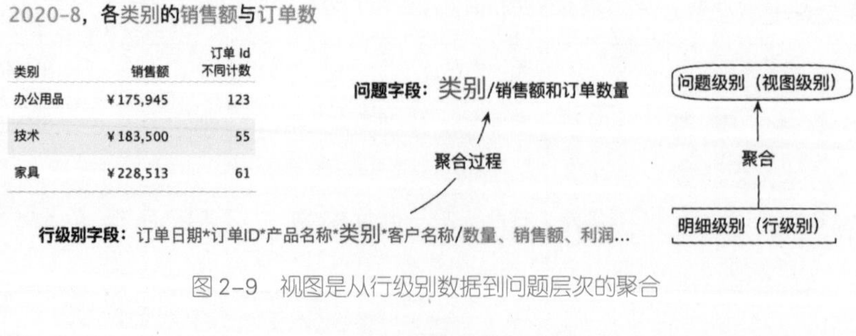

2020-8，各类别的销售额与订单数

类别	销售额	订单 Id 不同计数
办公用品	¥175,945	123
技术	¥183,500	55
家具	¥228,513	61

问题字段：类别/销售额和订单数量

聚合过程

行级别字段：订单日期*订单ID*产品名称*类别*客户名称/数量、销售额、利润...

问题级别（视图级别）

聚合

明细级别（行级别）

图 2-9　视图是从行级别数据到问题层次的聚合

2. 聚合度：描述多个问题的聚合层次

如果此时领导又想查看"公司的总销售额"，以及"各个类别、各月的销售额增长趋势"，这两个问题的层次与"各类别的销售额"明显不同。如何描述多个问题的层次之高低不同呢？既然每个问题都是从行级别数据聚合而来的，那么就可以以数据表的行级别为参考基准，使用"聚合"的高低描述问题层次的相互关系，称之为"聚合度"（Aggregation）。

如图 2-10 所示，由于"总公司的销售额"（1 个数）可以由"各类别的销售额"（3 个数）聚合而成，因此，前者的聚合度比后者更高；同理，"各类别的销售额"比"各类别、各月的销售额"聚合度更高。

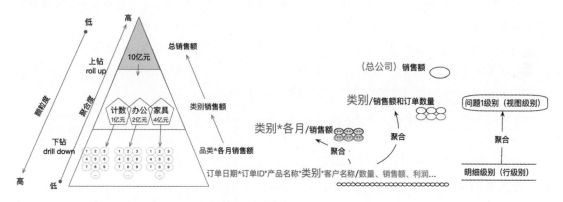

图 2-10　使用聚合度描述具有相同维度的多个问题之间的层次关系

多个问题都是从相同的数据表行级别聚合而来的，包含相同维度字段的问题之间就具有了层次关系，甚至可以脱离行级别彼此聚合和解聚。

而"各类别的销售额"和"各客户的最早订单日期"的层次是没有关系的，因此后者相对于前者是完全独立的层次/详细级别。

"聚合"的对立面就是"解聚"。一个聚合数值，可以解聚为多个更细的数据颗粒。因此，和聚合度（Aggregation）相对应的是颗粒度（Granularity），聚合度越高，颗粒度越低。可以把每一个数据形象地比作沙滩上的沙粒，聚合度提高时，沙粒就会减少，"颗粒度"也就降低。通常 IT 人员更关心明细，常用颗粒度描述多个表的层次；而业务分析师更关心高层次问题，因此常用聚合度描述层次关系。本书主要使用"聚合度"一词。

因此，当我们想要表达一个问题的层次高于另一个问题层次时，可以说"这个问题的层次/详细级别（聚合度）高于另一个问题"，这也是本书的标准用法，如果一个单位的分析师统一了沟通的背景知识，那么"聚合度"可以省略。

聚合就是从数据库记录的明细级别（行级别），

以多种方式聚合到问题所在的层次级别（视图级别）的过程。

"聚合度"和"颗粒度"描述不同问题的层次。

聚合的对象是行级别的数据，聚合的结果是视图级别的答案，二者对应两个数据层次。也就是说，"行级别"数据和"视图级别"问题，通过"聚合"而衔接，此乃关键。

3. 聚合前后的两个层次：行级别明细数据是视图级别聚合的材料

对于任意一个数据表而言（不管是 Excel 文件还是数据库表），它所对应的最低聚合层次就是稳定不变的、客观存在的，比如销售表和退货表的行级别层次可以用"订单 ID*商品 ID"描述，而客户信息表可以用"客户 ID"描述。本书把这个层次称之为"行级别层次"（Row Level），或者"客观的数据表层次"，第 5 章介绍了理解数据表层次结构的推荐方法。行级别层次中的每一行明细，称之为"记录"（Record），所以通常用"记录数"描述明细行数。

相对应的是，所有的问题、所有的视图层次，都是主观的、随时变化的，都是从行级别层次聚合而来的，本书称之为"问题层次"或者"视图层次"（Visualization Level）。问题层次对应描述问题的句义，它需要从行级别聚合获得答案。

在本书自序中有这样一句话：

> "最后，我找到了从 Excel 分析到 Tableau 大数据分析的根本性差异，即层次。客观的数据层次用于描述数据结构和颗粒度，主观的视图层次用于描述业务问题及其相关性，并通过计算的多种分类把二者融为一体。全书都贯穿了"层次分析"的思路，并在高级计算部分得以升华——高级计算的实质就是多层次问题分析。"

理解这两种类型的层次，是深入开始商业数据分析的基础和关键，也是本书后续很多知识的基础。

- 理解每个表的"行级别层次"，是理解第 4 章连接（Join）和关系（Relationship）的关键；
- 理解问题的"视图层次"，是理解第 5 章可视化的起点，也是数据混合的基础；
- 理解复杂问题中包含的多个"视图层次"及其相互关系，是理解第 2 篇表计算和狭义 LOD 表达式的基础。

2.2.3　层次解析：两类层次与数据准备、计算的关系

前面说"聚合"是从行级别数据到视图级别问题的过程，可以说，问题、视图、聚合是统一的。描述它们的关键词是层次（或者说详细级别），这是贯穿本书的主线。笔者尝试着用图 2-11 描述统一这几个核心概念，在此基础上介绍层次与数据准备、计算的关系。

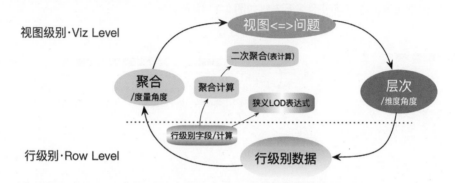

图 2-11　视图、聚合、问题具有对等的意义

只有两种层次，其一是行级别（Row Level），其二是视图级别（Visualization Level）。数据查询、计算和可视化展现都必然对应某个层次。这一部分需要结合本书第 3、4 章和第 2 篇更好地理解。

1. 层次与数据准备

本书把数据准备分为数据合并、数据结构调整和数据处理几大类。其中数据合并包括数据并集（Union）、数据连接（Join）、数据混合（Blend）和数据关系（Relationship）几大功能。

并集一定是数据结构完全相同的数据表的合并，因此多个表的表层次必然是完全一致的；连接常见于表层次一致的数据的匹配，比如"商品销售明细表"与"商品退货明细表"，这样的匹配没有冗余，也见于不同层次的表的匹配，比如"商品销售明细表"与"商品分类表"，这种多对一的匹配就意味着后者要重复很多次，增加服务器计算负担；常见于交易表与维度表（即不包含度量的表）的匹配。

混合则是两个独立的数据表先做聚合，再做连接的过程，专门用于表层次不同的多表匹配，相对而言性能更好。用 Excel 理解，并集相当于相同结构文件不断复制、追加粘贴；连接相当于行级别的 Vlookup 查找匹配；混合相当于两个数据透视表的匹配。

并集和连接可以视为是行级别的数据合并，在构建视图之前预先生成稳定不变的数据源，胜在稳定、弱在性能，俗称"大宽表"；混合可以视为视图级别的数据合并，是在主数据源构建的视图（聚合）基础上增加辅助数据源对应的聚合，是基于当前视图需要构建的合并，脱离当前视图，合并就

不存在了，因此称之为"逻辑关系"。Tableau 2020.2 版本新推出的数据关系，通过物理层与逻辑层的双层结构，把并集、连接和混合的优势融为一体。

何为"物理"（Physical）？即实际存在、稳定不变之意。何为"逻辑"（Logical）？即根据视图需要而灵活创建，而非事先合并。物理关系如同父子关系，血亲基于血缘不可更改；逻辑关系如同夫妻，家庭因爱而来，亦可随时因怨而去。如图 2-12 所示。

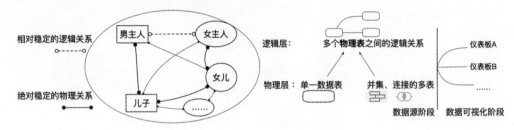

图 2-12　两个视角：物理关系与逻辑关系

"数据关系"，相当于把此前视图阶段的数据混合的聚合匹配理念，提前到了数据准备阶段，但是并没有改变"逻辑关系"实质；它通过物理层保留了并集和连接（行级别的合并），通过逻辑层引入了逻辑关系，可以说取长补短，可谓大成。图 2-13 展示了包含了并集、连接、关系和混合多种方式的数据模型，第 4 章会详细介绍。

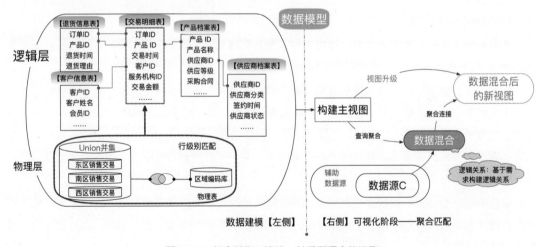

图 2-13　包含并集、连接、关系和混合的模型

既然并集和连接是行级别的匹配，因此就需要两个表的行级别是一致的，否则轻则重复降低性能，重则出错影响分析。

而混合和关系由于是视图级别的逻辑关系，因此支持表层次不同的数据表的匹配——聚合会自动将两侧聚合到相同的视图级别。

在阅读第 4 章时，务必要仔细揣摩理解其中的区别。

2. 层次与计算

不同的计算，也处于不同的层次中。理解字段所在的层次推荐方式是假想有一座"数据冰山"。分析之前，先把数据表中的所有字段想象为冰山底层的颗粒，行级别字段是视图和聚合的"原料"，而把问题所在的层次比作"海平面"。数据分析就是找到问题所对应的层次（海平面），从行级查询字段并生成聚合的过程。而钻取分析就是不断调整海平面的高低（聚合度变化），如图 2-14 所示。

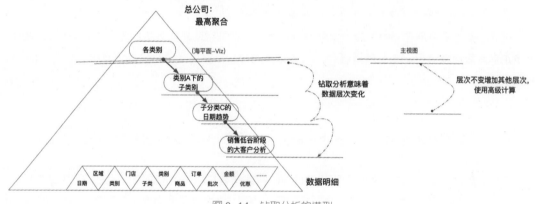

图 2-14　钻取分析的模型

每个计算字段，都是在特定的层次（详细级别 LOD）完成计算的过程，因此所有的计算都可以称之为"广义 LOD 计算"，行级别计算就是在数据库的明细级别完成的计算，而聚合计算是在视图层面完成的计算，所谓 FIXED/INCLUDE/EXCLUDE 三种"LOD 表达式"只是在主视图层次引用另一个层次时使用的计算，类似于 SQL 聚合查询中的嵌套子 SQL 聚合查询，绝对不应该也无法脱离主视图而单独使用。这是理解计算分类的关键。

单一层次聚合非常容易，业务的复杂性在于如何处理多个层次的问题，可以分为两类，分别使用交互和高级计算完成：

- 多个层次不同的问题之间的互动分析。比如在仪表板中组合 3 个问题图形：各省份的销售额与利润、各类别的销售额排名、各月份的销售额趋势；每个问题都包含完全独立的问题层次，但又可以通过仪表板交互将其中一个图形作为样本范围，比如选择东北三省，即可轻松查看东北三省对应的各类别销售额排名及各月份销售额趋势。

- 一个问题中包含多个层次：显性的问题层次和隐形的聚合层次。比如"各年度的销售额趋势及客户矩阵[1]分析""各省的平均商品销售价格与各省份中每位客户最高交易的平均价格"[2]等，这类问题的共同特征是在度量聚合中又包含了维度层次，是典型的结构分析。此类问题如果分解到多个图形中，则难以发现背后的逻辑，只能借助高级计算实现单一问题中包含两个层次的度量聚合。

本书第 5 章和第 7 章介绍单一视图的层次分析和使用仪表板实现多个层次之间的交互分析。而在第 2 篇，借助行级别计算、聚合计算、表计算和狭义 LOD 表达式，则可以实现在一个视图中同时包含多个层次的数据分析。表计算的灵活和狭义 LOD 表达式的优雅，会简化复杂问题的思考难度，更好地探究数据逻辑，从而节省心智用于决策和行动。这也是我认为 Tableau 能在业务分析领域胜过国内外很多 BI 工具的关键所在，掌握方法万变不离其宗，胜过手握一本 400 页的函数大词典。

层次，是本书中最重要的主线。本书的目标之一，就是帮助业务分析师沿着层次分析的主线，逐步走向高级商业分析。本节多番修改，试图完整地介绍数据分析背后的知识框架，作为 Tableau 的知识基础。

2.3 Tableau 基础：字段类型、聚合方式与可视化逻辑

前面的原理性阐述，是笔者多年学习 Tableau、实践和客户培训中的最新经验总结。从现在开始，重点讲解与 Tableau 相关的核心概念，特别是字段的类型、维度度量的聚合方式和建立在连续离散特征基础上的可视化逻辑。

本书把维度、度量的分类称之为"第一字段分类"，把离散、连续称之为"第二字段分类"。

2.3.1 第一字段分类及其数据类型

1. 字符、字符串与句义

真实世界充满了复杂性，计算机用字符和字符串为世界万物编码，再在编码基础上增加逻辑从而描述世界。计算机中内置了多种字符编码，常见的如 UTF-8、GB18030 字符集，每一个英文字母、汉字、标点对应编码的一个或者多个字符（Character）[3]。多个"字符"构成"字符串"描述某个对

---

1 客户矩阵即客户首次订单的所在年度，详见第 10 章。

2 各省"平均商品价格"AVG([SALE])可以分析产品价格带差异，而客户最大交易的平均值 AVG(SUM({INCLUDE [客户 ID]:MAX([SALE])}))则反映各省客户购买力差异（客户层次的分析指标），见第 10 章。

3 Desktop 设置："文件→工作簿区域设置"，会自动匹配对应的字符编码，从而引起日期、货币等格式变化。

象，多个"字符串"和逻辑词（比如"和""或""不"等）、修饰词构成"语句"，描述一段业务逻辑。因此分析应该以输出带有逻辑的结论为基本目标。

比如，字符串"喜乐君""Tableau"分别代表人和软件，以"喜乐君在写一本 Tableau 主题的书"来理解我的行为。

在数据表中，相同属性的字符串存储在同一个列中构成"字段"（Field），比如"玉溪""昭通""大理""楚雄"构成一个字段"卷烟厂名称"，对应 Excel 中的列或数据库字段。

字段是数据分析的最小单位和构成视图的基本材料，在计算机世界和分析世界中承担着承上启下的关键位置，前面的问题解析、字段分类，稍后的数据类型、连续离散，都是针对字段而言的。表 2-2 列举了分析中常见词汇的通俗理解。

表 2-2　分析中常见词汇的通俗释义

名　称	英文名称	说　　　明	备　注
字符	Character	每个不可拆分的信息单元，比如每个数字、标点、字母、汉字	字符的单位是字节（byte）
字符集	Character Set	多个字符的特定集合，常以"字符编码"方式出现，即约定字符和计算机内部编码的"字典"	有国际编码，也有国家编码
字符串	A string of Character	多个字符的有序组合，比如 12、中国、Tableau	简称 string
字段	Field	属性相同的一组字符串，Excel 或者关系数据库中对应一列（Column）	承上启下的桥梁
记录	Record	数据库中每一行（row）称之为一条记录，由多个不同的字段组成。	记录数表示数据行数

如果说字段是问题分析的知识基础，那么记录则是数据合并的知识基础。记录是对业务逻辑的完整呈现。第 4 章讲解的并集、连接（join）都是多个数据表记录（record）的合并过程；而混合和关系的基础，也是建立在记录之上的聚合基础上的。

2. 第一字段分类：维度与度量

相同属性的字符串构成字段，这种属性称之为数据类型。从计算机的角度，所有的数据都是**字符串**——即一个或多个字符的组合；但根据描述对象和业务分析的需要，数据类型还可以进一步细分。

最基本的二分类是**字符串和数字**，对应分类字段与量化字段，Tableau 称之为维度字段与度量字段，从问题解析角度分别用于描述问题是什么和答案有多少——本书把这一分类称之为"第一字段分类"。

在字符串中，又把具有显著特征的单独分类出来，因此就有了"字符串、日期、日期时间、布尔值"更细的分类方法，如图 2-15 所示。

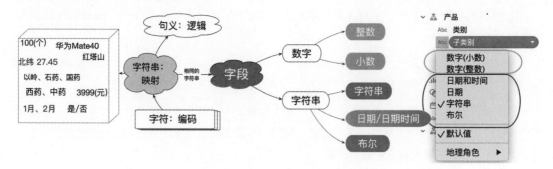

图 2-15　字段是对分析最重要的原材料

（1）字符串的进一步细分

其一是时间类型字符串，和"客户 ID"等字符串不同，时间类型字符串具有"连续性"特征，即无需借助任何排序字段就有逻辑上的先后关系。Tableau 分为"日期"和"日期时间"两个子类，比如"2020 年 8 月 8 日"与"2020-8-8 08:25:30"。

其二是布尔值，即有/无、是/否的判断，计算机用 1/0 记录。由于计算机最终都是 1/0 二进制计算，因此布尔计算性能最好，善用这个分类有助于提高分析的计算效率。[1]

除此之外的字符串，沿用"字符串"类型，如公司名称、产品 ID、身份证号等。

（2）数字度量的进一步细分

度量字段就简单得多，分为数字（整数）和数字（小数）[2]两类。前者如"190，8，35"，后者如"12.09，5.21，7.07"。

数字和字符串最大的差异，在于可以加减乘除直接计算，这是聚合的基础。同时，数字也像时间一样，自身具有先后顺序（连续性），这是坐标轴的基础。我们在介绍可视化图形时会重新提及此要点。

（3）为字符串或数字（小数）赋予"地理角色"属性

为了支持地图分析，Tableau 的部分数据类型可以赋予"地理角色"属性，从而生成空间地图，字符串可以赋予"国家""省市自治区""城市"等，数字（小数）可以赋予"经度""纬度"。比如

1　在 Tableau 2020.3 版本开始，具有多个值的字段不能更改为"布尔"字段，因此会比此前版本有略微变化。

2　在 Tableau 2020.2 之前版本中，"数字（小数）"被误译为"数字（十进制）"，这是对"decimal"的错误翻译，笔者已经提交给 Tableau 国际化小组并确认在 Tableau 2020.2 之后版本中更正。使用历史版本的读者请注意。

北京市、山东省、东经 113.432 北纬 34.563，地图详见第 6 章。

赋予地理角色属性的字段前面会出现一个"地球仪"标记。

3. Tableau 字段分类与类型的可视化分类法

从问题角度看，字段可以分为维度和度量。从字段数据类型，又进一步分为字符串、日期、日期时间、布尔值、数字（整数）、数字（小数）等多种类型，还有地理角色属性。如此之多的子分类，Tableau 如何用可视化的方式形象地描述这些分类呢？

在第 1 章中，本书介绍了"位置、颜色、长度、形状"等可视化"前意识属性"。Tableau 的产品设计亦充分地体现了这些要素，如图 2-16 所示。

- Tableau 用位置代表维度/度量分类[1]
- 用形状代表字段的数据类型、功能和属性（包括第 5 章会介绍的集、组、分层结构、数据桶等功能），以"="符号开始的形状，代表用户的自定义字段。

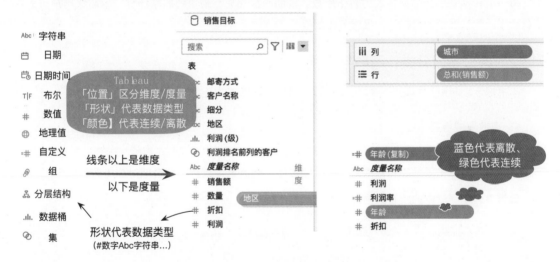

图 2-16　Tableau 字段的分类与表示方法

当然，字段的分类并没有绝对的界限，字段的分类最终取决于问题和分析需要，而非字段本身。如图 2-17 所示，拖曳即可轻松切换字段的分类位置，或者复制一个字段分别放在维度和度量中。点击字段前面对应图标，即可更改数据类型。

1　在 Tableau2020.2 版本之前，Desktop 有明确的"维度""度量"字样，如今只能通过中间分割线区分；拖曳字段时线条上下分别会出现"维"和"度"二字，中文翻译的"过度简化"增加了新用户的理解负担。英文版本分别为 Dimensions 与 Measures。2020.4 之后版本使用了"维度"和"度量"的完整翻译。

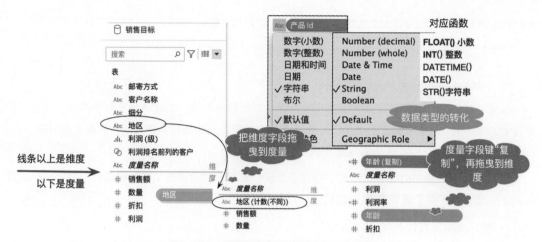

图 2-17　维度与度量字段的转化与转化函数

　　每一个转换背后，都是特定的转化函数。借助函数和随写随用的即席计算，中高级用户可以在不更改字段默认类型的前提下，根据分析的需要更方便地切换。

2.3.2　第二字段分类：离散与连续

　　本书把连续与离散称之为字段第二分类。何为离散？何为连续？

1.　离散生成标题

　　离散指各自不同、相互独立，因此分析时要列举出来，比如"石药、以岭、国药"等公司名称；而连续字段是离散字段排序的依据，比如按照市值、利润率，或者成立日期对公司名称排名。

　　分析中列举字段中的所有数据称之为"离散生成标题"，如图 2-18 所示。

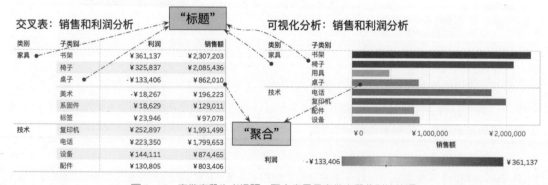

图 2-18　离散字段生成标题，聚合度量是离散字段的对比依据

这里的"标题"也可以用"清单""列表"理解，本书采用官方翻译"标题"（header）

2．连续的特征之一：字段内的数据默认有先后顺序

字段是连续的，指字段内的数据本身就有先后顺序，而无需借助其他字段排序。主要有两类连续字段：日期和数字。

- 2020 年 3 月 13 日必在 3 月 14 日之前，且在 3 月 12 日之后，日期有必然的先后顺序。
- 3、4、5、6 和 1.1、1.2、1.3 都是前后相序的。

表达连续数据的最佳方法是坐标轴，计算机中日期坐标轴以 1900 年 1 月 1 日为原点向前/后延伸[1]，数字坐标轴以 0 为原点向前/后延伸。如图 2-19 所示，每个刻度代表一个日期或者一个数值。

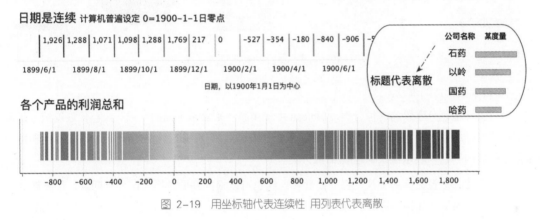

图 2-19 用坐标轴代表连续性 用列表代表离散

在 Tableau Desktop 中，双击离散字段默认生成标题（Header），而连续字段生成坐标轴（Axis），这是后面创建可视化视图的基础。

3．连续的特征之二：可以无限切分与颜色标示

判断字段内的数据是否有必然的先后关系，是理解连续最简单的方式。还有一种更加抽象的理解方式：看字段内任何两个元素之间是否可以切分为更小的单元。理论上连续字段都可以不断切分，比如在 3 和 4 之间还有无数个数字，3 月 1 日和 3 月 2 日之间还有无数个时间点。相反，离散字段内的两个数据是独立的，也就无法切分。

有先后顺序和能无限切分，是连续字段的基本特征。

由于连续的这一特征，在图形中把连续字段添加到"颜色"标记，Tableau Desktop 会自动增加

---

1 计算机的日期与数字对应，其原点和公元纪年的原点不同。

渐变色。而离散字段则会用明显差异的颜色表示互不依赖。色彩是可视化分析中非常重要的部分，通常具有画龙点睛的作用。如图 2-20 所示，左侧以子分类标记颜色，完全不同的颜色突出差异，但会增加视觉负担；右侧以"销售额总和"标记颜色，饱和度依次降低，配合标签就能突出占比最多的分类。

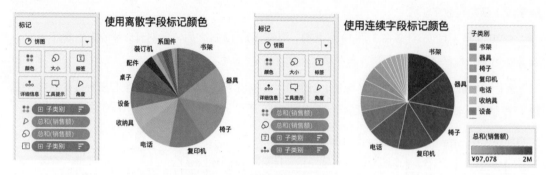

图 2-20　离散字段和连续字段的颜色表示

4. 连续与离散的表示方法与转换

为了更好地区分字段的这种分类，Tableau 中使用颜色来表示不同的字段：绿色代表连续（想象一下红绿灯，绿色代表通行，通行即连续），蓝色代表离散。如图 2-21 左侧所示，字段底色和视图中字段胶囊的颜色，表示默认的连续/离散分类。

正如维度与度量之间的转换一样，离散和连续也可以根据需要转换。比如日期默认是离散的，可以在字段上右键"转换为连续"（图 2-21 中 a 所示）；而非日期类型的维度字段（如订单 Id），如果转化为连续或者拖曳到度量区域，则会自动计数聚合，转化为度量聚合字段（如图 2-21 中 b 所示）。

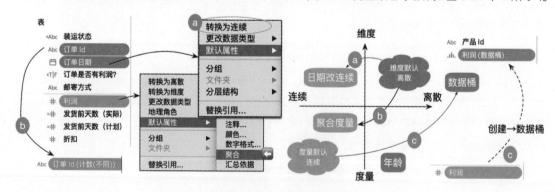

图 2-21　连续与离散字段的转换

在分析中，还有一种连续度量转化为离散维度的方式是"数据桶"（如图 2-21 中 c 所示），相当于把连续的度量，按照一定间隔切分为多段组成的离散维度，用于制作直方图以分析不同度量阶段的分布情况。通过在度量字段上右击选择"创建→数据桶"命令即可创建[1]。

另外，少数度量字段同时具有连续和离散特征，典型如年龄。在不同的问题中，比如"各科室员工的平均年龄"（作为度量计算平均聚合）和"各个年龄分别有多少员工"（作为维度决定问题层次），属性截然不同。此时可以在字段上，右击，在弹出的菜单中选择"复制"之后再转换为离散，分别保留连续与离散字段。

5. 特殊的字符串：自带层次和连续性的日期

日期是非常特殊的字符串——自带多个层次，又具有连续性，有必要单独强调。

（1）何为日期自带层次？

不同层次之间使用聚合度描述，比如分析类别的销售额，"类别"（的销售额）聚合度高于"子类别"，"子类别"又高于"产品名称"，三者是前后包含、层层递进的，这种多个字段的关系称之为"层次结构"。类似地，每"年"由多个"季度"构成，每个"季度"由多个"月份"构成，每个"月份"又有很多"天"，"天"下面很多"小时"，依此类推。因此说，日期也是带有层次结构属性的。

区别在于，类别—子类别—产品名称、国家—省市—县乡的层次结构是多个字段构成的，可以通过创建"分层结构"予以确认，日期的层次结构是同一个字段的不同部分构成的，因此是内置的、默认的。

（2）如何描述和表达日期的层次结构？

如图 2-22 右侧所示，在 Tableau Desktop 中双击日期字段，视图中会默认取"年"的层次开始分析，并为其添加层次结构控制，可以不断点击字段前面的"+/−"上钻或者下钻，从而引起视图层次的变化和度量的重新聚合。Tableau Desktop 也可以为"国家—省市—县乡"字段添加"分层结构"，达到相同的分析效果[2]。

---

1 关于直方图和数据桶，参见第 5 章 5.3.1 节之"2 直方图"。

2 分层结构，见第 5 章 5.1 节表字段的分析，与创建分层结构，可以结合图 5-7 和图 5-8 学习。

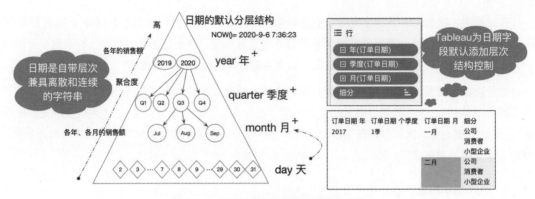

图 2-22　日期的层次结构与视图层次控制

（3）自定义离散或者连续日期

日期自带层次结构，层次是由日期字段的不同部分构成的，因此各部分可以自定义创建。根据日期的离散和连续特征，有以下两种提取日期部分的方法。

- 离散组合：年、月、日、时、分、秒（默认选项）
- 连续组合：年、年月、年月日、年月日时、年月日时分、年月日时分秒

以典型的月份来看，离散的"月"是提取了完整日期中的月份部分，即 1～12 的数字；而连续的"年月"则是提取了完整日期中月及更高层次的部分，更低层次的部分以 0 值填充，确保日期是完整。

如图 2-23 所示，可以通过右键点击日期字段选择离散或者连续的日期部分，并根据需要设置显示格式。由于离散的日期是相互独立的，柱状日期之间有明显的缝隙；而连续的日期则彼此相邻，使用坐标轴代表连续性。

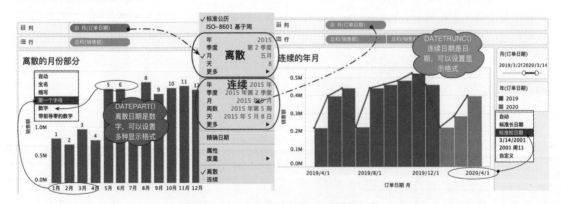

图 2-23　离散日期与连续日期的图形差异

初学者可以通过这种方式选择分析所用的日期部分，之后可以在日期字段右键"创建→自定义日期"创建，"日期部分"（Date Part）为离散，"日期值"（Date Value）为连续。

学习本书第 2 篇之后，则深入使用更多的日期函数快速构建更多的自定义日期，两个函数：离散的日期数据对应 DATEPART()函数，而连续的日期对应 DATETRUNC()函数。

深入地理解日期的构成、日期的特征、日期的聚合方式，乃至日期函数，是增进对字段乃至 Tableau 理解的重要部分。

6．字段分类的总结

至此，介绍了最重要的两种字段分类：维度与度量（第一分类）、离散与连续（第二分类）。前者用于分析问题，后者用于构建可视化。

把问题解析、字段分类结合起来，概括如图 2-24 所示。

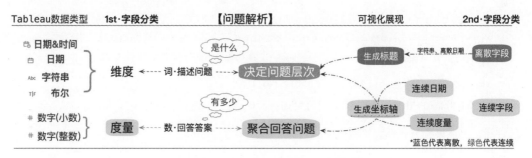

图 2-24　Tableau 字段分类与可视化逻辑

可以用两句话来概而言之，如下：

> "维度字段描述问题(是什么)，聚合度量回答答案(有多少)"
> 维度决定层次，度量默认聚合；离散创建标题、连续创建轴

2.3.3　Tableau 聚合：度量和维度的聚合方式

"维度字段描述问题是什么，聚合度量回答答案有多少"，不同问题的层次差异是用"聚合度"描述的。那么聚合的方式有几种？

问题中包含的"度量聚合"主要来自于数字度量（如销售额）的聚合构成的，也可以来自维度字段聚合（如最早日期、客户数量），结合图 2-25，按照度量、维度角度介绍聚合。

图 2-25 超市数据中不同类型字段的聚合示例

1. 度量的聚合方式

度量默认的聚合方式是"总和"SUM，Tableau Desktop 度量字段加入视图默认生成"总和"SUM 聚合，犹如 Excel 中添加到数据透视表自动计算"求和项"。问题中没有说明的聚合默认是"总和"，比如"各个类别的销售额（总和）是多少"。常见度量聚合还有平均值 AVG、中位数 MEDIAN、最大值 MAX、最小值 MIN 等。通常不会对度量做计数聚合。

- SUM([利润])=(-61)+43+4+(-27)+550 = 509
- AVG([利润])=((-61)+43+4+(-27)+550) / 5 = 101.8
- MEDIAN ([利润]) = 4
- MIN([利润])=MIN((-61),43,4,(-27),550) = (-61)
- MAX([利润])=MAX((-61),43,4,(-27),550) = 550

注意，上述聚合方式都会忽略空值。

在分析中，聚合大多来自于度量字段，拖曳度量字段到视图中，"度量默认聚合"。需要更改字段的聚合方式，可以在视图对应的字段胶囊上右击，在弹出的菜单中选择"度量"更改，如图 2-26 所示。熟悉之后推荐使用按住鼠标右键拖曳字段到视图（mac OS 则为按住 option 键拖曳）的方式，放入前会提示选择聚合方式。

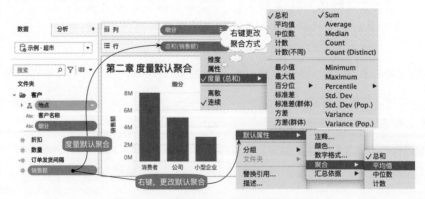

图 2-26 度量的聚合方式与修改默认聚合

而像"折扣""单价""利润率"等比率字段的"总和"是没有意义的。则可以在左侧数据窗格中字段上右击，在弹出的菜单中选择"默认聚合→聚合"命令更改，之后"度量默认聚合"就会按照"默认聚合"配置的方式自动聚合。

2. 维度的聚合方式

度量默认聚合，维度可以根据需要手动聚合，常见的维度聚合方式是最大值 MAX、最小值 MIN、重复计数 COUNT、不重复计数 COUNTD。最大值、最小值最常用于具有连续性的日期聚合，比如首次订单日期 MIN（[订单日期]）、最后一次购买日期 MAX（[订单日期]），计数/不同计数常用于客户 ID、订单 ID 等离散字段聚合。以本节开篇的数据为例：

- MIN([订单日期]) = 2019/5/31
- MAX([订单日期]) = 2020/12/9
- COUNT([客户名称]) = 5（"许安"出现了两次，重复计数为 2 次）
- COUNTD([客户名称]) = 4（"许安"出现了两次，不重复计数为 1 次）

维度默认用于描述问题层次，如需聚合需要手动添加。方法与度量聚合类似，初学者可以先双击维度字段加入视图，再点击字段胶囊添加度量聚合；熟悉之后推荐右键拖曳字段到视图（mac OS 则为按住 option 键+拖曳）的方式，放入前会提示选择聚合方式。如图 2-27 所示。

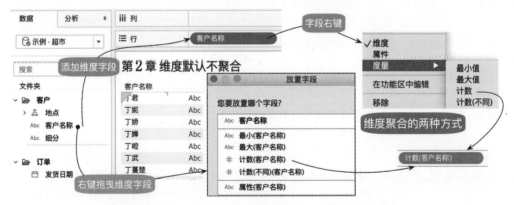

图 2-27 Tableau 中维度聚合的两种方式（手动聚合/拖曳聚合）

维度有一个非常特别的聚合函数：ATTR 属性（Attribute），用于判断维度是否唯一，如果唯一则显示它自己，否则显示星号（*）。

如图 2-28 所示，在"员工编号"之后加入"姓名"的属性字段 ATTR([姓名])，部分员工属性为"*"，说明一个员工编号对应了多个不同姓名，则可以判断数据有"一对多"匹配。由于"属性"是聚合，因此它不影响视图层次级别，不会破坏视图的已有结构和计算。

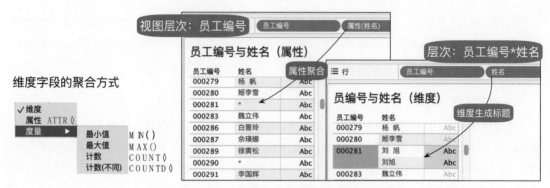

图 2-28 使用 ATTR 属性聚合判断维度字段的唯一性

初学者可以把 ATTR([姓名])理解为一个判断，这个判断有多种写法，旨在判断是否重复：

IF MAX([姓名])=MIN([姓名]) THEN MIN([姓名]) ELSE '*' END

IF COUNTD([姓名]) = 1 THEN MIN([姓名]) ELSE '*' END

在第 5 章介绍"标记"时会讲"工具提示"。工具提示用于展示更多的"答案"（聚合），是视图的延伸，添加到"标记→工具提示"的维度会默认添加 ATTR()以聚合[1]。如果想要显示一对多的异常数据怎么办？可以在工具提示中插入另一个工作表，即用"画中画"展示关联两个视图，见第 5 章格式设置之"工具提示"。

2.3.4 Tableau：从基本可视化到可视化增强分析的路径

介绍完数据分析的关键概念（层次）和分析的原材料（字段）之后，可以看一下二者结合回答业务问题的两种表达方式：数据交叉表和可视化图表；前者强调数据，后者强调图形，二者的背后都是数据的聚合。相比之下，可视化的表达方式与直觉更加相应。

1. 分析的两种表达方式

在图 2-29 中，用数据交叉表和可视化图表展示"每个类别、子类别的利润和销售额总和"。分析范围为整个样本，问题的层次是"类别*子类别"，使用"利润和销售额的聚合"回答问题。

---

1 参考 Tableau 知识库"何时使用属性（ATTR）函数"，搜索可得。学习第 8 章有助于理解这个判断。

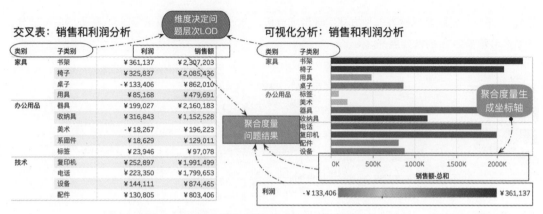

图 2-29　维度和度量在数据交叉表及可视化图表中的作用

虽然回答的问题完全相同，但是效果却迥然不同。图 2-29 右侧的可视化图表用条形图的长度代表销售额（对应视图坐标轴）、颜色代表利润（颜色图例的本质也是坐标轴），无须深度思考即可直观地发现：书架和椅子的销售额和利润贡献都很好，桌子的销售额居中但利润严重亏损。

2. 如何选择可视化基本图形

问题决定图形的选择，而非数据本身。

每一个问题，都有最佳的一种或者多种图形与之相应。图形选择取决于问题中包含的样本、问题层次与度量聚合的关系，特别后面二者的关系。如图 2-30 所示，详见第 5 章。

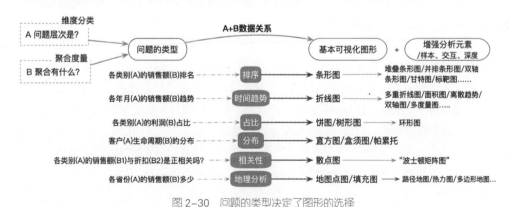

图 2-30　问题的类型决定了图形的选择

3. 从基本图形到增强分析的路径

相比数据交叉表，可视化图表的奥秘在于充分利用各种坐标轴，坐标轴构成了条形图、柱状图、折线图、甘特图、散点图、盒须图等各种图形的基本框架，之后再通过标记（如颜色、大小、形状等）、参考线、升级坐标轴等多种方式实现增强分析，而计算则给予了无限可能。在本书后续部分，基本是沿着图 2-31 的框架展开。

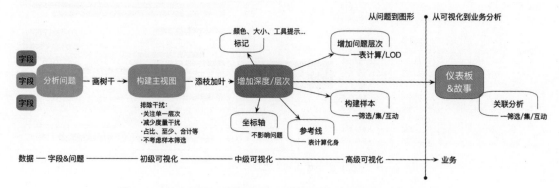

图 2-31 从基本图形（基本问题）到增强分析（问题延伸）的多种路径

2.3.5 总结：业务导向的问题解析与 Tableau Desktop 可视化逻辑

字段是分析的原材料，问题是分析的起点；字段的分类（维度与度量、连续与离散）和问题解析方法，是从数据到业务分析最重要的桥梁。而可视化则是提高数据获取效率和决策效率的最佳策略。

本章旨在跳出细节为数据分析师提供宏观的分析框架和思考方法。简而言之，主要如下。

- 问题解析：每个问题都包括分析样本、问题描述和答案字段 3 个部分，分别对应筛选器、层次（维度）、聚合（度量或者维度）。
- 创建分析样本：把筛选字段加入筛选器即可快速创建；集用于保存某个经常分析的样本；参数用来控制筛选器和集的样本大小；借助互动可以实现以图筛图（筛选器来自工作表）。
- 问题层次：维度字段描述问题是什么，维度字段构成问题的详细级别（LOD、层次），简单的问题只有一个层次，复杂问题包含多个层次（高级计算旨在主视图中增加更多层次）。
- 聚合：度量默认聚合，维度可以手动聚合，度量常见聚合方式为 SUM、AVG 等，日期常见聚合方式为 MAX、MIN，字符串常见聚合方式为 COUNT、COUNTD。
- 可视化：连续的日期和度量创建坐标轴，坐标轴创建可视化图形。

| 第 3 章 |

数据准备：用 Prep Builder
清理数据与调整结构

关键词：数据清理、数据转置、数据聚合、FIXED LOD

在实际的数据分析过程中，超过一半时间会用在数据的整理和合并上，这不仅让业务人员对数据分析望而却步，也影响了可视化分析的质量。Tableau 提供了直观、灵活的准备数据的方法，简单的整理和合并可以在 Tableau Desktop（简称 Desktop）中直接完成，复杂过程则可以借助于 Tableau Prep Builder（简称 Prep Builder），并通过 Tableau Data Management 中的 Prep Conductor 实现流程自动化。

本章将数据整理分为"数据字段整理"与"数据结构调整"两大类。字段整理包括修改数据类型、拆分字段、清理异常值、筛选数据等多种方法，并能借助"计算字段"来实现更多的整理。数据结构调整主要指数据转置和数据聚合。

作为专门的数据准备工具，本章重点介绍 Prep Builder 的使用，以及其与 Desktop 的使用差异。其中，数据聚合部分属于中高级内容，建议在学习全书后重读。

3.1　Prep Builder 基础操作

Desktop 胜在可视化和业务决策，而 Prep Builder 却帮助我们节约时间和提高效率。2019 年之前，Prep Builder 还是本地化的数据整理工具，如今借助 Tableau Data Management 服务器组件，Prep Builder 的流程也可以在服务器端自动化运行并设置计划，进一步提高了中大型企业的处理效率。

打开 Prep Builder 中自带的超市流程案例，如图 3-1 所示，Prep Builder 主界面由数据连接、流程面板和数据预览面板多个功能区组成。

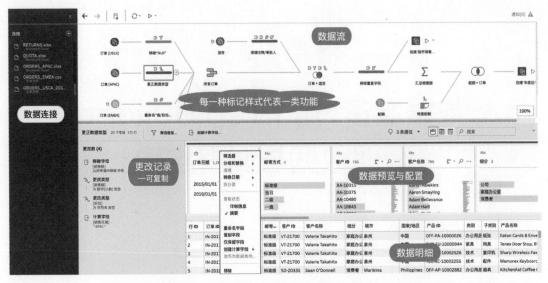

图 3-1 Prep Builder 软件的主要功能区域

其中，上方的"流程面板"是 Prep Builder 的关键，流程是由节点前后连接组成的。节点分为不同的类型，用不同的图标表示，如图 3-2 所示，⬡ 代表本地数据源，━━ 代表数据整理和清理，⬚ 代表并集，◉ 代表连接（Join），∑ 代表聚合，▥ 代表转置，⬡ ▷ 则代表输出。

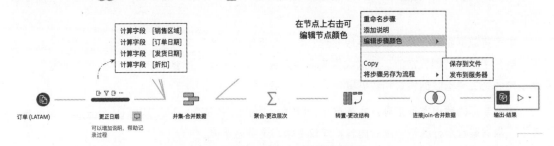

图 3-2 Prep Builder 中各种图标的功能

数据整理通常是多步骤操作，多个节点组成先后相续的流程。根据分析的需要，可以在每个节点的前、后、双节点中间增加节点，非常方便，如图 3-3 所示。

选择任意一个节点，默认打开下面的配置窗格，配置窗格随着类型的不同而不同，在"连接"节点可以设置连接字段，在"聚合"节点可以设置聚合字段。如图 3-4 所示，Prep Builder 2019 版本新推出的"数据预览窗格"和"列表窗格"，有助于查看数据结果和针对标题进行二次清理。

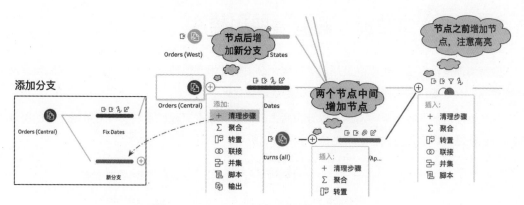

图 3-3　Prep Builder 在任意环节快速添加节点

图 3-4　Prep Builder 多种数据窗格

总结多年使用 Prep Builder 的经验后，笔者有如下几条建议。

- 主流程保持在一条水平线上，特别是在多次连接时，以避免混乱；
- 数据清理环节，特别是字段筛选、数据筛选、字段重命名、更改数据类型等，应尽可能优先处理，有助于减少重复操作，提高数据处理性能；
- 任意节点都可以用鼠标右击更改节点颜色（见图 3-2），通过节点的颜色辨别数据并集、数据连接的字段来源；
- 节点名称应该清晰，将特别的节点整理说明添加到"说明"中，有助于数据模型的重复使用；
- 如果数据整理需要自动化运行，则推荐使用 Tableau Data Management。

本章主要介绍如何使用 Prep Builder 完成数据清理和整理，数据转置和聚合，第 4 章将介绍并集、连接和混合及新推出的高级功能。

3.2 初级字段整理：数据清理和筛选

数据清理是数据准备过程中最烦琐的过程，必须精准地定位问题，然后改正。数据清理有两个基本目标：改正或排除错误数据、根据分析需求调整数据。

从数据清理的实操中看，清理可以分为两大类：针对**数据字段**的清理和针对**数据内容**的整理；前者关注标题，后者关注内容。常见操作如图 3-5 所示。

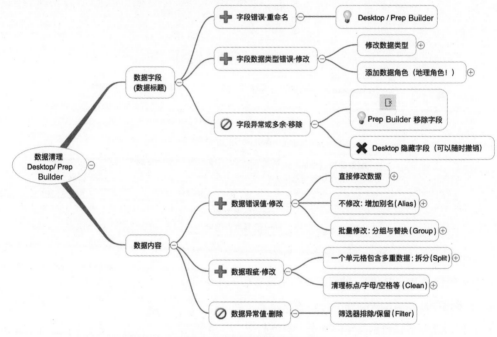

图 3-5　常见的数据整理类型

几乎所有的数据清理工作，都可以用 Desktop 或者 Prep Builder 独立完成，具体使用哪一种工具，取决于清理的复杂性和分析背景。实现的方式所有差异，但基本逻辑完全一致。

比如最常见的"更改字段名称"（重命名）、"复制字段"等功能，如图 3-6 所示，在 Desktop 和 Prep Builder 多个位置都可以通过鼠标右击快速处理。

而点击字段前面的类型标识符（常见 Abc 字符串）手动则可以快速"更改数据类型"，在 Prep Builder 中甚至可以借助 AI 驱动的智能建议快速定位并更改（见图 3-7）。此类简单的操作，多加练习，即可游刃有余，本书在介绍这些常规操作的同时，会重点阐述逻辑和思维方法，帮助读者深入地理解 Tableau。

Desktop 的数据连接面板　　Desktop 的工作表可视化面板　　Prep Builder 的数据清理面板

图 3-6　修改字段类型和重命名

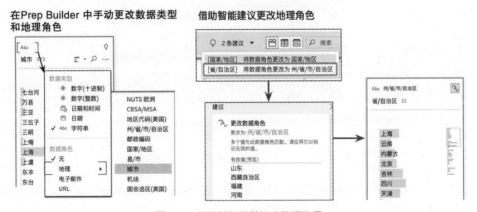

图 3-7　借助智能推荐快速整理数据

在讲解具体的内容之前，先说明一下 Desktop 和 Prep Builder 的不同之处，特别是产品的定位和理念的差异。

（1）Desktop 的清理是直接面向可视化分析的，而 Prep Builder 的清理则完全面向更进一步的整理环节（比如合并、转置、聚合等）。因此，Desktop 的数据清理，胜在与可视化分析过程融为一体，有助于保持思维的连贯性；而 Prep Builder 则胜在专业性，凡是 Desktop 能完成的数据清理和处理，Prep Builder 都能更好地完成。

打个比方，Desktop 的数据清理犹如画家手中的橡皮擦，随检随用，胜在灵活；而 Prep Builder 则如同容纳各种染料、画笔、灯光的专业工作室，胜在专业，理解了这样的区别，就能理解下面的功能差异，也能更好地理解后面我们即将阐述的"选择 Desktop 和 Prep Builder 的使用场景"。

（2）对于字段而言，在 Desktop 中可"隐藏"，而在 Prep Builder 中则为"移除"。

Desktop 是可视化分析工具，它直接和数据库打交道，自身没有数据库保存。"隐藏"的意思是无须从数据库查询这个字段，但需要查询时，又可以随时引用。如果字段已经使用，则此时就不能被隐藏。

而 Prep Builder 是数据 ETL 软件，是分步骤、分流程节点对数据的处理过程，每一个环节都为下一个环节而准备，而非直接为可视化准备。被"移除"的字段，之后所有的流程节点就不复存在了，想要在后面节点中使用它，必须回到"移除"字段的节点，删除移除操作。Prep Builder 最后生成的数据结果，不管是.hyper 文件还是本地.csv 文件，都可以被视为和数据库不同的独立数据源。对比如图 3-8 所示。

图 3-8　Desktop 和 Prep Builder 在字段上处理的差异

可见，Desktop 是为分析而做查询，可隐藏、可显示，隐藏是相对于数据库查询而言的；Prep Builder 是为了生成独立的数据源，"移除"是相对于 Prep Builder 生成的新数据源而言的，被移除的字段在最终结果中不存在，也无法像 Desktop 一样重新显示。

（3）Desktop 不能修改数据内容，而 Prep Builder 可以直接修改。

这与"隐藏""移除"类似。Desktop 只是从数据库中查询数据，如果能大量更改数据，则需要用"回写数据库"功能，这将引起数据安全风险。但是偶然有这种需求时怎么办？Desktop 提供了"别名"，相当于在错误的字段内容上打一个正确的标签。注意，别名仅限于离散的维度，而且多个字段的别名不能重复。如图 3-9 所示，在 Desktop 中选择字段后用鼠标右击，在弹出的下拉菜单中选择"别名"，即可在弹出的对话框中设置别名。注意，不要在连续的日期和度量中增加别名。

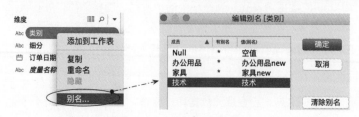

图 3-9　Desktop 的别名功能

而在 Prep Builder 中，可以更改任意数据，不管是连续维度（如日期），还是连续度量。如图 3-10 所示，在 Prep Builder 中选择字段后通过鼠标右击，在弹出的下拉菜单中选择"编辑值"或者直接双击字段，都可以更改错误的数据。如果把"办公用品"改为"家具"，二者就会自动分组。

离散维度编辑值　　　　连续日期编辑值　　　　连续度量编辑值

图 3-10　Prep Builder 的数据编辑

Prep Builder 通过流程节点分阶段整理数据，每一步都会相对独立，以自身数据引擎压缩、保存了数据，只有这样才能做连续性的复杂整理。从这个角度，Prep Builder 虽然是数据整理和准备工具，也可以与 Server 结合胜任一部分数据仓库的工作——借助于 Tableau Data Management，Prep Builder 摇身一变就实现了敏捷 ETL 的流程自动化。

上面是两个软件的关键差异性，一并介绍了几个关键的字段清理功能。接下来，我们介绍其他几个常见功能：数据拆分、数据分组、筛选器、字符串清理。

3.2.1　数据拆分

很多情况下，我们必须把一个字段拆分为两个甚至更多的字段。广义的拆分包括提取，比如在 Excel 中，我们常用 LEFT、RIGHT、MID 函数从字符串中提取左侧、右侧、中间的某一部分。

比如，HR 部门借助拆分和逻辑判断，可以从员工身份证号码中自动提取出生年月日、性别甚至籍贯等。只要身份证 ID 是标准的 18 位，出生年月日就可以用 MID([ID],7,8) 来拆分第 7 位之后的 8 位数字，提取结果的数据类型改为"日期"即可（对应的类型转换函数 DATE，详见第 8 章）。甚至可以基于身份证号码第 15 位的奇偶数推算性别，如图 3-11 所示。

基于计算字段的处理相当于定制化的整理，需要用到各种计算函数，推荐在学习第 8 章之后进一步理解这个过程。

还有一种拆分是有特定分割字符规律的拆分。如图 3-10 所示，超市数据中的"订单 ID"，假设我们想要提取其中的区域（CN/US）和日期部分，则可以用 LEFT、MID 等函数，也可以使用更简单的方式：字符串拆分函数 SPLIT。这个函数在两个工具中的体验完全一致。在 Prep Builder 的操作方法如图 3-12 所示。

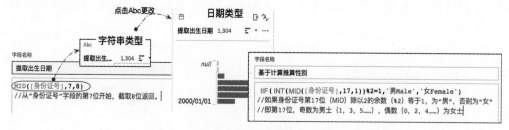

图 3-11　基于身份证号码截取出生年月和性别

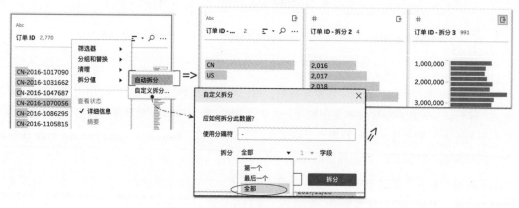

图 3-12　Prep Builder 的拆分函数 SPLIT

而在 Desktop 中，选择字段点击，在弹出的下拉菜单中选择"变换→拆分/自定义拆分"命令拆分字段。如图 3-13 所示，将"订单 ID"自动拆分会基于"-"为分隔符创建 3 个字段。

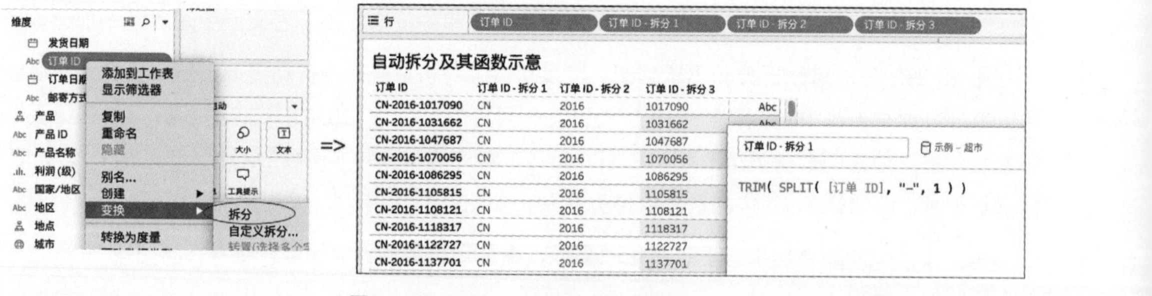

图 3-13　Desktop 的字段拆分功能

LEFT、RIGHT、MID 函数一般适用于位置和长度确定的字段拆分；而 SPLIT 函数适用于有特定分割字符的字段拆分。如果长度不确定，又没有分割字符，那么该怎么办？就需要借助其他字符串函数，比如 LOOKUP 函数、正则匹配函数等。本书会在第 8 章中介绍。

3.2.2　数据分组

"分组"是多个字段合并为一组的过程。Tableau 的分组功能简单明了，特别是 Desktop，可以边分析边创建，保持思维的连贯性。如图 3-14 所示，在按住 Ctrl 键的同时选择多个字段，之后用鼠标右击，在弹出的下拉菜单中选择"组"命令，即可自动创建一个新字段替代当前的字段。

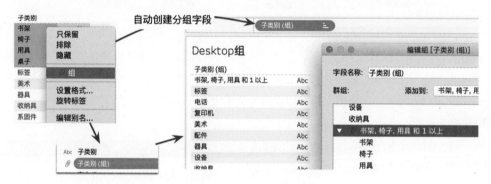

图 3-14　在 Desktop 中创建分组

而 Prep Builder 的强大在于提供了更多灵活的分组算法，比如按照拼写、常见字符等方式，还可以自动调整合并的阈值（可以理解为相似度），如图 3-15 所示。

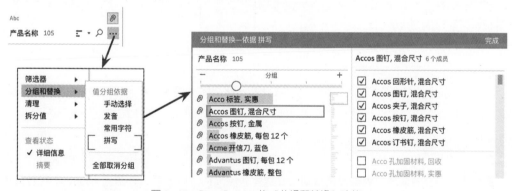

图 3-15　Prep Builder 的"分组和替换"功能

注意，Prep Builder 的分组是"分组和替换"功能，也就是用分组的方式，把多个字段内容合并在一起，如图 3-16 所示，比如把"石药新诺威""石药中企制药""石药恩必普"多个字段替换为"石药集团"，之后就没有原来的 3 个数据了；而 Desktop 的分组，是在原来字段的基础上新建一个字段，原来的字段依然保留。

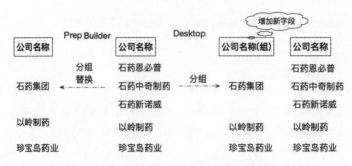

图 3-16　Desktop 和 Prep Builder 分组功能的差异

如图 3-17 所示，Desktop 的分组字段用"曲别针"图标标识，这样就保留了上下的层次关系。而在 Prep Builder 中，分组字段就是直接合并与替换，通常用第一个字段名称作为分组名称。在使用 Prep Builder 进行分组时，除非是正确和错误值的清理合并，否则建议先复制字段再分组，从而保留上下的层次关系。

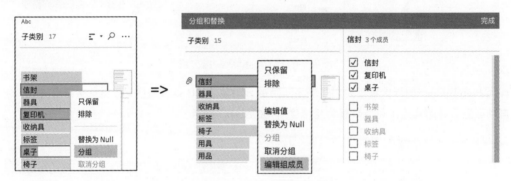

图 3-17　用 Prep Builder 创建分组和编辑成员

在 Desktop 中，多个字段可以组成"层次结构"，此功能方便在可视化图表中实现层次钻取，而不属于数据整理阶段，无法在数据源实现。在 Desktop 中如何创建"层次结构"详见第 5 章。

3.2.3　筛选器

针对数据内容的清理，大部分是借助"筛选器"完成的。顾名思义，筛选（Filter）就是筛掉无用的，留下可用的，因此它由两类动作组成："排除"和"只保留"。在数据分析过程中，筛选器是一个特别庞大的体系，在 Desktop 中尤为如此，随着分析的深入，大家会逐步认识到它的魅力。

此前，我们对 Prep Builder 和 Desktop 的差异性进行了比较，"Desktop 为可视化过程而整理，而 Prep Builder 则为接下来的数据整理而整理"，二者的筛选器用法也不同。Desktop 的筛选主要为满足交互访问的需求，比如总经理想看全公司销售情况、东区负责人要看东区销售情况等，因此 Desktop

的筛选器是"差异化查询"的过程，是随时可以变化的。而 Prep Builder 筛选器则是去伪存真，是在当前节点删除（Delete）无效的数据，是静态的，而非随时可以调整的查询（Search）。

　　笔者会在第 5 章 5.5 节专门介绍 Desktop 的筛选器。这里，我们重点说一下 Prep Builder 筛选器的操作方法。

　　一种常见的筛选是空值（null）筛选，凡是标记为 null 的字段，即表示此字段空无一物。但是在排除空值时，务必清楚它和其他字段的关联关系——即在当前字段中为空的数据行，在其他字段的数据是否有效。Prep Builder 为此提供了极其简单的关联查看的方法——高亮显示。如图 3-18 所示，在想排除某个字段的数据时，可先点击它，从而查看这个数据在其他字段的高亮分布。

图 3-18　Prep Builder 高亮选定值在其他字段的分布

　　而针对非空值的筛选就丰富多样了。比如图 3-19 所示，针对日期，筛选 2017 年以后的数据；针对类别，只保留"办公用品"；针对利润，只保留小于 0 的交易等。

图 3-19　Prep Builder 中的多种筛选器：维度、日期和度量

　　稍微复杂的筛选也会用到查询和匹配，比如筛选以 a 开头的订单编号（假设这一类代表某个特别渠道）、筛选身份证 ID 编码不等于 18 位的乘客（查找不是二代身份证的乘客）等。更复杂的操作可以通过计算字段来完成，我们会在第 8 章介绍。

　　上面的各种筛选方法，都设置在字段右侧的菜单选项"筛选器"中。针对离散维度、日期、度量又稍有差异，针对连续的日期和度量，还可以选择一个范围，这时就会有滑块可用（见图 3-20）。后面我们会越来越多地用到类似的功能，此处不再赘述。

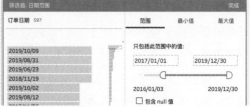

图 3-20　Prep Builder 中的离散/连续字段筛选器

3.2.4　字符串清理

Prep Builder 有一个功能非常好用——清理，它内置了常见的清理函数工具，如图 3-21 左侧所示，包括移除数字、移除字母、移除标点符号等。在处理复杂数据时，经常能一招制胜。比如把身份证号码后面的 x 统一改为大写，避免匹配失败。如图 3-21 右侧所示，2020.1 版本的日期清理操作，进一步提高了日期清理的易用性。

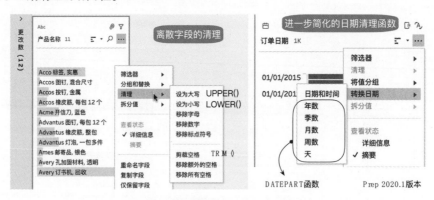

图 3-21　Prep Builder 的清理功能

上面我们按照字段标题清理（重命名、类型、移除/隐藏）和字段内容清理（修改、合并、拆分、筛选、清理）两大分类，重点介绍了 Prep Builder 的数据清理功能，同时介绍了部分功能在 Desktop 中的实现方法。数据清理和筛选看似功能复杂多样，但相对容易理解，不再一一详述。

3.3　中级结构整理：数据转置

数据转置（Pivot）是对数据存储结构的调整，很少用于数据库文件，通常多用于不规范的本地文件处理。

由于受 Excel 数据透视表的影响，Pivot 通常被翻译为"透视"，不过 Prep Builder 的 Pivot 是指转置，而非聚合，所以不要和"数据透视表"混淆。早期的 Prep Builder 版本被翻译为"透视"，后来在笔者的建议下，其中文翻译从"透视"改为"转置"，这样我们就能更清晰地了解这个功能的含义了：把列字段转为行，或者把行字段改为列，Prep Builder 中的图标也非常形象。经常使用 Excel 的读者基本都用过其中的一个小功能"选择性粘贴"，其中包含了一个特别细微但重要的选项就是"转置"，不熟悉的读者不妨现在打开 Excel 尝试一下。在学习 Tableau 的过程中，遇到关于"透视"的内容，一定要多加注意，要弄清楚是指与 Excel 数据透视表一样的聚合，还是指这里的转置。

Tableau Prep Builder 在 2018 年年中刚刚推出英文版时，Pivot 的功能仅仅指行至列转置，2019 年增加了列至行转置，两种转置的标识如图 3-22 所示。

图 3-22　Prep Builder 的转置功能

转置的必要性来自数据库的需求和分析的需要。Tableau 所青睐的数据是特别长的数据（数据行数多），随着业务交易不断增加交易行，而不是特别宽的数据（即俗称的"大宽表"）。

转置分为两个步骤：确定转置方式→输入转置字段。在列至行转置和行至列转置时，又稍有差异。

3.3.1　Prep Builder 和 Desktop 的列至行转置

最常用的转置是列至行。比如在图 3-23 中，每个地区中多年的销售额是以列的方式存储的。为了进行连续多年的销售趋势分析，需要将列字段转置为行，用一个"日期"字段合并多个列字段："年份"。

图 3-23　需要列至行的数据

常规的方法如图 3-24 所示。首先，点击数据后面的"+"，在下拉菜单中选择"转置"命令；其次，在弹出的"设置"窗格中，按住 Shift 键连续多选所有要转置的列字段；再次，将其拖曳到中间区域，自动完成转置；最后，双击转置生成的列字段，将名称修改为"年"和"任务值"。

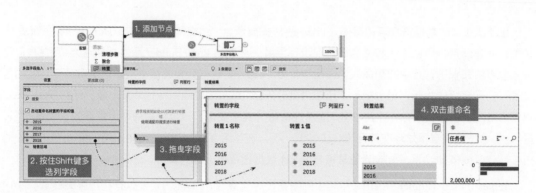

图 3-24　Prep Builder 转置：列至行

随着版本的升级，Tableau 的转置功能已经今非昔比，不仅更强大，而且操作更简单。如图 3-25 所示，在任意一个流程节点中，同时选择多个列字段，用鼠标右击，在弹出的下拉菜单中选择"将列转置为行"命令，即可自动添加转置节点，实现与上述操作相同的效果。

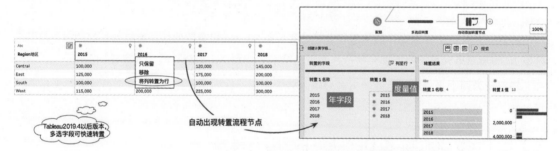

图 3-25　Prep Builder 在整理环节快速实现列至行转置

这个方法也适用于 Desktop 的数据连接阶段，方法与在 Prep Builder 中完全一致。图 3-26 展示了 Desktop 的数据连接界面，多选要转置的列字段，用鼠标右击，在弹出的下拉菜单中选择"转置"命令即可实现相同的效果。

图 3-26　Desktop 数据连接时完成转置

不过，Desktop 的转置功能仅限于完成简单的一次性转置，无法在一个数据连接中完成多次转置，也不能使用通配符的方式。在第 4 章的案例中，笔者会介绍一个使用通配符转置与多次转置的案例，相比而言，Prep Builder 更擅长此类复杂的数据处理。

3.3.2　Prep Builder 的行至列转置

行至列转置是 Prep Builder 2019 版的新功能，旨在把某一个字段内的数据，转为列字段，相当于把图 3-25 中右侧数据再转置回左侧年份为列字段的样式。为此，通常"行至列"之前要先做聚合和字段清理工作，先把数据聚合到年的级别，再做"行至列"转置，这样才能避免过多的空值。聚合的方法参见 3.4 节。

行至列转置与列至行转置稍有不同，如图 3-27 所示，首先，要将默认勾选的"列至行"改为"行至列"。其次，需要同时指定列字段（维度字段）和聚合字段（度量字段），因此需要分别拖曳两个字段到中间对应的位置中。

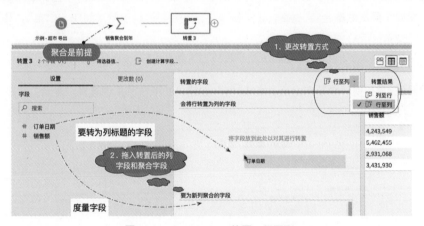

图 3-27　Prep Builder 转置：行至列

行至列转置的结果类似于 Desktop 中的数据交叉表，因此，如果只是临时的转置数据，则也不妨直接从 Desktop 的视图中导出数据交叉表。

3.4　高级结构整理：数据聚合

3.4.1　聚合的必要性和用法——单一层次聚合

如果要选一个 Prep Builder 远胜于 Desktop 的功能，笔者愿意把这个殊荣授予"数据聚合"

（Aggregate）。前面我们说，数据分析的关键是分析问题所在的数据层次，并将其聚合。这个过程在 Desktop 中是通过日期层次和度量聚合来完成的，所有的聚合默认是从数据库明细数据汇总而来的。聚合是分析的基本过程。

不过，如果要定期给 CEO 展示不同品类和总公司的销售汇总，假设每次都从千万甚至过亿行的数据中聚合，则会给数据库带来过大的压力。Desktop 通过设置数据提取以及增量刷新，尽可能减少数据库计算的次数，提高访问性能。但如果要在很多个分析场景中反复使用数据聚合，那又该怎么办呢？

此时我们就应该求助 Prep Builder。作为敏捷 ETL 工具，Prep Builder 可以随时创建"指定数据层次的聚合"，按需创建、修改灵活、引用方便、支持提取，因此可以大幅度提高数据的利用效率、减轻数据库的计算压力。由于一个流程可以生成无数个不同层次的流程分支，Prep Builder 甚至可以承担部分数据仓库的功能。

聚合的背后是层次，因此创建聚合时务必清晰计算数据的层次。在这里，沿用超市数据中的"所有订单"，在以下层次做聚合："类别、子类别、细分、每月的销售额、利润和数量"。其操作步骤如下。

第一步，创建"聚合"节点。

将鼠标光标放在前一个节点之后，点击"+"按钮，在下拉菜单中选择"聚合"命令，如图 3-28 所示。

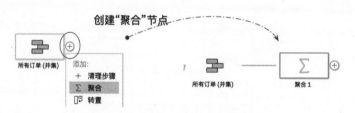

图 3-28　在 Prep Builder 中创建聚合节点

第二步，设置聚合字段。

如图 3-29 所示，把聚合需求中的维度字段和度量字段分别拖曳到"分组字段"和"聚合字段"区域，维度会展开为分组，度量则在维度确定的层次中自动聚合。

正如第 2 章所讲，聚合的目的是为了特定层次的问题答案，问题的层次是由维度字段决定的，而答案的多少是由度量的聚合回答的；二者分别对应图 3-29 中"分组字段"和"聚合字段"的位置。当然，此处的"分组字段"翻译为"分类字段"会更加贴切。

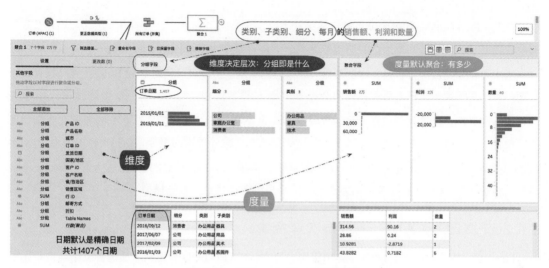

图 3-29　在 Prep Builder 中创建聚合

第三步，调整日期的层次。

聚合中的关键维度是日期。由于日期是自带层次结构、自带连续性的维度，因此可以通过设置快速更改在时间上的聚合层次。注意图 3-29 中底部的"订单日期"，日期作为维度字段，默认是按照最低的层次聚合的，即显示每天的销售额、利润和数量，共计有 1407 个日期。

要分析"每月的销售额、利润和数量"，应该把一个月内的所有日期累加在一起。可以借助"分组"功能调整日期的层次。如图 3-30 所示，点击日期字段的"分组"，在"按级别分组"中选择"月开始时间"，也就是把每个月内的所有日期都累加到当月。在第 8 章讲解日期函数时，会特别说明这个选项背后的日期函数——DATETRUNC。由于月的日期层次比之前聚合度更高，因此原来 1407 个唯一的日期就变成了 48 个唯一值，图 3-30 中右侧的日期分层结构展示了这个过程的原理。

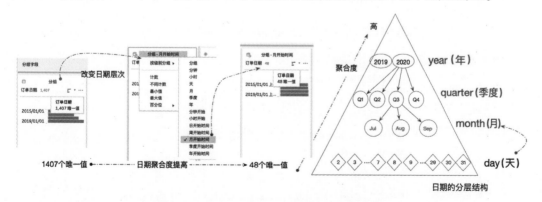

图 3-30　Prep Builder 聚合：更改日期的聚合层次

至此，Prep Builder 的聚合节点就完成了"类别、子类别、细分、每月的销售额、利润和数量"的聚合数据，这个数据比数据库的明细数据要少很多，有助于加速以此数据为数据源的视图分析。

层次和聚合是数据分析最关键的基础、最核心的原理。初学者可能对 Prep Builder 完成聚合认识模糊，可以在阅读第 5 章之后重新体会 Prep Builder 的聚合过程。

对于高级用户而言，仅仅指定层次完成聚合还是不够的，往往还需要在明细的级别完成指定层次的聚合，从高级计算的角度，相当于在明细级别增加了额外层次的聚合，Desktop 中使用 FIXED LOD 表达式完成。Prep Builder 2020.1 版本最重要的更新，应该是 FIXED LOD 表达式，有助于高级用户，特别是 IT 用户在数据源层面为业务分析师提供更加稳定的数据模型。

3.4.2　FIXED LOD——独立层次聚合

Fixed 是"指定"之意，LOD 是详细级别、层次，FIXED LOD 表达式本质是独立于当前视图层次的指定层次的聚合，即 Aggregation on FIXED LOD。它和前面的"聚合"有什么区别呢？

简单地说，前面的"聚合"是指定一个层次完成聚合，这个层次就是聚合结果的层次。而 FIXED LOD 聚合，是在不改变当前视图层次（详细级别）基础上指定一个独立的层次计算聚合。Prep 的独立层次，是相对当前数据明细级别而言的，即 Aggregation on fixed external LOD。总而言之，3.4.1 节的"聚合"实现的是单一层次的聚合，这里的 FIXED LOD 实现了多个层次的数据分别聚合。初学者在学习第 10 章 LOD 表达式之后，会更加深刻地理解这个过程。如果能提前理解这个功能，也就有助于理解后面的层次分析。

比如在商品交易为明细级别的超市数据中，我们想计算每个用户的首次购买日期。可以假想在 Excel 的明细中增加一个辅助列，不管这个客户购买过多少次，辅助列都显示它的首次购买日期。借助第 10 章的方法，在 Desktop 中的计算逻辑如图 3-31 所示。

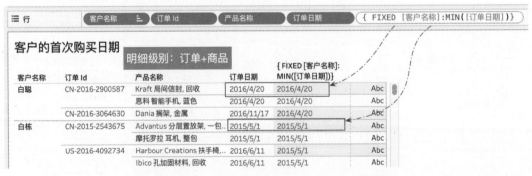

图 3-31　Desktop 中使用 FIXED LOD 完成指定层次的聚合

如图 3-31 所示，使用 Desktop 在视图详细级别（商品）中增加另一个完全独立的详细级别（客户）的聚合，此类计算只能通过 FIXED LOD 表达式来实现。不过 LOD 计算语法虽然简洁，但对于业务人员而言稍显晦涩。

在此，本书先介绍在没有 FIXED LOD 之前如何通过"聚合+连接"的方式实现这个过程，明白逻辑之后，再向 FIXED LOD 的聚合方式过渡。

第一步，使用"聚合"功能"在客户的层次，计算订单日期的最小值"。

过程与 3.4.1 节基本一致。如图 3-32 所示，先添加"聚合"节点，再双击加入"客户 ID"节点。唯一的不同是，这里的聚合是对维度字段日期的聚合，最佳的方式是找到"订单日期"，点击"分组"按钮，在下拉菜单中选择"最小值"命令，订单日期的最小值就自动加入　"聚合字段"区域。从而返回每个客户的首次订单日期。

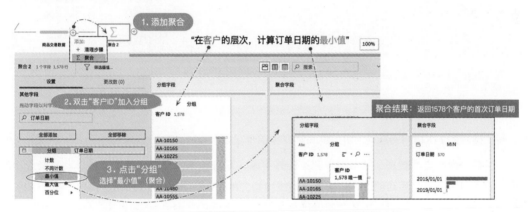

图 3-32　Prep 使用聚合计算每个客户的订单日期的最小值

第二步，将聚合结果和之前的原数据连接（Join）起来。

连接的目的是把每位客户的首次订单日期，添加到之前的数据明细中，这个过程类似使用 Excel 中的 VLOOKUP 函数查找匹配客户 ID，并返回"订单日期最小值"。如图 3-33 所示，拖曳"聚合"节点到"商品交易数据"节点，不同位置会出现不同的提示，放在右侧即"连接"（联接），释放鼠标就自动建立一个新的节点。

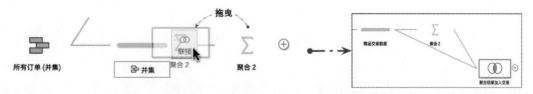

图 3-33　聚合和前一个流程建立连接（子节点与父节点相连）

自动建立连接之后会弹出连接设置界面。如图 3-34 所示，数据连接会自动匹配相同的"客户 ID"字段，由于两个数据中的客户 ID 完全一致，因此内连接就等于外连接。通过这种子节点与父节点相连的操作，就将聚合生成的结果附加到了此前的元数据中。

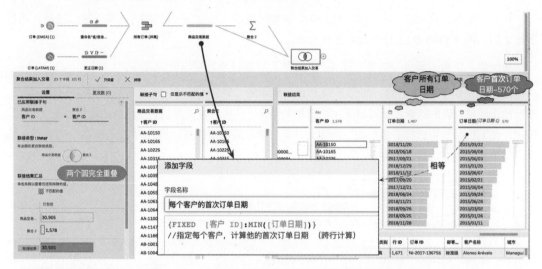

图 3-34　通过先聚合在连接实现两个层次的数据合并

有了神奇的 FIXED LOD，一切在瞬间都变得简单了。

直接在"商品交易数据"的节点中创建计算字段，即可指定客户完成首次订单日期的聚合。熟悉计算的读者可以完全手动创建，初学者不妨按照官方的引导，如图 3-35 所示，找到"客户 ID"字段，点击右侧的"…"按钮，选择"创建计算字段→固定 LOD"命令。

图 3-35　使用 Prep Builder 创建 FIXED LOD

FIXED LOD 的设置界面非常友好，如图 3-36 所示，"客户 ID"决定层次，是分组依据（分类字段）；而选择"订单日期"作为聚合的依据，选择最小值（MIN）。时间用坐标轴坐标，分别点击两侧即可快速拾取最小值和最大值。创建完成后，左侧历史记录中的表达式与第 10 章中的 FIXED LOD 语法完全一致。

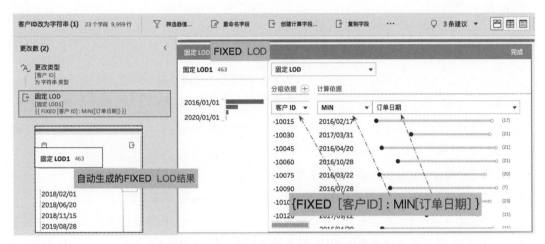

图 3-36　Prep Builder 中 FIXED LOD 的设置界面

读者在学习第 10 章"狭义 LOD 表达式"，特别是"会员分析 RFM 指标"之后，不妨重读这个部分，使用"固定 LOD"（FIXED LOD）功能，可以轻松完成会员分析的 RFM 指标，从而简化会员分析模型。如图 3-37 所示，使用 FIXED LOD 添加每位客户的累计购买金额，还可以选择多种聚合方式。

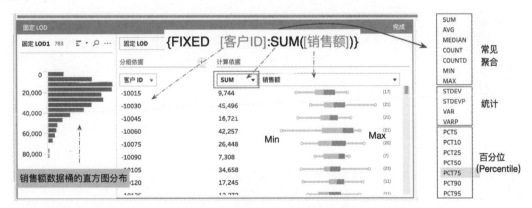

图 3-37　使用 Prep Builder 完成会员的累计销售额聚合

FIXED LOD 最主要的用法，是把生成的结果用于创建视图的维度——比如客户的 RFM 分析。应该谨慎将 FIXED LOD 的结果在 Desktop 中作为度量，这样会使数据重复，极容易出错，度量计算应该在 Desktop 中使用表计算或者 LOD 表达式完成。

当然，这里的"固定 LOD"的翻译过于生硬，因此上面笔者保留了 Desktop 中"FIXED LOD"的名称，如果一定要翻译，则"指定 LOD 计算"或者"指定层次计算"也许更加恰当一些。

3.4.3 Prep Builder 聚合的注意事项

在使用 Prep Builder 聚合时，有一些地方需要特别注意。

（1）只有维度才决定详细级别，因此只有维度才能加入"分组字段"区域。虽然，在技术上，度量也能加入分组字段，但没有实质意义，除非是像"年龄"这样身兼维度和度量两个类型的度量。

（2）维度也可以加入右侧的"聚合字段"区域，因为分类字段是可以被聚合的（计数、最大最小值），比如计算每个月有多少订单、每个月有多少客户。

（3）聚合还可以间接起到移除字段的作用，相当于 SQL 查询，既减少了查询量，又实现了查询过程中的聚合。熟悉 SQL 的读者，可以参考 SQL 语言中的 group by 语法。

（4）很多专业数据库的数据仓库，其实就是把频繁的聚合查询，以定期运行的方式提取到本地存储起来，有时候称之为"物化视图"，指实际存在的数据表，而非虚拟的查询过程。借助于 Prep Builder 的流程创建和 Prep Conductor 的流程自动化功能，Tableau 可以实现数据仓库的相关功能，还可以在实时查询和数据提取间随时切换，从而兼顾数据的实时性和读取效率。因此，笔者倾向于把 Tableau Prep 称之为"流程化的数据仓库"，它具有"数据仓库"欠缺的敏捷性，又具有面向业务分析的友好特征。

3.5　高级计算：在 Prep Builder 中计算排名

Prep Builder 2020 版本推出了两个高级计算，其一是 3.4.2 节介绍的 FIXED LOD，其二是排名，分别对应 Desktop 中的"LOD 表达式"和表计算。把之前视图层次中的二次聚合计算技术加入数据整理的环境，有助于更好地发挥数据分析师和 IT 部门的技术优势，也有助于帮助搭建数据整理的模型。

建议初学者完全跳过本节，在掌握第 10 章之后重读。

3.5.1　单一维度的排名计算

排名（Rank）通常是对聚合度量的排名，比如各地区销售额排名、各品类销售额沿着各月度的排名变化等。所以，排名和前面的 FIXED LOD 是紧密相连的。

比如，要计算各个地区的销售额排名，首先通过"固定 LOD"（FIXED LOD）功能计算"每个地区的累计销售额"，如图 3-38 左侧所示。

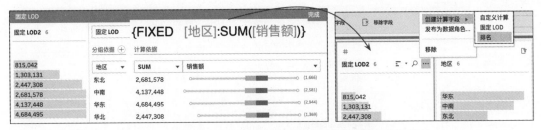

图 3–38 先使用 FIXED LOD 表达式创建字段，再基于字段创建排名

然后，基于新增加的 LOD 字段上创建"排名"，如图 3-38 所示，在"固定 LOD2"字段上，点击"…"按钮选择"创建计算字段→排名"命令，结果如 3-39 所示。默认的排序是相对行级别的位置而言的，因此差异很大。点击"排名"可以选择多种排名方式，建议改为"密集排名"，这样就可以用连续数字排名，忽视中间差异。除了排名方式，还可以选择降序或升序排列，如 3-39 所示。

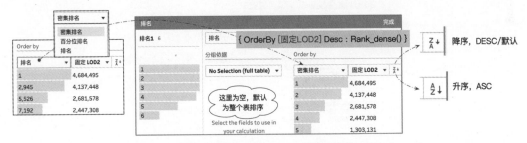

图 3–39 在 Prep Builder 中设置排名

这样，就为聚合销售额分别标记了 1~6 的排名编号，间接地实现了所有明细数据中每个地区字段都增加了排名标签。由于明细数据非常多，所以在做可视化分析时要注意将排名字段改为维度，或者用度量的平均值显示。

3.5.2 具有分区字段的排名计算

上面的排名计算仅仅涉及一个维度，那如何对"每个分类下的每个地区销售总额"进行排名呢？和上面相比，这里增加了一个排名的范围字段：分类。排名应该在每个分类中重新开始。

首先，使用"固定 LOD"功能计算"各个分类、每个地区的销售总额"、相当于可视化的创建方式，直接使用计算字段创建更加方便，如下：

$${FIXED [类别],[地区] :SUM([销售额])}$$

其次，在上面"固定 LOD"的计算结果基础上创建排名。这里需要增加一个"分组依据"字段，在每个分组依据内，排名都要重新开始。另外排名方式改为密集排名（Rank_Dense），如图 3-40 所示。

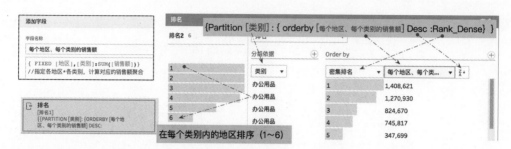

图 3-40 Prep Builder 中有分组的排名

这样，就在每个类别下为每个地区设置了排名 1 ~ 6，在 Desktop 中预览数据，无须表计算即可完成排序，如图 3-41 所示。

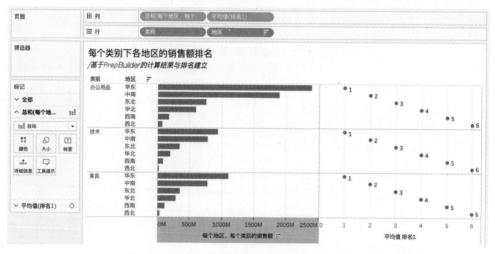

图 3-41 基于 Prep Builder 的排名字段，完成可视化

Prep Builder 的排序还能实现更复杂的分类和排序，在系统学习表计算之后，参考多个方向和多个范围的表计算排序，可以重新审视这里的设置。

3.5.3 行级别排名与密集排名

使用 Prep Builder 的排名最关键的一点是，排序是按照指定条件**在明细级别**的排名，而不像 Desktop 是对聚合数据的排名。

如图 3-42 所示，基于"地区"字段，选择"创建计算字段→排名"命令。此时不增加任何分组依据字段，也不额外增加排序字段，"西南"区域排名第 1，而"西北"区域排名第 922。这里的 922 具体指什么呢？

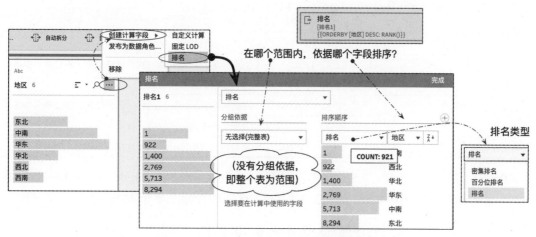

图 3-42　Prep Builder 基于地区字段做默认排名

在数据源中，6 个地区的位置排序是"西南—西北—华北—华东—中南—东北"。排名默认采用并列排名的规则，在图 3-42 中，每个地区的灰色阴影代表有多少个相同的数值。比如，"西南"在数据源中有 921 条，因此"西南"地区的 921 笔交易都并列第 1；而"西北"排在西南之后，"西北"的第 1 笔交易，正好是全国第 922 笔交易，所有西北的交易都并列排名第 922。可见这个排序是按照地区将明细数据排序后的编码。

为了更好地表示这个逻辑，不妨用图 3-43 理解。地区默认按照数据源顺序排序，每种颜色代表一个地区，每个点代表地区的一次交易，视图的详细级别是商品交易。"西北"的第 1 笔交易正好在数据源中是第 922 笔。

图 3-43　使用 Desktop 理解明细级别的排名

Tableau 支持多种排名规则，规则的差异主要体现在并列排名时的不同处理方法。上述默认按照位置排名的方式称之为"标准竞争排名"，并列排名使用同一个数字。常见的排名规则还有"密集排名""调整后的竞争排名""百分位排名""唯一排名"，假设对一组数据 {3,5,5,9,9,10} 排名，其结果如表 3-1 所示。

表 3-1 排名结果

排名规则	排名结果	说明
"常规竞争排名"	1, 2, 2, 4, 4, 6	并列排名, 给出更高的并列排名位置, 跳过并列排名
"密集排名"	1, 2, 2, 3, 3, 4	并列排名, 且数字连续
"调整后的竞争排名"	1, 3, 3, 5, 5, 6	并列排名, 给出更低的并列排名位置, 跳过并列排名
"唯一排名"	1, 2, 3, 4, 5, 6	并给予不同的排名值, 数据连续
"百分位排名"	0, 0.2, 0.2, 0.6, 0.6, 1	把数据分布到 0~1 的百分位坐标轴上

Prep Builder 的排名支持"常规竞争排名"(默认)、"密集排名"和"百分位排名"3 种方式, 排名时阴影会显示并列排名的数量。其他几种排名规则可在 Desktop 的表计算中使用, 详见第 9 章。

对序列 { 3, 5, 5, 9, 9, 10} 排名

 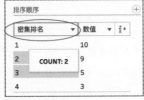 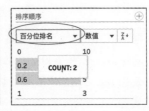

图 3-44 Prep Builder 的排名规则

通常, 数据分析时会使用"密集排名", 强调先后顺序, 而忽略所在的位置。

因此, 虽然使用 Prep Builder 排名很好, 但是需要与聚合结合起来。由于本部分内容涉及高级计算, 建议大家学习完第 2 篇计算部分之后再重读此小节。在笔者的博客中, 最近更新了一篇名为 "Tableau Prep 高级业务案例: 转置、排序、范围匹配和聚合"的文章, 介绍了一个包含各种高级功能的业务分析实例。

Prep Builder 支持高级计算, 有助于数据分析师和 IT 分析师更好地准备数据模型, 通过在数据层面做好预先计算, 可以提高高级计算的应用范围, 并提高稳定性。

3.6 Prep2020.3 升级: 增量刷新与写入数据库表

Prep 数据准备的结果, 最后要输出到本地或者服务器中用于分析。Prep2020.1 版本支持增量刷新, 2020.3 版本新增了将输出结果写入数据库表, 二者的结合进一步提高了数据准备结果的应用范围, 也使 Prep 成为适用于业务用户的的敏捷 ETL 工具。

如图 3-45 所示, "输出"如今有三个选项: 保存到文件(本地)、作为数据源发布(到 Tableau Server)、

写入数据库表（关系型数据库）。

无需专业的数据库专业知识（像我），也可以按照步骤"选择数据库""输入数据库表名""选择写入选项"，Prep 即可自动创建数据库表并完成写入。从而避免了最为复杂的创建数据库表的过程。

图 3-45　Prep Builder 写入数据库表

"写入选项"有三个选项，"创建表"会在每次重新创建数据库表，不建议使用；"附加到表"建议与"增量刷新"功能结合，从而保证每次流程仅处理新增数据并追加写入，适合大量数据环境下提高性能；"替换数据"则适用于使用之前的数据表结构覆盖写入。如图 3-46 所示。

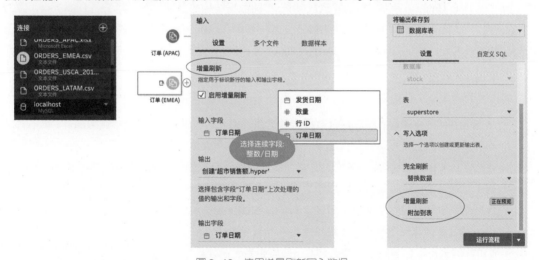

图 3-46　使用增量刷新写入数据

至此，本书介绍了 Prep Builder 在数据准备之数据清理与结构调整方面的主要功能，另一个数据准备的重要主题是数据合并和建模，这是第 4 章的主要内容。

| 第 4 章 |

数据准备：数据合并与数据建模

关键词：连接（Join）、并集（Union）、混合（Blend）、关系（Relationship）

计算机世界的数据多半是以数据表为存储单位保存的，常见有 Excel 的工作簿、数据库的视图，数据分析经常要同时使用多个数据表，此时就需要数据合并技术。Tableau 独创的 VizQL™ 技术把用户的拖曳操作转化为专业的 SQL 查询语言，不仅适用于可视化分析，也适用于数据整理过程。

在具体展开之前，我们先统一概念，笔者用"数据合并"代表最为广义的统称，意指把来自不同数据源的数据结合在一起。在 Tableau 中，根据不同的合并方式和数据处理阶段，使用了不同的用词：其一是 Data Union，译为"数据并集"，用于相同数据结构的上下相续；其二是 Data Join，译为"数据连接"[1]，基于关联字段把数据左右相连；其三是 Data Blend，译为"数据混合"，在视图层面把聚合数据做匹配；其四是新推出的 Data Relationship，译为"数据关系"，将数据混合的混合查询合并转移到了数据源阶段。

可以分为两大类：行级别的数据合并（物理表）与聚合层面的数据合并（逻辑表）。

- 从行级别的数据来说，只有两种数据合并方法：相同的数据上下相续并集（Union）和不同数据前后相连的连接（Join），二者都不会涉及任何的聚合查询与计算。
- 数据混合（Blend）其实是在视图创建之后附加另一个数据源的聚合查询，本书比作 Excel 中两个数据透视表的匹配关联，属于可视化分析阶段的逻辑查询，必然涉及聚合过程。
- 数据关系默认也是包含聚合的查询，和混合的区别在于所处阶段不同，关系在构建数据源阶段，混合在构建视图阶段也是逻辑意义上的聚合查询。

笔者用家庭关系来比喻数据合并的方法：并集相当于亲兄妹、连接相当于堂兄妹或者叔侄匹配、

---

1 为了和广大的中文计算机世界保持语义上的一致性，虽然 Tableau 将 Join 翻译为"联接"，本书依然使用"连接"指 Join，并尽可能避免使用"联接"一词。除非特别说明，本章图例中的"联接"均为 Join（连接）。

混合如同恋爱、关系就是夫妻结婚。建立在婚姻基础上的稳定逻辑关系，家庭才有了长久的可能。所以说，数据关系不仅仅是一种数据合并的方法，而且借助逻辑层、物理层的双层结构与数据并集、数据连接融合在一起，最终通往"数据模型"。因此，本章首先介绍行级别的并集、连接，再介绍包含聚合过程的数据混合，最后介绍集大成者——数据关系。

4.1 行级别合并：并集、连接与 Desktop 方法

4.1.1 数据并集

在所有的数据合并方法中，"数据并集"最容易理解，它用于数据结构完全一致的多组数据合并。结构完全相同指字段标题名称及其数据类型一致。

并集多用于本地文件的处理，比如同一个 Excel 文件下的多个工作表，多个 Excel 文件下的多个工作表，或者多个.csv、.txt 文件等，如图 4-1 所示。基于数据库的数据准备极少用到并集，基本都是连接（Join）。

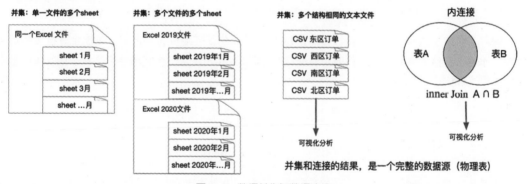

图 4-1 数据并集与数据连接

在第 2 章的数据连接简介中，本书介绍了数据连接面板的主要功能和单表连接。并集是建立在单表连接基础上的。这里介绍一下在 Desktop 中创建并集的详细方法。

第一步，打开 Desktop，从左侧的数据连接面板连接本地的数据文件，如图 4-2 所示，选择"订单 APAC.csv"文件。此时"订单 APAC.csv"会加入右侧的连接主面板，而文件夹中的所有文件都会同步显示在 Desktop 的连接面板左侧。

第二步，三种方法任选其一——特定（手动）创建并集。

图 4-2 中标记了快速创建并集的 3 种方法，可以双击左侧数据底部的"新建并集"（见图 4-2 位

置 a）；也可以在已有单表连接处点击右侧小三角图形，在弹出的菜单中选择"转化为并集"（见图 4-2 位置 b）；而最快捷的方法大概是直接把另一个需要并集的文件拖曳到之前的图例下方，同时会有"将表拖至并集"的提醒（见图 4-2 位置 c）。

手动创建并集适用于少量的并集文件。

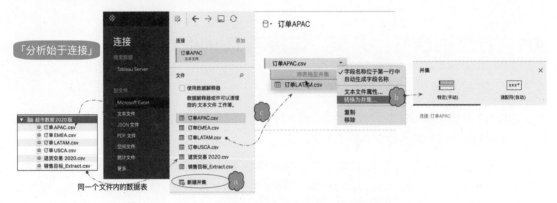

图 4-2　在 Desktop 中用 3 种方法创建出并集

第三步，使用"通配符（自动）"合并多个文件（可选，可以替代第二步手动步骤）。

除了上面的手动建立并集的多种方法，Tableau 还提供了"通配符"方式，可以合并符合特定条件的工作表（文件）中的特定工作簿。通配符*（星号）代表任意一个或者多个字符，图 4-3 展示了几种通配符样式。

图 4-3　通配符匹配文件或工作簿

明白了通配符的用法，如图 4-4 所示，在并集窗口中点击"通配符（自动）"切换到通配符模式，设置"文件"对应的"通配符模式"为"订单*"，Desktop 会自动查找当前文件夹所有以"订单"开头的数据表，并建立并集。如果存在嵌套文件夹，则可以选择"将搜索扩展到子文件夹"等方式扩大并集的搜索范围。此用法适用于把不同年度的数据表分文件夹存放的情形，不过慎用为好。

并集建立之后，如何查看系统合并了哪些工作表呢？如图 4-4 所示，系统自动生成两个辅助字段，"File Paths"（文件路径）和"Path"（数据表路径），用来记录合并的文件来源及名称，用鼠标右击"Path"字段，在弹出的下拉菜单中选择"描述"命令，可以查看并集包含的数据表，从而确认并集的准确性。通过验证发现，"订单*"通配符自动合并了 4 个文件。

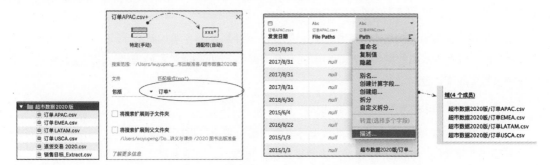

图 4-4　使用通配符合并多个文件并查看合并项

在某些情况下，我们可以使用这些辅助字段，比如很多客户的月份日期记录在 Excel 的工作表名称中，因此需要从辅助字段中提取月份加入主数据。4.6 节会介绍一个包含此方法的综合案例。

第四步， 异常处理（可选）。

此前曾讲过，并集用于数据结构（字段名称和字段类型）完全相同的数据合并。有时候多个数据表中的并集字段存在不一致的情形，就需要发现后再处理。

为此，笔者在并集中加入了一个新文件，它的"国家"字段与其他 4 个文件的"国家/地区"字段相对应。如图 4-5 所示，通配符并集无法识别为相同字段，按下 Ctrl 键（mac OS 为 Command 键）的同时选择这两个字段，用鼠标右击，在弹出的下拉菜单中选择"合并不匹配的字段"命令，即可将两者合并。之后双击新字段重命名为"国家/地区"即可。

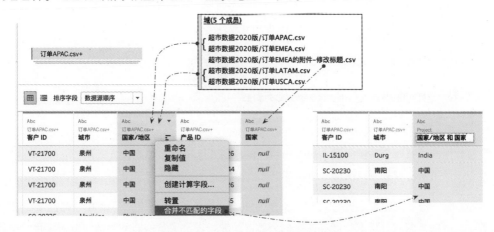

图 4-5　手动合并并集中的不匹配字段

不过，手动匹配的使用场景有限。如果字段的数据需要通过拆分或计算预处理（比如销售额是带有货币符号的文本，"￥45""￥54"），就无法通过这种方法实现。基于复杂整理之后的并集，只能通过 Prep Builder 完成，4.5 节会介绍在 Prep Builder 中的数据合并方法。

综上所述，并集的前提是字段完全相同，因此数据并集并不会增加新的字段。系统自动生成几个辅助字段（根据版本和并集的方法不同名称略有差异），帮助验证并集的准确性，手动匹配适用于处理简单的字段不一致问题。

另外，从笔者的经验来看，还需要注意以下几点。

- 数据整理主要用于 Excel 等本地数据环境中，极少用于数据库环境。
- 虽然使用 Prep Builder 做数据并集会更直观、更简单，但除非必要，不要把数据整理和可视化分析分开，使用 Desktop 同步完成数据并集和可视化有助于保持思维的连贯性。

4.1.2　数据连接

在实际的分析场景中，更多的数据合并是两类不同的数据，比如销售订单与商品详情匹配、销售订单与退货订单匹配等。将多个不同的数据表，以相同的字段为关联条件将数据合并在一起的过程，称之为"连接"（Join）。

初学者可以借助 Excel 的 VLOOKUP 函数来理解数据连接的过程，VLOOKUP 函数用于从指定范围中返回匹配的列，这是最简单的数据连接。不过，这种方式每次只能匹配一个关联字段，只能返回一个字段，不适用于大数据的需求。数据库工程师可以借助 SQL 语言实现更复杂的数据连接和计算，但对于业务部门的分析师而言又过于晦涩、难以普及，好在 Tableau 借助于拖曳和图形，使我们无须学习专业的 SQL 语言，即可实现大数据的匹配验证（见图 4-6）。

图 4-6　从单行查找到批量数据匹配

理解数据连接有两个关键问题：用哪些字段做连接？选择哪一种连接方式？

笔者用一个简单的例子说明这个过程。

比如，有一份"退货商品明细"（退货交易 2020.csv 文件），包含退货订单 ID、商品 ID、退货原因及备注，我们想深入分析退货商品所属的分类、区域，以及退货的时间趋势，就需要用"退货交易"和销售明细做匹配，查询并返回每件退货商品的分类、区域、日期等其他数据明细。

在 4.1.1 节的基础上，使用 Desktop 加入"退货交易"并建立匹配关系，步骤如下。

第一步，建立连接。

如图 4-7 所示，双击"退货商品明细"加入连接面板，Desktop 自动建立两个数据表的匹配，点击中间的连接图标，可以查看连接的方式（此处为"内部"）和连接所有的字段（此处为"商品 ID"）。

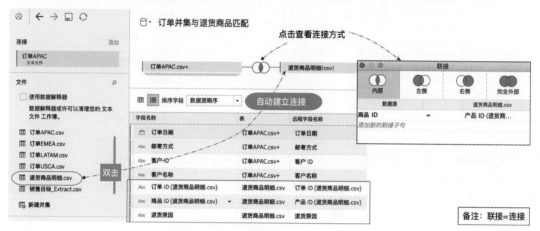

图 4-7　双击退货商品名称自动建立连接

默认情况下，Desktop 自动为连接查找一个连接字段，默认取两侧重合数据。接下来，数据分析师需要根据自己的业务问题修改连接字段和连接方式，这是设置连接的关键！

第二步，修改连接。

图 4-7 中默认使用"商品 ID"连接退货明细和销售明细，"内部"连接代表取两侧重合的部分。返回的结果是所有订单中的退货信息。对吗？看似正确，实际不对。

举个简单的例子，爸爸下班路上去楼下超市购买了苹果和香蕉，妈妈也在同一家超市购买了香蕉和猕猴桃。回家发现购买重复了，因此妈妈回超市把香蕉办理退货。如果按照订单退货（只匹配订单 ID），那么系统会把妈妈购买的香蕉和猕猴桃全部退掉，而如果按照商品退货（只匹配商品 ID），那么系统会把爸爸和妈妈购买的香蕉全部退掉。正确的方法是，让系统知道，是妈妈的订单下的香蕉退货，因此就需要同时匹配订单 ID 和商品 ID。这就是数据分析中最关键的层次，或者称之为详细级别。层次是从 Excel 到 Tableau 的最本质跨越，是数据连接、可视化分析的知识基础，也是高级计算的逻辑基础。

基于这样的思考，想匹配并返回"所有退货商品的类别、子类别、区域、退货时间等"，就需要同时匹配"商品 ID"和"订单 ID"。如图 4-8 所示，点击连接标识，在弹出的编辑窗口中，点击"添加新的联接（连接）子句"，将两侧的"订单 ID"建立相等关联。

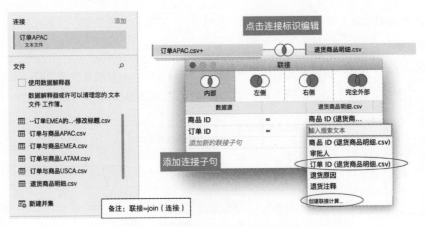

图 4-8　在数据连接中选择匹配字段

Tableau 的数据连接支持包含计算的字段作为连接子句，如图 4-9 所示。

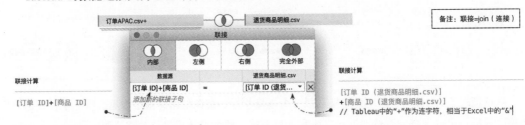

图 4-9　使用自定义计算创建出连接字段

连接（Join）中常用的方式有以下 4 种，如图 4-10 所示。

图 4-10　连接的常见方式

我们在中学时学习的交集和并集，在计算机分析中又被称之为"内连接"和"外连接"，另外还有左连接和右连接。如果连接字段只有一个，则可以用 Excel 的 VLOOKUP 函数理解左连接的逻辑——相当于从右侧数据表中查找到匹配的数据行，然后返回每一列的数据值，因此"左连接"是在左侧数据表字段的基础上，增加右侧数据表的数据字段的过程。

我们用最小的数据样本来演示这个过程，用 Excel 分别存储各区域的销售总额（Sales）和销售目标（Target），区域（Area）作为连接字段，4 种连接方式的结果分别如图 4-11 所示。

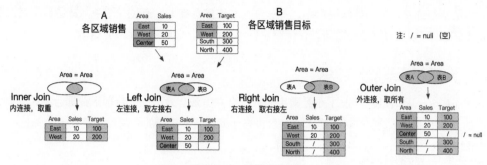

图 4-11　连接的示例

匹配的字段会返回对应的值，没有对应的值就是空，Tableau 中用 null（空值）来表示。

不管使用什么工具做数据分析，数据连接都是业务用户学习数据分析的第一个关卡。迈过这个坎儿既需要深刻理解业务问题和数据结构，又需要深刻理解上面的连接逻辑和设置方式。

最后，回到本节开头的问题"查看退货商品的类别、子类别、区域、退货时间等"。既然查看退货商品，为什么选择使用默认的"内部"连接，而不是选择以"退货商品交易"为主的"右连接"呢？

Tableau 虽然使用了图 4-10 清晰地代表数据连接类型，对于退货而言，由于所有的退货都必然在销售中有记录，默认的"内部"与选择"右侧"连接是完全一致的，其真实的关系如图 4-12 所示。

图 4-12　退货商品交易属于所有商品交易的子集

可见，了解技术和了解业务同样重要，这样技术才能为业务分析所用。

换一个分析场景，为了在商品交易分析中排除退货商品的影响，如何在并集的结果中排除退货商品呢？这种排除操作无法使用图 4-10 中的类型来解决，相当于两种类型的"相减"计算，如图 4-13 所示。

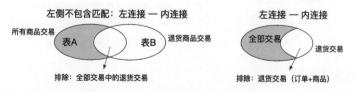

图 4-13　在左连接基础上排除内连接部分

此类的高级连接，有两种解决思路，其一是在左连接基础上，通过视图中筛选完成；其二是使用 Prep Builder 可以在数据准备阶段，仅保留左侧不匹配值，后者在 4.5 节介绍。

4.1.3 并集与连接的异同点

并集（Union）和连接（Join）是最常用的数据合并方法。为了进一步理解数据合并，同时为理解后面的"数据混合"奠定基础，笔者在这里进一步阐述一下二者的共同点和差异。

1. 并集和连接的共同点

- 二者都是行级别的合并，并集是把多个文件的所有行都前后相续，连接是在每一行上匹配字段，行级别意味着没有任何的聚合计算参与其中。
- 并集和连接的结果都是产生新的数据源，而不再存在一个单独的数据表。
- 既然是行级别合并，并且产生了新的数据源，因此一旦开始可视化分析的过程，数据源就保持不变，不能在分析过程中修改。具有这种特征的数据表，称之为"物理表"。图 4-14 形象地展示二者的差异。

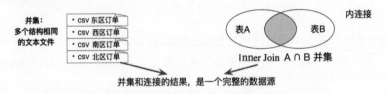

图 4-14　并集和连接，都是生成一个完整、独立的数据源

2. 并集和连接的差异

（1）并集是相同数据结构的前后相续，连接是不同数据的左右相连。

并集一定会增加行数，但不会增加新字段（除了 Tableau 自动生成的辅助字段）。连接必然增加字段的数量，但不一定增加行数，是否增加行数取决于连接方式和是否有重复内容），如图 4-15 所示。

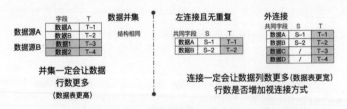

图 4-15　并集一定会增加行，而连接一定会增加列

（2）并集比连接更优先。

在 4.1.2 节创建连接时，直接使用了 4.1.1 节创建的并集与"退货商品明细"做了匹配。Desktop

中并集总是优先于连接，二者关系可以如图 4-16 所示。

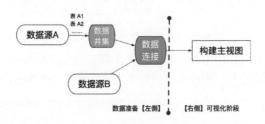

图 4-16 并集优先于连接

（3）连接可以跨数据源连接，而并集限于同一数据源。

4.1.2 节介绍的数据连接是在同一文件路径下的文件连接，可以视为同一个数据源内的连接。有时候，连接是跨文件路径的，或者跨数据库的，此时就可以在原来的数据源连接基础上，增加额外的数据源连接。

如图 4-17 所示，点击左侧连接面板的"添加"，可以增加额外的数据文件，Tableau 使用不同颜色代表不同的数据源。

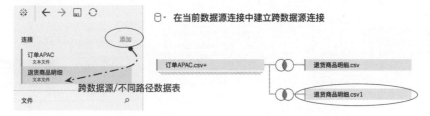

图 4-17 跨数据源建立连接

从 SQL 角度理解，跨数据源的数据连接，是两次数据库查询请求的连接。同一个数据源的多个数据表之间的数据连接和跨数据源数据连接如图 4-18 所示。

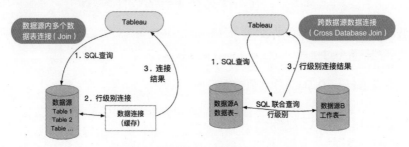

图 4-18 数据连接是一次性的 SQL 查询

理解跨数据源数据连接，是理解"数据混合"的基础。

4.2 视图级别合并：数据混合与 Desktop 方法

分析中经常遇到数据合并，但并非每次都适合通过"连接"（join）在一起。以 Tableau 官方超市的"销售完成率"数据来说明，1000 万行的"销售明细表"和 1000 行的"销售目标表"，基于这两个数据源，我们要分析每个类别、每个细分、每个月的销售额达成情况。

倘若要通过行级别匹配，那么详细级别更高的"销售明细表"就会出现大量的重复。那有没有一种合并数据的高级方法，可以在保持数据源独立的前提下实现数据聚合的"合并"，通过先聚合再匹配的方式，提高合并的性能呢？

也就是说，只关心月度销售额和达成，而不关心数据库保存的每天的目标值。

从大家熟悉的 Excel 来看这个需求。

在 Excel 中，先用销售数据做透视表，将行级别数据聚合（汇总）到每个细分、每个类别、每年，返回销售额（见图 4-19 左侧部分）；然后对销售目标数据做同样的操作，返回每个细分、每个类别、每年的销售额目标值数值（见图 4-19 中间部分）。我们想要的数据合并，是把左侧透视表的聚合值和右侧透视表的聚合值，按照维度匹配起来。

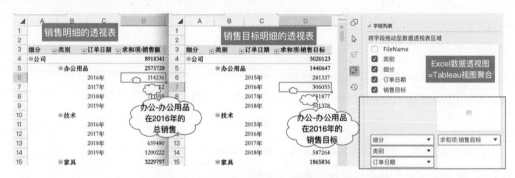

图 4-19　使用 Excel 数据透视表理解数据混合的逻辑

这个过程和行级别连接有本质的区别，行级别连接是在每一行做匹配追加，而这里是先计算聚合再按照维度匹配，这个过程是"聚合层面的数据连接"，又称之为"数据混合"。

那这个过程在 Tableau Desktop 中如何完成呢？

4.2.1　使用 Desktop 进行数据混合

Tableau Desktop 单一层次的工作表，和 Excel 的数据透视表原理一样，都是基于指定字段的数据聚合。

使用 Desktop 默认的超市数据，新建一个工作表，如图 4-20 所示，左侧会显示所有的维度和度量，右侧就是做数据聚合和可视化的区域。依次双击"细分""类别""订单日期"和"销售额"字段，或者把各个字段拖曳到如图 4-20 中指定的位置，就可以获得各个细分、类别、年（订单日期）级别的销售额聚合。

图 4-20　使用 Desktop 在指定层次计算销售额聚合

同理，基于"超市-目标"数据，也可以生成细分、类别、年级别的销售额目标聚合。两个聚合的缩略图如图 4-21 所示。

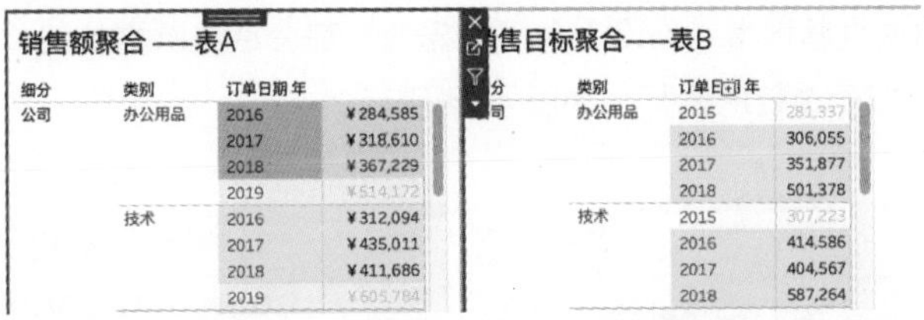

图 4-21　使用 Desktop 完成数据聚合

此处数据合并的目的，就是依据维度字段做关联匹配，把表 B 中的销售额目标数值放在表 A 的实际销售额后面，从而直接计算达成占比，合并结果如图 4-22 所示。

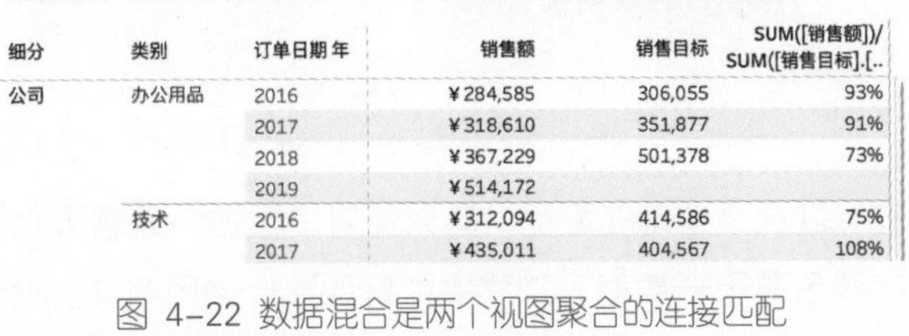

销售额、销售目标及达成% —— 在表A后连接表B的匹配项

细分	类别	订单日期 年	销售额	销售目标	SUM([销售额])/ SUM([销售目标]).[..
公司	办公用品	2016	￥284,585	306,055	93%
		2017	￥318,610	351,877	91%
		2018	￥367,229	501,378	73%
		2019	￥514,172		
	技术	2016	￥312,094	414,586	75%
		2017	￥435,011	404,567	108%

图 4-22　数据混合是两个视图聚合的连接匹配

需求很简单，但不能使用之前的连接实现，此时需要一种全新的数据合并方法——类似于此前的"跨数据源连接"，但不是行级别连接，而是**聚合查询结果的连接**。可以用一句话来完整地描述这个结果：从"示例-超市"中计算每个细分、类别、每年的**聚合销售额**，并从"销售目标"中匹配对应的**聚合销售目标**，而后把两组数值一一对应。

1．新建辅助数据源

如图 4-23 所示，通过快捷工具栏或者"数据→新建数据源"命令增加数据源，选择对应的"数据目标"数据表。

图 4-23 增加辅助数据源

2．匹配数据源关系

在图 4-20 创建的聚合基础上，在左上角"数据源"部分点击新增加的"销售目标"，此时发现维度字段右侧增加了类似于锁链的图标，如图 4-24 所示。

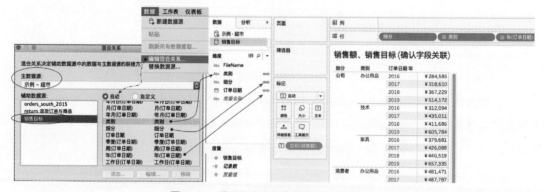

图 4-24 相同的维度字段自动建立匹配关系

两个数据之间的匹配，默认是自动匹配的。可以通过"数据→编辑混合关系"命令查看。不过，在实际业务中经常由于字段名称不一致而无法建立默认匹配。如图 4-25 所示，"细分"重命名就会导致字段匹配失效。此时可以通过"数据→编辑混合关系"命令，手动添加两个字段的匹配。

图 4-25　手动建立字段的匹配关系

3．跨数据源聚合查询

在主视图中增加跨数据源聚合查询确认字段的匹配关系之后，可以在主视图中增加辅助数据源的字段了。如图 4-26 所示，双击"销售目标"数据源下的"销售目标"字段，主视图中每一行的销售额聚合之后，就增加了辅助数据源的销售目标聚合。

图 4-26　Desktop 的数据混合的方法

4．创建"达成比率"

借助即席计算（即无须提前创建计算字段直接输入表达式），在"总和（销售目标）"的胶囊下方空白处双击，然后拖入上面的两个字段并相除，即可创建"完成比率"。字段上"更改格式"还可以修改为百分比显示。

图 4-27　在数据混合基础上增加计算字段

5. 在视图中调整主视图的详细级别

不同于并集和连接生成一个完整的数据结果，在数据混合中，两个数据源是完全独立的。主视图焦点是在"主数据源"基础上创建的，之后引入"辅助数据源"字段。正是因为数据混合中的两个数据源相互独立，相互之间的数据连接字段可以根据视图需要调整，因此具有了绝无仅有的灵活性。

Desktop 自带的超市数据有一个"性能"（Performance，翻译为"达成"更好）工作表。就是在4-27 的数据基础上转化为"标靶图"——用条形图代表销售额，用参考线和分布区间描述销售目标，用颜色直观描述二者的关系，如图 4-28 所示。

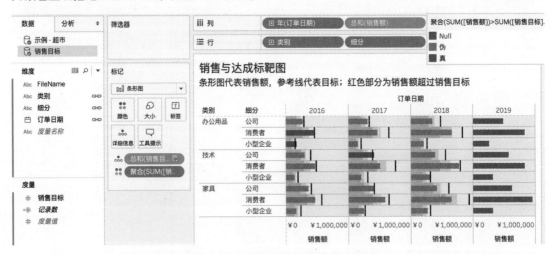

图 4-28　基于销售额和销售目标的标靶图

假设在给领导汇报时，领导希望调整问题的层次，比如"查看每个类别、每年的销售额及其达成"，可以在图 4-28 中移除"细分"字段。主视图中既然没有了这个字段，也就无须从辅助数据源查询，因此连接标识就会自动取消，如图 4-29 所示。

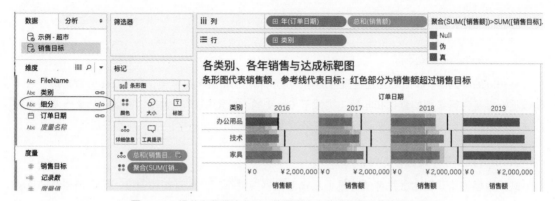

图 4-29　细分字段移除之后，数据混合自动调整混合的连接字段

　　这种随时调整连接字段的灵活性，就是数据混合相对于数据连接最重要的价值。在企业分析中，这种既保持数据源独立，又能随时跨数据源查询的方法是平衡效率和性能的最佳方法。在第 6 章中，为了能使用单独的地图数据，本书也使用了数据混合——基于主数据创建聚合，基于辅助数据源的坐标创建地图。

4.2.2　数据混合的逻辑及其与连接的差异

　　借用 Joshua N. Milligan[1] 在 *Learning Tableau 10* 一书中的图片，可以把 4.2.1 节中介绍的混合过程，用图 4-30 来理解。Desktop 视图先向主数据源发起查询请求（如同 Excel 的数据透视表，也如同 SQL 的 group 聚合查询），返回聚合结果构建视图，然后按照视图的指定层次（即维度字段）向辅助数据源发起另外的查询请求，返回聚合结果，按照层次匹配到主视图中。

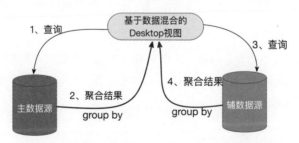

图 4-30　数据混合的原理：两次独立的数据库查询并匹配

　　Tableau 用拖曳简化了这个过程，**拖曳即查询，返回即聚合，合并即匹配**。

　　既然数据混合本质上是**跨数据源的聚合查询**，那它与和 4.1.3 节中介绍的跨数据源的数据连接

1　Joshua N. Milligan, *Learning Tableau 10*。该书也有最新版本。

（Cross-Database Joins）有何不同呢？

1. 二者的匹配位置不同

最关键的不同是，数据混合是在**聚合层面**的查询和合并（聚合过程类似于 Excel 的数据透视表），而数据连接是在**行级别**的查询和匹配（类似于 Excel 的 VLOOKUP 函数）。Tableau 的聚合意味着视图，所以数据混合可以理解为在已经创建好的视图的基础上增加新字段的"视图升级"。

2. 混合相当于"左连接"（Left Join）

既然数据混合是在主数据源的基础上从辅助数据源进行对应的查询和连接，所以那些在辅助数据源中存在但主数据源不存在的维度，就不会出现在升级后的视图中，从这个角度看，数据混合类似数据连接的"左连接"——以主数据源中的数据为准，查询并合并辅助数据源的匹配项。我们可以用上面的数据结果来做一下说明。

如图 4-31 所示，表 A 中有 2019 年的销售数据，但是表 B 没有对应的销售目标值，因此数据混合后的结果是空值——也就是没有查询到相应的聚合值。

图 4-31　数据混合相当于左连接匹配

同理，表 B 有 2015 年的销售目标值，而表 A 中没有相应的销售订单数据。数据混合是在主数据源（表 A）的基础上，从辅助数据源（表 B）中查询和合并，既然主数据源中没有 2015 年的数据，升级后的数据视图也不会增加。

3. 数据混合的优势

和数据连接相比，在"合并"表层次不同的数据表时，数据混合具有明显的优势，有助于减少数据冗余，改善查询性能，而且不会影响其他数据源及其视图。

数据混合特别适合于以下几种情形：

- 数据量非常大，数据连接会导致严重的性能问题；
- 两个数据源在不同的详细级别（层次），比如上面的销售额和销售目标数据；

- 当一方面希望保持两个数据源的独立性时，另一方面希望做两个数据源的关联匹配；
- 跨数据源的数据连接不支持的特殊数据库类型（例如 Oracle Essbase）。

　　数据混合虽然有诸多优点，但是在实际业务中的应用却并不广泛。究其原因，其一在于它的抽象性，相比于并集和连接生成的物理表，混合是逻辑上的查询匹配，未经培训或者深入学习的 Tableau 用户很少能了解到这一层。其二在于虽然灵活却不能重复使用，因此难以作为数据模型分享给其他分析师二次使用。

　　Tableau 2020.2 版本新推出的"数据关系"，正是为了解决这样的困扰。它明确了数据合并模型中的物理层和逻辑层的双层结构，构建了反复可用的数据准备模型。

4.3　集大成者：从数据连接、数据混合走向数据关系

　　Tableau 2020.2 版本推出的数据关系，是全新的功能，而非简单的升级。为了完整地理解它的设计原理，从而真正掌握它的用法，本书还需要进一步对比数据连接与混合的深层次差异，并从"取长补短"的角度引出"数据关系"。

4.3.1　并集、连接与混合的关系与优劣

1. 并集、连接与混合的关系图

　　在学习 Tableau 一年多的时间里，笔者一直未能洞察这几种合并方法的本质区别，直到有一天凌晨醒来勾勒了它们的关系图，如图 4-32 所示。

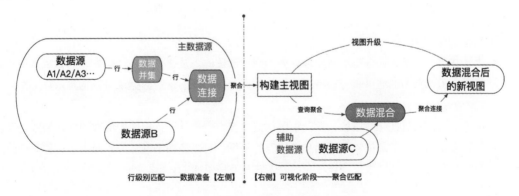

图 4-32　数据并集、连接和混合的先后关系

　　对应图 4-32，总结为几句话：

- 数据并集优先于数据连接，二者都是在数据源阶段完成的。
- 连接是行级别的：并集和连接都是在行级别的匹配，但不包含任何聚合过程。
- 混合是聚合级别的：数据混合是在构建完主视图之后的，视图即聚合，混合是先聚合再匹配。
- 阶段：并集与连接是数据准备，数据混合是基于已有视图的增强分析。
- 结果：数据准备阶段的并集与连接生成的是稳定不变的、静态的数据表（物理表），而数据混合生成的是随**主视图**变化和匹配字段调整而变化的、临时查询的数据表（逻辑表）。

2．并集、连接与混合的原理性对比

基于上述关系，在 4.2.2 节总结的基础上，再进一步理解它们的区别与联系，就轻松自得了。从几个角度展开：数据表的行级别特征、性能影响与是否具有重复可用性。

角度一，多个数据表的数据结构（第 2 章所讲的表的层次）。

- 结构完全相同：字段及描述的业务完全相同的数据用并集（Union）合并，常见于本地文件；
- 表层次一致：有共同字段、详细级别相同的数据表可以连接（Join）合并；
- 表层次不一致：数据量特别大、不同详细级别的数据，推荐使用数据混合。

角度二，性能影响。

- 由于连接（Join）的表比较多，或者数据量比较大，或者多个表的层次不一致，都会导致行级别匹配查询时缓慢，增加数据库处理负担；而且不管分析时是否使用其中的部分字段，连接都会提前匹配在一起——生成一个所谓的"大宽表"等待分析。
- 由于混合是在视图层次，即某个层次的聚合基础上，再相对应地匹配另一个数据源聚合查询，两次聚合查询（相当于 SQL 中的 Group By 语句查询）是独立查询，之后匹配，相比连接的行级别匹配，性能有了本质的提升，因此对服务器的性能影响最小。

角度三，视图是否具有重复可用性。

- 由于并集与连接是在数据准备阶段，先于视图创建的，是在行级别匹配生成的稳定不变的数据源，因此它们的结果是可以持续使用的数据源——基于这个数据源可以构建无数工作表、仪表板和故事。
- 由于混合是在可视化阶段的，后于视图创建的查询，是基于主视图的层次而向辅助数据源发起聚合查询，它必须依赖于视图和数据源的关系。其优势在于性能好，而由于这种查询的临时性，聚合查询的结果是不能保存的，无法反复使用的。

3．数据关系：鱼和熊掌皆得

古人言"鱼与熊掌不可兼得"，那是无可奈何；如今，技术进步创造各种不可能。有没有一种创造性的方法，避免连接（join）在处理不同表层次时的数据冗余，但要像连接确保匹配的稳定性；避免混合（Blend）的反复构建，但要保留混合的聚合性能呢？

"鱼"要有，"熊掌"也不能少！

这就是 Tableau 2020.2 版本的"数据关系"。

通过数据关系建立数据模型（Data Model），不仅具有数据混合的灵活性，而且具有数据连接的稳定性。不仅支持行级别的一对一连接匹配，也支持基于行级别一对多的匹配自动聚合到同一个层次再连接。几乎是身兼连接的稳定、混合的灵活和 Prep Builder 的层次聚合众多优点于一身。

4.3.2　从物理表/层到逻辑表/层：数据关系的背景与特殊性

数据关系是如何以一种全新的框架，解决了连接和混合的不足，同时又集成了二者的优点，并与并集、连接融为一体的呢？回答这个问题需要先理解一个背景知识：Tableau 定义了两个层次——物理层（Physical Layer）和逻辑层（Logical Layer）来理解数据匹配的两种方式。

关键就在于何为物理，何为逻辑？

1．物理与逻辑的分界

何为物理，何为逻辑？先从大家熟悉的"人"与"公司"背后的设计说起。

我们每一位自然人都是真实存在的、具有自由意志的生物，社会学称之为"自然人"，此为"物理"（Physical），即"固定的、不变的"；而自然人所开设的公司只是法律意义上的实体，法律称之为"法人"——法律意义上的拟人化，"法人"没有独立意志，要依赖于董事长、总经理等岗位来确保运转，甚至需要一个人来代表它，即"法定代表人"，这种存在依赖于法律、章程等人造的环境，此为"逻辑"（Logical），即本身不存在但人类赋予它逻辑上的存在意义。

"逻辑"的存在既然是人为的，因此就是灵活的、多变的、不稳定的。"法人"可以按照法律设立，也可以按照法律撤销；所以每天有很多公司成立，亦有很多公司注销甚至破产。有人说"有限责任公司是人类在商业历史上最伟大的发明"[1]，"有限责任公司"的出现降低了人才的创业风险，自然人仅以"有限责任"对逻辑以上存在的"公司"负责，即鼓励人才设立公司发展技术，又降低了公司失败带来的风险。可以说，在任何一个领域，理解了背后的逻辑，就更容易触碰这个领域的灵魂，"逻辑"意义上的认知是推动文明进步的重要力量，对于数据分析而言亦是如此。本书为传播 Tableau 技术为宗旨，方法就是探究和分享背后的逻辑意义上的设计和原理。

如图 4-33 所示，借用类似的视角分析数据。以计算机的真实存储与可见性为基本判断，每个 Excel

---

[1]　参见《公司的历史》，作者：约翰·米可斯维特、亚德里安伍·尔德里奇。

工作表、文本文件、数据库中的每个数据表（table 或称 view）都是真实存在的，特别是数据库底表一旦创建几乎不会改变，此为"物理表"；而各种因视图需要临时创建的多表查询，甚至随着视图互动随时变化的查询，都是"逻辑表"。IT 经常为满足分析需求而创建各种多表的 SQL 查询，结果就是一个逻辑表，有时候，一个逻辑表会反复使用，因此会保存下来，称之为"存储过程"（Stored Procedure），它介于物理表与逻辑表之间，但由于存储过程依然可以随着需要灵活调整，因此它本质上依然是逻辑表。

图 4-33　物理与逻辑之示例

用这样的方式，就可以更好地理解之前的话：并集与连接的数据结果是物理表（Physical Table），而数据混合的结果是逻辑表。数据关系把之前分布在两个阶段的两种关系，在数据源阶段合二为一。

2. 数据关系的物理层、逻辑层双层结构

数据关系如何把物理表和逻辑表合二为一呢？如图 4-34 所示，关系的对象可以是单一的数据表，也可以是基于并集和连接的多表合并，物理表间的关系构成逻辑层的数据匹配。

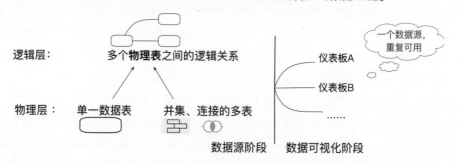

图 4-34　数据关系是物理层与逻辑层的双层结构

物理层的数据关系称之为"物理关系"，逻辑层的数据关系称之为"逻辑关系"。不过，由于是在数据源阶段完成的，相对于混合的按需匹配的过度灵活，**数据关系中的逻辑关系是相对稳定的**，又无需像连接预先行级别合并，同时保证了性能。

如果不好理解，再打个比方，说说情侣与夫妻。

情侣关系是灵活的、不稳定的关系，因情生爱、乐极生悲，谁都不知道能否成为夫妻，这种关系有点像数据混合。喜结连理，成为夫妻，就变成了相对稳定的关系，这种关系通过法律予以认可，但依然是逻辑意义上的关系；柴米油盐、日久生怨，谁都不知道能否彼此终老。但是即便夫妻这种法律上的逻辑关系破裂，也不会打破基于血缘的"物理关系"，如图 4-35 所示。

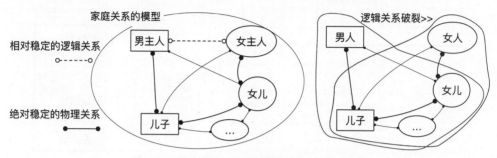

图 4-35　包含逻辑关系和物理关系的家庭关系模型

物理表永远都是物理表，物理关系永远都是物理关系。基于血缘关系，父子、父女、母子、母女关系自出生开始直系血亲不可更改，此为"物理关系"（Physical）；而基于法律上的公证，养父与养子养女关系、夫妻关系，既可以基于法律建立，也可以基于法律原则而撤销，这样的关系是形式上的、法律上的关系，此为"逻辑"——我们遵守法律，实质上是认可法律背后的逻辑推理。

可以把家庭视为是逻辑与物理的双层结构，Tableau 的数据关系亦如此。

数据关系中的逻辑关系，如同稳定家庭的夫妻关系，因为法律上的认可相对而言是长期稳定的；而混合建立的逻辑关系，如同情侣关系，基于单一视图而建立，稳定性非常差。

用这样的思考理解数据关系的双层结构，就容易理解了。

3. 并集、连接、关系和混合的宏观模型

结合物理层和逻辑层的引用，数据关系不仅仅是数据合并的全新方法，而是可以和并集、连接融为一体，从而构建整个数据分析的模型，即数据模型（Data Model）。

Tableau 官方提供了一个书店的数据模型示例，如图 4-36 所示，它由 13 个数据表构成，其中图书基本由两个数据表构成（Book 表与 Info 表，通过 BookID 字段匹配而成），大部分数据表都与图书基本信息表关联，连接字段各不相同；销售由 4 个结构完全相同的各季度销售表（并集）。

多个数据表的表层次差异很大，一个 BookID 会有很多次评价（Ratings），可能有多个版本（Edition），不同版本的书销售明细数据就更多。如果通过连接合并在一起，表层次高的数据就会出现大量重复，降低性能，分析容易出错。使用数据关系，可以实现一对多的匹配，整体结构如图 4-37 所示。

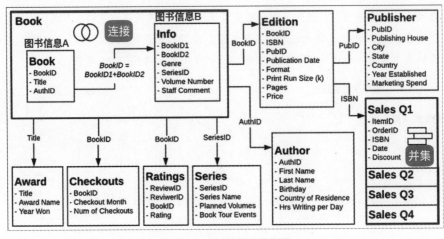

图 4–36　书店数据的结构图

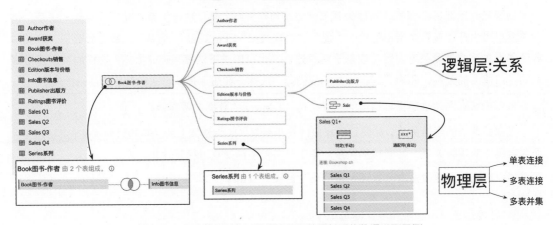

图 4-37　包含数据并集、数据连接和数据关系的数据模型示例

　　"数据关系"相当于此前数据连接的位置，把数据混合的聚合匹配理念引入。这样，它就既具有数据混合的灵活性，保持数据表相互独立的同时，根据分析需要实现不同详细级别的数据合并，又具有数据连接的稳定特征，还可以发布之后反复使用。

　　为了更好地表述多种数据合并方法的关系，以超市为例制作如图 4-38 所示的层次图。

　　准确地说，数据模型，就是基于数据分析的需求而建立的各种物理表之间的相互关系，以逻辑的关系代替物理的连接。借助于数据关系，之前的数据连接面板就从单一的物理层，变成了逻辑层和物理层两层结构。

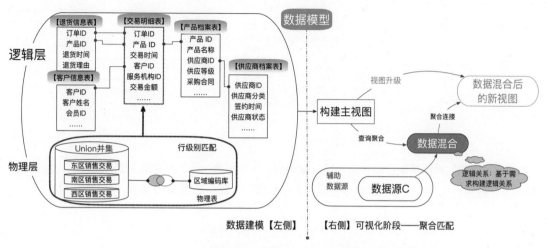

图 4-38　包含并集、连接、关系与混合的示例图

下面，结合案例介绍如何建立、使用数据模型。

4.4　使用数据关系构建"数据模型"[1]

借用并集、连接与混合的区别介绍，4.3 节介绍了数据关系的设计原理和层次关系。接下来，本节介绍数据关系的设置，以及如何在其基础上构建数据模型。

为了保持与全书数据的一致性，这里先用 Tableau Prep Builder 创建两个物理表——客户 ID 层次的"客户星级表"，与产品 ID 层次的"产品级别信息表"。

4.4.1　数据关系：建立层次不同的物理层之间的匹配关系

本节介绍销售的交易数据与客户星级数据、商品级别数据建立关系，保持数据独立的同时实现灵活的关联分析方法。

1. 使用 Prep 创建两个物理表

由于笔者缺少客户星级和商品级别数据，首先使用 Prep Builder 输出两个独立的数据，分别是客户分类信息表与产品级别信息表。如图 4-39 所示，这里使用了两种方法。

1　本节包含了 Tableau 2020.3 更新的数据关系功能：自定义计算字段作为关系字段。

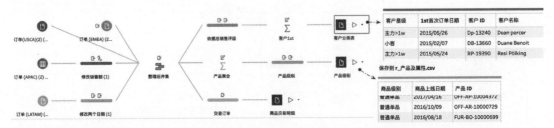

图 4-39　使用 Prep Builder 生成客户星级和产品级别数据

"产品级别"使用了聚合和判断过程。聚合节点用于在商品 ID 的层面生成每个商品的累计销售额和累计利润，从而在下一个节点中创建"商品级别"字段，如图 4-40 所示。

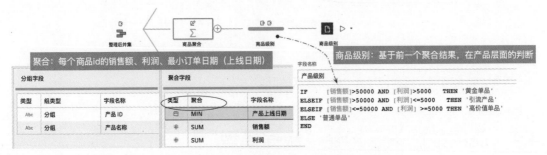

图 4-40　使用聚合和判断为每个商品增加级别字段

而生成"客户星级"字段时，使用了另一种方法——FIXED LOD 表达式[1]。如图 4-41 所示，FIXED LOD 指定客户层次返回每位客户的累计销售额，并使用 IF 函数判断新建"客户星级"字段。此处的聚合字段用于返回每位客户的首次订单日期，并间接起到了筛选字段的作用。

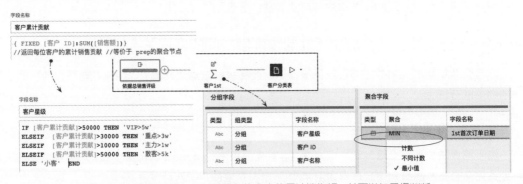

图 4-41　使用 FIXED LOD 计算每位客户的累计销售额，从而增加星级判断

1　在 Tableau 2020.1 版本中，Prep Builder 增加了 Fixed LOD 语法，实现在特定层次完成聚合，详见第 3 章。

基于这两个数据结果，接下来与销售交易明细建立关系，实现在不同层次的数据关联。

2. 使用数据关系，建立不同层次的数据关联

数据关系的优势在于既保留了之前的并集和连接方式，又能像数据混合一样基于不同详细级别的数据建立连接模型。

创建数据关系与数据连接方法一致，如图 4-42 所示，同一个文件夹下的数据表可以依次双击加入右侧关系面板。点击两个数据表之间的弧线可以编辑关系，为"客户星级评定"数据设置"客户 ID"字段匹配，为"商品及属性"数据设置"商品 ID"字段匹配。

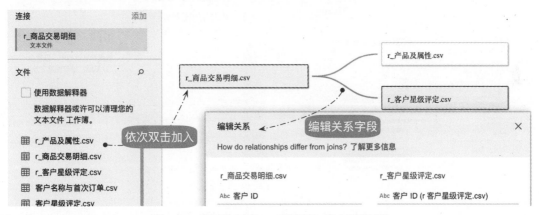

图 4-42　通过双击加入 3 个数据表，建立数据关系

至此，数据关系就默认完成了，在逻辑层，实现了三个物理表的逻辑匹配。

在 Tableau2020.3 的版本更新中，数据关系开始支持使用自定义计算字段，类似于使用自定义字段创建连接（Join）一样，因此可以使用数据类型转换函数，甚至字段截取函数创建关系匹配，从而进一步提高了数据匹配的灵活性，如图 4-43 所示。

图 4-43　数据关系使用自定义计算创建关系字段（版本 2020.3 以上）

3. 数据可视化

新建一个工作表，如图 4-42 左侧所示，左侧会显示所有数据表的字段，默认按照文件排列。和数据连接不同，字段按照数据表不同相互独立；也和数据混合不同，所有字段来自一个数据源。把"商品交易明细.csv"文件下的"订单日期"和"销售额"分别拖曳到"列"和"行"的位置；再把"客户星级评定"下的"客户星级"字段拖曳到"标记"的"颜色"中，就会生成图 4-44 右侧的图形。

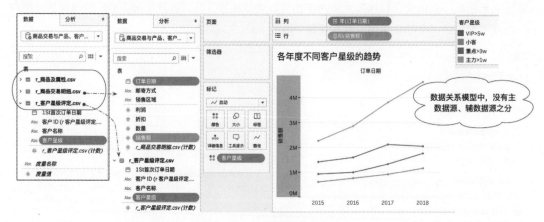

图 4-44　基于数据关系的可视化

在可视化阶段的查询，是逻辑上的聚合查询，Tableau 使用独有的专利将查询转化为了 SQL 查询。基于数据关系的数据匹配方式，实现了视图同时从多个数据表查询，并在聚合查询基础上在同一个视图中合并。

数据关系的魅力不仅在于不同数据表之间的灵活性，而且在于物理层和逻辑层之间的层次性。Tableau 数据模型结合了物理层的稳定和逻辑性的灵活。这里的数据关系，是三个物理表之间的关系，都是在逻辑层完成的匹配。那如何增加物理层的匹配（并集或者连接），从而构建数据准备的完整模型呢？

4.4.2　数据模型：在逻辑关系基础上增加物理关系

1. 将数据关系升级为数据模型

假如领导更新了分析需求，要求在"各年度不同星级客户的销售趋势"应该排除退货的商品。那么，就需要在 4.4.1 节的数据关系中增加"退货商品明细"的匹配并排除之。这个排除应该建立在所有商品交易明细基础上，由于二者的表层次是一致的（"订单 ID*商品 ID"），为了追求稳定性，考虑把"r_商品交易明细"的单一物理表转化为通过连接（Join）匹配的物理表。相当于为每一行都增加了退货的标签，退货商品追加了几列字段，非退货商品则对应的字段为空，通过筛选功能即可建立"非退货商品"的分析样本。

在逻辑层的任何一个单表上，双击或者右击"打开..."，即可从逻辑层下沉到物理层了。如图 4-45 所示，打开"商品交易明细"，在弹出的物理层界面中，增加"退货商品明细.csv"数据，设置"订单 ID"和"商品 ID"的相等匹配，并选择左连接，之后关闭数据连接。

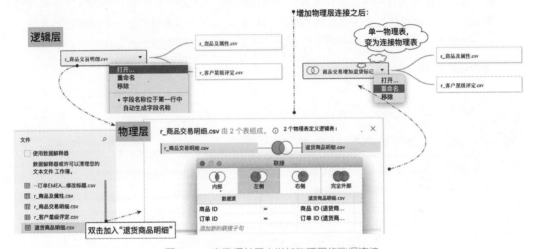

图 4-45　在数据关系中增加物理层的数据连接

由于此前单一的物理表已经改为两个物理表的连接，此时逻辑层的表连接标志增了一个"连接"的符号；建议用鼠标右击，在弹出的菜单中选择"重命名"，修改为"商品交易增加退货标记"。

上面的"商品交易明细"也可以通过并集创建，为了更好地展示逻辑层和物理层的关系，并集、连接和关系之间的关系可以用图 4-46 来展示上面的数据模型。

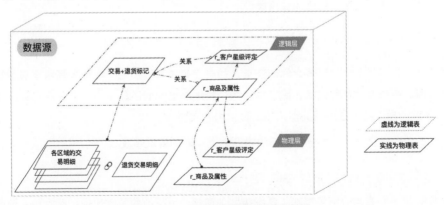

图 4-46　物理层和逻辑层的层次关系

这样就在之前完全由数据关系构建的逻辑关系中，加入了物理层的匹配，从而构建了一个数据准备的模型，结合了数据连接的稳定，与逻辑匹配的灵活和性能。

2. 数据关系的特征

基于"数据关系"模型与基于连接的数据连接面板有两个区别。

- 由于数据连接并没有物理上合并关系两侧的数据表，因此点击每个表，都仅仅包含当前物理表内的字段（包括并集默认生成的"路径"字段），但不包含逻辑层另一个物理表的数据。每一个物理表，都可以独立使用别名、分组、计算字段等数据整理功能，如图 4-47 所示。

图 4-47　数据关系的多个表之间相互独立

- 新建一个工作簿，"数据"窗格会分别显示多个表的字段，每个表包含表内的维度和度量字段，这样的显示方法比之前更加清晰。此前的"记录数"被每个表的单独计数所取代——因为数据关系下的数据源是相对独立的（见 4.4.1 节）。

可见，数据关系，不仅仅是在数据源阶段实现了数据的聚合匹配，更重要的是把并集、连接和混合的理念融为一体，构建了稳定的数据模型。

4.4.3　改善数据模型的性能（上）：关系类型

数据关系用来阐述多个物理表之间的连接，如果没有关系，那每个物理表都将是孤零零的数据集。为了提高分析的准确性和效率，除了指定两个物理表之间的匹配字段，还要尽可能准确地设置 Tableau 的关系选项。其一是关系类型，其二是引用的完整性。

不过，二者还要建立在一个更加基础的内容之上：表的层次字段。

1. 表的层次字段与数据匹配的关系

在本书第 2 章，重点介绍了层次（详细级别）在整个分析中的关键作用。有两种主要的层次：

客观的表层次与主观的问题层次。客观的表层次是数据匹配的基础。

如何理解每个表的客观层次呢？IT 使用"主键"字段，即能唯一识别数据表中唯一行的字段。不过推荐业务分析师要使用业务字段来理解这个过程，从而跳出 IT 主键、外键字段等的知识束缚。

简单地说，要从每个表中选择能识别每一行的唯一字段，或者最小的字段组合，定义为该表的层次字段。比如"商品交易明细"的层次字段是"订单 ID*商品 ID"，而"商品级别表"的层次字段则是"商品 ID"，诸如此类。

表的层次字段是数据表匹配的桥梁；关系类型描述匹配的对应关系，引用完整性描述两侧的匹配范围。

2．关系类型的设置

常见的数据关系类型有一对一、一对多、多对多 3 种类型。如何识别它们的关系呢？这取决于每个表的表层次字段与匹配字段的比较。

如图 4-48 所示，"r_商品交易明细"与"r_产品及属性"通过关系建立匹配，匹配字段为"商品 ID"。由于"商品 ID"在左侧不唯一，而在右侧是可以唯一的匹配到每一行的，因此二者的匹配关系是"多对一"。同理，"r_商品交易明细"与"r_客户星级评定"通过"客户 ID"匹配，二者关系是多对一的。

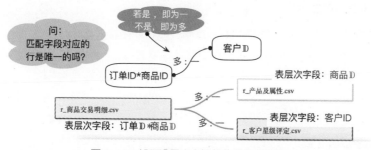

图 4-48　如何设置表之间的数据关系类型

Tableau 默认按照"多对多"的关系来查询，不过多对多的查询意味着消耗更多的计算性能。点击关系字段下方的"性能选项"，可以明确地指定关系类型和引用完整性。如图 4-49 所示，在"基数"位置，设置匹配关系为"多个"对应"一个"。

数据关系的目的是为了构建可视化分析所需的数据聚合，因此可以用聚合理解关系类型对性能的影响。如果数据关系是一对一的，相当于行级别匹配，那么构建视图时的过程就是连接（Join），而后根据可视化需要做聚合，如图 4-50 所示。

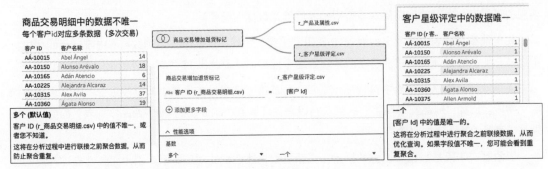

图 4-49 在性能选项设置数据关系类型（基数）

图 4-50 一对一的数据关系，分析视图前两个物理表连接合并数据

如果数据关系是一对多呢？

在视图中分析"每位客户的销售额和利润贡献"时，数据就会先执行聚合过程，聚合到基数为"一个"的数据源的层次，如图 4-51 所示。这个就是逻辑的匹配，最后生成具体查询的过程。

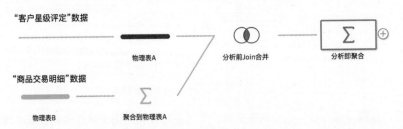

图 4-51 一对多的数据关系，构建视图前多的数据先聚合到另一个层次再连接合并

同样的道理，如果是多对多的数据关系，就会在构建视图中分别做聚合，这个过程如同数据混合（Blend）——数据混合是数据聚合和"左连接"（Left Join）的结合。多对多的聚合过程会降低性能，这也是性能设置的关键。

在专业的数据库领域，"基数"（Cardinality）指两个表之间的关系类型，Tableau 沿用了这样的专业术语。

4.4.4　改善数据模型的性能（下）：引用完整性

数据关系类型决定查询时如何简化聚合过程。还可以通过设置"引用完整性"（Referential Integrity）来改善数据模型性能。数据关系是逻辑上的关联，分析前 Tableau 会发起数据查询的请求并连接在一起，引用完整性决定逻辑查询时数据连接的类型（左连接、右连接等）。

有两种"引用完整性"选项：所有记录匹配和某些记录匹配（见图 4-52 ）。

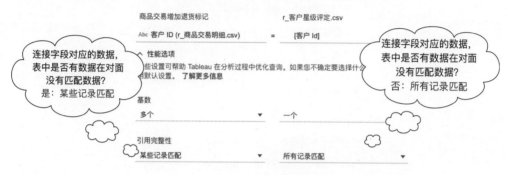

图 4-52　两种引用完整性选项

- 某些记录匹配（Some records match）：如果关联字段下部分数据在对应的关联数据表中没有匹配数据，或者不清楚时选择该选项。
- 所有记录匹配（All records match）：如果关联字段下所有数据都对应的关联数据表中有匹配数据，那么选择该选项。

比如业务系统中的"商品交易明细"和企业中的"所有商品档案"数据建立关联，如果商品档案中有很多商品已经下架，或者新品建立档案尚未上市销售，那么就应该选择"某些记录匹配"。在这种模式下，Tableau 使用"外连接"和"左连接"建立匹配，如图 4-53 左侧所示。如果不存在不匹配的数据，或者虽然存在，但是分析时仅分析有匹配的数据，则可以选择"所有记录匹配"，如图 4-53 右侧所示。

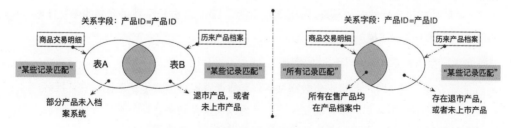

图 4-53　根据数据的关系选择"引用完整性"

很多人可能对基数和引用完整性有一种面对专业技术领域的本能"敌意"或者说"抗拒感"，对此无需过多担心。一方面，性能选项并非必选项，如果不知道如何下手，尽管让 Tableau 按照默认值来就好，无非让服务器多转一会儿；另一方面，这个领域会很快被自动化，届时无需设置，就是最佳选择，除非想人为忽略掉一些数据。也许到 Tableau 2020.4 版本或者 2021 年的某个版本，本地的数据关系匹配就如图 4-54 所示。

图 4-54　使用 Tableau Server 在线创建基于数据库的数据关系匹配

4.4.5　从数据合并迈向数据模型

综上所述，数据关系（Data Relationship）是 Tableau 推出的合并数据的全新方法，用于多个独立的数据表之间建立逻辑上的匹配关系，同时，又借助逻辑层与物理层的双层设计，与并集、连接融为一体，共同构成了数据准备的模型。借助数据关系，Tableau 统一了数据合并的多种技术：并集、连接和混合，实现了数据建模的跨越。

总结而言，数据关系具有几个独有的特征：

- 仅需要设置关系字段，即可定义数据关系，无需设置连接方式（左连接、右连接等）；
- 支持不同详细级别之间的数据建立关联，分析过程会自动聚合；
- 既保持了数据表的独立性，又可能作为数据源发布，反复使用；
- 借助物理层和逻辑层的双层构建，从此支持数据准备的逻辑模型。

1. 数据关系与数据连接的区别

简单的说，数据关系是逻辑上的连接，数据连接则是物理层上的连接，前者基于视图需要创建查询，后者在构建视图之前预先合并。这一巨大差异引起了二者在更多方面的差异，如表 4-1 所示。

表 4-1 连接与关系对比

	连接（Join）	关系（Relationship）
1.设置的层次	物理层，物理表之间的合并	逻辑层，逻辑表之间的合并
2.合并方式	指定连接类型（左/右/内/外部连接）；支持不等于匹配	无须指定连接方式（通过视图中筛选实现）；仅支持相等匹配
3.合并结果	连接的数据表生成一个独立的数据表	分析时合并查询，无须生成固定的数据表；数据表保持相互独立
4.合并的数据级别	行级别的数据合并	随着视图分析而查询合并，因此是聚合查询合并
5.空值处理	无法匹配空值	空值被保留

2. 数据关系与数据混合

数据关系和数据混合的共同之处，是支持不同详细级别的数据合并。而其最大的差异是数据混合是可视化层面的临时查询，无须提前构建，数据保持独立，连接层次灵活；而数据关系则是数据可视化前的模型构建，需要配置关联字段，连接层次是根据字段提前设定的，如表 4-2 所示。

表 4-2 数据混合与数据关系的对比

	混合（Blend）	关系（Relationship）
1.所在位置	视图层面，随问题而建立混合匹配	数据源层面，随数据建模而建立数据关系
2.关联字段	随视图的需求可灵活设置，相同字段会自动建立混合关系	在逻辑层提前设置连接字段，不是问题决定的，是数据自身的层次决定的
3.合并方式	没有物理层面的数据合并，仅仅是跨数据源的聚合查询与匹配	
4.合并结果	没有独立的合并结果，因此也就无法重复使用	虽没有物理层面的数据合并，但逻辑意义上建立了关联模型，模型可以发布后重复使用
5.数据表	区分主数据源和辅助数据源，结果相当于基于主数据源的左连接	不区分主、辅数据源，可以通过字段筛选返回任意部分
6.计算位置	跨数据源的 SQL 查询过程中实现计算	本地计算

3. 如何选择并集、连接和数据关系

至此，Tableau 已经有了并集、连接、混合和关系 4 种合并数据的方法。每种方法都有最佳的适用场景，而多种方式的组合可以构建数据模型的大厦。

- 并集：数据结构完全一致的数据合并，常见于本地文件；
- 连接：有共同字段、详细级别相同的数据合并，并且希望生成独立数据表；
- 混合：完全独立的数据源之间的临时关联分析；
- 关系：数据量大的数据表之间，保持相互独立，又能反复使用。

4.5　使用 Prep Builder 做数据合并

前面本书介绍了在 Tableau Desktop 进行数据并集、连接、混合和关系的方法，只需拖曳、设置即可轻松完成，不轻松的是理解数据和合并的逻辑。不过，作为专业的可视化工具，Desktop 在数据准备方面依然有不尽如人意的地方，特别是无法直观查看合并后的结果，多次连接时多有不便，无法完成复杂的 ETL 过程。Prep Builder 继承了 Desktop 简洁的设置方式，同时增强了结果的直观性和与前后各环节的衔接，还能完成很多在 Desktop 中无法完成的任务——比如从销售交易中排除退货的商品交易。

图 4-55 是 Prep Builder 自带的数据流程文件，展示了把 4 个区域的商品交易明细分别整理之后建立并集，再与商品交易明细建立连接，把退货交易中的退货原因字段加入订单中。此时能体现 Prep Builder 在整理方面胜于 Desktop 的地方：记录过程、展示步骤、全局思维。

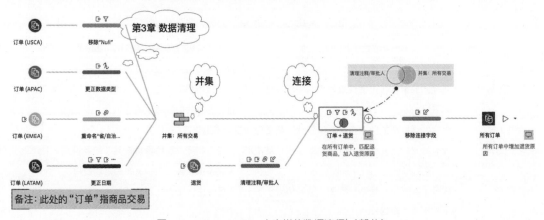

图 4-55　Prep Builder 中自带的数据流程[1]（部分）

本节使用 Prep Builder 从所有交易中排除退货交易。

1　由于每个区域的数据都是"订单中商品交易的明细"，因此官方实例中的"订单"翻译为"商品交易"或者"交易"更加准确。通常"订单"（Order）的级别聚合度高于"交易"（Deal）。

4.5.1 使用 Prep Builder 完成数据并集

Prep Builder 建立连接的方式和 Desktop 基本一致，单击左上角的 Logo 即可轻松建立连接，不管是本地文件还是数据库工作表。

在此，笔者先把 APAC、EMEA、LATAM 和 USCA 四个区域的.csv 文本文件拖入 Prep Builder 中，.csv 会直接出现在 Prep Builder 的流程面板中，如图 4-56 所示。每一个文件都是 Prep Builder 的流程起点。

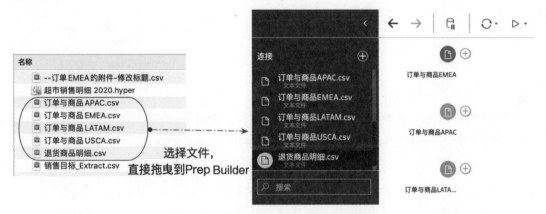

图 4-56　通过拖曳，将文件添加到流程面板

Prep Builder 通过拖曳实现合并，只需要把其中一个文件拖曳到另一个文件上即可出现合并提示，放在下面是并集，右侧是连接——正如此前总结所说"并集是上下相续，连接是左右相连"，如图 4-57 所示。

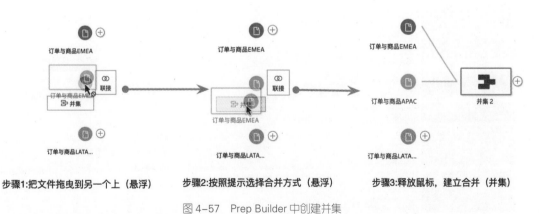

步骤1:把文件拖曳到另一个上（悬浮）　　步骤2:按照提示选择合并方式（悬浮）　　步骤3:释放鼠标，建立合并（并集）

图 4-57　Prep Builder 中创建并集

通过简单拖曳，两个文件的并集就创建完成了。接下来，我们要把第三个数据也加入并集，如

图 4-58 所示，此时的拖曳增加了"添加"选项，也就是可以在原来的并集中加入新文件——如同在 Desktop 中手动加入并集文件。

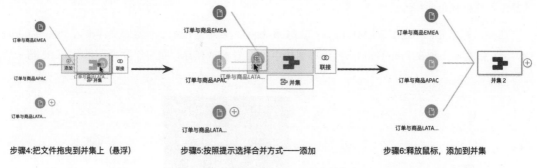

步骤4:把文件拖曳到并集上（悬浮）　　　步骤5:按照提示选择合并方式——添加　　　步骤6:释放鼠标，添加到并集

图 4-58　将新数据节点加入已有并集中

当我们逐步熟练了 Tableau 设计的拖曳逻辑时，就可以快速完成并集过程。

上面是手动建立并集的方法，那如何建立"通配符并集"呢？

如图 4-59 所示，双击左侧的"订单和商品 APAC"数据，重新建立一个流程节点。在流程窗格下面的配置窗格，有设置、多个文件、数据样本等多种配置，还可以在"更改数"（更改记录）中查看每一步有效设置。

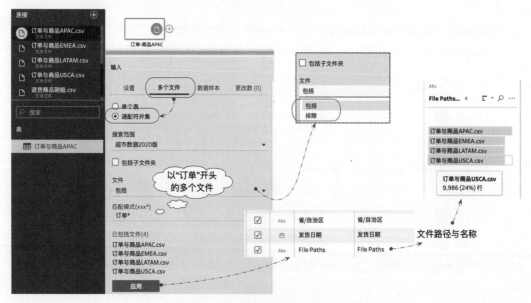

图 4-59　把单一数据节点改为通配符并集

如图 4-59 所示，点击"多个文件"选项，从默认的"单个表"改为"通配符并集"，默认会为当前文件夹中的所有文件建立并集。在文件匹配中输入"订单*"，点击"应用"即可把所有"订单"开头的文件建立并集。

Tableau 连接通配符不区分大小写，而且可以写多个匹配规则（*south*代表中间包含 south），如图 4-60 所示。

图 4-60　通配符不区分大小写，支持多个通配符

建立完并集，我们有必要看一下并集的结果是否正确。通配符并集直接合并，而图 4-61 中的手动并集则用颜色区分不同的文件来源，一目了然，这一点远胜于 Desktop。

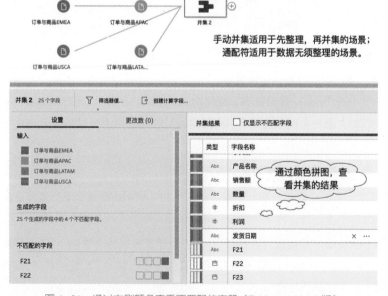

图 4-61　通过左侧颜色查看不匹配的字段（Tableau 2020.2 版）

Prep Builder 用颜色来标识每个文件来源，并集如同拼图一般，只要字段的颜色凑齐了，就代表多个文件的该字段标题一致、数据类型一致。而没有正确匹配的字段标题颜色缺失颜色，并且会出现在左侧的设置区域——需要人工匹配。

以 Prep Builder 中自带的数据为例，如果把未经整理的各地区数据建立并集，结果如图 4-62 所示。

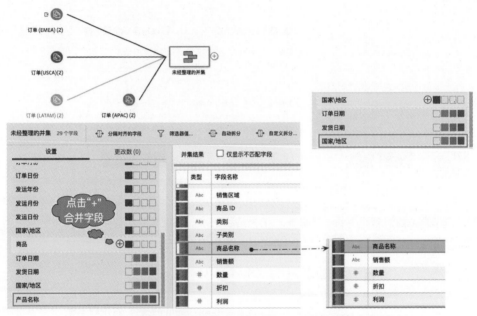

图 4-62 手动并集中，根据颜色查找匹配字段并合并（Tableau 2020.2 版）

在图 4-62 中，通过右侧的颜色图例发现，"商品名称""订单日期"等多个字段没有完全匹配。点击"商品名称"，Prep Builder 自动推荐了疑似相同的字段"商品"，点击"商品"字段右侧的"+"图标，即可快速匹配，颜色图例就全了。"国家/地区"等其他由于标题错误无法并集的设置逻辑与此完全一致。

不过这里还有一种特殊情况需要借助计算才能实现。

如图 4-63 所示，点击"订单日期"字段，在灰色的 LATAM 区域找不到直接匹配的字段，因为它的订单日期被分成了年、月、日 3 个字段。并集只能是同一个字段匹配，不能 1∶3 匹配。

那怎么办呢？这就需要提前做"数据整理"，借助计算生成两个字段："订单日期"和"发运日期"，然后在这个环节进行并集。如图 4-64 所示，找到字段出错的"LATAM"区域的流程节点，在它和并集之间插入一个"清理步骤"。

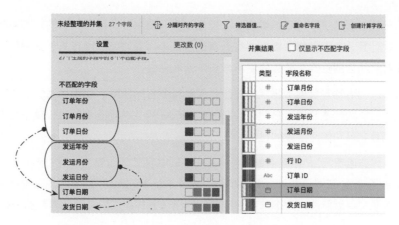

图 4-63　两个日期字段需要先整理，再建立并集（Tableau 2020.2 版）

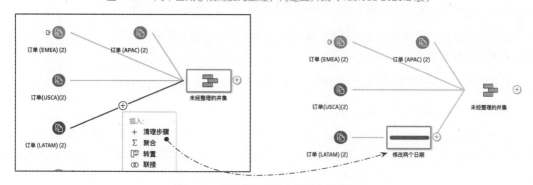

图 4-64　在数据和并集之间插入清理步骤

在插入的流程节点中，可以完成各种数据整理。生成日期有多种方式，如图 4-65 所示，可以使用连字符创建字符串，然后转化为日期（字符串函数方法）；也可以直接使用 MAKEDATE 函数创建日期（日期函数方法）。

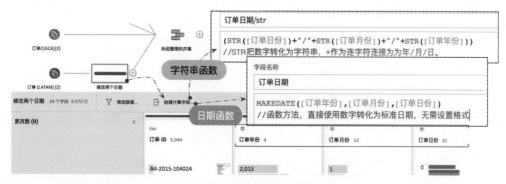

图 4-65　创建日期的两种方式

虽然默认示例中使用了字符串函数方法，但强烈推荐使用日期函数一次性解决问题。使用日期函数只需要一次计算，也无须修改数据类型，有助于提高计算性能。所有关于日期的计算，都应该优先考虑系统自带的日期函数，函数的使用方法详见第 8 章。

只要计算字段的名称与其他数据保持一致，并集就会自动匹配。使用相同的方法，也可以基于发运的年、月、日字段创建"发运日期"。在 Prep Builder 中，数据整理的过程就是根据连接、分析的需要，不断调整字段和优化字段的过程。

虽然"条条大路通罗马"，但眼前的路并非最好。在数据处理过程中，我们要时刻思考：当前的方法是暂时缓解了问题，还是从根本上解决问题？虽然 Prep Builder 帮助业务人员提高了数据处理的效率，但只有秉承"持续解决问题而非缓解问题"的思考方式，才能持续改善数据分析的质量。

4.5.2　使用 Prep Builder 做数据连接

上面完成了多个区域的"销售交易并集"，接下来，使用连接匹配排除退货交易，仅保留正常销售的交易以供分析。

数据连接可以分为添加数据建立连接、设置连接字段和连接类型两个步骤，关键是第二步。

第一步，添加数据建立连接。

在图 4-65 并集的基础上，点击 Prep Builder 左上角的"添加"按钮，或者直接拖曳"退换商品明细.csv"到软件中，创建一个流程节点。创建"连接"的方式如同创建"并集"一样简单，拖动、悬停、选择右侧松开鼠标，即可创建连接的流程节点，如图 4-66 所示。

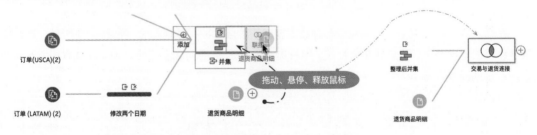

图 4-66　使用 Prep Builder 创建数据连接

第二步，设置连接字段和连接类型。

连接设置的关键有二：一是连接字段（用什么匹配）；二是连接类型（取哪一部分）。单击图 4-66 中生成的连接流程节点，在下方"设置"窗格设置连接，如图 4-67 所示。

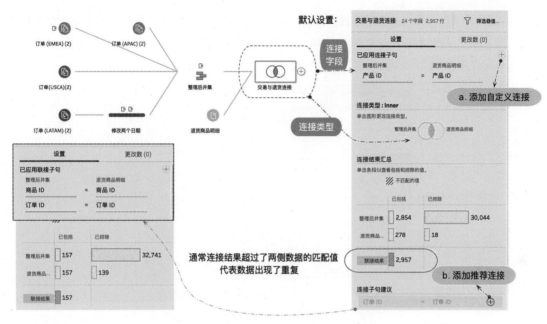

图 4-67　Prep Builder 数据连接的配置界面

　　设置的第一要务是配置连接字段。默认仅使用"商品 ID"连接会导致错误——只要有一次这个 ID 的商品 ID 退货，所有交易中的商品就会被匹配。正因为此，图 4-67 中右侧的结果汇总中，虽然只有 278 行商品退货明细，但是最终有 2957 条数据匹配返回。通常，只要结果超过了任意一个连接结果的数据，说明结果出现了重复，意味着数据连接错误。

　　由于两个表的表层次字段都是"订单 ID*商品 ID"，这里应该在"商品 ID"匹配之外，新增加"订单 ID"字段匹配——即仅查询退货订单中的退货商品。商品 ID 已经默认连接，添加"订单 ID"有两种方式：其一是通过设置区域右上方的"+"图标（见图 4-67 位置 a）；其二是设置区域下方的连接建议，鼠标悬停后右侧也会出现"+"图标，点击即可添加（见图 4-67 位置 b）。

　　增加"订单 ID"字段之后，Prep Builder 会自动重新计算匹配结果，最终查询到 157 条匹配的退货记录（见图 4-67 左下角所示）。正常情况下，不会存在未经交易的退货数据，图 4-67 中左下角的 139 条排除的退货交易属于数据异常。业务中如果出现此类数据，则应该仔细排查来源，验证其是否是虚假交易或者是由系统异常导致的。

　　最关键的是配置连接类型。

　　默认内连接输出的数据结果是"所有退货交易的交易明细"，根据这个结果可以分析退货交易的类别、地区分布、时间特征等。

Desktop 无法在数据源阶段从所有交易中排除退货交易，它属于一种特别的连接类型：仅左侧不包含匹配（left only 即左连接减并集），如图 4-68 所示。在 Prep Builder 中，在默认内连接的基础上，通过先取左连接，再点内连接，可以改为"仅左侧不包含匹配"区域。

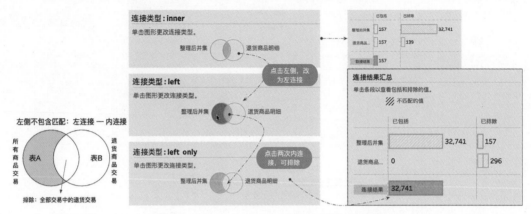

图 4-68　在 Prep Builder 中通过点击切换连接方式

至此，就从全部交易的 32741 行商品交易中，排除了 157 行退货交易。

如图 4-69 所示，可以根据需要同时生成两个流程，退货交易用于分析退货分布，排除退货的交易用于分析营业状况。添加"输出"，数据结果可以"保存到文件"（推荐保存为.hyper 文件），或者"作为数据源发布"到服务器，以供其他分析师使用。如果左侧的实时是数据库文件，还可以借助于 Tableau Data Management 实现流程的定时自动化运行。在 Tableau 2020.2 版本中，Prep Builder 支持了增量刷新，有助于节省计算性能。而在 Tableau2020.3 版本中，输出结果可以直接写入数据库表中。

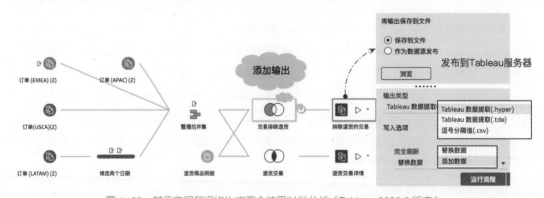

图 4-69　基于交易和退货生成两个结果以供分析（Tableau 2020.2 版本）

当然，Prep Builder 远不止如此。上面的连接字段都使用了"相等"匹配，Prep Builder 还支持不等于、大于或等于等其他匹配方式，结合不同的连接类型，就可能实现非常多的可能性。比如在商品的交叉分析中，就可以使用"不等于"匹配，生成各个品类的交叉购买数据。

4.5.3　使用 Prep Builder 完成"数据混合"：聚合+连接

数据混合是"聚合层面的数据连接"，既然 Prep Builder 能轻松建立连接，又支持指定详细级别的聚合（见第 3 章 3.4 节），那能否实现在 Desktop 中与数据混合功能类似的数据整理呢？

在 Desktop 中，数据混合是建立在两个独立的数据源和两次数据聚合基础上的，犹如 Excel 中两个数据透视表的拼接，聚合是关键。Prep Builder 可以通过先聚合，再连接实现聚合结果的合并。Prep Builder 和 Desktop 的数据合并方式的对应关系如图 4-70 所示。

图 4-70　Desktop 与 Prep Builder 的数据合并对比

还是以超市数据为例，基于"交易数据"和"销售目标"两个独立的数据源，计算"每年的销售额和销售目标及达成比率"。这个问题的详细级别是"年（订单日期）"，因此要把销售订单和销售目标都聚合到"年（订单日期）"的层次。

如第 3 章 3.4 节所讲，指定层次的数据聚合通过 Prep Builder 的聚合功能实现，而关键是正确地设置日期的层次——订单日期"按级别分组"选择"年"。如图 4-71 所示，基于 4.5.2 节的正常交易数据添加"聚合"节点，之后加入"销售目标"数据，也添加"聚合"节点，聚合到年的数据再创建"连接"节点。由于混合是左连接，此处基于"交易聚合到年"建立左连接。生成的结果就是"各年的销售额和销售目标"。

图 4-71　使用 Prep Builder 完成"数据混合"

最关键的设置是调整日期的详细级别（从数据库中的明细级别调整到"年"级别），如图 4-72 所示，把"订单日期"字段加入"分组字段"区域后，点击"按级别分组"设置为"年"，即可轻松完成。

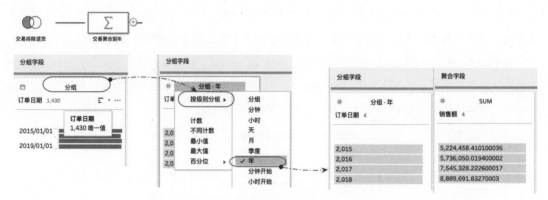

图 4-72　更改聚合节点的详细级别到年（订单日期）

从结果的角度看，Desktop 和 Prep Builder 的混合过程的原理完全一样，具体而言是"将两个数据源都聚合到相同的详细级别"和"相同级别数据的聚合数据的合并"两个步骤。

但是从过程上看，二者却天壤之别，务必要清晰才能做出正确的选择。

（1）Desktop 中的数据混合是建立在两个完全独立的数据源基础上的，混合只是创建了一个临时的查询结果，而 Prep Builder 实际上是创建了一个全新的数据结果，Prep Builder 中本质上就是一次连接，因此具有连接的全部特征。

（2）Desktop 的混合是虚拟的混合，可以通过点击左侧的关联字段随时调整，可以在视图中随时增加新的字段自动建立全新层次的混合；但是在 Prep Builder 中，聚合一旦确定，结果一旦输出，就无法自动调整级别。混合的意义在于分析过程中的灵活性，而这正是 Prep Builder 所缺少的。

基于上述的差别，不推荐在 Prep Builder 中创建 Desktop 意义的混合。Prep Builder 的价值在于指定层次的聚合，在于为可视化分析创建数据模型。

4.6　数据准备综合应用

4.6.1　使用 Prep Builder 快速合并和整理 Excel 数据

笔者曾为一家燃气公司做售前咨询，客户此前的数据都是手工登记在 Excel 文件中的，正在准备向正式的系统过渡，希望用 Tableau 做可视化敏捷分析。

　　燃气公司的商业模式严重依赖于准确性的预测和计划，它们从上游申请和购买燃气，向下游输送和销售。由于燃气难以储存，因此以上游供气单位的正式批复数量作为价格基准，实际销售数量高于或者低于批复数量都要缴纳额外的费用。因此，申请数量偏离实际用量就会造成额外费用，降低企业的利润空间。所以燃气公司希望整合多个月的样本数据，并做销售统计和预测分析模型。

　　样本数据如图 4-73 所示。在这个 Excel 文件中，每个工作表包含一个月份的数据，每个月份又分为不同公司、不同日期的 4 个指标值（计划、批复、实际用量和偏差）。关键的指标是实际用量（代表最终销售数量）和批复（上游给予的销售额度），而偏差是批复和实际用量之差。

气量：日气量需求、计划汇总表																				
公司名称	1日				2日				3日					30日				31日			
	计划	批复	实际用量	偏差	计划	批复	实际用量	偏差	计划	批复	实际用量	偏差	DN	计划	批复	实际用量	偏差	计划	批复	实际用量	偏差
YI	13.2	128000	128034	-34	13.3	126000	125421	579	12.7	120000	109592	10408		1.5	17000	14912	2088	1.9	17000	17804	-804
North合计	30	284000	281270	2730	29.3	286000	281745	4255	28	278000	256625	21375		7.2	70000	72978	-2978	7.4	70000	76807	-6807
SE	16.5	155000	134921	20079	16.5	173000	166295	6705	16.5	165000	164318	682		12	120000	137820	-17820	12	120000	129548	-9548
WU	17	180000	179582	418	17.5	170000	168519	1481	16	154000	150685	3315		6.2	45000	56915	-11915	6	45000	55457	-10457
East合计	63.7	625000	19068345.5	-18443346	64.6	627000	601415	25585	63.1	640000	624345	15655		31.7	255000	342216	-87216	31.4	255000	319999	-64999

2019-3　2019-4　2019-5　2019-6　2019-7　2019-8　2019-9　2019-10　2019-11

图 4-73　原数据示例

　　这个数据的主要问题如下。

　　（1）月度数据分散在不同的工作表中；

　　（2）第 1 行不是标题，而且有效的标题行（第 2 行和第 3 行）存在多行、合并，难以识别；

　　（3）每个工作表中只有 1 日、2 日……的天日期，而没有天所在的月份；

　　（4）不是规范的一维数据，而是二维数据，每日数据作为维度在列字段上展开；

　　（5）存在合计行和总计行，合计属于数据聚合；

　　（6）缺少公司的层次关系字段，比如 North 区域包含 XI、LE、YI 三个公司；

　　（7）在正式的数据之外，存在多余的数据，主要是各表格下，游离于主数据的"标记性数据"。

　　这个数据代表了大部分本地数据中可能存在的问题。整理此类数据需要相当的耐心，除了各种整理，关键是如何把多个月的数据合并、如何把不规范的二维表转化为规范的一维表（即左侧是维度标题，上面每一列是单独的度量）。转置的关键是把日期（包括工作表（sheet）页面的月份和每个页面内的日）合并并整理为标准日期字段，因此，整理的过程几乎是将 10 个月 × 120 列数据做整理，倘若要用 Excel 整理，没有半天甚至一天时间，是难以完成的，而且极容易出错。

　　熟悉 Prep Builder 之后，一刻钟就能完全解决上述的所有问题。这里涉及的功能主要有：数据解释器+通配符并集+数据筛选清理（删除合计行）+数据分组替换（创建公司层次）+拆分（获得月份）

+计算字段（创建日期）等。结合第 3 章和本章的学习，下面大概介绍一下处理过程。

1．数据解释器+通配符并集

我们把原数据文件拖曳到 Prep Builder，此时任意加入一个工作表，会发现数据标题凌乱不堪，打开"数据解释器"，数据被自动处理，如图 4-74 所示。

图 4-74　使用数据解释器"解析"数据

同时注意，由于数据表中有很多无关内容，因此一个数据表中的非连续数据会被解释为不同的表。尽可能选择相同区域的部分（这里每个表的 A2:DU23 单元格区域）建立并集。也可以选择总表，然后通过筛选处理，如图 4-75 所示。

曾经有几个 Prep Builder 版本支持"*A2*"这样的通配符匹配模式，不过似乎并非每个版本都有效。为了安全起见，除了通配符的方法，建议新用户尝试将每个包含 A2：DU23 单元格区域的文件合并。

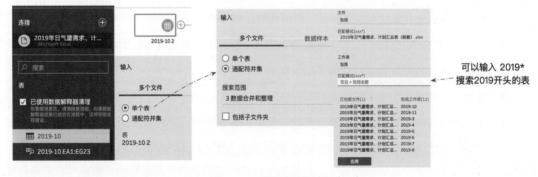

图 4-75　使用通配符并集

2．重命名和数据筛选

接下来，进入数据清理环节。

在图 4-75 中创建并集之后，Prep Builder 会自动生成两个字段 File Paths 和 Table Names，分别代表并集中数据工作表的文件位置和表名称。如 4-76 所示，在 Table Names 字段中，按下 Ctrl 键多选非日期数值，右击，在弹出的下拉菜单选择"排除"即可删除通配符并集中自动加入的无效文件，最后保留的数据都是"年月"数据。

自动生成的 File Paths 字段没有分析价值，鼠标右击，在弹出的下拉菜单中选择"移除"命令。如图 4-76 所示。

双击"气量：日气量需求……"字段，将其重命名为"公司名称"。之后按下 Ctrl 键多选带有"合计""总计"字样的汇总数据，鼠标右击，在弹出的下拉菜单中选择"排除"命令。

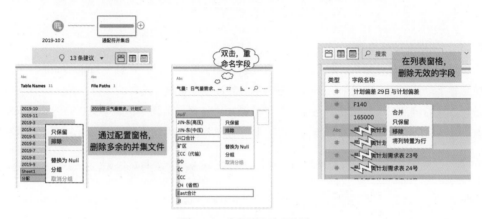

图 4-76　使用筛选清理数据

在 Prep Builder 中，简单几步，就实现了数据的多表合并、排除无效值。这是对数据字段的清理（见第 3 章 3.2 节），接下来进行字段结构的处理——数据转置。

3. 转置字段——关键

由于"日"字段在 Excel 的列中，每日又分为计划、批复、实际用量、偏差 4 个字段，为了创建连续的日期字段做趋势分析，这里需要将列字段的日期部分做转置，用一个字段来代表"日"，之后再与 Table Names 中的"年月"合并为完整日期。

由于这里字段过多，推荐用通配符输入，如图 4-77 所示，点击"使用通配符搜索进行转置"，在弹出的对话框中输入"计划"并按下 Enter 键，就可以自动加入所有月份的计划日期，而后点击"+"按钮增加新的转置度量，继续使用通配符搜索，依次增加"实际用量""批复"和"偏差"，即可快速转置所有字段。

4 个字段转置完成后，双击"转置 1 名称"字段，将其重命名为"天"，方便和后面的月度字段关联创建函数。

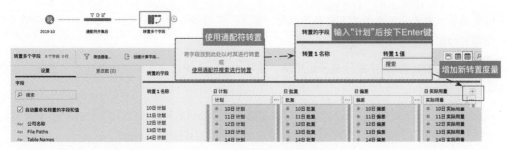

图 4-77 使用通配符做转置

4．数据整理和创建计算

为了进行连续的趋势分析，我们需要创建连续日期字段。不过，年月（Table Names）和日（转置后的名称）分开在两个字段中，而且"日"字段的数据还有很多无效的字符，如图 4-78 所示。点击"日"字段右侧的"…"按钮，在弹出的下拉菜单中选择"清理→移除字母"命令，即可轻松移除数值之外的字符。之后"添加字段"，使用"+"连字符组合为完整的日期，命名为"年月日"。

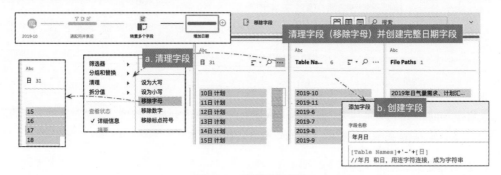

图 4-78 创建计算字段

新创建的"年月日"字段会排在最前面，默认数据类型为"字符串"，如图 4-79 所示，点击字段名称上方的"Abc"，将数据类型更改为"日期"。

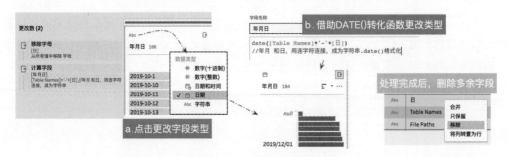

图 4-79 完善日期字段

在本书第 8 章，见介绍 Tableau 中通用的字符串、日期等函数，随着所掌握函数的增加，数据整理的过程也就越来越简单。

5．增加层次字段

在 Excel 数据中，地区之间的层次关系是通过"合计"行实现的。在 Tableau 中，层次关系通过字段的包含关系来实现，比如"国家—省份—城市"等。为了分析不同区域的数据，还需要针对"公司名称"创建更高层次的字段"地区分类"，比如东区、西区、北区等。

按照第 3 章 3.2 节中"组"的介绍，我们可以在 Prep Builder 中完成这个过程，从而简化 Desktop 中的重复劳动。Prep Builder 的分组是"分组替换"，不保留原值，因此要先复制字段。在"公司名称"字段右侧点击"…"，在弹出的下拉菜单中选择"复制字段"。在复制后的字段标题上双击，重命名为"地区分类"。之后，按照组织分类选择同一个地区下的公司名称，鼠标右击，在弹出的下拉菜单中选择"分组"，即可输入地区名称。最终结果如 4-80 所示。

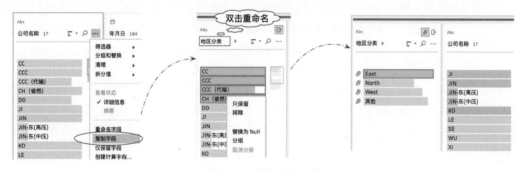

图 4-80　增加层次字段

至此，最重要的转置、日期、分层字段已经创建完毕，原来的 10 个工作表几百列原始数据整理为多行 6 列。如图 4-81 所示，Prep Builder 通过流程化的方式实现了数据整理的过程记录。最后新建一个"输出"节点，可以把数据输出为本地.csv 文件，或者发布到 Tableau Server 服务器以供分析。

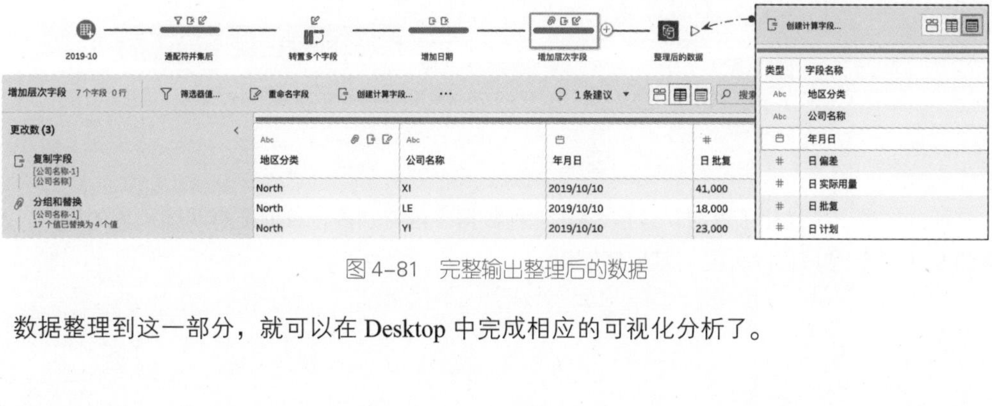

图 4-81　完整输出整理后的数据

数据整理到这一部分，就可以在 Desktop 中完成相应的可视化分析了。

4.6.2 使用 Prep Builder 匹配和整合 SAP HANA 多表数据

越来越多的行业客户选择 SAPHANA（SAP 公司最新的内存计算平台）作为 ERP 平台的首选，但是限于企业的信息化水平和人员整体质量，高端大气的 SAP 也给很多传统行业带来了很多 "成长的烦恼"。表和字段纷繁复杂，非常多的筛选条件和匹配关系，业务逻辑严谨而精密，笔者的不少客户直言："之前小型的 ERP 系统大家习惯了，使用 SAP 之后，业务人员都不会工作了"。

要充分地利用 SAP 的价值，需要 IT 和业务人员从全局高度掌控数据，快速地开展分析。作为 SAP 官方推荐的可视化分析工具，Tableau 为越来越多的 SAP 客户带来了专业性和灵活性的最佳平衡选项。在此，笔者以服务过的某客户的模型为例，介绍如何使用 Prep Builder 和 SQL 快速完成数据准备。

这是一家按订单生产、销售的水产零售公司，为了分析销售订单、交付、发票信息，我们需要从 SAP 中取多张表关联，同时增加必要的计算公式和筛选条件。这里主表是 LIPS 交付明细表，关联表是 LIKP 凭证表（筛选凭证）、VBAP 订单明细表（计算平均单价）、VBRP 发票明细表（匹配开票金额）。同时，还要在所有的数据表查询时，对集团编码做筛选，仅保留 810 的部分。

1. 连接 SAP 数据

安装 SAP 官方的原生驱动程序，Tableau 可直接连接 SAP，搜索架构和表即可双击加入 Prep Builder 的流程节点中。不过，由于 SAP 的单个表往往都是上百乃至几百个字段，而且英文的字段名称难以辨认，需要 "连接表—筛选使用的字段—重命名字段" 一起完成。虽然没有 SQL 基础的用户也能借助 Prep Builder 轻松完成，不过，花一点点的时间学习并使用 SQL 查询语句是更好的方法——相当于学习成本，它所带来的效率远超过我之前的想象。

连接 SAP 并搜索到架构之后，使用连接面板底下的 "新建自定义 SQL" 功能，可以直接使用 SQL 查询需要的字段，同时使用 as 重命名字段，示例如下：

```
select
LGMNG    as "LGMNG 实际发货数量 kg",
MATNR       as "MATNR 物料号",
VGBEL  as "VGBEL 销售订单",
VGPOS    as "VGPOS 行号",
VBELN,
MANDT
from "LIPS"
```

这种方式进一步优化了查询，适合 SAP 这种数据字段特别多，查询前有明确需求的场景；而且这样的 SQL 查询字段修改方便，可反复使用。

2．数据筛选和匹配连接

在上面的数据查询结果中，如果只保留 MANDT 字段='810'的数据，则只需要找到 MANDT 字段，点击"筛选器值"，然后输入 MANDT='810'即可（SQL 中需要英文半角的单引号或者双引号）。

既然所有的数据查询都需要做这个查询，因此可以把这个查询放在前面的 SQL 查询中完成，语法非常简洁，只需要在 SQL 连接最后加入 where MANDT='810' 即可。这样的好处是无须在查询后显示 MANDT 这个字段，如图 4-82 所示。

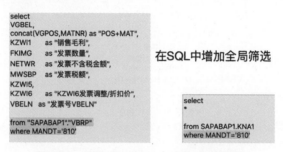

图 4-82　使用 SQL 的 where 语句做全局筛选

当然，这种方式仅限于全局的筛选清洗，其他各类筛选建议使用 Prep Builder 来完成筛选，而非SQL，因为 Prep Builder 有助于我们了解业务数据整体，并方便后期更改和维护。只有当确认了查询的准确性之后，从效率和简洁性角度，再考虑逐步将部分环节改为使用 SQL，从而简化整个流程。

在分析中，有很多的数据匹配需求，比如 LIPS 发货数据需要依据另一个表 LIKP（发货凭证）做筛选。初学者可以用 SQL 语言查询分别建立 LIPS 和 LIKP 数据源，通过连接（Join）把二者建立连接，过程如图 4-83 所示。

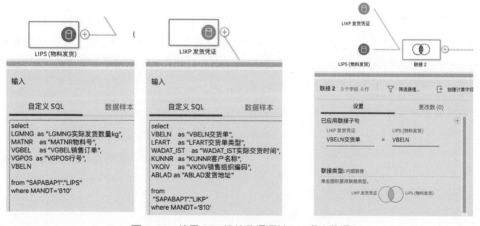

图 4-83　使用 SQL 连接数据源并 join 多个数据

连接之后，我们可以有针对性地进行数据分析了。

3. 数据聚合调整数据的详细级别

需求整理的关键是数据匹配，而数据匹配的关键是务必确认每个数据表的详细级别（颗粒度），避免因数据连接导致数据重复。如图 4-84 所示，LIPS 和 VBAP 的详细级别是每一笔订单（LN 订单）、每一个行号（POS 行号）、每一种物料（MAT 物料号）的发货数据和订单数据，而 VBRP 开票信息表的详细级别要更深一层，一种物料（比如小龙虾 A）交货 10 件，可能分为 6 件、4 件两张发票开票，最后对应两张发票号。

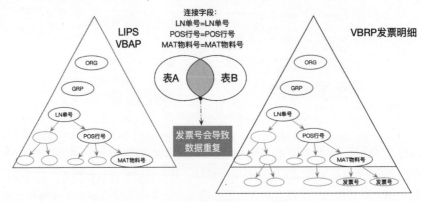

图 4-84　两个不同详细级别的数据表对比

如果我们直接用两个数据做连接，那么数据通常会有明显的重复项。连接结果数据增加的重要原因就是详细级别不一致。LIPS 发货信息表中的数据虽然是唯一的，但是和右侧字段匹配时，一种物料可能拆分成两次或者多次开发票，所以就有了更低的详细级别字段：发票号。

因此，我们要将发票明细中的字段连接到左侧对应的数据中，就必须调整数据的详细级别，将"订单号—行号—物料号"的发票信息汇总为一条显示。如图 4-85 所示，可以在发票明细和连接中间新增一个数据聚合的流程，将"发票号"之外的所有字段加入右侧聚合，此时数据就会减少，详细级别就从发票号提升到了与左侧一致的物料级别。

此时再看数据连接的结果，就不会有重复的项目了。

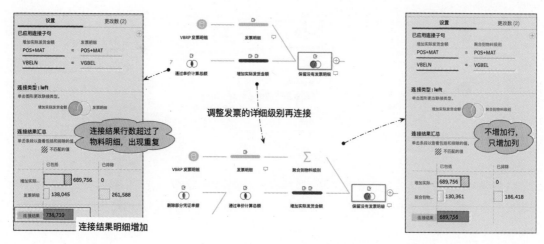

图 4-85　用 Prep Builder 更改数据详细级别

4．计算和注释

在引用 VBRP 发票明细数据之后，我们想要计算两个字段的合计，可以在 Prep Builder 中直接创建计算字段。和 Desktop 的计算不同，除了最新推出的 FIXED LOD 和排名高级计算，Prep Builder 中的计算都是行级别的，也就是在数据库最底层的每一行执行。复杂的计算涉及多个数据源的字段或者逻辑复杂，推荐在计算字段中增加注释，帮助自己后期或者他人更好地理解，如图 4-86 所示。

图 4-86　推荐使用注释标记完整的字段来源

5．共用 Prep Builder 流程字段

由于 SAP 中普遍存在代码和描述字段分离的情况，因此很多的自助分析都需要从多个表中匹配和连接。类似于查询维度字段这种高度一致又重复性的工作，可以借助于 Prep Builder 的流程片段共享的方式加速团队的合作和效率，如图 4-87 所示。

图 4-87　Prep 共享流程片段

　　只需要同时选择单个或多个流程片段，鼠标右击，选择相应命令，就可以轻松将其保存在本地或者发布到云端；而其他业务用户则能随时插入其他人分享的流程片段，从而简化重复性的劳动。

4.7　为什么 Prep Builder 是数据整理的首选

　　如果把 Desktop 视为是从数据整理到数据可视化甚至数据发布的一体化产品，而 Prep builder 则是专为数据准备而生的，放下了可视化的沉重环节，从而可以把数据合并和整理做到精致。那在什么情况下，应该在 Prep Builder 中而非在 Desktop 中完成数据整理呢？

　　从功能的角度，大致有几种情形。

1. 模式设计的长期需要

　　用模型的思维做数据整理，可以保留每一步整理和合并记录，用于后期按需调整和维护；还能团队分享和共用某一部分的流程步骤，避免"每一次数据整理都是全新的开始"。Prep Builder 2019.4 已经可以发布流程片段、复制、粘贴、插入流程片段，从根本上重塑模型化思维的数据整理过程。

2. 分工和安全需要

通过劳动分工把数据整理和可视化分析交由不同的人完成。

- 在大中型企业，数据库格外复杂，并非一般的业务人员所能掌控，而且数据库的操作几乎必须有专业人员来处理，因此最佳的分工是 DBA(数据库管理员)或者 IT 人员借助 Tableau Prep Builder 提供数据建构——包括数据连接、关键的数据合并和整理，甚至数据提取和流程发布，而业务人员负责把数据转化为业务问题和决策洞见。前者关注数据和整理，后者关注问题和图形。
- 即便是业务人员能掌控的部分，也因为基于数据安全，不希望业务人员自行连接数据库并建立连接和合并。业务人员仅限于连接自己本地的数据源。

- 这种分工模式下，产品组合和流程就稍有差异，具体如图 4-88 所示。特别是 Tableau Data Management Add-on 发布之后，数据准备和流程自动化就与大数据平台紧密融为一体。Tableau Prep2020.3 版本开始支持将整理后的数据写入数据库表，进一步拓宽了数据准备的专业化。

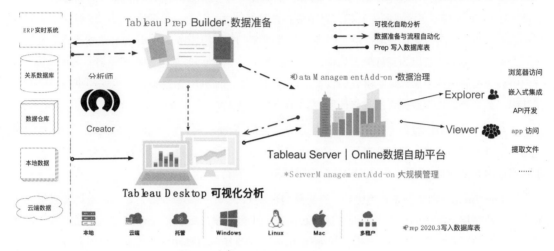

图 4-88　侧重于数据流程自动化的分工方式

3．功能限制

部分高级功能或者复杂整理等 Desktop 不能胜任的情形。

- 数据合并的环节非常复杂，合并与整理交叉进行，特别是涉及在不同环节的多次数据连接、多次转置，Desktop 无法完成。
- 在可视化分析之前，要更改数据的详细级别，从而减少数据量，数据整理同时充当"数据仓库"的功能——改善性能的数据仓库，Prep Builder 亦可胜任，如图 4-89 所示。

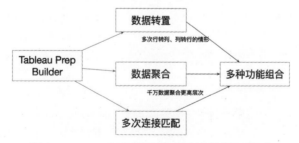

图 4-89　Prep Builder 能胜任更复杂的数据整理需求

除了功能方面的要求，还有一个更重要的推荐理由：业务分析师和 IT 分析师的中间地带裂痕，Prep Builder 能更好地弥补。

在很多客户的实施过程中，笔者发现了 Prep Builder 相对于 SQL 的明显优点——甚至对于深谙 SQL 技术的 IT 人员亦是如此。

阻碍一家企业成为"数据驱动组织"的最大障碍其实是人。业务人员不了解数据的逻辑，了解数据逻辑的 IT 人却不了解业务的真相，以至于各自身怀利器，却难以形成合力。所以经常会遇到这样的情景：业务部门信誓旦旦地提供了明确的分析需求，IT 部门使用 SQL 却多日久攻不下。究其原因，业务部门提供的自以为正确的逻辑中总有未能阐明的"隐形知识"，比如集团编码需要做筛选、部门编码库需要选择中文、某些编码的订单应该被排除等，而 SQL 总是输出了错误却难以验证的数据结果，甚至难以发现数据连接发生的明显错误。

在强调过程的数据整理方面，SQL 的处理方式如同 Excel 一样存在致命性的问题，即无法记录过程，不具有模型思维，难以在整理过程中跟踪和排查，不利于数据工作的反思和修改完善，以至于熟练使用 SQL 的分析师也在嘈杂的分析需求面前寸步难行。

而 Prep Builder 则具有先天的优势，它简单到很多 IT 人员"不屑一顾"，却能详细地记录每一步的操作并瞬时展示其中间结果，从而快速发现问题。以最容易出错的数据连接为例，比如客户提供了两个表的关联字段及其关系，但是在 Prep builder 中发现结果存在明显的重复。此时再去从源头分析问题，就会发现其中一个表的数据存在明显的"多对多"的关系，因此需要再增加其他的连接字段，才能保证需求的准确性，如图 4-90 所示。

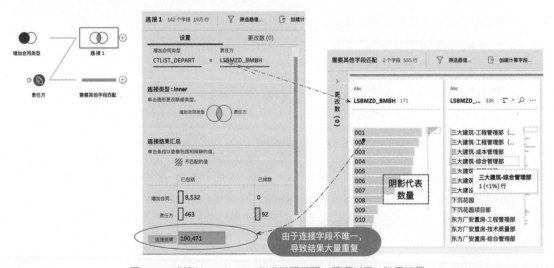

图 4-90 借助 Prep Builder 快速发现问题，强调过程，胜于结果

同样的操作，SQL 只能发现最终的数据有问题，却难以快速定位，最终耽误了更长的时间，这就是"知识的诅咒"。敏捷工具不是要替代专业工具，而是希望提供一个适合大多数人的分析工具，

用 80%的功能，为所有人打开 100%的分析世界。

当然，也有两个进一步降低数据整理难度的功能：其一，Tableau 新产品 Data Management 中的 Prep Conductor，能实现本地的敏捷 ETL 流程到服务器端自动运行。其二，2020 年，Tableau 新增了最重要的产品功能：数据关系，它跳出了数据连接、并集的局限性，从更高的视角真正实现了数据建模，特别是在"多对多"关系方面的处理，具有得天独厚的优势。

4.8　如何优雅地使用 Prep Builder

业务分析师经常有无数的思考和想法需要数据的验证，并从不断的假设和验证中获得有助于决策的灵感。优雅地使用 Prep Builder 能够让我们保持思考的连续性，专注于业务思考，而无须迷失在数据的汪洋大海中。根据笔者自己使用、培训和实施的经验与思考，下面为业务用户提供一些使用方面的建议。

4.8.1　思考和问题先于数据

不管是业务分析师还是 IT 分析师，分析的起点都是问题，而非数据，使用 Prep Builder 亦如此。在 4.6.2 节 SAP HANA 的案例中，我们首先是确立了分析的目标"分析商品交付明细的发货金额与发票金额"，然后从数据库中找到主数据和相关的数据表，从而开始整个数据整合的旅程。

在与客户沟通的过程中，经常有人不知道自己想要分析什么，只是希望把不同的销售数据表连接在一起，形成一个类似于 Excel 的宽表，这样的思维假设是希望建立一个"神奇表"，以后做任何分析都时都可以直接拖曳引用，而无须二次连接。这是很多人初学业务分析时常见的"完美主义倾向"。对于任何的分析而言，问题都先于数据。不管是为领导制作报表分析，还是做探索分析，都应该首先思考"我要做什么？我是希望支持哪一个决策，还是为了寻找哪一方面的线索？"有了这样的问题思维，使用 Prep Builder 就有了起点，每一个环节都是一个数据思考，众多的业务环节构成了前后相连的业务问题。

4.8.2　层次思维是关键

Prep Builder 是敏捷的数据整理工具，敏捷的是技术的实现方法，不变的是逻辑和方法。数据整理的关键是清晰明了每一个数据表的数据层次，以及数据表相互之间的层次差别。

如果是两个数据层次一致的数据表连接出现了数据异常增加，则说明连接字段不是唯一字段，此时需要增加其他匹配字段。如果两个数据层次不一致需要连接，就需要使用 Prep Builder 的数据聚合（Aggregate）功能调整一侧的详细级别，或者考虑用 Desktop2020.2 版本新推出的数据关系构建不同数据层次表的数据模型。

在本书的第二章，详细介绍了两种层次：客观的表层次与主观的问题层次，这是一切分析的基础。

4.8.3 各有所长：与其他工具的匹配和合作

每一种方法都各有利弊，都适用于特定的场合和特定的群体。SQL 如此，Tableau 亦如此。最佳的工作方式是理解它们的最佳使用场合，并灵活搭配。在变化的世界，我们应该秉承开放的态度接纳新知识、新方法、新技术，避免陷入"知识的诅咒"——被我们所熟练的技术牢牢地束缚住。

数据连接、筛选、整理和匹配的技术工具有很多种，使用最广泛的当之无愧是 SQL，业务用户笔者推荐 Tableau，专业的算法实现建议选择时下流行的 Python。Tableau 面向业务人员而设计，可以覆盖 80%以上的分析需求，后期适当学习一些简单的 SQL，就可以减少一些低级劳动，同时提高大型数据库的查询性能，如表 4-3 所示。

表 4-3　多种工具的对比

工具	适用人群	适用场景	备注
Tableau	业务用户、没有专业IT 背景	验证业务逻辑、分析模型时常修改、强调数据的可视化展示和价值探索	以可视化取胜，强调过程分析
SQL	IT 和数据库管理员	大型数据库的高性能查询、频繁引用的固定性查询、复杂模式查询	以查询性能取胜，只看结果，不看过程
Python	IT 人员或分析师	个性化机器学习算法、科学计算等，极少数需求	高级用户

在为客户做数据治理服务时，我们通常会把"Prep Builder 验证业务逻辑+SQL 简化整理过程"二者结合起来。如图 4-91 所示，合同主表中只有各个维度字段的编码，但是没有对应的名称，我们从其他的多个数据表中引用对应的关联字段，最后整合为一个"增加了多个描述字段的数据主表"。

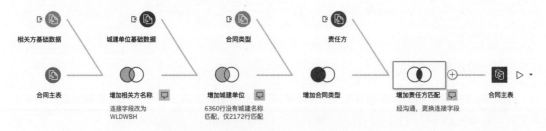

图 4-91　使用 Prep 的多次连接引入维度查询字段

在这个过程中，我们经常发现客户提供的需求漏洞百出，比如关联字段匹配为空、单一字段匹配导致重复。使用 Prep Builder 帮助我们快速定位问题，经过与客户的沟通并更改匹配关系之后，再把上述的过程更改为下列的 SQL 语言，从而提高数据查询的效率，也让 Prep Builder 流程更加简洁。

```sql
SELECT
CTLIST_CONTRACTID,
CTLIST_NAME       AS "合同名称",
CTLIST_RECORPAY    AS "收付状态 RECORPAY",
CTLIST_STARTDATE  AS "合同开始日期",
CTLIST_ENDDATE       AS "合同结束日期",
CTLIST_STATE        AS "合同状态",
CTLIST_BOOKER        AS "经办人",
CTLIST_VALUE        AS "主合同总金额",
LSWLDW.LSWLDW_DWMC AS "往来单位 WLDW",
LSBZDW.LSBZDW_DWMC  AS "承建单位",
CTTYPE.CTTYPE_NAME  AS "合同类型",
LSBMZD.LSBMZD_BMMC     AS "责任部门 LSBMZD"
FROM (LC0019999.CTLIST)
LEFT JOIN (LC0019999.LSWLDW)
ON CTLIST.CTLIST_SUPPLIER=LSWLDW_WLDWBH
    -- 增加往来单位名称
LEFT JOIN (LC0019999.LSBZDW)
ON CTLIST.CTLIST_CJDW=LSBZDW.LSBZDW_DWBH
    -- 增加承建单位名称
LEFT JOIN (LC0019999.CTTYPE)
ON CTLIST.CTLIST_TYPEID=CTTYPE_CODE
    -- 增加合同类型名称
```

从 Tableau 2019.3 版本开始，Prep Builder 已经支持在流程中增加 Python 或者 R 语言的脚本片段，从而支持基于 Prep Builder 的高级数据整理。

4.8.4 Prep Builder 与 Desktop 的最佳结合

新用户学习 Tableau，建议从 Desktop 开始，它代表了 Tableau 多年来的精髓；随着学习和业务分析的深入，再借助 Prep Builder 完成复杂的数据整理。Prep Builder 比 Desktop 更加考验数据的抽象思考能力和对数据的宏观理解。

Prep Builder 的大部分常用功能在 Desktop 中都能实现。那么什么时候选择 Prep Builder 完成数据整理才是优雅而正确的选择呢？

其一，数据整理过程涉及多个工作表，特别是涉及多种数据源，使用 Prep Builder 可以轻松把不同数据整合在一起。

其二，业务逻辑过于复杂，筛选和整理条件灵活多变，因此必须借助流程的视角纵览整个数据整理和准备过程。数据准备的过程充满了探险，你必须随时查看连接结果和数据预览，根据反馈的异常随时调整。

由于数据连接是在数据明细级别把数据合并成一个全新的物理表，过多的连接会导致严重的查询障碍。在实际业务中，Prep Builder 通常用于维度字段的匹配，比如主表中用"adbffj03jjf"和"jfioje873"字符串代表性别，用 003、0034、0052 代表部门编码，通过数据连接从另一个数据表中匹配对应的性别男/女和部门名称——这个过程如同 Excel 的 VLOOKUP 函数查询匹配的过程。

Prep 2020.1 版本将 Fixed LOD 语法与排序函数引入数据准备阶段。Prep 2020.3 版本开始，Prep 支持将数据整理的结果写入数据库表，自此敏捷 ETL 的基本功能就基本完整了。

随着 Tableau 2020.2 版本推出"数据关系"，Desktop 可以构建数据关系模型，这在一定程度上可以补充 Prep Builder 在灵活性方面的不足。

以笔者个人的学习和实施经验而言，Prep Builder 在改善和提高短期的业务分析效率方面，比 Desktop 更有优势。Desktop 和可视化分析是长期工程，是理性与艺术的结合，是美感和经验的融合。

第 5 章

可视化分析与探索

关键词：报表可视化、可视化探索、选择最佳图表、增强分析

　　层次是分析的关键，问题是分析的开始，本章主要介绍从层次分析到可视化的步骤、如何根据问题选择最佳图表，以及可视化分析中的主要增强分析技术。本章介绍的方法和思维适用于包括 Tableau 在内的各类 BI 分析产品。

　　在第 2 章，我们介绍了 Tableau 可视化的基本方法，仅需简单的拖曳就能生成图表、探索数据。由于业务环境远比这个过程复杂一些，我们需要进一步了解可视化分析的方法原理，并能与实际的业务过程相结合。

5.1　Tableau 报表可视化的三步骤

5.1.1　整理字段：理解数据表中的独立层次结构

　　任何一个数据表，都是对某一个业务过程的描述和反映。而不管字段有多少个，都可以用少数的几个关键字段，将业务过程概括为一句话："谁在何时、何地做了什么"。按照第 1 章中 DIKW 模型的层次框架，这就是从数据中寻找相互之间的逻辑关系，构建信息的过程。

　　比如一个销售数据表描述"哪个业务人员在何时卖给哪位客户哪一种商品，销售价格及利润是多少？"采购数据表描述"哪一个采购员在何时向哪一家客户采购了哪一种商品，采购价格及数量是多少？"这样的分析角度只用少数的几个关键字段，就能完整地描述一个真实环境中的业务逻辑，其他字段都可以视为是对这句话的补充。比如"销售组织、销售办公室、销售组"是对业务员所属架构的进一步描述；"国家、地区、省份、城市"是对业务员和客户所属区域的进一步描述，"类别、子类别、商品编码"都是对商品的进一步描述等。IT 人员可以用数据库的第二范式理解这个过程，

一个不存在相互依赖的业务主表，包含了描述业务过程的关键字段[1]。

以超市数据为例，如图 5-1 所示，Tableau Desktop 中包含了 15 个维度字段和 5 个度量字段（不含自动生成的"度量名称""度量值"和"记录数"）。层次分析的关键只在维度，因为维度字段决定详细级别。这里的维度字段可以分为几类：有关客户的、有关商品的、有关日期的、其他有关交易的。

建议使用 Tableau 的文件夹功能，把同一分类的字段放在一起。如图 5-1 所示，点击维度右侧的三角形图标，在下拉菜单中选择"按文件夹分组"。之后可以按住 Ctrl 键选择多个字段，用鼠标右击，在弹出的下拉菜单中选择"文件夹→创建文件夹"命令，就可以实现文件夹分组。

在这里，字段"类别""子类别"进一步描述"商品名称"，"商品 ID"则是"商品名称"一对一的编码表示；"国家/地区""地区""省/自治区""城市"是对客户来源的进一步描述，"客户 ID"是"客户名称"一对一的编码；"订单日期"描述何时发生了这笔订单，日期是自带连续性且具有固定层次的字段，方便做各个层次的分析；"邮寄方式"和"发货日期"也可以视为是对订单交易的进一步描述，只是不像其他字段具有明显的层次性。所有的度量字段都是对交易的描述。

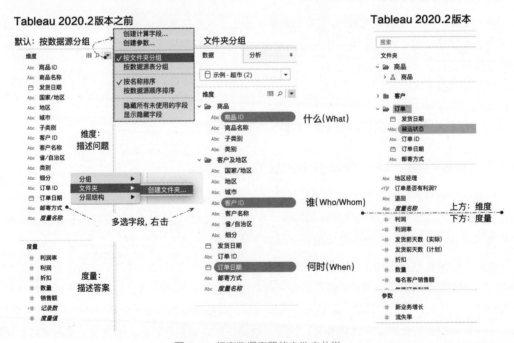

图 5-1 超市数据字段的文件夹分类

---

1 可以参考 IBM 开发文档：《规范化：数据库设计原则》。

在分析时，可以参考图 5-2 所示的数据字段层次结构图。

图 5-2　理解数据表中的独立层次结构：超市数据的字段层次示意图

这样分析的目的是什么？其一，帮助我们清晰地理解数据中包含的层次关系，便于自上而下分析数据；其二，方便用一句话总结数据记录的业务逻辑。二者结合，既能完整地理解数据表本身的详细级别，又能快速定位业务问题所在的详细级别，二者结合即可快速聚合，回答业务问题。

沿着这样的分析思维，我们可以把上面的超市数据所包含的业务逻辑概括为"超市每时每刻向客户销售产品的交易记录，交易的销售额、数量与利润等指标"。之后的分析就可以沿着时间、客户、商品和度量不同角度展开多层次的分析——问题即层次，分析即剖析。

在企业业务环境中，大部分数据表都会比超市数据复杂，不过依然可以用类似的思路来解答。交易通常由买方和卖方构成，典型的例子如业务员卖给客户，我们分别用 Who（主体）和 Whom（客体）表示。常见的销售交易数据表，都包含了下面的部分或者全部关键词——"谁（Who）在何时（When）在何地（Where）给谁（Whom）提供了什么（What），交易的相关度量分别多少（How much）"。其他字段都可以视为是这些关键字段更高层次的聚合，可以用图 5-3 描述相互的字段层次关系。业务描述必须用每个独立层次的最低聚合的字段来描述。

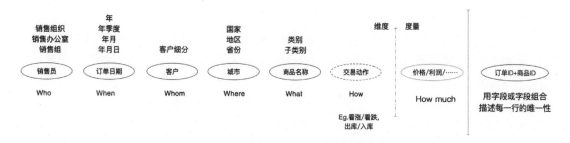

图 5-3　超市数据分解表：理解数据中包含的独立层次结构

在特殊情况下，数据表中还会有代表方向的字段，比如财务的借贷、仓储的出入库、销售的售出与退货等，我们可以用 How 来表示（见图 5-3）。

比如一种生产入库出库表，它在描述"哪一位库管员在何时在哪个公司的哪个仓库对哪一件商品执行了哪一种动作（入库或者出库），出入库数量是多少？"再比如看到期货的交易数据，它在描述"哪个期货公司在何时对哪一件期货商品执行了何种操作（看涨买入/看跌卖出），价格多少？"。

5.1.2 工作表：依据字段的层次结构完成数据可视化

对大部分用户而言，报表类分析是起点和首要需求。在分析数据表的层次结构后，借助 Desktop 快捷易用的分析能力，可以快速完成领导所关心的主要字段的层次分析和关联分析。

在第 2 章中，笔者推荐用"冰山"理解数据表的层次关系。同一个主题层次中的字段，级别越高，对应的冰山层次就越高，如图 5-4 所示。报表分析通常从领导关心的宏观问题开始，逐步钻取分析到更低层次，过程中使用筛选器、层次结构、仪表板互动的综合技术。

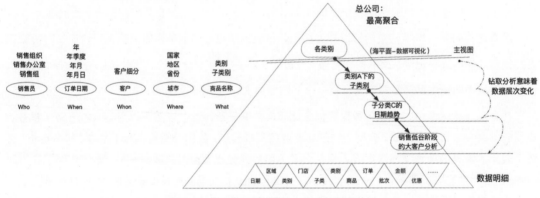

图 5-4 报表分析通常是自上而下的层次分析

假设领导需要查看商品的销售状况，我们可以依据"类别—子类别—商品"的层次描述以下几个问题。

- 最高级别的数据展示：公司级别的销售分析，如销售金额、销售数量、销售利润等；
- 类别层次的数据展示：各个类别的销售分析，重点关注销售金额、利润、利润率（绝对值反映规模，而比率反映质量）；
- 子类别层次的数据展示：单一类别下子类别的销售分析，关注重点同上；
- 商品层次的数据展示：关心 TOP 商品和重点单品，比如销售贡献 TOP20 商品的销售金额和利润贡献、十大单品的销售情况。

这样的问题分析都是基于图 5-3 和图 5-4 所示字段的层次分析，能到这一步，就意味着完成了"从数据到信息"的分析过程，接下来就是展示数据结果了。

1. 产品的层次结构分析

比如要给领导查看每个类别和子类别的销售分析，隐含的分析需求是查看孰高孰低，这一类的排序分析首推条形图（5.3 节具体介绍原理）。

如图 5-5 所示，在 Desktop 中先双击销售额生成最高的聚合[1]，然后双击类别和子类别对应问题的详细级别。默认创建的是柱状图，通过快捷工具栏"交换行和列"改为条形图。

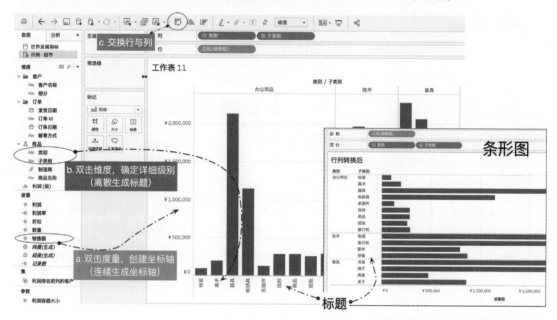

图 5-5　快速创建商品分类分析

在类别、子类别的销售额的基础上，希望进一步增加利润。如果把利润视为和销售额同等重要的数值，则可以双击"利润"度量添加一个单独的利润坐标轴和条形图；如果只是把利润作为辅助销售额分析的背景信息，则可以在不改变主视图框架的前提下通过颜色增加可视化的深度。

如图 5-6 所示，只需要将利润拖曳到"标记"的"颜色"中，"度量默认聚合"，绿色胶囊代表连续，连续默认使用渐变色，自动出现的渐变色颜色图例代表利润总额。

1　先双击度量（绿色）生成坐标轴聚合，绘制图形；如果先双击维度（蓝色）生成标题，则绘制交叉表。

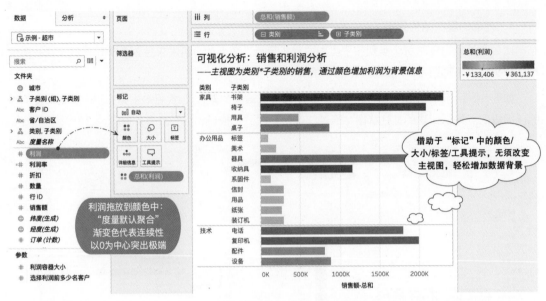

图 5-6　通过颜色增加可视化分析的深度

颜色最重要的价值在于使用对比色轻松突出两侧极值，这是其他标记类型无法实现的。借助颜色，可以快速定位"桌子"和"美术"利润为负，引导作为进一步分析的起点。

"类别""子类别"和"商品"是具有明显层次结构的字段，Tableau 提供了一个快速钻取的方法——层次结构。如图 5-7 所示，只需要将一个字段拖到另一个字段上面，即可快速创建层次结构，然后把其他相关字段拖入其中。

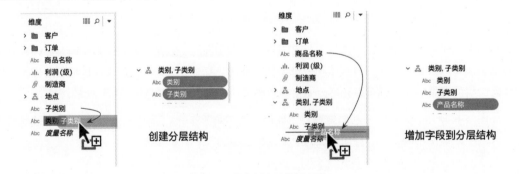

图 5-7　创建层次结构的方法

此时再去看图 5-6 中的条形图，就会发现在"行"中"类别"胶囊前面出现了一个加号（"+"），表示可以展开下一层级别。如图 5-8 所示，在可视化图形中，鼠标点击或悬停等多种方式也可以找到同样的功能入口。

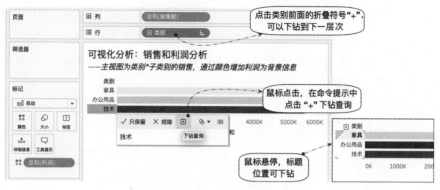

图 5-8　视图中做层次钻取分析

不过，当我们从"子类别"进一步展开到"商品名称"时，注意力无法聚焦如此之多的商品明细。在实际业务中通常会关注销售排名最靠前的商品，所有缩小数据分析范围的需求，都对应数据分析中的"数据筛选"。

将需要筛选的字段拖入"筛选器"选项卡，即可创建筛选过程。如图 5-9 所示，要筛选销售额前 10 的商品，把"商品名称"拖入"筛选器"，在弹出的"筛选器"选项卡中选择"顶部"，依据"销售额"的"总和"为筛选标准，查找"顶部"前 10 即可。

图 5-9　创建商品的 TOP 分析

至此，我们就在一个视图中，在不同阶段呈现了类别、子类别、TOP10 商品的销售额和利润状况。随着分析的需要，后期还可借助仪表板实现多个层次的互动关联。

2．销售的区域分析

基于同样的逻辑，我们可以把销售区域的字段层次关系"国家—地区—省/自治区—城市"，基于地理位置展开分析。

创建区域层次结构的方式和上面完全一致，不过，为了实现在地图上分析，我们还需要为字段赋予地理角色——Tableau 以此为依据匹配每个字段中数据的经纬度坐标或范围。国家、省、城市可以直接对应到地理角色，而由省构成的地区，则需要通过"创建依据"间接指定，如图 5-10 所示。

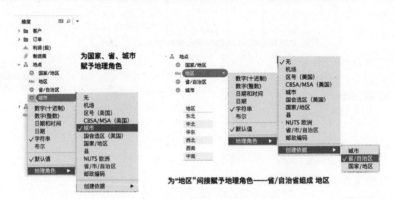

图 5-10　为地理位置设置地理角色

在 Tableau 中，只支持为具有全球唯一性的行政位置和机场设置角色，内置的选项如图 5-10 所示，其他的地址类型都需要经纬度来匹配位置。也可以基于自己的坐标体系设置位置。

因出版的需要，本书为各省/自治区地图设置了一组 $X／Y$ 坐标轴[1]，代替地理角色和经纬度创建地图，如图 5-11 所示。主视图由"中国地图—$X／Y$ 坐标"中的 $X／Y$ 坐标创建的，每个省份用"标记"的"圆"来代表。

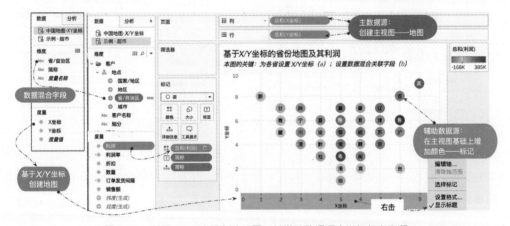

图 5-11　基于 $X／Y$ 坐标创建地图，并借助数据混合增加超市利润

1　各省份坐标借鉴自 Tableau Penny 老师的可视化视图。可以搜索并下载 Public 源文件："空间分析误区与技巧讲解——你的地图真的看得见吗？"

之后使用第 4 章的数据混合技术，在菜单栏选择"关系→编辑混合关系"命令，设置省份字段的字段关联，之后把超市数据中的"利润"加入"标记"的"颜色"中，如图 5-11 所示；Desktop就会从超市数据中查询每个省份的利润总额，以圆圈的颜色来指示。确认地图无误后，用鼠标右击坐标轴，在弹出的下拉菜单中取消勾选"显示标题"，即可隐藏坐标轴（见图 5-11 右下角）。接下来的省份地图，均使用这种方法创建。更多地理位置分析内容见本书第 6 章。

相对于这种 X/Y 坐标轴的方法，大部分的地理坐标是通过经纬度来实现的，经纬度就是放大版的 X/Y 坐标。

3. 随时间变化的销售额变化

日期字段是非常独特的字段，其一是兼具连续和离散两种特征，其二是自带层次结构，如图 5-12 所示。通常，高层领导关注更高层次的销售额趋势，比如年度增长、同比等；而部门经理或者门店店长则更专注低层次的日期分析。

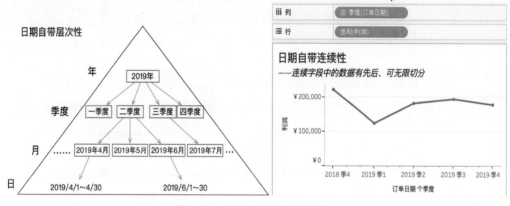

图 5-12　自带层次性的日期字段

"随日期的销售额变化"属于典型的"时间序列"问题类型，最佳匹配的图形是折线图。

比如分析"各细分市场随着季度的销售额增长趋势"，有多种展示的方法。如图 5-13 左侧所示，细分和日期都在"行"/"列"上，每个细分对应单独的数据轴，此时难以对比细分。颜色通常是优化视图布局的首选方法，把"细分"字段从行中拖曳到"标记"的"颜色"中，多个细分共用一个坐标轴实现更佳的效果，如图 5-13 右侧所示。

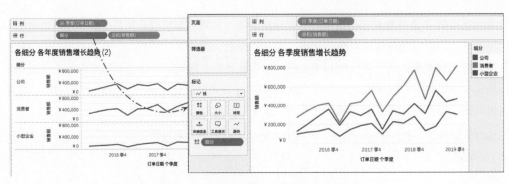

图 5-13　使用颜色做多个细分的趋势分析

5.1.3　仪表板：探索不同数据之间的关联关系

报表类的分析除了展示每个主题的核心数据，还要查看不同主题之间的关联关系，在上面完成的"品类销售与利润贡献""各省份利润分布""各细分市场的时间趋势"主题分析基础上，可以借助于 Desktop 仪表板把三者结合起来，从而实现相互之间的互动分析，满足不同访问者、不同问题角度的需求，如图 5-14 所示。

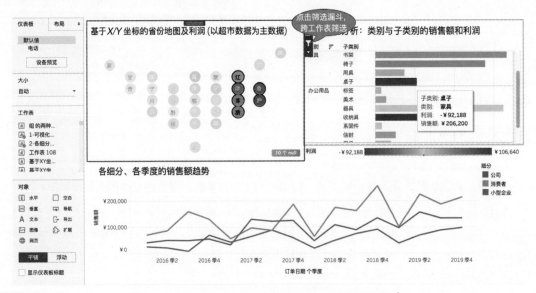

图 5-14　Desktop 仪表板：实现工作表之间的筛选与交互[1]

1　如果希望点击地图对其他工作表执行筛选，务必确保地图中的主视图数据源和其他工作表使用同一个数据源。

仪表板的好处是可以快捷地实现交互筛选，如图 5-14 所示，只需要点击省份工作簿右上角的"用作筛选器"漏斗图标，即可实现互动筛选。比如点击每个省份或者选择多个省份，可以快速查看其类别、子类别的销售状况与时间趋势分析。

交互筛选是最常见的互动分析技术——可以理解为不同层次之间的钻取分析。除此之外，Tableau 仪表板还有高亮、跳转、集动作、参数动作等多种互动方式，进一步提高了数据访问的交互性能。更多深入内容参考第 7 章。

5.2 Tableau 复杂业务问题中的关联分析

上面的分析过程是建立在一个完整的数据源、清晰的字段层次和关联关系基础之上的——从数据到图形的过程。随着分析的深入，场景也会更加复杂；大部分业务问题需要整合多个数据源、借助高级计算方可实现多层次可视化，此时就需要在理解每个表行级别的唯一性基础上完成数据合并，并借助计算字段完善分析模型。复杂的数据合并和模型准备可以借助 Prep Builder 完成，并借助 Tableau Data Management 实现流程自动化处理。

5.2.1 多数据分析：每个数据表行级别的唯一性

完整理解数据表所描述的业务过程，除了理解多个独立层次，还有一个非常关键的内容：理解数据表行级别所记录的业务过程的唯一性。每一行数据的唯一性，代表了数据的颗粒度、层次和详细级别。

和 Excel 中数据行可以重复不同，数据库中的每一行交易记录都是唯一的。很多数据库会自动生成流水号来确保每一行都唯一，不过这个字段的可用性比较差，通常只有"计数"的意义（在 Desktop 中自动生成的"记录数"字段可以代替这个功能）。理解数据表行级别的唯一性，最佳方法是使用某一个或者多个业务字段的最小组合描述。

比如超市数据用"订单 ID"记录每一位客户的一次订单交易，而用"商品 ID"记录订单中的商品，二者共同构成了每一行的唯一性。商品和订单是销售分析中最关键的两个层次，二者是多对一的关系；我们通常把一笔商品销售称之为交易，而把面向客户的一笔销售称之为订单；一笔订单可以只有一笔商品交易，也可以包含多笔商品交易——在 SAP 的框架中，商品交易称之为明细（Item），而订单交易称之为凭证或者抬头（Header）。

可见，在明细表中，订单 ID 不是唯一字段，此时就需要字段的组合来代表数据表每一行的唯一性——这里的最佳组合是"订单 ID+商品 ID"，如图 5-15 所示。

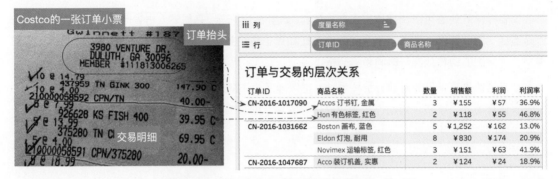

图 5-15　订单和商品 ID 构成了超市数据的唯一性

正确地识别一个数据表中的唯一字段，是可视化分析中最关键的步骤之一，这样就能更好地理解数据表的数据层次，也是后期我们讲解 LOD 表达式的起点。

特别是，将多个数据做匹配连接时，唯一性字段就格外重要。比如在给一家 SAP 客户使用 Tableau 分析时，将商品发货明细表（LIPS）和客户订单明细表（VBAP）关联，仅仅关联两个表中的订单 ID（VBELN）字段远远不够，还需要同时连接订单 ID 下的 POS 流水号（POSNR）、物料唯一编码（MATNR）。有时为了简化，还可以提前把两个字段通过计算字段合并在一起。在左连接和内连接时，检查唯一性的最关键方式就是查看数据连接后的结果是否增加了行数，行数增加就是错误，如图 5-16 所示。相关内容在第 4 章数据合并时曾经重点介绍（见第 4 章图 4-85）。

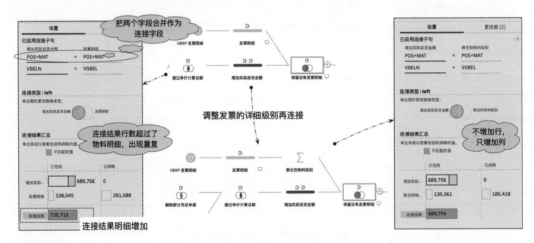

图 5-16　数据连接要确保在相同详细级别完成

理解数据的层次和聚合，并通过唯一字段实现数据合并，是从 Excel 分析走向 Tableau 大数据分析，从单一数据源到多数据源整合分析最为关键的环节。

5.2.2　即席计算：通过计算字段完善分析模型

随着分析的深入，越来越多的分析需要借助计算来实现，如"毛利率""客户生命周期分析"等。Tableau 不仅提供了丰富的计算函数，涵盖字符串计算、算术计算、聚合计算、表计算、LOD 计算等，而且提供了超级方便的创建计算的窗口工具——即席计算，在"行"/"列"/"标记"中均可随时输入计算，快速验证计算的准确性。

如图 5-17 所示，分析时需要加入"利润率"分析，在销售额胶囊下面的空白处鼠标双击创建新胶囊，拖动视图的聚合字段可以快速创建计算字段。

图 5-17　拖曳快速创建计算字段：即席计算

即席计算最大的好处是，保持分析与思考的连贯性，无须提前创建计算字段，随写随用，所见即所得，直接反馈错误；从而加快了业务验证的过程，提高分析效率。同时，为了减少重复劳动，常用的计算字段还可以直接拖动到左侧"数据"窗格中保存为自定义计算字段，从而提高二次使用的效率，也有助于提高团队的合作效率，如图 5-18 所示。

图 5-18　拖曳视图中的计算到"数据"窗格快速创建"自定义计算"

至于计算字段，除了和 Excel 等数据处理一致的算术计算（加减乘除为代表）、字符串计算（左侧截取函数 LEFT、右侧截取函数 RIGH、拆分函数 SPLIT 等），Tableau 重点的计算函数是聚合函数、日期函数、表计算函数、LOD 表达式、空间函数等。在本书第 2 篇，笔者会单独介绍"数据分析中的 Tableau 函数"。

5.2.3 数据解释：AI 驱动的智能关联分析

2019 年，Tableau 重点将 AI 驱动的智能计算和智能视图加入了数据分析平台，相继推出了数据问答（Ask Data）、推荐视图、数据解释（Explain Data）等功能。其中，笔者对数据解释情有独钟，它为业务分析打开了一扇全新的假设验证的窗口。

不同于 IT 分析师以明确的报表或任务分析为目标，业务分析师和业务主管面对更多的不确定性，并且直接面向业务决策。对他们而言，大数据分析就是从已知到未知、从确定性到不确定性的探索过程，是不断建立假设、验证假设、重建假设的循环。由于大数据环境的复杂性和经验的限制，这方面的效率一直难以提高。

Tableau 的数据解释功能却为此打开一扇窗。它借助贝叶斯统计等高级计算，由 AI 驱动解释数据之间的高概率关联。业务用户无须了解背后的复杂算法，只需要轻轻一点，即可轻松获得数据点背后的多种原因解释。

比如，如图 5-19 所示，在超市数据"客户销售额和利润"散点图中，有一位客户非常优秀，在散点图中点击销售额最高的客户数据点，在弹出的工具栏中点击"数据解释"（小灯泡图标），在综合考虑 17 个字段之后，Tableau 提供了有关客户与"省/自治区""细分"等字段的可能性解释。发现这位客户的贡献几乎完全集中在山东省区域，作为新工作表打开，添加城市字段并适当调整布局，发现该客户贡献了"临清"100% 的销售额。

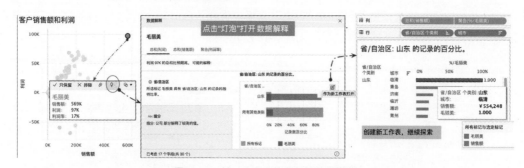

图 5-19 从一个客户数据开始数据解释

这是数据解释引导我们发现的结果，接下来分析师可以继续建立新的假设从而验证。比如假设"该县城所有的客户销售都登记到了毛丽美一人名下"，或者"毛丽美可能就是该店店长，她没有开发客户的任务，用自己的会员身份帮助客户换取折扣"等，基于分析的结果，分析师可以为领导提供关于会员登记、三四线城市新客户开发任务、内部账号的管理规定等针对性的建议。

当然，并非每一种解释都值得探索，但数据解释帮我们找到了数据探索的 N 条道路，进一步增强了不确定分析的便捷性。这也是笔者的很多客户非常喜欢的功能。

综上所述，可视化报表是大数据分析最好的起点，在此基础上逐步走向复杂分析。复杂分析通常需要遵循 4 个步骤：理解每个数据的层次关系、借助每个表行级别的唯一字段建立关联、从上往下为完成层次分析、依据业务逻辑建立互动和关联。

在本书第 2 篇讲解表计算和 LOD 表达式时，会重新总结高级分析的四步思路——如何在一个视图中体现多个层次。

5.3　如何选择可视化图表框架

"从数据到图表"的分析适合简单的报表分析和数据初级展示，但业务分析的大部分需求并非来自数据本身，而是来自领导的复杂问题，比如"分析一下年初至今老客户的复购情况和复购的重点类别构成"，在这里，笔者介绍如何思考数据问题，并用最佳可视化方式回答。

从数据问题到可视化图表，中间其实有一座桥——"数据问题中关键字段的相互关系"。不同数据的相互关系，对应着不同的最佳可视化图表。参考《用图表说话》一书的思考框架，本节分析最简单的数据关系——两个字段构成的分析，之后在当前可视化上增加分析层次。

5.3.1　常见的问题类型与图表

如图 5-20 所示，按照问题中包含的数据关系分类，问题可以分为六大类型：排序、时间趋势、占比、分布、相关性、地理分析。数据关系指问题中包含字段的关系，通常是问题中维度字段和度量字段的关系。

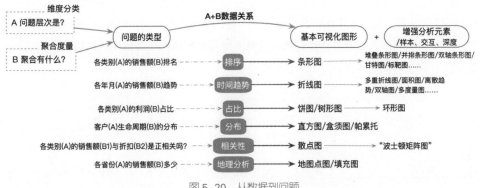

图 5-20　从数据到问题

在业务分析中，常见的问题类型是有限的，图 5-20 中的六种类型基本涵盖 80%的业务问题。本节先介绍传统的三大图表——也是最经典的三大图表，之后重点介绍大数据的三大图表。

1. 传统三大图表：条形图、折线图与饼图

最常见的图表是条形图。

比如"各个类别的销售额"，就是"类别"（维度 A）和"销售额"（度量 B）的关系，"各个类别"的潜台词是看孰高孰低，因此称之为"排序"[1]或者"对比"。为什么条形图为最佳图表呢？因为人眼睛的直觉判断对长度最为敏感，远胜于高度（柱状图）、颜色和形状等表达方式，如图 5-21 所示。

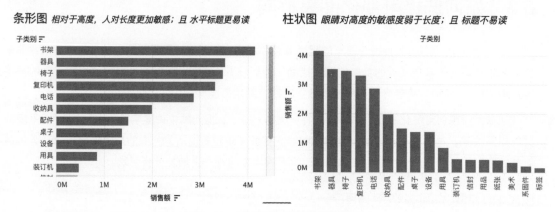

图 5-21　条形图的长度更易于分辨

与日期有关的首选是折线图。

同样的道理，有关时间字段的分析通常是查看随日期的变化趋势，比如"随季度（维度）的销售额（度量）趋势"，日期有连续性，因此生成坐标轴，度量默认聚合，也生成坐标轴，折线图是体现连续性的最佳图表。因此涉及日期趋势、日期序列，非折线图莫属。如图 5-22 所示，二者都是描述"连续各月的销售额"，把销售额和订单日期拖入视图，默认生成折线图；如果把"标记"样式改为"柱状图"，则失去了连续性。

1　这里的"排序"，对应《用图表说话》中的"项目"。

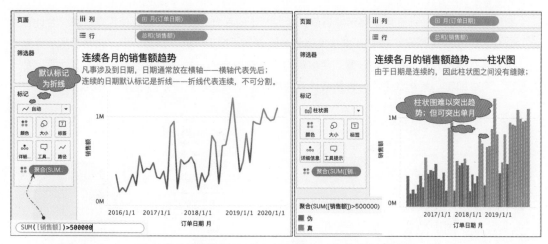

图 5-22　折线图用折线和坐标轴体现时间序列分析的连续性

在两个图表中，使用即席计算创建计算，拖入聚合销售额并改为视图中的判断，可以把销售额高于 50 万元的月份突出显示。相比之下，条形图易于突出单个日期，但难以体现连续性。

第三个图表是饼图，主要用于分析占比。

"占比"即部分与总体的占比。比如"各类别（维度）销售额（度量）的占比"，它不像"排序"侧重于数据之间的对比，而是侧重于每一个类别在总体的占比，因此就需要有一个"总体"的表达——饼图用圆代表总体，角度代表各个部分。

不过，当数据元素变多时，饼图就容易引起混乱，此时推荐另一种图表——树形图。如图 5-23 所示，饼图用角度代表大小，树形图用面积代表大小，人在直觉判断时对面积的敏感性胜过角度，因此饼图适合少于 5 个元素的情形（简洁），树形图更适用于元素多的情形（突出重点）。

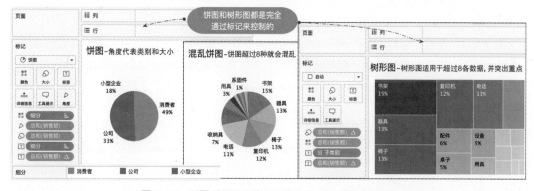

图 5-23　饼图适用于少数元素的占比，树形图适用更广

在做占比分析时，标签用来显示"当前元素占总体的百分比"，这里需要使用表计算"合计百分比"命令。如图 5-24 所示，按 Ctrl 键拖曳销售额胶囊到"标记"的"标签"中，此时相当于复制字段。之后选择标签位置的销售额胶囊，用鼠标右击，在弹出的下拉菜单中选择"快速表计算→合计百分比"命令即可。第 9 章会专门讲解表计算的原理，从而实现更复杂的表计算场景。

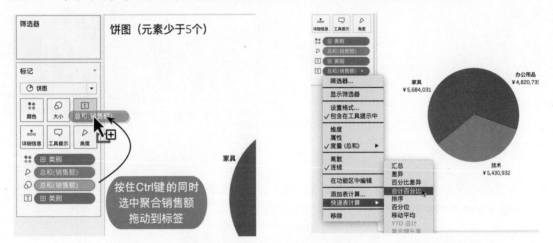

图 5-24　借助快速表计算增加饼图的占比

大数据时代的一个关键特征就是关注样本或总体特征，而非关注个体，这就需要大数据时代的三大图表——直方图、盒须图和散点图。

2. 直方图：分布分析的头牌

直方图和盒须图用于分析"样本或者总体的分布特征"，比如"销售价格以 1000 元为分布间隔，每个阶段的交易数量（价格带分析）""对比同一类别不同商品的定价分布，分析空白的价格带市场（采购策略）"。

直方图适用于客户分析、商品分析和订单分析等各种场景。以"销售价格以 1000 元为分布间隔，查看每个阶段的交易数量"为例，这样度量"销售额"用来划分区间，每个区间的交易数量可以用"商品名称"计数，或者记录数字段。用图 5-25 直观地表示这个分段分析方法。

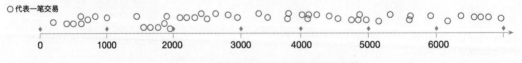

图 5-25　直方图的前提是连续度量的分段

Tableau 制作直方图需要首先把"销售额"按照要求切分为不同的区间,每一个区间称之为"数据桶(Bin)",它代表等分的销售额区间,是交易的分类依据,因此数据桶字段都是离散的维度字段,如图 5-26 所示。

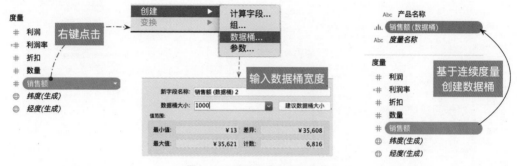

图 5-26 连续度量创建数据桶

如图 5-27 所示,双击新增的"销售额(数据桶)",并将"商品名称"加入视图做"计数"聚合。最后借助"交换行和列"功能,就能生成最后的直方图了。

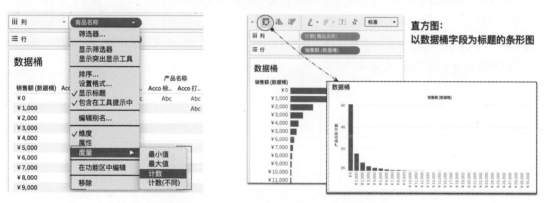

图 5-27 在数据桶字段上添加维度计数生成直方图

在分析过程中,经常要在维度字段上进行计数(Count)、不同计数(Countd)等聚合。第 2 章讲"维度决定层次,度量默认聚合",维度加入有一种非常方便的快捷方式。如图 5-28 所示,在左侧维度窗格中用鼠标右击。右击维度字段,拖动到视图中(在 mac OS 系统中,按住 Option 键,用鼠标左键点击拖曳字段),会自动弹出一个"放置字段"的选择窗口,选择一种聚合类型,字段以聚合出现在视图中。这种方式简化了操作。

图 5-28 使用右键拖动字段，快捷聚合

聚合方式与问题类型对应，如果要做订单数量分析，则可以使用"订单 ID"做不同计数；如果计算交易数量，由于交易是最低聚合度，因此可以使用任何一个维度字段重复计数，常见选择"商品名称""商品 ID"，或者选择度量下的"记录数"字段——Desktop 自动生成的"记录数"字段相当于在数据库每一行中标记了数量 1。

3. 盒须图与价格点分析

分布分析还有一种图表是盒须图，也被称为箱线图，可以视为圆点图和分布区间的结合，它关注总体特征，而非个体位置。熟练使用盒须图及其背后的分布分析洞察数据，是进入大数据分析时代的基本功。

零售分析中经常要做的价格带分析就是分析不同品类之间的价格带差异、同一品类在不同区域或时间的价格点分布，从而推测不同区域客户的购买能力和消费水平、营销能力等。

以图 5-29 为例，每一件商品比作一个独立的数据点，每个点的位置代表该商品所有交易单价的均值。

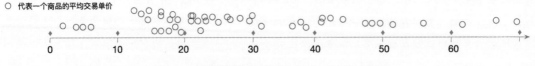

图 5-29 盒须图是对点的分布分析，无须拆分区间

以此为基础，就能查看本公司的商品平均交易单价，集中在 12～30 元，少量交易低于 10 元（大概率为促销所致），少量交易高于 50 元（大概率为异常数据或无折扣销售）。为了更加精确地分析，可以在这些数据点上增加一个"参考区间"——用阴影和线条来表示几个关键数值，比如数据点中间区域、最高值、最低值。这就是"盒须图"的设计初衷，"盒"代表中间区域，"须"代表最大值和最小值，如图 5-30 所示。

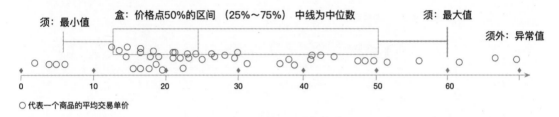

图 5-30　盒须图的可视化原理

因此，在 Tableau 中，盒须图可以视为是点图和分布区间两个功能的组合。点图所对应的数据描述是"每个商品的交易单价"，其中包含"商品"（维度）和"交易单价"（度量）两个数据，"商品"决定详细级别，因此需要放在"标记"的"详细信息"中；单价通过计算字段来完成（销售额/数量）；通过"标记"的"样式"下拉菜单或者右侧的"智能显示"功能，将默认的条形图改为"圆点图"，如图 5-31 所示。

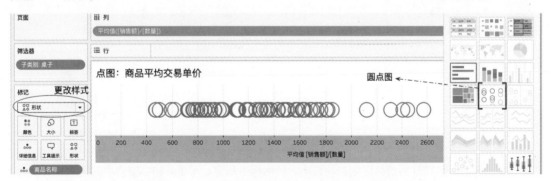

图 5-31　制作盒须图的点图分布（仅显示桌子分类）

接下来，就是在"圆点图"之上增加"盒须图"的分布区间。

方法有两种：其一是将左侧"分析"窗格的"盒须图"拖动到视图区域，即可自动添加盒须图区间；其二是借助"智能显示"中的盒须图样式快速生成。明白方法后可以使用第二种方法，如图 5-32 所示。

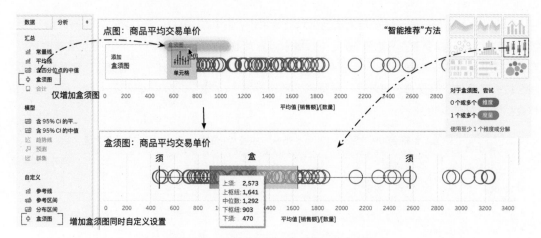

图 5-32　在点图基础上增加盒须图分布区间

此时借助盒须图的工具提示，就能查看我们需要的区间数值金额。比如要对比各个子类别的交易价格点分布，可在上面的基础上，将"子类别"拖到"行"并使用快速工具栏做降序。同时，为了避免过多数据点造成的视觉干扰，还可以编辑盒须图，隐藏盒须图下面的圆点标记，如图 5-33 所示。

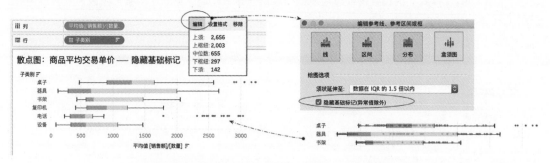

图 5-33　隐藏基础标记的盒须图——更易于突出分布特征

可见，桌子、复印件的价格区间波动较小，价格相对稳定；而器具和书架的中间区间相对更大，且中位数价格点偏低，说明低价格点商品或者促销商品销售更多。

随着分析的需要，可以在盒须图基础上增加其他维度筛选，缩小分析范围。如图 5-34 所示，选择"桌子"和"器具"，用鼠标右击，在弹出的下拉菜单中选择"仅保留"命令，并在"子类别"字段后增加"地区"维度，就可以查看子类别在不同地区的成交价格点差异，用于指导营销、运营等业务决策。

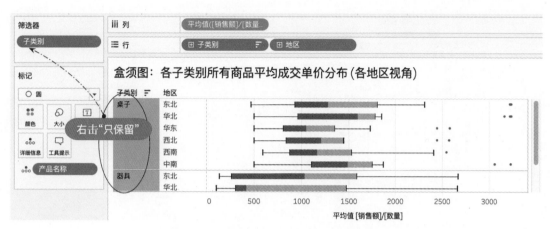

图 5-34　盒须图基础上增加其他维度深入分析

仔细分析会发现，盒须图在最大值之外竟然还有"更大值"，为什么？由于过度偏离中心因此被定义为异常值了。关于盒须图更深入的内容，会在 5.5 节详细介绍。

4. 相关性和"波士顿矩阵"

相对于直方图在区间方面的精确性，盒须图更强调宏大视角的大特征，在业务分析中，二者结合可能会发现更多的数据真谛。不过，直方图和盒须图都是描述单一度量在不同详细级别的分布特征，无法描述不同度量之间的关联，比如"商品单价与商品销售量成正比吗？"这样的问题，就是第 5 个类型——相关性分析，需要交给散点图来完成。

散点图分析两个度量之间的相关性，比如单价与销量、促销折扣与销量、销量与利润等，不过只有两个度量还不行，因为维度决定详细级别。没有维度的散点图只是一个点，完整的散点图问题都是"商品（维度）的销量（度量 A）与利润（度量 B）的相关性"这样的描述结构。

第一次做散点图，推荐读者依次双击要做比较的度量字段将其拖入"行"/"列"，把维度拖入"标记"的"详细信息"中，如图 5-35 所示，"数量"和"利润"分别拖入"行"和"列"。熟悉了原理之后，可以借助"智能推荐"帮助快速完成——按住 Ctrl 键选择多个度量和维度字段，点击"智能推荐"中的"散点图"即可快速完成。

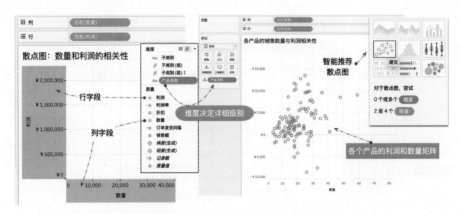

图 5-35　散点图是某个详细级别的相关性分析

不过，到这里只是"技术上的一大步"，真正的业务分析才刚刚开始。随着数据越来越多、越来越乱，很难找到标准的正相关或者负相关的独立相关数据，关系分析越来越像是模糊分析，因此，在上面的相关性分析中，需要借助趋势线、参考线或参考区间才能更好地洞察数据关系。这些功能都可以从"分析"窗格中直接拖动到视图中。

这里说一下如何借助参考线做"波士顿矩阵"分析。

波士顿咨询公司发明了著名的"波士顿矩阵"，借助于"增长率"与"市场占有率"两个关键度量指标，把商品、客户或者其他分析对象划分为 4 个象限，从而帮助业务决策者定位其特征。

在 Tableau 中，借助两个连续度量构成坐标轴框架，两条参考线划分 4 个象限，可以轻松实现矩阵分析。如图 5-36 所示，在散点图基础上，从左侧"分析"窗格拖动"含四分位的中值"到散点图，放在"表"对应的位置，就可以创建具有分布区间的散点图矩阵。

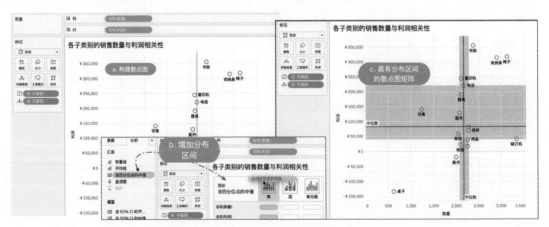

图 5-36　散点图和分布区间构建分析矩阵

如果只想要添加两条平均线划分象限，则可以拖曳"平均线"到视图中的"表"。不过，为了同时突出每个坐标轴对应的区间，推荐使用"含四分位点的中值"，这样不仅能划分矩阵，同时还能查看哪些数据点在中间的 50%区间范围之外，兼具了盒须图和散点图的优势。

在实际的业务过程中，我们还需要借助更多的角度进一步突出关键的数据点，推荐把第三个度量加入"标记"的"大小"中，比如用圆圈的大小代表"销售额"，从而突出营业贡献更多的数据点——相当于在矩阵分析之上，为每个数据点增加了一个系数，数据点越大，越值得重点关注，如图 5-37 所示。

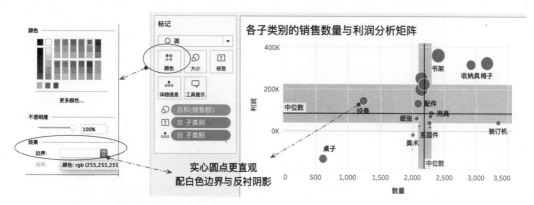

图 5-37　为散点图进一步增加层次——数据点大小代表销售额

随着销售额加入"大小"标记，会经常出现标记重叠的情况，此时会影响视觉上的判断。最佳策略是为圆点增加描边，如图 5-37 左侧所示，点击"颜色"弹回编辑窗口，在"边界"位置点击选择"白色"。

这样，我们就能清晰地看到书架、椅子、收纳具是公司的利润主力，复印机、电话和器具三者销售额规模、数量都非常相近，也是支撑公司利润的主力商品。相反，桌子不仅销售萎缩而且吞噬利润，应该重点分析避免进一步损失。

如果散点图的数据更多，还可以充分使用"颜色"标记划分分类，从而进一步增强可视化的层次性。

5.3.2　从简单可视化到复杂可视化

传统的三大图表（条形图、折线图和饼图）依然非常重要，在大数据环境下也延伸了更多图表。传统三大图表的很多延伸形式，比如甘特图、标靶图，实用性足以和大数据三大图表（直方图、盒须图、散点图）相媲美，共同服务于深度的业务分析模型。

一个典型的 Tableau 可视化视图通常包含几个部分：可视化图表、分类维度、可视化标签与注释；复杂情况下还会有图例、工具提示。不管多么复杂的问题，必然会有一个最主要的问题层次，笔者称之为"主视图焦点"，它对应的是可视化的主体框架，与数据的详细级别不同。分析的首要任务就是找到可视化分析的"主视图焦点"，从而搭建接下来的数据大厦。

比如分析"不同客户细分，随年度的销售额趋势状况"，这里面包含了"客户细分""年度（订单日期）"两个维度和"销售额"一个度量，既要看不同客户细分的对比，又要看随年度的趋势。很明显，这里的"主视图焦点"是随时间的趋势，因此视图重点是折线图；不同细分的趋势是第二视觉需求，增加颜色来代表"细分"，如图 5-38 所示。

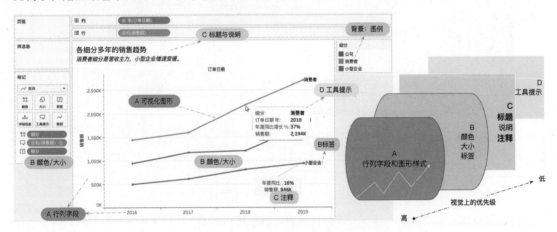

图 5-38　一个典型的多层次视图及视觉的优先级

一般而言，可视化图表和行列字段构成整个视图的"主视图焦点"。次优先的数据焦点可以通过颜色、形状、大小等其他视觉要素来实现。主焦点和次焦点之外，如果有进一步的可视化需要，则要借助标签、注释甚至工具提示；它们和可视化标题、说明一起构成了可视化的背景信息。

总结而言，高级可视化视图包括"制作主视图焦点""增加辅助视觉要素""增加数据背景要素"三步骤。对于我们所要表达的数据洞见而言，每一个部分都不可或缺，但重要性可以有先后。在 Tableau 中，优先级按照如下的顺序依次降低：行列字段和图形样式、颜色大小标签、标题说明、工具提示。

同样的字段组合，使用不同的可视化图表往往会引起不同的数据反应，有时候表达了另外的含义，有时候引起视觉混乱。以上面的这个问题为例，如图 5-39 所示，我们可以感受一下不同的"主视图焦点"对应的可视化图表带来的差异。

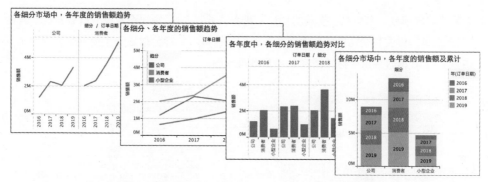

图 5-39　相同字段的多种表达形式——分别对应不同的问题焦点

通常，每一个问题都有一类最佳的可视化图表；同理，每一个可视化图表也对应一个最关键的可视化需求。

复杂问题的分析，也是在简单问题上增加维度、扩展度量等方式逐步实现的。

在此前的基本图表样式上扩展几种分析图表，如表 5-1 所示。

表 5-1　图表样式扩展

	条形图	折线图	饼图
增强样式 1	堆叠条形图——颜色增加分析维度	多重折线图	环形图
增强样式 2	并排条形图——具有层次关系的排序	面积图	
增强样式 3	并排柱状图——比较多个度量	双轴图	
增强样式 4	甘特图——维度的时间进度		
增强样式 5	标靶图——度量与目标的比较关系		

1. 条形图的延伸

条形图用于多个数据分类的排序分析，比如"各分类的销售排名""销售额贡献前 10 的客户"等。还是以"各类别的销售额"条形图为例，可以用颜色表示分析维度（比如客户细分），这样可以保持此前的"主视图焦点"不变。由于每个颜色都是堆叠不重复的，因此称之为"堆叠条形图"，如图 5-40 所示。

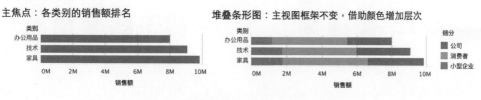

图 5-40　在条形图基础上通过颜色增加深度

如果将"客户细分"拖动到主视图的"行"或者"列"上,"主视图焦点"就会变化。在图 5-41 左侧,"客户细分"维度和"销售额"度量放在一起,这样每个细分对应一个坐标轴,视觉上反而混乱,不如图 5-41 右侧的共用坐标轴清爽——并排条形图。

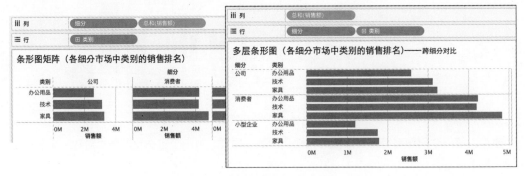

图 5-41 改变主视图焦点的两种表示方法

并排条形图通常用于具有层次关系的排序分析,比如"类别—子类别""地区—省份—城市"等。

图 5-41 中的图表没有充分利用形状之外的视觉元素,而堆叠条形图则充分利用了长度和颜色两种视觉要素,让一切变得简约而层次丰富。在 Tableau 互动展示时,借助"高亮"功能还能突出每一个细分,有效避免了视觉混乱,这就是堆叠条形图如此受欢迎的原因。

可以根据环境不同选择水平或者垂直呈现堆叠条形图,日期通常放在横轴上,如图 5-42 所示。

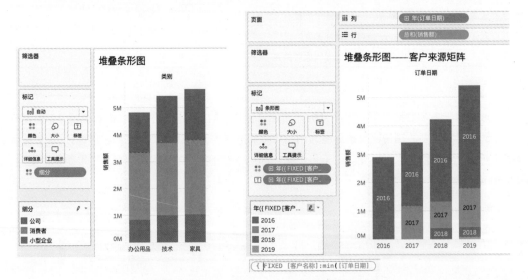

图 5-42 横轴为日期时,推荐使用"堆叠条形图"

有并排条形图，自然就有并排柱状图，不过因为用到"度量名称"的高级内容，因此放在 5.4.1 节单独介绍。

2. 折线图的延伸

折线图用于展示随时间的变化趋势，折线暗含了连续之意。

前面介绍了"随季度（日期）的销售额（度量）趋势"。在复杂分析场景中，我们需要在单一折线图上增加维度或者增加度量，从而生成"多折线图"或者"双轴折线图"，如图 5-43 所示。

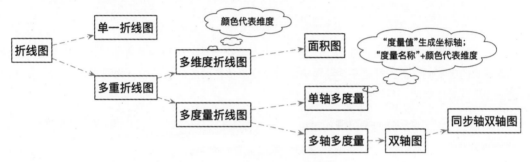

图 5-43　折线图的各种延伸形式

"多重折线图"类似于堆叠条形图，可以通过添加维度或者添加度量两种方式创建。添加维度的方式很简单，通常把"细分"加入"标记"的"颜色"中即可。不仅可以查看单一细分随时间的增长趋势，而且能直观对比多个细分之间的差异，如图 5-44 所示。

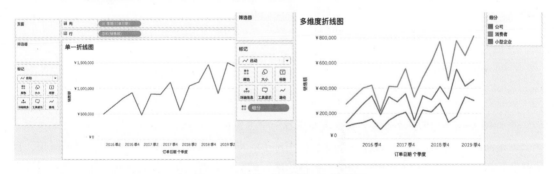

图 5-44　从单一折线图到多重折线图

不过，这个图的优势在于趋势性，却不能查看每个季度的销售额总和。Tableau 提供了另一种图表样式：面积图（Area Chart）。面积图结合了堆叠柱状图和折线图的双重优点，既能通过堆叠查看累计，又能体现连续性趋势，如图 5-45 所示。

图 5-45　面积图

通过增加度量创建"多重折线图"比增加维度要复杂一些。又分为两种情形，一种是每一个度量都有单独的坐标轴，另一种是多个度量值共用"度量值"对应的坐标轴，如图 5-46 所示。前者可以进一步用双轴图简化，后者在 5.4 节单独介绍。

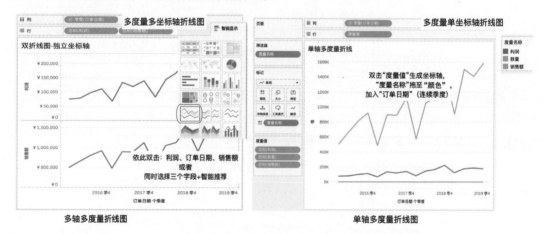

图 5-46　多重折线图的两种基本形式

图 5-46 左侧的图形并不直观，每个度量单独一个度量轴，浪费空间，又不能看到二者的关系，因此就延伸出另一种图表：双轴图（Dual-Line Chart），即把本来独立的两个坐标轴面对面呈现，目的是展示两个度量沿着同一个时间轴的相关性趋势，因此带有时间轴的双轴图可以列入"相关性分析"类型。

如图 5-47 所示，两个绿色的度量胶囊，对应两个坐标轴，分别代表随季度（日期）的销售额与利润变化，想要进一步查看二者趋势是否一致，需要把两个折线图重叠起来。如图 5-47 所示，有两种方法创建"双轴图"，方法一是拖曳第二个度量到第一个坐标轴对面，方法二是鼠标点击第二个度量右侧的小三角图标，在弹出的下拉菜单中选择"双轴"命令。

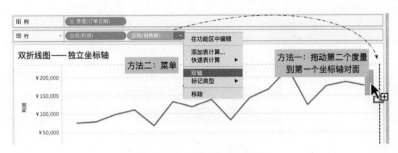

图 5-47　创建双轴图的方法

生成的双轴图如图 5-48 所示，双轴图中的两个坐标轴默认是独立的，轴刻度完全不同，可以清晰地看到销售额和利润具有高度的同步趋势。在一些场合下，我们需要同步轴从而让两个坐标轴刻度保持对齐，从而避免数据的误导。此时需要在坐标轴上用鼠标右击，在弹出的下拉菜单中选择"同步轴"命令。

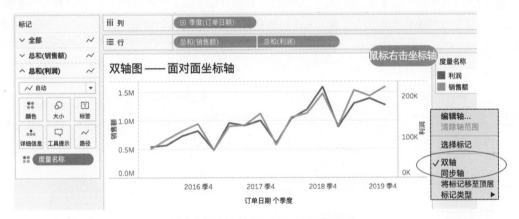

图 5-48　具有共同时间轴的折线双轴图

3．从饼图到环形图及最佳实践

饼图虽然被称之为传统报表三大图之一，但显然只能屈居第三。Tableau 也不推荐大家多用饼图，因为人的视觉对角度的敏感度要远低于长度、高度和颜色等其他视觉要素。因此，建议仅在有限情形下使用饼图——颜色种类少于 5 个，相互差异比较明显，对精确性要求不高等。其他场合，我们推荐使用树形图代替饼图。

不过，作为饼图的变种，"环形图"更有存在感。一方面，环形图用中间的空白位置显示一个全局数值，增加了视图的层次，有效节约了视觉空间；另一方面，环形图通过挖空饼心，把饼图的角度判断改为环形的长度判断，一定程度上缓解了角度判断带来的思考压力，如图 5-49 所示。

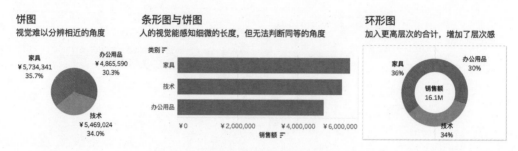

图 5-49　饼图、条形图与环形图的视觉差异

本质上，环形图是一种双轴图——多色饼图和空心饼图（也可以视为圆点）的重叠。饼图默认是没有坐标轴的，而双轴图基于坐标轴创建，因此制作环形图最关键的环节是如何为饼图生成坐标轴。

只有连续的字段才能生成坐标轴，这里显然不能用日期字段（日期是维度），只能找一个度量，而且是不会影响饼图显示方式的度量。笔者的建议是，直接在"行"或者"列"上双击创建一个胶囊输入数字"0"。为什么输入 0，而不是 1，不是 2，也不是很多官方示例中的"记录数"呢？因为只有 0 不会干扰视图的数据，也无须二次设置坐标轴，如图 5-50 中第一个图所示。

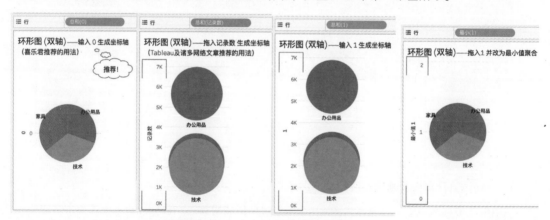

图 5-50　生成环形图的坐标轴

输入 0，相当于为数据源的每一行都增加了一个辅助列字段，该列的数据全部是 0 。默认聚合之后还是 0，因此就生成了只有 0 的坐标轴。

同理，输入 1 相当于增加一个辅助列，该列的数据全是 1，默认求和生成坐标轴，但是由于每个类别的行数不同，因此饼图就"散架"了，如图 5-50 中间两个图所示。改善的方法是把默认的"总和（1）"的聚合方式改为"最小值"，也就是将每个类别对应的坐标轴位置都改为 1，避免饼图"散架"（见图 5-50 最右侧）。由于坐标轴都是从 0 开始的，并延伸到下一个数字结束，所以就是从 0 到 2 的连续坐标轴——记录数是 Tableau 为每一行生成的辅助字段，每一行标记为 1，因此这里和输入 1 的效果完全一致。

相对而言，输入 0 就减少了这样的麻烦，也减轻了数据库计算的压力。

接下来，复制或者再输入一个 0，生成两个坐标轴，改为双轴，之后把后一个 0 对应的标记字段删除，并修改大小。最关键的原理和操作至此结束，剩下的就是修饰部分了（比如颜色、调整大小、隐藏标题等），如图 5-51 所示。

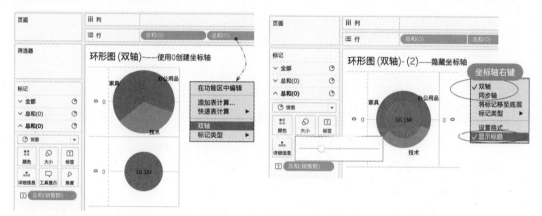

图 5-51　生成环形图的快速方法

4．甘特图：坐标轴+条形图的结合

Tableau 智能显示中还有一个常用的图表：甘特图（Gantt Chart），其用条形图显示各个项目的时间长度，因此也可以视为条形图的延伸。甘特图的绘制可以分为创建带有时间轴的主视图、标记类型改为甘特图、增加甘特图长度等多个步骤。

第一步，创建出主视图焦点——不同日期的订单 ID。

甘特图的"主视图焦点"由两个部分构成：生成坐标轴的日期和代表项目的离散维度。以超市数据为例，每一个订单都有订单日期和发货日期，使用甘特图可以直观查看不同订单的配送时常。如图 5-52 所示，把订单 ID 和订单日期分别拖入视图中的"行"和"列"，由于日期字段会默认聚合为年，这里要计算每个订单的日期间隔，以"日"为级别，需要在字段上右击，在弹出的下拉菜单中选择连续日期的"天"。

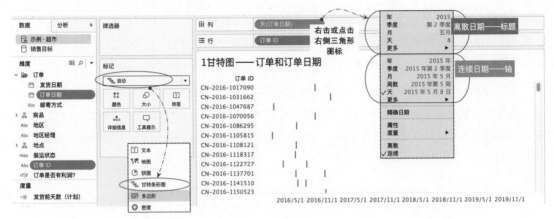

图 5-52　甘特图的主框架

第二步，在"标记"中增加"甘特条形图"。

如图 5-52 所示，离散的订单 ID 和连续的日期组合，Tableau 的"标记"会自动变为"甘特条形图"，如果没有变化，可以点击"标记"后选择。

第三步，也是最重要的，为条形图增加长度。又可以分为以下两步。

（1）增加计算字段

在这里使用条形图长度来代表订单日期到发货日期的间隔，需要借助日期函数计算两个日期间隔，之后把计算字段拖到"标记"的"大小"中。有两种方法可以实现。

第一种方法，如图 5-53 所示，使用即席计算：直接在"标记"下面空白处双击创建胶囊，输入如下表达式：

DATEDIFF('day',[订单日期],[发货日期])

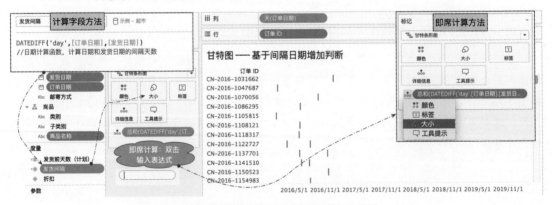

图 5-53　计算订单日期和发货日期的间隔并加入标记——大小

默认度量对应"标记"的"详细信息"，点击改为"大小"，此时视图中每个商品就对应不同的间隔长度，推荐使用此种方法。

另一种方法，如图 5-53 左上角所示，在"订单日期"上右击，在弹出的下拉菜单中选择"创建→计算字段"命令，输入相应的表达式并保存为"发货间隔"。之后把这个字段拖到"标记"的"大小"中。这种方法适用于初学者和计算比较复杂的情形。

（2）选择计算的聚合类型

上面的度量默认按照"总和"聚合，这里需要把聚合类型改为"平均值"。

为什么要改为"平均值"？所有的日期函数都是行级别计算函数，由于一个订单 ID 会包含多条商品记录，因此这里的总和就是订单下多条商品记录的发货间隔的总和。只有改为"平均值"或者"最小值"等聚合方式，才能确保订单 ID 对应的发货间隔是正确的。理解行级别计算和聚合级别的差异，是正确使用计算的基础，详见第 8 章。

如图 5-54 所示，在"发货间隔"字段右侧点击，在菜单中选择"度量→平均值"命令。

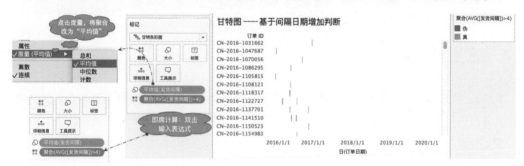

图 5-54　为甘特图增加长度和颜色判断

在甘特图中，还可以使用颜色来代表特定分类，比如间隔超过 4 天的订单颜色高亮突出。如图 5-54 所示，在"标记"下方空白区域双击创建"即席计算"，将上面的"平均值（发货间隔）"胶囊拖入字段，双击更改为"AVG(发货间隔)>4"，然后按 Enter 键确认。此时字段默认在"标记"的"详细信息"中，拖动胶囊到"标记"的"颜色"中。所有订单分为两类：发货间隔大于 4 天的订单和小于或等于 4 天的订单。

基于甘特图，还可以制作"瀑布图"。瀑布图也使用条形图代表数量，用维度字段代替日期坐标轴。

比如，要直观查看不同子分类的累计利润瀑布图，注意甘特图上的起点应该是前面多个子类别的累计利润，所以需要用到"表计算"功能来实现汇总，汇总利润决定了每个甘特图的起点，而条形图的长度为"负的利润总额"（-SUM([利润])），从而实现条形图向下延伸，而非向上延伸，如图 5-55 所示。

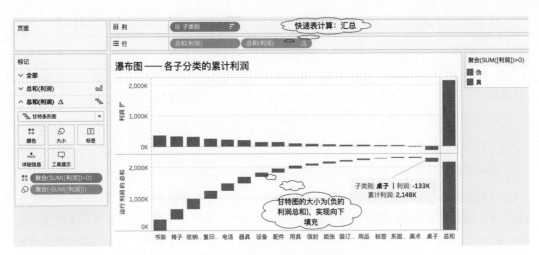

图 5-55　使用快速表计算汇总的瀑布图

若要完整地理解瀑布图的原理，不妨学习完第 9 章 9.3.2 节 "移动汇总" 之后再尝试做一遍。

5.4　高级可视化功能

Tableau 的可视化是建立在字段上的，为了更好地完成多个度量分析，还需要理解几个关键知识：多个度量时的度量名称和度量值、两个度量构建双轴图、堆叠度量等。

5.4.1　度量名称与度量值：并排比较多个度量

"度量名称" 和 "度量值" 是 Tableau 为每一个数据源自动创建的辅助字段，二者分别放在维度和度量的最后面。"度量名称" 是包含了所有度量的维度，用于显示度量名称标题，而 "度量值" 则为所有的度量创建共用的坐标轴。

并排柱状图通常用于比较多个度量，比如 "全国新型冠状病毒的确诊、治愈与死亡数量"，按照颜色用并排柱状图表达先后高低关系。

如图 5-56 所示，数据是某一天各地区冠状病毒新增、累计确诊、治愈、死亡的人数。需要双击 "累计确诊" 字段自动加入视图，创建第一个度量聚合的坐标轴。并排柱状图的关键是如何增加第二个度量且共用坐标轴——拖曳一个新的度量字段到前一个度量的坐标轴中，自动增加度量值和度量名称。

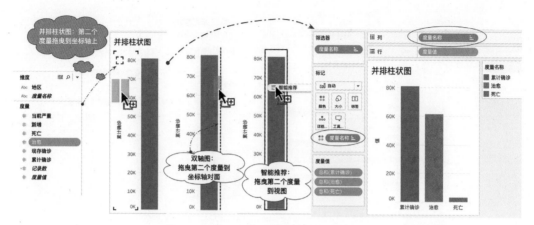

图 5-56　拖曳度量合并为度量的并排柱状图

和这个经常混淆的是把度量字段拖曳到坐标轴对面——生成双轴图（两个独立坐标轴）；以及把度量字段拖曳到视图中——按照智能推荐自动创建图表。

如图 5-56 右侧所示，把度量拖曳到坐标轴上，生成的并排柱状图中自动使用了"度量名称"和"度量值"字段，行上的"度量值"用于为多个度量创建共同的坐标轴，列上的"度量名称"把每个度量视为单独的维度显示为标题。

在业务分析中，为了增强多个度量之间的视觉差异，通常用颜色区分每个度量，把"度量名称"拖曳到"标记"的"颜色"中即可，同时出现度量名称的图例卡（见图 5-56 右侧）。

上面的方法适用于同时展示少数几个度量名称。如果要一次性加入所有度量名称呢？

"度量值"是自动生成的辅助字段，可以生成一个独立于任意度量的坐标轴。如图 5-57 所示，直接双击"度量值"，即可自动将所有度量加入视图。由于度量默认聚合，聚合度量创建坐标轴，因此生成的结果是所有度量名称的柱状图。

如果要移除几个度量，则可以拖动对应的度量值胶囊移出视图区域；或者双击"度量名称"筛选。

虽然如图 5-57 中的图表有助于对比多个度量，但也会弱化"折扣""数量"等数值。在业务分析中，经常需要同时展示多个关键指标，而非比较相互之间的差异，此时条形图或者柱状图就显得过于笨重，最佳的策略是使用文本表（也称之为数据交叉表）。

如图 5-58 所示，点击"智能推荐"，默认是条形图的样式高亮，点击第一个文本表即可快速切换。文本表默认标题在行中，通过"交换行和列"可以快速交换位置。

图 5-57 借助"度量值"创建所有度量的共用坐标轴

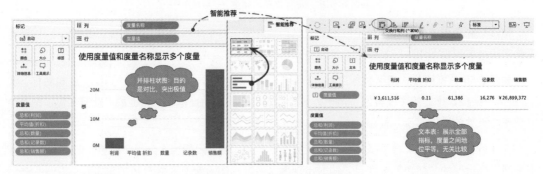

图 5-58 将条形图转化为文本表

仔细对比一下二者的字段排列会发现，柱状图和文本表的关键差异在后者没有坐标轴，而坐标轴是通过连续字段（即绿色胶囊）创建的。因此，如果手动完成上面的过程，则只需要将视图行中的"度量值"拖动到"标记"的"标签"中即可——以标签显示度量值，而非以坐标轴显示坐标轴。基于这样的思考，可以进一步深化第 2 章中的可视化逻辑：

> 维度决定层次，度量默认聚合
> 离散生成标题，连续生成坐标轴

文本表有助于减少可视化图表的过度使用倾向，特别适合于企业仪表板的全局指标展示。有时候，还希望把各个度量值的文本放在度量名称上面，从而突出数据本身，这就需要把"度量名称"也作为标签的一部分，从而编辑可得。具体方法参见 5.6 节——标签格式。

5.4.2　条形图双轴：各个子类别的销售额和利润

在 5.3 节已经介绍了两种双轴图的应用：折线双轴图和环形图。还有一种常见的双轴图，如图 5-59 所示。这种双轴图没有日期字段生成的日期坐标轴，重点突出每一个子类别对应的销售额和利润贡献。

这个图表是销售额条形图和利润条形图的双轴且同步坐标轴的结果（见图 5-59）。默认情况下，两个条形图是完全重合的，很容易出现误读。为此，点击"利润"标记中的"大小"，可以调整两个条形图部分重叠的层次（见图 5-59 位置 b）。点击"利润"标记中的"颜色"，并增加描边（此处使用白色），则进一步增强了图形的层次（见图 5-59 位置 c）。

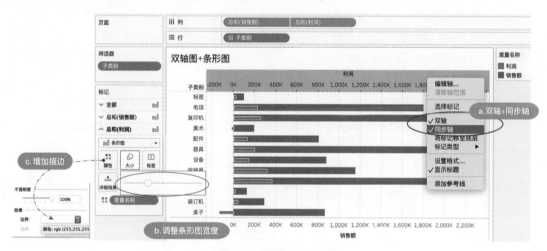

图 5-59　双轴图+条形图

5.4.3　堆叠度量与重叠度量：重叠比较多个度量

图 5-59 使用了双轴图并设置了同步轴，也可以使用"度量值"和"度量名称"来实现，不过，这里还需要用到一个高级内容：堆叠度量。详细步骤如下。

第一步，使用"度量值"创建共用坐标轴。

在 5.4.1 节介绍了创建出多个度量名称的方法，如图 5-60 所示，先双击"销售额"创建一个度量，然后拖曳"利润"到销售额的坐标轴中合并为度量值。默认是柱状图，通过快捷工具栏"交换行和列"即可将其转换为条形图。

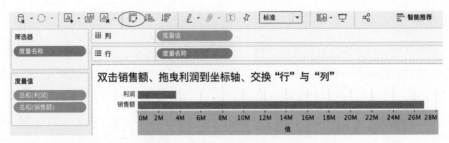

图 5-60　使用度量名称显示两个度量

第二步，把并排条形图转化为堆叠条形图。

如图 5-61 左上角所示，在"度量名称"前面加入"子分类"字段，就变成并排条形图：每个子分类对应两个并排的条形图。为了让每个子类别对应一个堆叠的条形图，就要用颜色区分两个度量名称，而非用标题区分，因此把"度量名称"从"行"拖曳到"标记"的"颜色"中，如图 5-61 右下角所示。

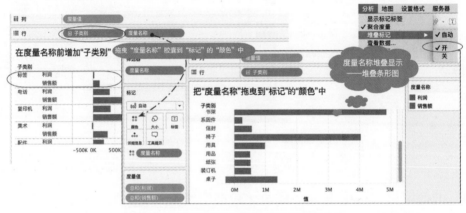

图 5-61　通过颜色代表度量，默认是堆叠方式

由于 Desktop 的"标记"默认都是堆叠的，即下一个颜色总是从上一个颜色的结束为止开始，那如何改为利润也从坐标轴的零点开始呢？

第三步，把堆叠标记改为重叠模式。

在菜单栏中选择"分析→堆叠标记→关"命令，可以关闭默认的堆叠，从而改为重叠模式，此时就是如图 5-62 所示的图例。

和 5.4.2 节介绍的双轴方法不同，度量值只对应一个标记，因此无法单独对"利润"调整大小。有时候可以把"度量名称"或者"度量值"拖曳到"标记"的"大小"中，不过无法实现双轴图的精确控制。

图 5-62　关闭堆叠标记，确保每个度量都从零值开始

重叠的条形图常用于多个度量的比较，比如"全国新型冠状病毒的确诊、治愈与死亡人数"，如图 5-63 所示，在度量值生成的坐标轴基础上，把"度量名称"拖曳到"标记"的"大小"中，不过这种嵌套样式无法精确控制。

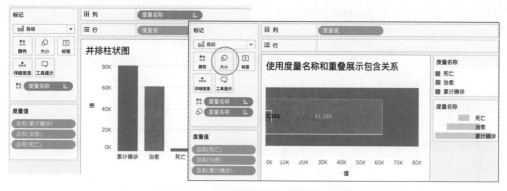

图 5-63　使用度量值做重叠的包含关系

总结本节中关于度量名称、度量值、双轴图、堆叠图的使用场景，有几个关键说明。

- 双轴图中，如果两个度量有一定的相关性且强调各自的绝对值，则建议设置为"同步轴"；双轴图同时同步轴，效果等同于使用"度量值"生成共用坐标轴。
- 双轴图只能合并两个坐标轴，使用"度量值"创建共用坐标轴，则可以增加更多度量名称。
- 双轴图中，如果作为相关性展示趋势，而非强调绝对值时，不需要设置"同步轴"，但建议增加说明，避免误导。
- 使用双轴图制作堆叠条形图时，可以调整绝对值较小的条形图的大小，让它置于另一个条形图之中，增加层次感；
- 度量的颜色至关重要，通常背景条形图选择浅色系和暗色系，像利润条形图选择亮色从而加以突出，同时增加颜色的边界（即描边）有助于增加层次感。

5.4.4 聚合度量与解聚度量

大数据分析强调样本的总体特征而非样本中的个体差异，因此在可视化中展示最高颗粒度的数据通常只能引起混乱，无助于分析。不过，在业务中也会偶尔遇到需要以最高颗粒度展示的情形，比如将盒须图的分布从最高颗粒度明细汇总、散点图中展示最高颗粒度的交易点位置。初学者建议把对应详细级别的字段拖曳到"标记"中实现数据层次（颗粒度）的控制，高级用户则可以谨慎使用解聚分析。

如图 5-64 所示，从"各类别的销售额"开始，此时视图中的"类别"决定详细级别。把"订单 ID"拖曳到"标记"的"详细信息"中，此时视图中的"类别"和"订单 ID"共同决定详细级别。二者都是在默认的"聚合度量"的前提下完成的。

图 5-64　默认聚合度量下，详细级别的调整

只有在"聚合度量"的前提下，才能使用这种方式调整详细级别，这也是本书几乎所有分析的基础前提。

如图 5-65 所示，在菜单栏选择"分析→聚合度量"命令，把当前视图中的默认度量解聚，此时"总和（销售额）"就会变成"销售额"。每一个类别的销售额就不会聚合，而仅仅是最高颗粒度的每一笔交易的金额。

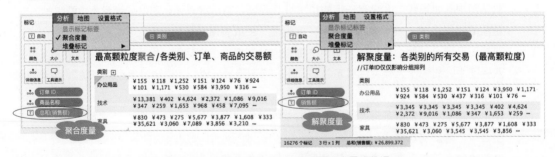

图 5-65　解聚度量之后，以最高颗粒度显示数据

此时可以通过视图左下角的状态栏查看视图中的标记数量。如果"订单 ID"和"商品 ID"组合是数据表的最高颗粒度级别，那么在这个级别的聚合，和解聚之后的标记是一致的。

只有在极少数高级计算的情况下，才需要解聚数据，而且解聚仅对当前视图有效。

5.5　可视化增强分析技术

本节我们要介绍业务分析中常用的分析技术，它们可以极大地增强此前的可视化分析过程，从而帮助业务用户更好地从数据中提取信息、总结知识，从而应用于业务决策过程中。部分功能在前面已经有所分析。

常见的可视化增强分析技术包括以下几种（见图 5-66），在此先简述主要的分析场景。

- 筛选（Filter）：缩小可视化数据的数据范围。
- 集（Set）：按照一定条件，把数据分为两个部分——将特定的筛选范围保存为样本。
- 参数（Parameter）：用户可以输入从而与视图交互的入口——常用于控制分析样本。
- 排序（Sort）：对数据按照规则排序。
- 分层结构（Hiearchy）：多个字段按照层次结构组织架构。
- 分组（Group）：给定字段内的数据分组，合并相似数据，减少字段内数据量。
- 参考线、趋势线和预测线：提供模型化的辅助线，帮助理解数据背后的规律。
- 其他：别名（Alias）、字段合并（Merge）、字段拆分（Split）等。

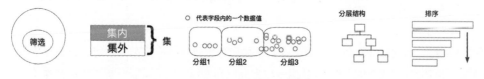

图 5-66　常见增强分析技术

5.5.1　常用筛选器及其优先级

筛选是最常见的数据增强分析技术，意如其名，"基于筛选条件缩小数据样本"，见于从数据连接、数据整理、数据可视化一直到数据交互展示的每一个环节。在不同的环节，Tableau 的筛选器功能和用法各有差别。

学习筛选器有两个关键：熟悉每个筛选器类型所在的分析阶段及其功能、熟悉多个筛选器相互之间的先后优先关系，如图 5-67 所示。

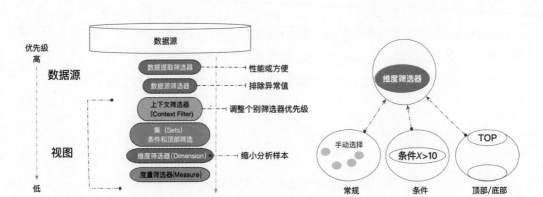

图 5-67　常见的筛选器及先后顺序

如果在一个视图中同时出现多种筛选器，那么优先级决定先后执行的顺序。每一种筛选都是将上一个环节的数据进一步减少。

1. 数据源级别：数据提取和数据源筛选器

数据提取和数据源筛选器都在 Desktop 数据连接面板界面，如图 5-68 所示，位置前后相依，目的却截然不同。

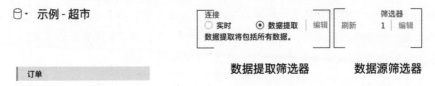

图 5-68　数据提取与数据源筛选器

不少人纠结二者的优先级孰高孰低，其实不如思考想要怎样的筛选器功能。数据提取筛选器与"实时连接"相对应，提取的本意是将数据库数据提取到本地，从而减轻分析过程的数据库压力，同时具备了随时随地使用的便携性能——目的是性能或者方便。数据提取并非必然需要筛选，选择"数据提取"默认会为所有数据创建本地缓存，默认"完全提取"。

如果面对海量数据，比如企业的 SAP HANA 大型数据库，则可以通过"数据提取筛选器"将提取样本限定在一段日期甚至前 10000 行范围内，用于加速分析，还能离线分析。如图 5-69 所示，点击数据提取右侧的"编辑"，会弹出如图 5-69 左侧所示的数据提起筛选器窗口。可以点击"添加筛选器"增加自定条件的筛选，比如选择"订单日期"，仅保留 2020 年的数据。也可以在下面的"行数"区域，将默认的"所有行"改为"前 10000 行"，按照数量提取数据。

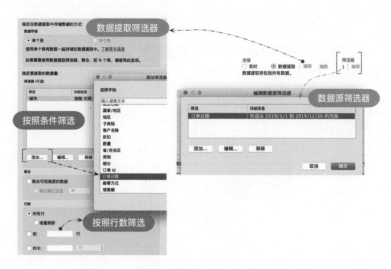

图 5-69 数据提取筛选器的设置与数据源筛选器

一般而言，数据提取筛选器要么在后期撤销，改为实时连接，要么发布到 Tableau Server 设置定时刷新，所以数据提取往往具有临时性。

而数据源筛选器的功能截然不同，它是用来"排除异常值及错误值"的，而不是优化性能或移动办公等其他目的。也正因为此，它的筛选结果对此后的所有工作表、仪表板都有效；除非调整数据源设置，否则不会受提取、直连或者服务器设置影响。创建"数据源筛选器"的方式如图 5-69 所示，点击右上角筛选器下面的"编辑"，会弹出数据源筛选器窗口，添加方式和数据提取的条件筛选一样。比如筛选订单日期 2019 年的交易。

总而言之，数据提取筛选器是为了创建分析使用的更小数据样本；而数据源筛选器是为了排除异常值，一经设置往往常年不变。排除错误应该在建立样本之后，在其他所有筛选器之前，这样更有助于性能，所以 Tableau 设置的优先级是数据提取筛选器优先于数据源筛选器。

2．视图级别：维度筛选器、上下文筛选器、度量筛选器

另外 3 种筛选器（维度筛选器、上下文筛选器和度量筛选器）见于数据可视化环节，其目的也都是为了减少视图中的数据数量。所有的分类字段筛选（包括日期）都是维度筛选器，比如只看 2020年的订单、查看华北区域的销售，而度量值筛选只和度量有关，比如所有利润值小于 0 的交易等。

在可视化界面创建筛选器的方法简单直接——把想要做筛选的字段拖曳到"筛选器"面板中，之后按照提示加以设置。

例如，默认的"客户的销售额排名"条形图数据太多，只想保留"销售额前 10 名"的客户名称呢？这是对"客户名称"字段做的筛选，因此把"客户名称"字段拖曳到"筛选器"（见图 5-70 位

置 a），此时 Desktop 弹出一个对话框，关键的步骤是如何在此处设置我们想要的筛选条件（见图 5-70 位置 b）。要保留"销售额前 10 名"的客户名称，使用"顶部"选项，设置依据"销售额"的"总和"取顶部的前 10 名即可（见图 5-70 位置 c）。

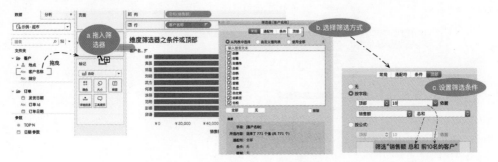

图 5-70　维度筛选器：选择销售额前 10 的客户

注意，这里的维度筛选器有 4 种方式，"常规"是单选或多选每一个客户，"通配符"执行模糊条件（比如以"吴"开头的客户名称），"条件"执行基于判断的筛选（比如销售额总和大于 1 万元的客户），"顶部"执行前 N 或后 N 的极值筛选（比如利润前 10 名，销售额倒数 10 名的客户等）。需要特别注意的是，这里可以同时设置多个条件，比如销售额大于 10 万元且排在前 20 名的客户，最后取同时满足所有条件的数据。

还有一个特别的维度筛选器是日期（时间）筛选器。由于日期兼具连续和离散两种特征，两种情形下的筛选器设置略有不同，连续日期筛选器侧重于区间和范围，而离散日期筛选器则侧重于单选和多选。连续日期建立筛选器，又有相对范围（如本周）和绝对范围（如 2020 年第 5 周）两种。

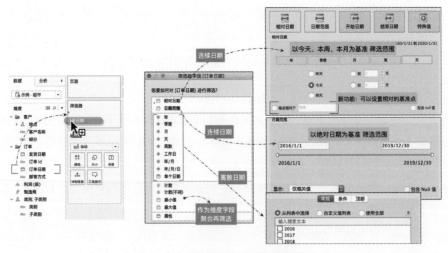

图 5-71　连续日期筛选和离散日期筛选

在业务分析中，经常使用"相对日期筛选"实现今年、去年这样的筛选查看。有助于简化筛选过程。

3. 使用上下文筛选器调整优先级

在所有的维度筛选器中，条件筛选和顶部筛选在业务分析中使用频繁，又由于其优先级高于维度筛选器，因此经常需要"额外照顾"。

比如要分析"西北区域中，销售额排名前 10 的客户"。很明显，这个问题对应的可视化是"客户的销售额排名"，筛选条件是"西北"地区和客户筛选"前 10 名"，创建条形图，然后拖入两个筛选字段并设置筛选，结果如图 5-72 右侧所示。

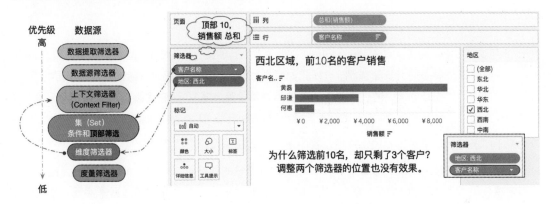

图 5-72　同时存在顶部筛选和维度筛选两种类型

很明显，只有 3 个客户，结果不是我们想要的。为什么？我们希望"先做区域筛选，再做客户名称前 10 筛选"，无形中给两个筛选器定了优先级预设，不过 Tableau 默认的逻辑正好相反，它是"先做客户名称前 10 筛选，再从结果中筛选哪几个在西北区域"，所以结果低于 10 个。

初学者可能会尝试更改两个筛选条件在筛选器中的位置，这个并不起作用，因为筛选器的逻辑顺序是程序设定的，与位置无关。

那怎么办呢？此时就需要请出来大名鼎鼎的"上下文筛选器"能把"地区筛选"优先级调整到"客户名称"对应的"顶部前 10 筛选器"之前，从而得出正确的数据。不过要注意，"上下文筛选器"不是通过拖曳字段添加的，而是基于目前筛选器而设置的，如图 5-73 所示。

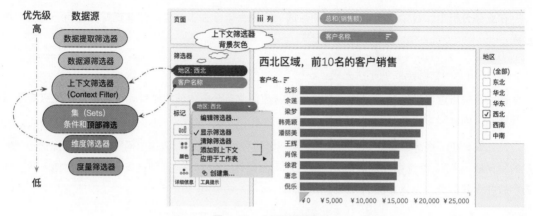

图 5-73　上下文筛选器

　　"上下文筛选器"的英文是 Context Filter，被翻译为"上下文"多有歧义，笔者更倾向于用 Context 的另一个含义来理解——背景筛选器。可视化如同在数据的大幕布上画画，筛选器是一层层的图层，越靠近数据源的优先级越高，通过把筛选器调整为"背景筛选器"，让它更靠近数据源，从而优先执行。

　　鉴于"条件和顶部筛选"的特殊性，我们把这个单独作为一个分类单列。

　　可见，度量筛选器的优先级最低，很多时候，对度量的筛选可以转化为维度筛选器，比如"筛选销售额总和大于 10 万元的子分类"，就可以直接使用"子分类"做条件筛选器来实现。不过，度量筛选器也有它的灵活性，它可以不在乎数据的详细级别，只在乎视图中每一行的度量结果。

　　比如要做"销售额总和大于 20 万元的子分类"。如图 5-74 所示，先完成"子分类的销售额总和"（默认条形图），从度量中把"销售额"字段拖曳到筛选器中，在弹出的窗口中选择"总和"，之后弹出一个度量范围筛选器，默认可以为"值范围"选项卡，这里仅需要设置起点为 20 万元，因此点击"至少"，并在数值中输入"200000"，最后点击"确定"按钮。此时视图中就只保留了销售额总和大于 20 万元的子分类。

　　度量筛选器和"子类别"维度筛选器有什么区别呢？

　　此次你可能突然想切换一下数据的详细级别，比如把"订单日期"加入视图中，默认聚合为"年"，注意此时的销售额筛选器仍然只保留了大于 20 万元的子类别，但子分类却少了不少，如图 5-75 所示。也就是说，在新的视图中，筛选器在"每年每个子类别"的级别对销售额总和做的筛选，而图 5-74 中，是在"每个子类别"的级别对销售额总和的筛选。随着详细级别的变化，度量筛选器的作用范围也在变化。

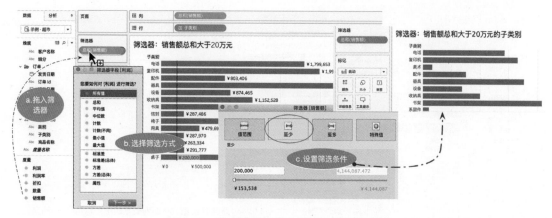

图 5-74 通过度量筛选器做视图层次的度量筛选

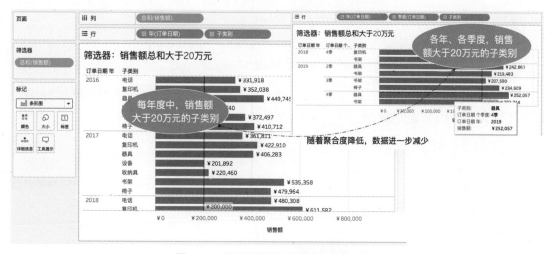

图 5-75 使用度量筛选器对视图中聚合筛选

由此可见,度量筛选器并不锁定到某一个详细级别,而只对当前的详细级别做筛选。不像维度筛选器中的度量,仅对设置的维度有效果。

针对视图的每一行做筛选,度量筛选器的聚合方式不限于"总和",还有"平均值""中位数""最大值""计数"等多种方法,甚至提供了"方差"等计算的筛选途径。它是针对视图详细级别的每一行先计算聚合结果,再做筛选的过程。

另外,度量筛选器也可以筛选到行。比如,在刚才的基础上,筛选单笔交易利润为负数的所有交易。接下来加入订单日期、区域等字段,都在分析"利润为负"的交易情况,如图 5-76 所示。

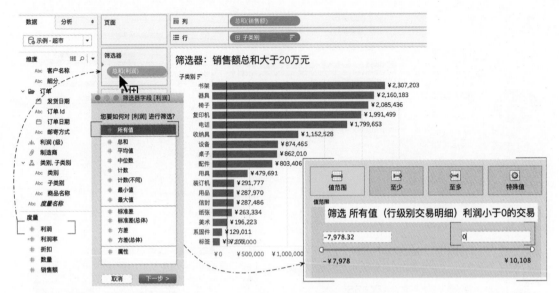

图 5-76　使用度量筛选器做行级别的数据筛选

我们的每一个业务问题，都是"分析对象"和"筛选条件"的结合，所以熟练地使用筛选器，不断地缩小分析样本接近关键数据，才能准确地发现数据背后的真谛。

5.5.2　集

如果把"筛选器"比作是层层剥洋葱、层层减少数据的操作，集就是把洋葱直接一切两半，而分组则是把每一片洋葱皮重新归类重组，如图 5-77 所示。

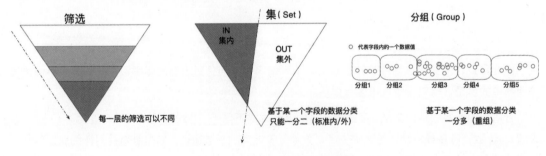

图 5-77　筛选、集与分组示意图

看上去集的功能既不如筛选的功能层次丰富，又不及分组的重组灵活。不过，随着"集动作"的推出，以及 Tableau 2020.2 版本推出"集控制"功能，集不仅仅是分类，更是容纳多个变量的参数集，因此集必将成为高级互动的头牌。

TIPS：“集和集动作”与“LOD 详细级别表达式”
“TC 表计算”并称为“Tableau 高级分析三剑客”。

1．集的使用场景及其与筛选的对比

集的作用在于分类——按照一个给定的标准把数据分为两半，符合标准的为“集内”，其他为“集外”；从判断的角度看，集的结果是一个布尔值判断（是与否）。

在业务分析时，通常要分析“符合某条件的特征群体”。比如零售分析随时都要看“销售前 20 名的大客户”“利润贡献最多的前 30 重点单品”等，虽然可以借助“维度筛选器”的方式来筛选，但是每次都要寻找筛选字段并设置条件显然不是明智之举，为什么不能把符合条件的结果保存下来呢？

筛选不能保存为结果，却可以借助“集”来实现——二者背后都是基于条件的判断。

为了把“销售前 20 名的大客户”保存下来，可以选中“客户名称”字段，用鼠标右击，在弹出的下拉菜单中选择“创建→集”命令，在弹出的窗口中筛选集内成员数据，你会发现这个过程和创建筛选多有相似之处，只是集把这个筛选过程保存下来了——集在筛选器的基础上，往前迈进一大步，如图 5-78 所示，选择“顶部”建立筛选，按照销售额总和筛选前 10 名，结果保存为一个集“销售额前 10 的客户集”。此时就在左侧“数据”窗格下面增加了一个“集”的新分类。

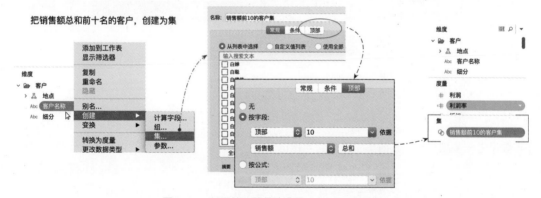

图 5-78　基于筛选器条件设置一个 TOP 客户集

把集拖动到“销售额总和”视图中，就会把视图分为两类——集内是销售额前 10 的客户，集外是其他客户（见图 5-79 左侧）。如果只想显示“销售额前 10”的集内成员，则相当于基于集做筛选，可以把集字段拖入筛选器，或者把集字段拖入“行”中，之后用鼠标右击，在弹出的下拉菜单中选择“在集内显示成员”命令即可轻松完成，如图 5-79 所示。

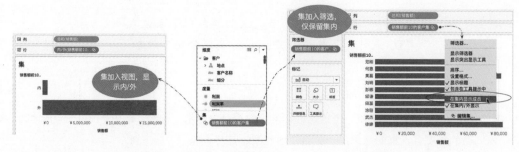

图 5-79　把集加入视图展示内/外，或者仅显示集内成员

慢慢你会发现，集的功能远胜于筛选，它既可以像筛选一样只保留一部分（集内），又可以对比切分的内外两部分（筛选不能完成）。比如分析"销售额前 10 的客户"在全国贡献的占比是多少，这既需要分类又需要部分与总体的计算，筛选显然不能完成，借助集和快速表计算的"合计百分比"功能，即可轻松完成。如图 5-80 左侧所示，集把销售额分为集内销售额和集外销售额，在"标记"卡的"销售额"胶囊上右击，在弹出的下拉菜单中选择"快速表计算→合计百分比"命令，即可展示集内和集外分别的占比。

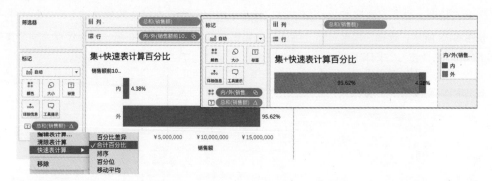

图 5-80　使用集完成 TOP 客户的占比分析

如果进一步把"行"上的集字段拖到"标记"的"颜色"中，就出现了很多人熟悉的、用颜色代表的集内/集外占比了，如图 5-80 右侧所示。

更准确地说，筛选是集操作的特殊形式——仅保留集内成员，如图 5-81 所示。

图 5-81　筛选是集的特殊形式

　　同样的方式，借助于"条件"筛选，可以创建"销售额大于 5 万元的重点商品集"。特殊情况下，也会基于"常规"创建静态集，比如基于本月列出来 10 个重点商品创建一个"10 个重点跟踪商品集"，集保持不变，基于这个静态集做分析。

TIPS：按照特定条件对离散维度数据做筛选，
且反复使用的，可以借助集创建模型。

　　集不仅可以一分为二，还支持两个集再创建合并集，比如要把"利润总和大于 1 万元，销售额总和大于 20 万元的重点客户"作为一个分析样本固定下来。它相当于两个集合的并集。如图 5-82 右侧所示，在客户名称字段上用鼠标右击，在弹出的下拉菜单中选择"创建→集命令"，创建两个集："利润总和大于 1 万元"和"销售额总和大于 20 万元"。在任意一个集合上右击可以在弹出的下拉菜单中选择"创建合并集"，之后可以参考连接的方式建立两个集合的合并集，这里取两个集的重合部分，如图 5-82 左侧所示。

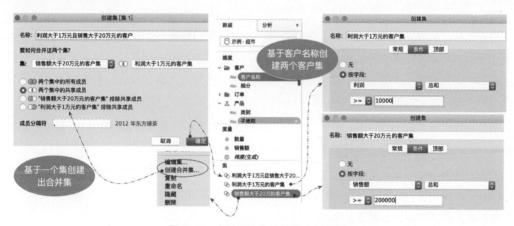

图 5-82　创建两个集并创建"合并集"

　　2. 动态数据选区：参数

　　借助集实现了"销售总额贡献前 10 的客户"，然而不同的数据访问者希望看到不同的集范围，比如前 10、前 20 等。想要"一图百应"，就必须让图动起来，最常用的方法是参数。

　　参数可以提前创建，也可以在分析过程中按需创建。如图 5-83 所示，比如在设置客户集时，可以点击"前 10"右侧的下拉菜单选择"创建新参数"。在弹出的参数窗口中，设置当前值为 10，值范围为 5 ~ 50。"创建新参数"之后，视图中就增加了一个参数控件，左侧"数据"窗格出现了参数列表。

图 5-83　借助参数实现动态的集范围设置

这样的数据已经具有了互动性，不过，有时我们希望集的组成来自我们的交互选择，比如手动选择多个省份，就能查看这些省份销售额在全国的占比情况。这就需要更高级的交互方式——集动作，详见第 7 章相关内容。

5.5.3　参数

前面讲解了如何使用参数让集动起来的简单方法，参数的功能远不止如此。简单地说，参数是可视化视图与数据访问者交互的窗口，数据访问者可以通过参数输入变量，从而查看视图的相应变化。参数广泛应用在动态参考线、输入变量、视图控制，特别是计算字段上。在创建计算字段时，参数可以作为动态变量插入其中。

虽然参数只能传递一个数值，但是比集灵活的是它不仅可以传递字符串（文本），而且可以传递连续的日期和数值，因此使用参数首要先要正确地选择数据类型。

通常，依据哪个字段创建参数，就选择哪个字段，用鼠标右击，在弹出的下拉菜单中选择"创建→参数"命令即可，好处是参数会自动引用当前字段的所有值或者范围。也可以通过 "从字段设置"功能设置引用范围，如图 5-84 所示。

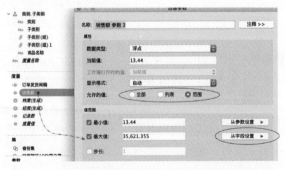

图 5-84　自字段创建参数，或者"从字段设置"参数范围

参数是最基础、最常用的数据交互工具，但必须依赖集、参考线、计算字段等功能而发挥作用，Tableau 的"参数动作"和"动态参数"功能，更进一步强化了它的交互性，本书会在第 7 章结合实例介绍。

5.5.4　分组和分层结构

集是把数据一分为二（集内/集外），即分层，组则是对数据重组，是多个合为一个。某种意义上，集是增强分析，分组是数据整理，比如把同为一个字段中的"山东""山东省""鲁"通过分组合并在一起。

分层结构和分组又多有不同，分层结构是多个字段之间的相互关系，而分组是同一个字段内所有数值的重新分组。二者的区别如图 5-85 所示。

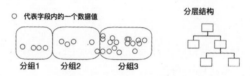

图 5-85　分组与分层结构示意图

在使用分组的过程中，还要区分创建分组的位置对可视化的影响。

比如在"类别、子类别的销售额"条形图中，可以多选左侧的标题创建组，也可以多选右侧的条形图创建组。两种都会创建一个单独的"分组字段"，但是效果截然不同。基于标题创建组，新增加的组字段会自动替换原来的标题字段——Tableau 认为我们在整理错误数据，如图 5-86 所示。

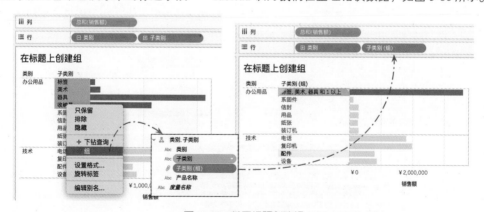

图 5-86　基于标题创建组

而基于可视化图形创建组，由于条形图是基于多个维度字段创建的，所以首先要选择基于哪个单独字段创建组，或者按照两个维度字段合并创建组。创建的组并不会替换生成标题的蓝色胶囊，而是会增加到"标记"的"颜色"中——Tableau 认为我们在为正确的数据做分类，并在视图中突出，如图 5-87 所示。

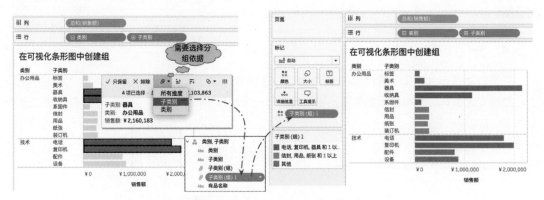

图 5-87　基于可视化图形做分组

因此，与 Prep Builder 中的数据分组必然与数据整理不同，Desktop 的分组可以是数据整理，也可以是通过视图颜色建立的更高级别的分类。

5.5.5　排序：对数据按照规则排序

可视化分析的很多场合，都会涉及对结果进行排序。

排序看似简单，但在很多地方却至关重要。常用两个位置的"排序"命令，其一是上方快速工具栏，其二是坐标轴及其对面的位置（鼠标靠近可见）。初次创建和单一维度时多使用快捷工具栏中的"排序"命令（见图 5-88），多个坐标轴时常用坐标轴的"排序"命令，当鼠标靠近坐标轴时，单击鼠标就会在"降序—升序—清除排序"三种情形间切换。

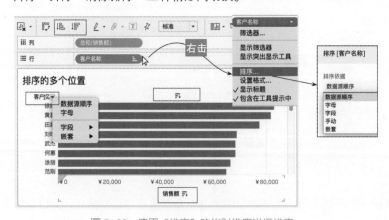

图 5-88　使用"排序"功能对维度进行排序

　　这些都是显性的、简单的排序，有时还会遇到复杂的排序，一种是视图中的多个字段，需要嵌套排序；一种是依赖于视图之外字段的"隐形排序"。

　　凡是有维度字段名称的地方，都可以选择相应的维度字段，用鼠标右击，在弹出的下拉菜单中选择"排序..."命令。像手动排序、字母排序，都隐藏在这里。设置排序之后的字段，会在多个地方留下排序的标记符号，如图 5-89 所示。

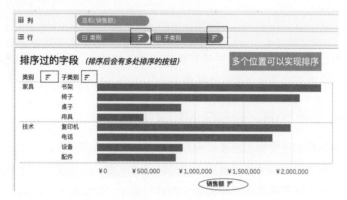

图 5-89　排序标记

　　很多数据软件，包括早前的 Tableau 在多个分类字段的排序时会遇到这样的问题：排序是按照排序字段的全部总额排序的，而不是按照排序字段所在分类的总额排序的。如果没有嵌套排序，那么多层下的排序通常会出现问题。升级后的 Tableau 增加了嵌套排序，从而保证每个字段（不管层次的高低）都是准确的，如图 5-90 所示。

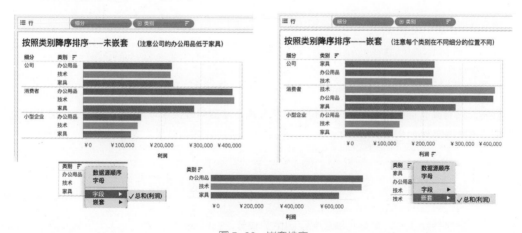

图 5-90　嵌套排序

　　还有横向的排序字段，也可通过字段旁的"排序"按钮实现，如图 5-91 所示。

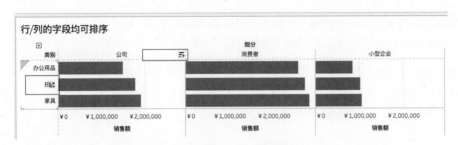

图 5-91　指定行，对列字段排序

还有一种"隐形的排序"，排序字段并没有直接出现在视图中，而是出现在左侧的"标记"中，或者压根没有出现（只能通过选择字段右击实现）。

5.5.6　参考线、参考区间、分布区间和盒须图

数据分析的目的是解读数据背后的逻辑或趋势，有了上述的各种增强分析功能的帮助，我们就能更好地找到规律。而为了把规律更准确地传递给数据访问者，还需要一些辅助技术——辅助线是最常见的引导。我们可以从可视化界面左侧的"分析"窗格中轻松拖曳添加到视图中，多条辅助线之间还可以借助于阴影来代表区间，更进一步了解数据，如图 5-92 所示。

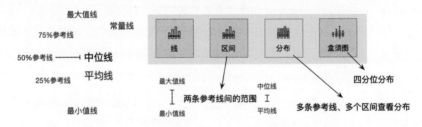

图 5-92　常见的参考线样式和参考区间

1. 参考线、参考区间、分布区间

首先，只有具有连续性的坐标轴才能创建参考线，离散的分类字段如同 Excel 的行，相互之间是缝隙，没有参考线的容身之地。Tableau 中连续的字段是日期和度量，连续的字段生成坐标轴。

TIPS：只有连续的日期和度量生成坐标轴，才能使用参考线。

其次，拖曳辅助线时，需要明确放在视图中的位置。Tableau 默认提供了 3 个位置：表（Table）、区（Pane）和单元格（Cell）。单元格构成区，区构成表。表、区和单元格的划分是由视图中的维度字段决定的。所有字段构成的最高层次对应表，单元格对应视图中的明细行（见图 5-93 中的"子分

类"），而区是比单元格高一级的维度字段（见图 5-93 中的"类别"）。

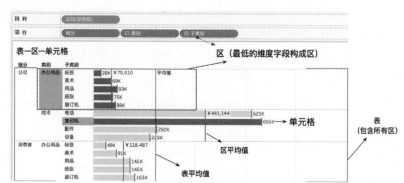

图 5-93　表、区和单元格

在第 9 章的表计算部分，我们还会重新介绍 Tableau 中的表、区和单元格的分区。参考线，其实是表计算的特殊形式。

最简单的辅助线是单一的参考线（Reference Line）。常用的参考线有平均值、中位数和常量线。平均值参考线如此重要，以至于在添加各类区间和分布时，都会自动出现。

任意两条参考线组成区间（Scope），代表一个特定的范围，比如从最小值参考线到最大值参考线、从 2019 年 1 月到 2020 年 1 月（常量线），如图 5-94 所示。

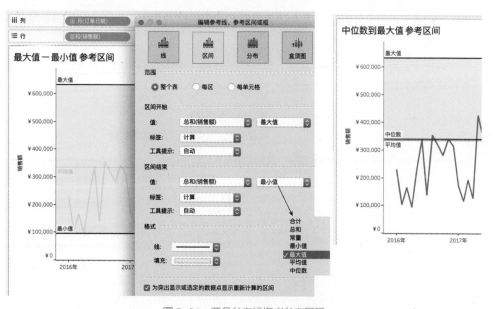

图 5-94　两条参考线构成参考区间

在一些场景中，我们还需要更多条线辅助理解数据的分布特征，比如把数据切分为 4 份、5 份甚至更多份，按照百分比设置参考线，Tableau 提供了多种常见的分布区间模型（见图 5-95）。常见的有 60%~80%平均值分布区间、95%百分位分布区间、四分位分布区间和标准差分布区间。拖动"分析"窗格的"参考区间"到视图就能创建。还可以为不同部分添加填充颜色，或者通过阴影增强分布区间的直观性。

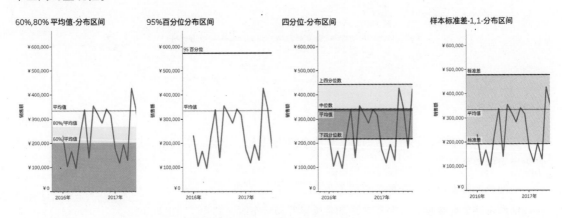

图 5-95　Tableau 常见的分布区间

2．标靶图：条形图与参考线的结合

在可视化图表中，标靶图结合了条形图的直观和参考线的简洁，通常用于分析销售额及其达成度，还可以借助分布区间进一步增强层次性。

在超市数据中，标靶图和"数据混合"在一个示例中。使用数据混合可以把各个细分、各个类别的销售额和销售目标混合在一个主视图中，如图 5-96 所示。

图 5-96　使用数据混合为标靶图准备数据

这样的数据交叉表显然不便于对比，即使计算二者的占比也并不直观。标靶图又被称为子弹图，用条形图代表销售额，每个单元格用一条参考线代表销售目标，用二者的关系描述达成度。创建标靶图最快的方法是借助"智能推荐"，如图 5-97 所示。

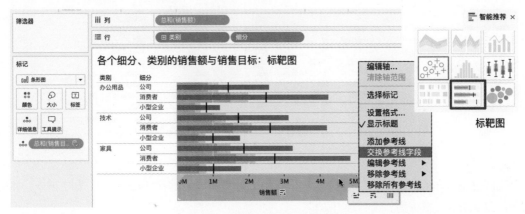

图 5-97　通过智能推荐创建标靶图

有时候，条形图和参考线对应的字段会颠倒，只需要选择坐标轴，用鼠标右击，在弹出的下拉菜单中选择"交换参考线字段"命令即可替换。

如果要手动创建，则分为 3 个步骤：创建销售额的条形图、创建销售额目标参考线、创建销售目标 60% 与 80% 分布区间。

按照最佳可视化直观、突出的要求，可以继续完善上面的视图，比如突出达成率低于 170%[1] 的分类。

通过即席计算创建一个新的字段并拖曳到"标记"的"颜色"中：

$$SUM([销售额])/SUM([销售目标].[销售目标])<1.7$$

如果需要每年的情况，还可以增加"订单日期"到视图中，如图 5-98 所示，拖动"订单日期"的列，日期自动以"年"为分组。

1　由于视图中模拟数据的达成率都很高，因此选择了 170% 从而体现差异；业务中通常选择低于 1，或者低于 75%。

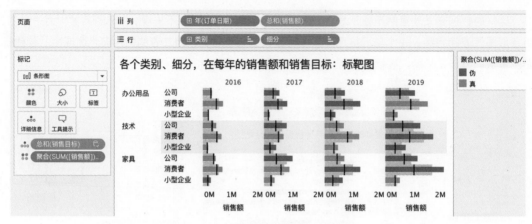

图 5-98　为标靶图增加颜色分类标识

如果要与每年的平均达成率做比较，则可以把上面的 1.7 改为窗口计算函数[1]，如下所示，并设置类别和细分为计算依据。

$$SUM([销售额])/SUM([销售目标].[销售目标])<$$

$$WINDOW\_SUM(\ SUM([销售额])/SUM([销售目标].[销售目标])\ )$$

数据混合和标靶图是制作达成率分析的首选推荐，标靶图有助于把销售额作为视图的焦点（条形图），而参考线作为背景信息；数据混合则轻松把数据合并为一体。

3. 盒须图：大数据分布分析

盒须图又称为箱线图（Box-Plot），由美国著名统计学家约翰·图基（John Tukey）于 1977 年发明。盒须图"通常"由最大值、最小值参考线和 25%~75% 构成的分布区间共同构成。在 5.3.1 节"盒须图与价格点分析"中简要介绍了盒须图的做法，这里进一步说明其原理和深度的设置方法。

任意一个序列分为 4 份之后，都会有 5 个数据来指示四分的边界，这里从一组标准的模拟数据 {0,2.5,5,7.5,10} 开始介绍。

如图 5-99 所示，5 个数据组成一个序列，每个数字正好对应盒须图中的 5 个位置——最小值、25% 百分位数、中位数、75% 百分位数、最大值。四分位分析中，这些数据依次称之为 $Q_0 \sim Q_4$。

1　表计算函数见第 9 章。

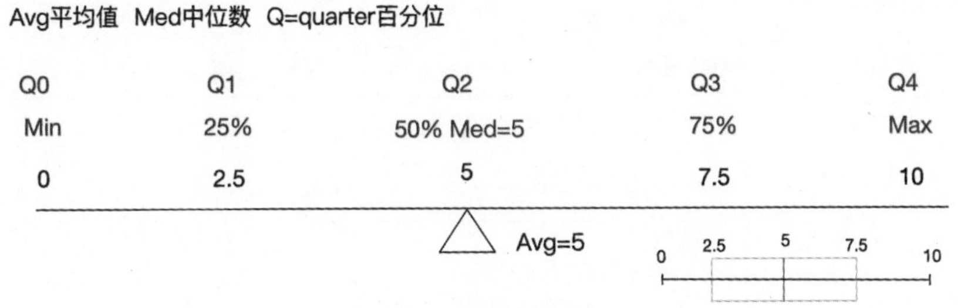

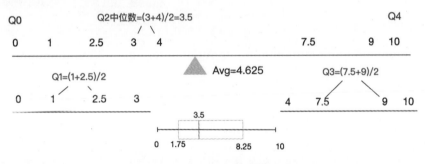

图 5-99 四分位的示例

任意一组数据都可以按照如下方法划分为 4 份，并找到 $Q_0 \sim Q_4$ 五个数值.

- 将序列按从小到大排列；
- Q_0 等于最小值，Q_4 等于最大值；
- Q_2 等于中位数，即最中间的数；
- Q_1 是 Q_0 最小值到 Q_2 中位数（低数序列）的中位数；
- Q_3 是 Q_2 中位数到 Q_4 最大值（高数序列）的中位数。

如果数据为偶数个，那么中位数（Q_2）就是中间两个数的平均值。如图 5-100 所示，假设一组包含 8 个数据的序列，计算 Q_1 和 Q_3 的方法如下所示。

图 5-100 计算四分位间隔的方法

那为什么盒须图的参考线两端之外还有会异常点呢？这是因为它们与总体的数据偏离过多。中间分布向外偏离，不超过中间分布间距的 1.5 倍为正常区间，正常区间之外视为异常值；通常，盒须图的须是排除异常值后计算最大值和最小值。

这里的中间分布间距通常用 IQR（**Inter-Quartile Range**）代表：

$$IQR = Q_3 - Q_1$$

比如图 5-101 的 10 个数字组成的序列，$Q_0=(-18)$，$Q_4=25$，但是二者都超过了中间盒形 1.5 倍 IQR 边界，因此被视为异常值。

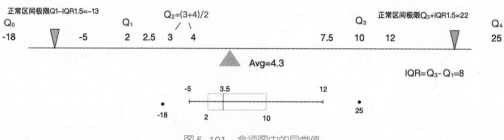

图 5-101　盒须图中的异常值

盒须图以数据在 IQR 的 1.5 倍以内为默认和推荐配置，有助于减少异常数据对分析的影响，比如零售中常见的月底"虚假过单"、单位内部大额资金过账等。如果分析需要，则也可以将盒须图的"须"改为数据的最大值，如图 5-102 所示。同时，可以隐藏盒须图内部的数据点，让盒须图的对比更加清晰。

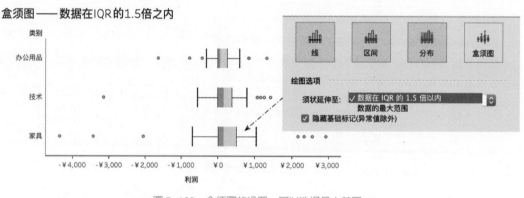

图 5-102　盒须图的设置：可以选择最大范围

3. 置信区间模型

上面的参考线、参考区间和分布区间是基本功，盒须图则是关键进阶。Tableau 同时为专业用户提供了一些模型化分析，比如置信区间、趋势线、预测线等。

置信区间（Confidence Interval，CI）是确认数据可靠的概率。1+1=2 的数据准确性的可信概率是 100%，疫情面前，股市跌破 2500 点的可信概率就明显要低很多（比如 50%）。

Tableau 分析窗格中提供了"含 95%CI 的平均值"和"含 95%CI 的中值"两种预设好的模型，分别在添加平均线参考线和中位数参考线的同时绘制 95%置信区间，并以阴影填充，如图 5-103 所示。需要了解更多关于置信区间的专业知识，请查看相关的统计书籍。

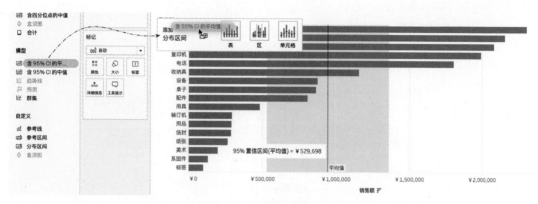

图 5–103　为分析添加置信区间

4. 趋势线与预测线

趋势线用来反映数据 A 随着数据 B 的变化而发生的规律性，比如气温上升时可乐销售会增加、价格上涨时销售数量会下降等，两个数据都需要是动态变量，所以，横轴和纵轴都必须是具有连续性的字段（日期或者度量）才能使用趋势线，如图 5-104 所示。

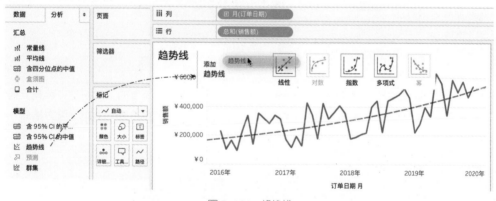

图 5–104　趋势线

Tableau 提供了多种趋势线模型，包括线性、对数、指数、多项式和幂。不同的业务情形，应该选择怎样的分析模型呢？可以借助于两个指标来判断，P 值代表显著性（即是否具有统计意义，取 Probility 的首字母），R 平方值代表相关性（取 Relation 的首字母）。

一般而言，P 值小于 0.05（即被证伪是低于 5%的小概率事件）时说明模型具备统计意义；而 R 平方值越接近 1，说明二者越具有相关性，通常低于 0.5 说明不适用于回归分析，如图 5-105 所示。

趋势线是历史数据的规律模拟，而预测线则是未来数据的逻辑计算。Tableau 可以为连续日期添加自动预测，预测区域的阴影是自动添加的"95%预测区间"，如图 5-106 所示。

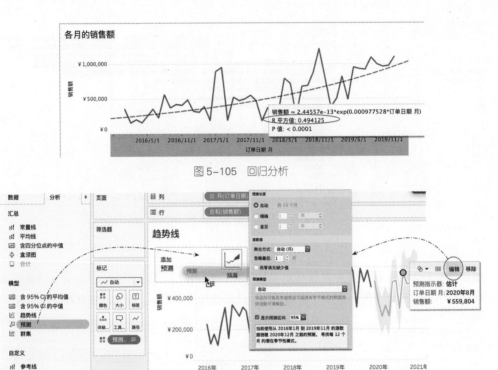

图 5-105　回归分析

图 5-106　预测线

Tableau 允许专业用户编辑模型，在预测区间中用鼠标右击，在弹出的下拉菜单中选择"描述预测..."命令可以查看详细的预测模型计算。模型默认忽略最后一个单位日期的数据（因为最后一个单位的数据通常是不全的），如图 5-107 所示。

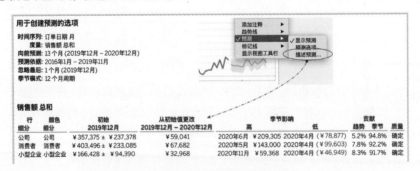

行	颜色	初始	从初始值更改	季节影响		贡献		
细分	细分	2019年12月	2019年12月 - 2020年12月	高	低	趋势	季节	质量
公司	公司	¥357,375 ± ¥237,378	¥59,041	2020年6月　¥209,305	2020年4月（¥78,877）	5.2%	94.8%	确定
消费者	消费者	¥403,496 ± ¥233,085	¥67,682	2020年5月　¥143,000	2020年4月（¥99,603）	7.8%	92.2%	确定
小型企业	小型企业	¥166,428 ± ¥94,390	¥32,968	2020年11月　¥59,368	2020年4月（¥46,949）	8.3%	91.7%	确定

图 5-107　查看预测线的模型分析

有关趋势线、预测线的专业模型，可以查阅专业书籍。Tableau 也支持使用 Python 等第三方软件的模型分析。

5.6　格式设置

　　笔者认为"格式"是 Desktop 最庞大的体系，也是最常用的功能，从设置小数位数、金额单位、字体大小到工作表阴影、单元格边框，无一例外都需要格式来控制。

　　视图设置格式主要有字体、对齐、阴影、边框、线 5 种形式。几乎在任何希望修改的视图位置，都可通过鼠标右击进入"设置格式…"功能修改。根据字段在视图中的位置不同，又可以分为"标题/区"或者"坐标轴/区"，如图 5-108 所示。根据第 2 章的介绍，"连续生成坐标轴，离散生成标题"，而这里的区指标题和坐标轴之外的视图区域。

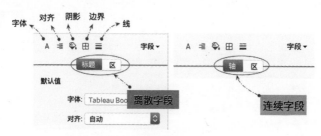

图 5-108　格式的主要类型与两个位置

　　每一种类型都包含了非常多的位置，以字体为例，可以设置字体的有工作表、区、标题、工具提示、说明以及合计等。各个类型需要配置的位置通常大同小异，主要位置有视图字段、视图标签、工具提示、工作表标题，如图 5-109 所示。

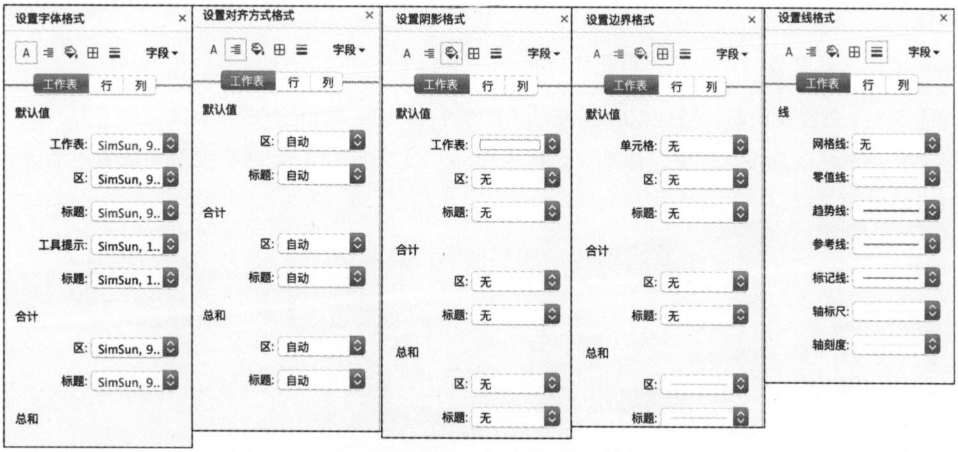

图 5-109　各个类别的设置内容（字体、对齐、阴影、边框、线）

　　下面介绍在实践中，最主要的几种格式设置方法。

5.6.1　通过标签设置突出度量值

如图 5-110 所示，只有当"标记"中的"标签"有字段时，标签才能设置，否则只能显示默认的度量值。多个标签字段同时出现在标签上时，可以通过点击"标签"中的"文本"编辑字体、大小、颜色等。而通过"标签"上方的"显示标记标签"复选框，或者快捷工具栏的"快速显示/隐藏"命令，则可以快速显示或者关闭。

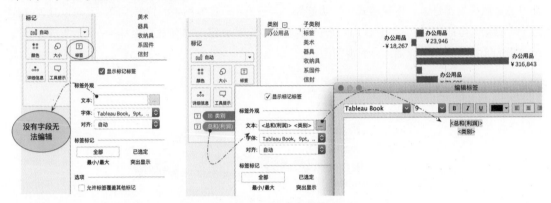

图 5-110　为标签设置格式

在 5.4.1 节中介绍了多个度量值文本表的创建方法，结果如图 5-111 左侧所示。为了突出数值，很多分析师希望把度量名称和度量值调换位置，并增大数据字体。由于"行"/"列"中离散字段生成的标题只能显示在最顶端，但可以隐藏，因此可以通过修改标签的方式间接实现。在此详细介绍这个过程。

第一步，拖动度量名称显示为可视化标签。

如图 5-111 位置 a 所示，按住 Ctrl 键拖动"度量名称"到"标记"的"文本"中（部分版本称之为"标签"），也可以直接从左侧"数据"窗格中拖动"度量名称"。此时在视图中数值下面就有了度量值对应的度量名称。

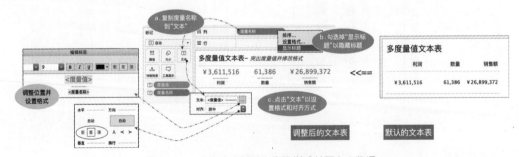

图 5-111　在文本表基础上修改样式从而突出数据

第二步，隐藏标题。

如图 5-111 位置 b 所示，点击"度量名称"右侧的三角形图标，取消勾选"显示标题"，从而隐藏标题。此时视图中就用标签名称替代了标题名称。

第三步，按照需求设置格式。

在标记位置，点击"文本"（部分版本称之为"标签"），可以编辑文本的格式和对齐方式。点击文本右侧的"…"按钮，在弹出的窗口中可以设置格式，调整位置，甚至插入分隔符。在图 5-111 中，增大了"度量值"的字体并设置为红色显示，并把"度量值"放在"度量名称"上方，从而有效地突出度量值。

这种通过文本编辑显示的方式，在数据分析中很常见。可见，Tableau 给予分析师无限的灵活性和空间。

5.6.2　工具提示的高级设置

工具提示用来展示更多的数据层次和数据背景，通常借助鼠标悬停来展示。和多个标签一样，点击"工具提示"即可弹出详细的设置从而快速完成编辑，这在使用表计算时格外突出——表计算自动生成的标记通常包含了很长的描述词语，如图 5-112 所示，点击"工具提示"即可弹出"编辑工具提示"窗口。

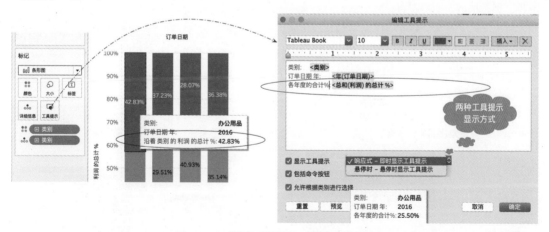

图 5-112　设置工具提示，编辑提示的标签

如图 5-112 右侧所示，工具提示有两种显示方式，默认是"响应式-即时显示工具提示"，即鼠标点击数据可以弹出工具提示；还可以改为"悬停时-悬停时显示工具提示"，即鼠标悬停即可弹出工具提示。

在业务分析中，分析师可以为其他浏览者关闭工具提示（特别是在移动端访问时，工具提示有碍于数据展现），或者仅仅取消勾选"包括命令按钮"复选框，这样访问者就没有权限使用"只保留"或者"排除"数据，如图 5-113 所示。

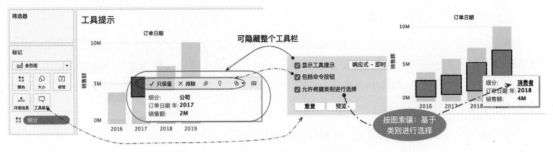

图 5-113　关闭工具提示，或者关闭命令

在图 5-113 中，还有一个非常棒的功能，默认"允许根据类别进行筛选"，可以实现"按图索骥"。点击任意一个数据，工具提示中会显示它所属的类别，点击类别名称（如"消费者"），即可快速显示该类别的所有数据。

相对于行列字段、颜色、大小等可视化位置，工具提示的优先级是最低的，但工具提示也是最不受限制的——可以同时插入多个字段以供分析，甚至可以插入其他的工作表并关联交互——即"画中画"的功能。

如图 5-114 所示，两个工作表分别是"子类别的销售额与利润"和"销售额 TOP10 商品"，为了节约视图的空间，可以把后者加入前者的工具提示中，每当点击任意子类别时，都可以查看该子类别的 TOP10 商品。

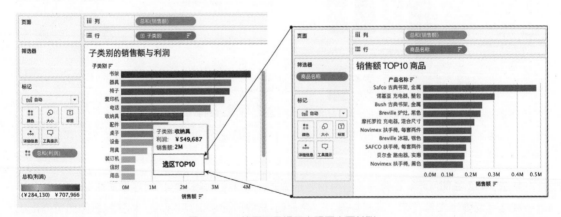

图 5-114　使用工具提示实现画中画关联

"画中画"的功能在主视图的工具提示中设置。在"子类别的销售额与利润"工作表中,点击"工具提示",在弹出的窗口中,选择"插入→工作表"命令,即可选择右侧对应的工作表插入其中。过程与结果如图 5-115 所示。

图 5-115　使用工具提示插入工作表

不过,当鼠标光标放在一个类别上时,要么没有弹出来 TOP 商品列表,要么仅有寥寥几个(比如图 5-115 右下角的电话)。这是为什么呢?

这里又涉及 Tableau 的操作顺序,对于"销售额 TOP10 商品"工作表而言,增加了来自主视图的维度筛选器。但是维度筛选器的优先级低于 TOP 顶部筛选器。如图 5-116 所示,在"销售额 TOP10 商品"工作表中,筛选器多了一个"工具提示"的筛选器条件——但不改变它是维度筛选器的事实。因此,想要"画中画"中对所选子类别的 TOP 顶部筛选,就需要把维度筛选器"添加到上下文",从而优先执行。

这样再回到主视图,"画中画"就会一直出现 TOP10 的商品名称了。

仔细观察图 5-116 筛选器中的"工具提示(子类别)"会发现,右侧的标记就是"集"的标记,可见,这里实际上是使用了集动作传递了视图的选择——仅显示集内成员的 TOP 商品。关于集动作的应用,详见本书第 7 章。

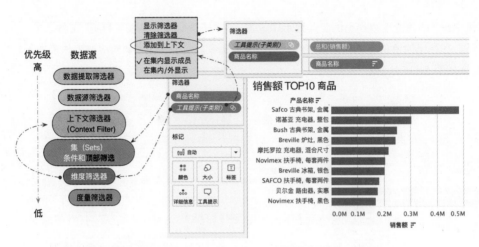

图 5-116　把维度筛选器添加到上下文，从而优先于顶部筛选器执行

5.6.3　其他常见设置

1. 标题中插入参数

每一个仪表板都对应一个标题，双击"标题"即可弹出"编辑标题"对话框，可以编辑字体及大小、位置，还能插入各种参数甚至视图中使用的字段，如图 5-117 所示，可以把动态的参数插入标题，这样就能自动变化。

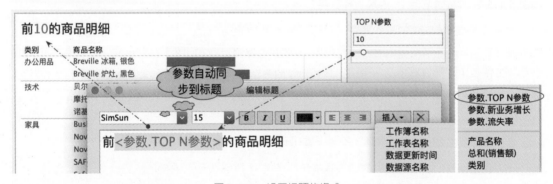

图 5-117　设置标题的格式

通常除了介绍当前可视化的分析目的，复杂分析时还可以增加必要的引导性用语。

2. 为仪表板或者工作表设置样式

在使用仪表板的过程中，有时希望同步设置所有标题的大小或者字体。此时可以使用目录"设置格式"中的对应项，减少挨个设置的麻烦。先按下 Esc 键，确保没有选中任何数据，之后点击"设置格式"目录，就可以为仪表板或者工作表（此处官方翻译为"工作簿"）设置全局的格式——比如所有的标题字体和字号，如图 5-118 所示。

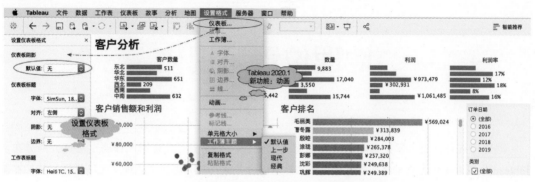

图 5-118　基于整个仪表板设置格式：阴影、字体等

不少企业倾向于为仪表板设置黑色背景或者以企业主题色为背景，可以通过这里的"仪表板阴影"设置。期待有一日 Tableau 推出"黑色"主题。

在后面的章节中，我们会不时提及设置格式的过程，也希望大家多多练习。

至此，本章介绍了可视化分析的步骤、可视化视图选择、可视化视图制作方法、高级可视化分析工具及多种增强分析方法。地理位置分析作为一种特殊的分析场景，将在第 6 章介绍。

┃第 6 章┃

地理位置可视化

地理位置可视化用于处理与地理角色有关的分析，在地图上直观展示数据在位置上的分布。Tableau 生成地图的方式非常简单，只需要为字段赋予地理角色，然后双击即可生成地图，我们在第 5 章 5.1 节曾做过简要阐述。

本章将介绍多种地图样式以及多种空间函数，包括 Tableau 2020.1 版本刚刚推出的"缓冲区"计算函数。由于出版方面的要求，本书无法直接展示地图的背景和细节，借助经纬度坐标和 *X/Y* 坐标加以说明。

6.1 Tableau 地理分析简介

Tableau 的地理位置分析一直被认为是行业翘楚，操作简单、连接方便、功能强大，还以快速的产品更新不断满足客户的需求。Tableau 默认使用了 Mapbox 在线地图源，支持添加百度、高德等在线 tms 地图服务或者本地 GeoServer 等地图服务器。

地理位置分析通常包含两个步骤：创建地图并设置地图层、选择地图样式并增加数据层次。其中，创建地图有两种方式，一种是借助指定地理角色的字段，另一种是通过数据库中的经纬度坐标。

1. 创建地图并设置地图层

Tableau 支持多种地理角色，常用的有国家、省市自治区、城市，地理角色的共同特征是每个名称都在全世界有唯一的编码，比如"北京""香港"。不管是 Prep Builder 阶段、数据连接阶段还是可视化阶段，都可以单击字段类别赋予对应的地理角色，如图 6-1 所示。

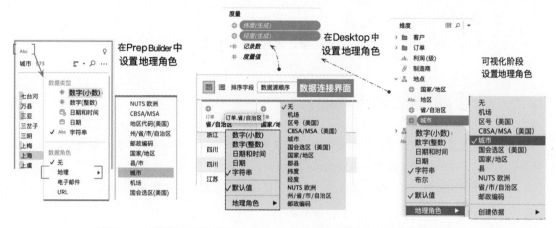

图 6-1　为字段赋予地理角色（参考 Tableau 2020.1 版本对整数分类的修改）

只要有"地理角色"，度量中会自动生成两个字段：纬度（生成）、经度（生成），双击地理角色字段，就会在地图中匹配全球位置。

除了地理角色字段，其他的地理位置都借助经纬度坐标或者自定义 X、Y 坐标实现，比如港口的地点、北京地铁站点、厂区的工位等。使用经纬度创建地图，还要为经纬度字段设置经纬度地理角色。之后双击经度和纬度字段到视图中，Desktop 就会自动加载默认地图层。

Tableau 默认创建浅色的地图样式，还可以根据需要选择其他样式，商业中常用浅色和街道。同时还可以借助"地图选项"设置地图中的工具，比如通过勾选"显示视图工具栏"复选框隐藏地图工具，锁定地图范围，如图 6-2 所示。

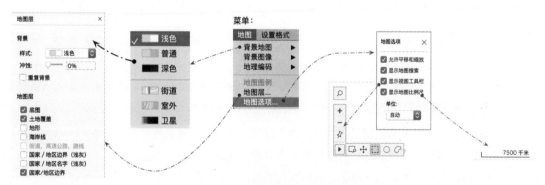

图 6-2　地图层与地图选项控制

2．选择地图样式并增加数据层次

常用的有符号地图、填充地图、路径地图，还可以使用函数实现测距和绘制半径范围。

6.2 符号地图和填充地图

符号地图是地图的默认样式。双击带有"地理角色"的字段生成地图后再双击销售额，Tableau
自动以圆圈"大小"代表；此时若再双击第二个度量，如利润，则会自动添加到"标记"的"颜色"
中，由于度量是连续的，因此颜色默认为渐变色，并出现颜色图例，如图 6-3 所示。

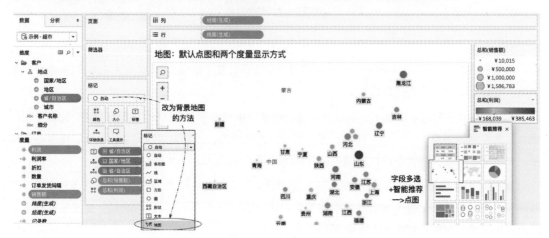

图 6-3 创建符号地图和填充地图的方法

熟悉原理之后，也可以多选数据字段（按下 Ctrl 键并单击多个字段），借助"智能显示"快速创
建符号地图。

和符号地图不同，填充地图使用区域的颜色展示度量，比如每个省的背景颜色深浅展示销售额
的多少。作为最重要的两种地图样式，如何做出最佳选择呢？

- 符号地图通常用大小和颜色代表两个独立指标，适合同时展示多个指标的场景。
- 填充地图以填充为基础，只有颜色的深浅可用，仅限于展示一个指标。
- 符号地图的符号可以二次加工，比如改为饼图，分析每个省份不同细分的占比。

初学者使用地图，习惯用背景颜色的深浅表示数量，往往会忽视一些关键信息。如果只有一个
度量，则取决于要表达的数据重点是什么。符号地图侧重于表达极大值，而填充地图胜在表达数据
的层次。

- 以符号大小显示数据，只能突出偏大的数值，无法展示偏小的数值，特别是负值。
- 颜色可以使用"对比色"有效地突出负值（比如利润为–10 万元），且能借助颜色的分段（见图 6-4 的"6 阶"）突出数据的层次，因此当度量范围较大，同时要突出度量两级时，选择填充地图更加直观。

图 6-4　符号和颜色表达数据的优缺点

在表达数据层次时，合理地选择颜色非常重要，几乎决定了可视化的成败，最佳实践方法如下。

其一，如果要突出度量的两极（较大数据和偏低数据），则建议使用两个色系的对比色（比如温度发散、红色—蓝色发散），如果只想突出一侧，则使用同一色系的渐变色（比如绿色、红色—金色），具体可以点击"颜色"后进行编辑，选择 Tableau 默认的色带。另外，颜色尽可能与大众的习惯保持一致，比如"红涨绿跌"，如图 6-5 所示。

图 6-5　两种色板的适用场合

其二，有时遇到大量数据点重叠，此时可以进一步编辑符号的颜色效果，比如不透明度、边界和光环等。以图 6-6 所示广东各城市的销售额分布为例，如果只想突出最大值，则左侧的默认图例就是恰当的；如果想突出所有城市的分布，则可以为"标记"增加"边界"（翻译为"描边"更好一些）以突出位置。描边的颜色最好是图形颜色的对比色。

其三，中高级用户可以把填充地图和符号地图合二为一。比如既能查看每个省的销售额情况，又要表示省份所归属的地区，可以用填充地图代表地区（华北、东北、西北等），而用符号地图代表各省份销售额。借助"双轴"即可实现。而 Tableau 2020.4 版本推出"地图层"功能，进一步简化了这个过程，详见 6.7 节。

图 6-6　为符号地图增加边界（描边）以增加层次感

要实现地区和省份地图的重叠，关键是设置详细级别——填充地图是地区级别的，而符号地图则是省份级别的，调整地图详细级别的关键在于左侧的"标记"。具体的设置方法如图 6-7 所示，第一个地图改为"地区"+填充地图，第二个地图保持省份不变。

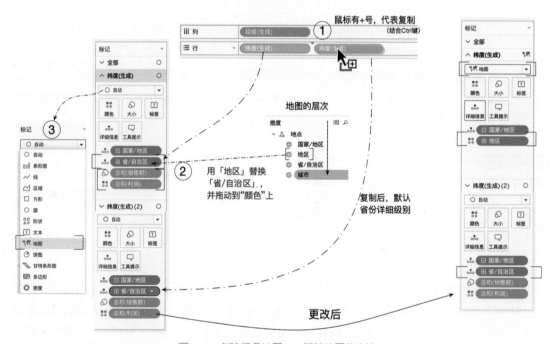

图 6-7　创建重叠地图——双轴地图的方法

设置完成之后，在第二个纬度字段上用鼠标右击，在弹出的下拉菜单中选择"双轴"命令即可。还可以适当调整"地区—填充地图"的透明度，避免对省份符号地图的干扰，如图 6-8 所示。

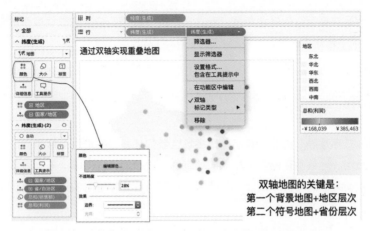

图 6-8 填充地图与符号地图重叠时，调整填充地图的透明度

符号地图和填充地图是最常用的两种地图样式，也是其他地图样式的基础。

6.3 点图和热力图

点图可以视为是符号地图的简化，只有一个维度字段，只突出分布、不强调大小。当大量的点密集在一起时，希望按照密度划分层次，就可以选用热力图，从而更好地查看宏观分布的层次。点图和热力图都是地图中的分布图。

由于度量默认会聚合，所以在视图中加入经纬度后默认会聚合为一个点——所有经纬度的平均值。改为点图的方式有两种：把代表明细级别的字段加入"标记"的"详细信息"中，或者通过菜单"分析→聚合度量"命令取消默认的聚合。相比之下，后一种方法更快、更安全，如图 6-9 所示。

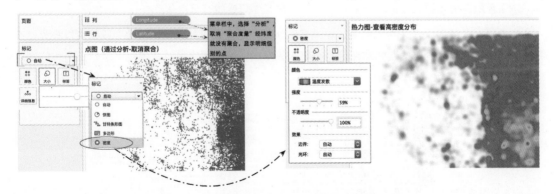

图 6-9 两种地图分布表示法：点图和热力图的切换

热力图的关键是选择合适的颜色色系，而这又取决于数据的特征和数据展示的目的。通常使用"温度发散"形象地表示热点区域。

6.4　路径地图

上面的地图样式都是静态的数据表示，很多场合我们还需要在地图上展示动态过程或者路线，比如城市地铁路线图、地铁乘客的上下车流向动态图、飞机的行程图等。新型冠状病毒肺炎疫情严重时期，笔者还帮助某部门分析师设计了跟踪确诊患者与密切接触者的连线图等，可视化展示效果有了根本的改进。

和静态地图相比，此类地图的关键是通过单独的"路径字段"把每一行的数据首尾相连。为了把地铁站连起来，就需要一个代表先后顺序的字段——路径地图，可以视为有次序的坐标点的前后相连，如图 6-10 所示。

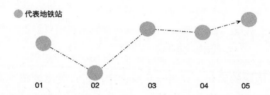

图 6-10　路径地图的基本原理：多个坐标点按照次序的连续

这里以"北京地铁某一时刻的站点与进站人数"为例，说明动态地图的制作过程，以及需要注意的几个关键点。

按照第 5 章 5.1 节的步骤说明，必须明确一个关键问题：字段之间的分组和层次关系如何，这决定了接下来所有的可视化分析。关于字段及其层次的理解是所有可视化分析最关键的基础。

在这里，关键字段有 4 个：线路、站点名称、站点顺序和进站人数，其他字段都可以视为站点名称的描述和延伸。同时线路和站点是具有层次关系的，站点顺序是对每条线路中站点名称的次序描述，如图 6-11 所示。

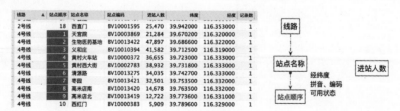

图 6-11　理解地铁数据表的字段关系

接下来才是可视化分析。

首先，将经度字段拖到"列"（经度代表东西），纬度字段拖到"行"（纬度指示南北），"站点名称"拖到"标记"的"详细信息"中。此时默认会生成点图，我们可以一览北京所有的地铁站。

其次，关键是如何设置把站点连起来。为了帮助理解，建议此时先做一个筛选器，比如只看北京地铁 4 号线，由小及大，先把数据重点专注到一条线路上。此时，如果我们把"标记"中的"自动"（即圆）直接改为"线"，各个站点之间的连线是混乱的——准确地说，是按照站点数据源的顺序连线的，如图 6-12 所示。

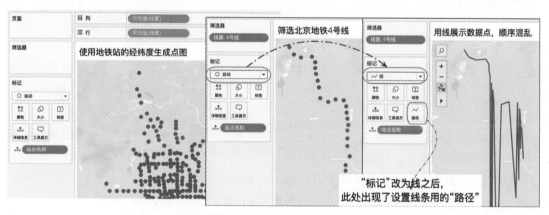

图 6-12　从点图到路径地图的切换（尚未设置路径次序）

让站点正确连接起来的关键是为站点的连线指定次序，你会发现现在"标记"中多了一个"路径"字段，奥秘就在这里。数据源中有一个"站点顺序"字段，默认在"维度"中，把它拖动到"路径"中。

似乎出现了错误，我们期望的连线没有出现，却回到了原来的点图状态。为什么会如此呢？

这就又涉及可视化分析的基础概念：维度和层次。

我们曾反复强调，维度字段决定详细级别。在没有拖入"站点顺序"字段之前，地图中只有"站点名称"单一维度，它构成了视图的层次，即每个站点的状态。"站点顺序"作为站点的描述，和"站点名称"是同一个层次的。"站点名称"限制了"站点顺序"作用的发挥，将"站点顺序"限制在了单个站点上，而不是更高的级别（即多个点构成的线），从而无法形成连线，如图 6-13 所示。

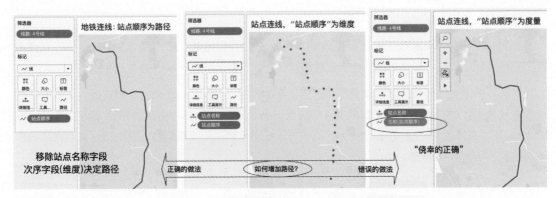

图 6-13　以坐标点为基础生成路径地图的正确方法

特别注意：路径的次序字段有时是以维度形式出现的，有时是以度量形式出现的。正确的做法是以维度的形式加入线条的路径，而非度量——虽然有时这种方式会"看上去正确"（见图 6-13 右侧）。

为什么"站点顺序"字段不能作为度量决定路径？因为度量默认会聚合，当一个站点在数据源中不止一行数据时，聚合的度量作为顺序会出错，原来的排序 1 可能成了 10（若数据源有 10 行），原来的排序 2 可能成了 40（若数据源有 20 行）；而作为维度的次序字段，和同为维度的站点名称，始终是一对一的关系，不管数据源有多少行，次序 1 永远是次序 1，这才是正确的方式。

实际上，最常见的次序字段，不是这里的度量，而是时间（维度）。时间具有连续性，是最佳的次序字段。

TIPS：做路径地图，路径字段必须是维度，而非度量。

从层次的角度理解，地铁的连线不是"车次"的级别，依然是"站点"的级别，只是前后相连的站点而已。"站点顺序"和"站点"是同一层次的字段，图 6-13 左侧的数据中，"站点顺序"决定详细级别，同时把站点连接成线。图 6-13 右侧的连线中，"站点名称"用于决定详细级别，度量"站点顺序"的聚合用于连接成线，但是当数据在数据源中不唯一时，就会出现错误。

比如，图 6-14 的数据源是有多个分园的 Pembrokeshire Coast National Park 彭布罗克郡海岸国家公园的路径文件，由于它的底层数据行数非常多，作为路径字段的 Point ID 被聚合后，就无法正确地指明线路的路径。

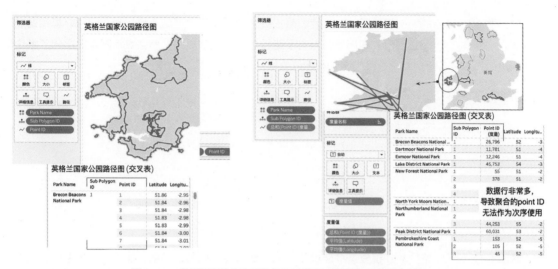

图 6-14　必须使用维度字段作为次序路径（轮廓为公园的边界）

再次，回到北京地铁的 4 号线路径图。接下来就是生成全部各条线路的路径。如果直接把筛选器中的线路删除，则视图的层次（详细级别）就成了"站点顺序"，但由于多条线路的站点顺序会重复，因此就会出错。最佳建议是把"筛选器"字段拖到"标记"的"颜色"中，这样既删除了筛选器，又使视图的详细级别保持在"线路—站点"层次上，避免了由于"站点顺序"重复导致的错误，同时颜色区分了线路，如图 6-15 所示。

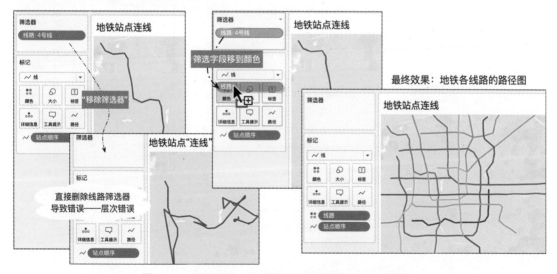

图 6-15　北京地铁：从一条线路到全部线路的展示（颜色）

回到图 6-10 所示的地图模拟图，如果我们想把每个地铁站的"进站人数"加入视图，那用站点的圆圈大小怎样表示呢？如图 6-16 所示，相当于路径地图（地铁线路）和圆点地图（大小代表各个站点的进站人数）二者的重叠——对应 Desktop 中的双轴图。

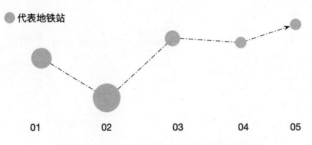

图 6-16　符号地图与路径地图的重叠示意图

如图 6-17 所示，按住 Ctrl 键复制"纬度"字段，此时会生成两个地图，在第二个地图中，修改"标记"的样式为"圆"，并把"进站人数"字段拖到"标记"的"大小"中，各个站点就有了大小变化。之后在第二个"纬度"字段上右击，在弹出的下拉菜单中选择"双轴"命令。"符号地图"和"路径地图"合二为一，最终效果如图 6-17 所示。

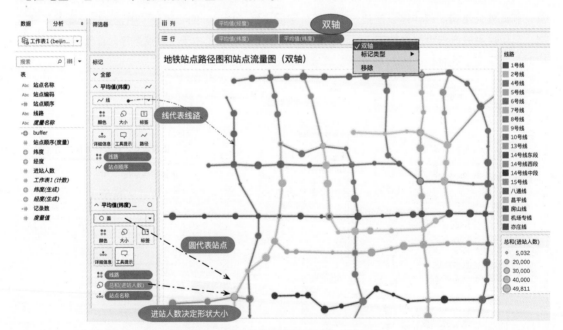

图 6-17　北京地铁线路图：路径与站点流量

在做路径地图时，有一种特殊且常见的情形，就是使用时间作为路径字段。为了让大家更好地理解路径的设置方式，我们看一下 Tableau 官方的一个例子：飓风流向地图。飓风（Storm Name）用颜色区分，每一次飓风由起源到消失过程中有非常多的数据点连成线，连线的次序由数据点的时间（Date）决定，而线条的粗细代表飓风的中心风力（Wind speed），可谓清晰而明了，如图 6-18 所示。

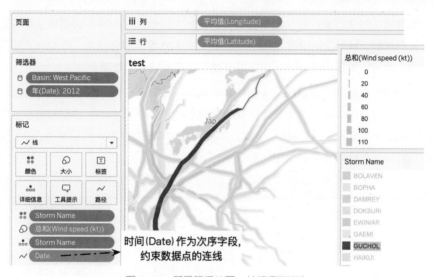

图 6-18　飓风路径地图：从起源到消失

6.5　空间函数

前面我们完整地介绍了 Tableau 地理位置可视化的各种样式。为了进一步增强地理可视化分析的功能并简化操作，Tableau 推出了一下 4 个地图函数（即空间函数）。

- MAKEPOINT：用于把一对经度、纬度数据合并为点，暂且称之为"空间点"。
- MAKELINE：用于在两个空间点之间创建连线，暂且称之为"空间路径"。
- DISTANCE：用于测量两个空间点之间的距离（距离单位可设），暂且称之为"空间距离"。
- BUFFER：用于计算数据点周边缓冲区，可以理解为"指定半径范围"。

创建空间函数的方式和创建其他函数一样，下面重点说一下函数的原理、使用的注意事项，特别是与此前路径地图的使用差异。

另外，在空间函数中，一律纬度（Latitude）在前，经度（Longitude）在后。

1. 空间点函数 MAKEPOINT

创建地图的关键是为字段匹配"地理角色"，其原理就是把数据点转化为"空间点"——这种方法仅适用于全球普遍认可的一些字段，比如城市、省、国家、邮政编码、飞机场编码等，这些全球认可的地理坐标均有全球唯一的经纬度坐标点。

当我们要使用一些非普遍认可的地理坐标时，比如工厂地址、乡镇、运动轨迹等，就需要自己收集经纬度进行匹配。MAKEPOINT 函数相当于把经度和纬度点整合成为一个空间点模型，只需要双击单一字段，就可以直接创建地图，比之前自建经纬度坐标要简单得多。

不过，要特别强调的是，目前的这 4 个空间函数都行级别的函数，你可以想象 Excel 的数据表，只有当经度和纬度在一行中时，才能使用这样的空间函数。MAKEPOINT 函数相当于在后面增加了一个辅助列，类似于用合并字段（Merge）的方式把经度和纬度合并为一个空间点，从而实现了"地理角色"的功能——创建即可生成地图，如表 6-1 所示。

表 6-1 将经度和纬度合并为一个空间点

地点名称	地点编码	经度	纬度	MAKEPOINT
一分厂	001	123.45	34.53	(34.53，123.45)
二分厂	002	134.56	43.35	(43.35，134.56)
三分厂	003	125.45	33.23	(33.23，125.45)

TIPS：空间函数都是行级别函数。

2. 空间路径函数 MAKELINE 和空间距离函数 DISTANCE

因为空间函数都是行级别函数，所以在使用 MAKELINE 函数时，务必保证每一行有两组经纬度数据，一个为路径的起点，另一个为终点，空间路径相当于在增加一个辅助列的同时赋予了地理角色，双击即可同时创建地图和路径，如表 6-2 所示。

表 6-2 两组经纬度数据

发货点	经度	纬度	收货点	经度	纬度	MAKELINE
一分厂	123.45	34.53	一仓库	101.11	31.11	(34.53，123.45) ~ (31.11，101.11)
二分厂	134.56	43.35	二仓库	102.22	32.22	(43.35,134.56) ~ (32.22,102.22)
三分厂	125.45	33.23	三仓库	103.33	33.33	(33,23,125.45) ~ (33.33,103.33)

不过要注意，空间路径函数依赖于空间点函数，也就是说空间路径必须是空间点的连线。好在空间路径函数可以直接嵌套空间点函数，减少了重复创建。可以在 Excel 中创建上述的测试数据，

然后复制—粘贴到 Tableau Desktop 中，即可生成如图 6-19 所示的数据连接（剪贴板内容转化为 Desktop 的文本数据源）。

在这里，选择任意一个字段用鼠标右击，就可以在弹出的下拉菜单中选择"创建计算字段"命令，从而创建空间函数，如图 6-19 所示。

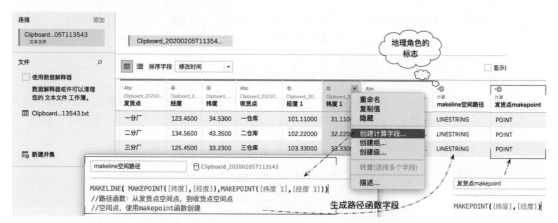

图 6-19　在数据连接阶段创建空间函数：空间点与空间路径

之后创建一个工作簿，双击"空间路径"字段，就可以直接生成路径了。

不过，空间路径都是直线，Tableau 没有做刻意地改为曲线。只有当路径足够长（比如从北京到西雅图）时，路径在地图上才会形成显著的曲线。为了更好地表示路径，可以创建自定义字段更好地表示，如图 6-20 所示的"label"字段。

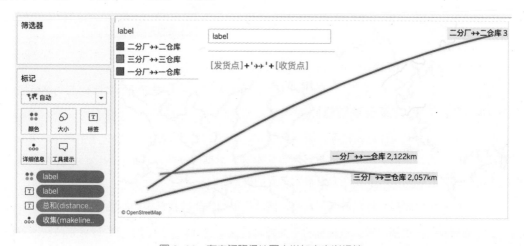

图 6-20　在空间路径地图中增加自定义标签

空间距离函数 DISTANCE 与空间路径函数一脉相承，可以理解为计算路径的空间距离，在函数语法中需要增加距离单位，如图 6-21 所示。

```
DISTANCE 空间距离        Clipboard_20200205T125534

DISTANCE(MAKEPOINT([纬度],[经度]),MAKEPOINT([纬度 1],[经度 1]),'km')
//从发货点到收货点的空间距离，以km为单位
```

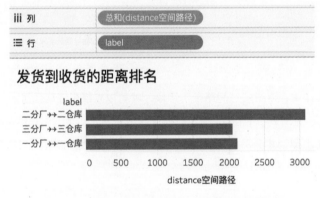

图 6-21 空间距离函数的表达式

空间距离支持多种单位，不过只能输入对应的英文全称或简称，不支持其他语言。支持单位有米（meters、metres、m）、千米（kilometers、kilometres、km）、英里（miles 或 miles）、英尺（feet、ft）。

这个字段可以用于单独的视图，比如分析不同路线的距离排名，如图 6-22 所示。

图 6-22 使用空间距离函数结果展示各条线路的距离

3．路径地图的最佳选择：空间函数或路径地图

进入本章节最后的总结环节，也是非常关键的实战总结。看上去空间函数比此前的路径地图的方法简单多了，那是否就要全部向这种方式转变?

愿望是美好的，但两种方式相互之间不可替代。此前使用的“线条标记+次序字段”的方式，很多时候依然是不可替代的。从根本上看，这首先取决于数据的存储方式和字段结构，其次取决于我们的可视化需求。可以从以下 3 个方面对比二者的区别。

第一，所有的空间函数都是行级别函数，而路径地图依赖跨数据源的路径字段。

空间函数都是行级别函数，也就是它不支持多行之间的计算。后面学习完计算字段和计算函数之后，重读此部分，你会更加深入理解这句话。而此前“线条标记+次序字段”制作路径地图的方式，

其实是处理多行之间的数据。回顾一下此前北京地铁的数据，它是以"站点"为明细级别的，每一行只有一组经纬度。使用"站点顺序"字段实现了多行之间、多个站点在地图上的串联，如图 6-23 所示。

线路 ▲	站点顺序	站点名称	站点编码	进站人数	纬度	经度	记录数
2号线	18	西直门	BV10001595	25,470	39.942000	116.353000	1
4号线	1	天宫院	BV10003869	21,284	39.670200	116.320000	1
4号线	2	生物医药基地	BV10013422	47,897	39.686600	116.322000	1
4号线	3	义和庄	BV10010394	41,582	39.712500	116.319000	1
4号线	4	黄村火车站	BV10000372	36,655	39.723000	116.333000	1
4号线	5	黄村西大街	BV10002783	38,932	39.731800	116.333000	1
4号线	6	清源路	BV10013275	34,035	39.742700	116.332000	1
4号线	7	枣园	BV10013421	32,501	39.753500	116.332000	1
4号线	8	高米店南	BV10013420	14,678	39.763500	116.332000	1
4号线	9	高米店北	BV10013419	12,722	39.773600	116.331000	1
4号线	10	西红门	BV10000383	5,909	39.789600	116.329000	1

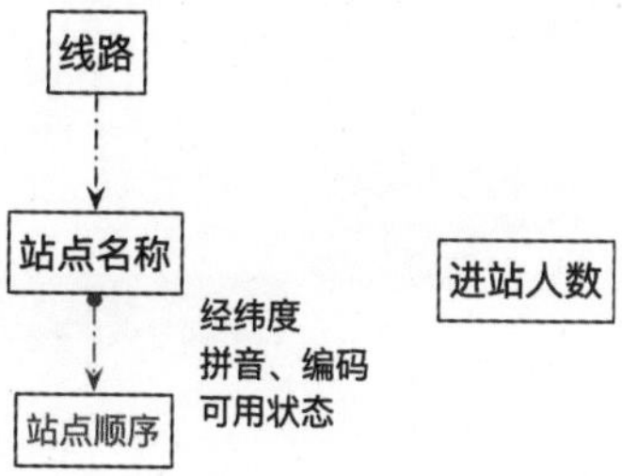

图 6-23　地铁站点与流量数据表：详细级别是站点

而回顾一下空间路径和空间距离函数的数据，它的明细级别与上面截然不同——是以线路为层次的。如果理论上可以交叉发货，则发货点和收货点都可以重复，但是"发货点到收货点"是唯一字段。MAKELINE 和 DISTANCE 函数都是"线路"层次的附加字段，如图 6-24 所示。

label	发货点	纬度	经度	收货点	纬度 1	经度 1	makeline空间路径	distance空间路径
一分厂↔一仓库	一分厂	34.5300	123.4500	一仓库	31.11000	101.11000	LINESTRING	2,121.52
二分厂↔二仓库	二分厂	43.3500	134.5600	二仓库	32.22000	102.22000	LINESTRING	3,080.18
三分厂↔三仓库	三分厂	33.2300	125.4500	三仓库	33.33000	103.33000	LINESTRING	2,056.77

数据明细级别：线路　　　　　　　起点 ——>终点

图 6-24　发货到收货点的数据表：详细级别是路径

因此，要想使用空间路径和空间距离函数，则每一行都必须有两个空间点，每一行需要两组经纬度坐标；而如果数据只有一组经纬度坐标，辅以起始标签，就只能使用此前的"数据点为详细级别+线为标记+次序字段"的方式来解决。比如 Tableau 官方示例"普吉特海湾无线电带宽"中（见图 6-25），数据的每一行是 1 个网络信号点，有两个字段代表信号的传递方向（link position 中 source 为传递方，对应 path order 中的 1）。link ID 代表一条线路，由两行数据构成。

在这里，使用"线为标记+次序字段"的方式，实现了两行数据的路径展示。由于每一行没有额外的经纬度坐标，自然也无法使用空间路径函数。

这是最关键的差异。

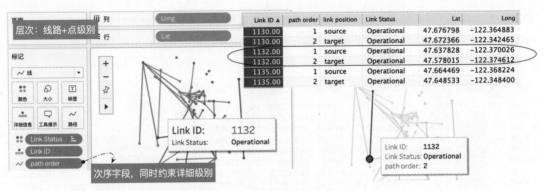

图 6-25　路径地图的设置方法

第二，使用空间路径函数，只能实现起点到终点的两点路径，而使用"线为标记+次序字段"的方式，却可以实现多个数据点的路径，比如地图连线。

第三，几乎所有的数据源都支持路径地图，它是通过本地的可视化渲染实现的；而由于行级别函数依赖数据库，因此很多实时数据库可能不支持空间函数，这限制了它的应用范围，这种情形下需要借助数据提取来实现。

4. 新增函数：缓冲区计算函数 BUFFER

Tableau 2020.1 新增了空间函数 BUFFER，用于标记空间点周围特定距离的范围——比如分析医院周边 5 千米覆盖范围，寻找市场空白；根据门店销售半径评估不同位置的开店质量等。

在图 6-26 中，地图中显示每家餐厅的经纬度位置，借助 BUFFER 函数，可以查看周围 50 米的范围，并借助参数随时调整。

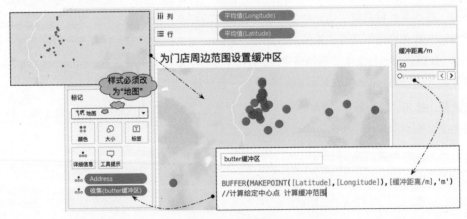

图 6-26　空间缓冲计算

BUFFER 函数与其他空间函数一样，都是行级别的，它的第一个参数是地理位置坐标点，可以使用 MAKEPOINT 函数创建，但不能使用地理角色生成。支持的单位与 DISTANCE 函数一致。

特别注意，BUFFER 函数的结果只能放在"标记"的"详细信息"中，同时"标记"的样式必须是"地图"。

6.6 地图与形状的结合：自定义图形与 HEX 函数

使用符号、点可以直观展示地理位置，使用路径可以展示地理空间上的方向和关联，空间函数进一步增强了地理位置可视化的操作空间。在掌握了这些内容之后，还可以尝试将地理分析与"标记"中的多种样式结合，最典型的是用多边形代表区域和用多边形划分分布。

在图 6-27 中，用并排的六边形代替美国各州的空间位置，既降低了不同州的区域面积对视觉的干扰，保持每个州的平衡，又保留了空间的相对位置。

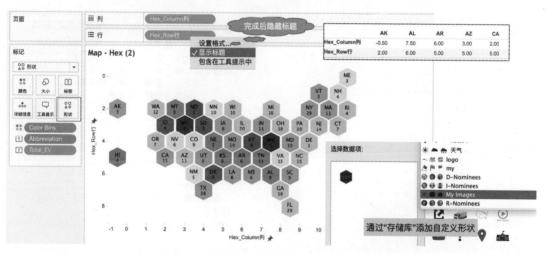

图 6-27 使用自定义坐标和多边形展示地图数据

此图是地理分析与形状的结合。只是用手动添加的行/列坐标系代替经纬度，用自定义多边形展示各州；可以想象一下气泡图，为每个气泡增加坐标固定位置，然后用多边形代替圆。

Tableau Desktop 允许用户通过"存储库"添加自定义形状，可以通过"文件→存储库"找到其中的"形状"（Shape）文件夹，然后放入自定义形状即可。可以将客户的品牌 Logo、门店的招牌照片等用形状加入可视化中，不过这种方式不适用于大量的图片匹配。

Tableau 还提供了将坐标点转化为六边形的函数：HEXBINX 和 HEXBINY 函数。用于把所有点划分到最近的六边形分组中，因此之前的 X 和 Y 坐标点就对应六边形的 X 和 Y 坐标点。

> "HEXBINX 和 HEXBINY 是用于六边形数据桶的分桶和标绘函数。六边形数据桶是对 X/Y 平面（例如地图）中的数据进行可视化的有效而简洁的选项。由于数据桶是六边形的，因此每个数据桶都非常近似于一个圆，并最大限度地减少了从数据点到数据桶中心的距离变化。这使得聚类分析更加准确并且能提供有用的信息。" ——Tableau

Tableau 的 Penny 老师在其 Tableau Public 中发布过一份北京房价的地理可视化分析[1]，用上面的多种形状展示了北京房价的分层。不管是符号地图还是热力图，都由于过度密集只能看到大视角的价格分层，相互之间的干扰又造成了注意力负担，而采用多边形，就缓解了视觉压力，如图 6-28 所示。

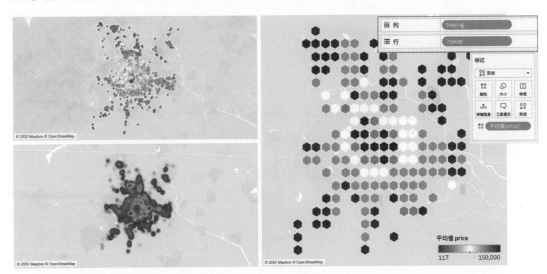

图 6-28　北京房价的多种表示方法

这种情况下，我们不能像前面一样给每个点自定义坐标，最佳方法是借助 Tableau 中的六边形函数直接将现有的经纬度映射到少量的六边形分组上来。比如：

1　参考 Penny 老师 Tableau Public 主页，可以搜索"空间分析误区与技巧讲解——你的地图真的看得见吗？"

HEXBINX([Lat],[Lng])

HEXBINY([Lat],[Lng])

　　不过，用函数直接映射的六边形大小是难以控制的，因此可以通过增加参数，配合视图调整到最佳视图。因此就有了如图 6-29 所示的表达式。

图 6-29　六边形函数

6.7　Tableau 2020.4 版本新功能：地图层实现多层重叠

　　在即将发布的 Desktop 2020.4 版本中，Tableau Desktop 将增加基于地图层（Layers）的全新设计方法，从而跨越双轴地图仅能实现两个图层重叠的限制。借助于拖曳加入的地图层，还支持多种编辑，比如禁止在交互中选择（相当于仅作为背景使用）、隐藏等，如图 6-30 所示。

图 6-30　使用地图标记层实现多个地图的重叠（版本 2020.4 及以上支持）

　　至此，地理位置可视化的要点和关键原理就讲解完毕。

| 第 7 章 |

与数据对话：信息呈现与高级交互

关键词：仪表板、故事、高级交互、集动作、集控制、参数动作

数据可视化是一门科学，也是一门艺术，从数据整理、数据可视化到数据展示和互动，艺术的部分在日渐增加，因此同一份数据，不同人、不同场景下就会有截然不同的展示。

在本章中，我们要介绍如何把此前的多种可视化工作簿组合、升级为数据洞察，从而实现从数据到信息和知识的跨越。这其中主要包含两个部分：其一是 Tableau 仪表板和故事的呈现方式；其二是数据的高级互动和交互。

7.1 比"数据"更多：从工作簿到仪表板

第 6 章介绍了数据可视化的制作方法和业务过程，每一个工作簿都对应特定数据层次的数据信息和逻辑关系。不仅如此，业务分析还强调多个层次之间的关联分析、钻取分析以及互动探索，这就需要根据数据逻辑和业务需求整合多个工作表。

在工作表（Workbook）之外，Tableau 提供了两种面向业务的可视化场景：仪表板（Dashboard）和故事（Story）。

- 工作表完成单一数据层次的聚合分析，或者借助表计算/LOD 表达式完成多个简单层次的结构分析。
- 仪表板用于多个数据层次的关联分析、钻取分析和互动探索。
- 故事用于讲述数据逻辑的先后关系，或者数据主题的 DataPoint 展示。

有人用一句话精炼地概括了仪表板和故事的差异："仪表板告诉大家发生了什么，而故事告诉大家为什么？"换句话说，仪表板通过整合多个工作表及其他多种数据对象，展示数据之间的相互关系，从而在数据之上洞察业务；而故事用第一视角叙事的方式，从前及后，由浅入深，让仪数据陈

述有了深度、层次和时间性，更好地说明数据的前因后果，甚至理解数据中包含的未来趋势。

在此，我们分别介绍两种数据展示方式的制作方法和实践经验。

7.1.1　仪表板：可视化七巧板

简单地说，仪表板是工作表及其他数据元素（比如文字说明、图片等）的组合。构建最佳可视化需要考虑非常多的要素，通常有以下几个要素需要优先考虑。

- 直觉思维：每个人解读数据的直觉都类似，展示应该顺从直觉。
- 分析需求：你在内心希望用数据阐述怎样的业务结论，问题先于图形。
- 访问对象：CEO、企业中层和员工所关心的数据重点完全不同。
- 数据访问的方式：浏览器、嵌入、移动端还是大屏，访问方式影响布局。

在 Desktop 中，创建仪表板有两种方式，如图 7-1 所示。

图 7-1　创建仪表板的两个入口

首先创建空白仪表板，之后把左侧列表中的多个工作表拖曳到右侧区域。拖动时阴影指示了松开鼠标后的工作表排列。常见的排序有"田"字形（4 个工作表），也有倒"品"字形（3 个工作表）。

在布局仪表板之前，你心中要有"比较明确的数据问题"，问题引导我们找到最佳的可视化蓝图。假如要做"各省市营收分析及多年的趋势变化"，可以考虑用地图展示省市分布，用条形图展示类别营收，用折线图代表趋势变化，三者合一构成整个主题，依次把图表拖曳到右侧排列，如图 7-2 所示。

一般而言，默认的排序方式仅能表达表面的关联，难以满足挑剔的领导和客户的需求，还需要进一步修饰和完善。优雅的仪表板自有共同之处，通常应遵循以下的设计框架（见图 7-4）。

- 把最重要的数据内容放在最关键的地方（上方，特别是左上角）

图 7-3 反映了用户目光浏览数据时的注意力焦点位置，这是每个人的视觉天性。因此数据展示的首要法则就是把最关键的内容放在最重要的位置。

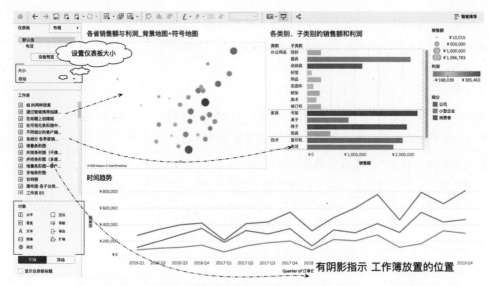

图 7-2　通过拖曳即可快速完成仪表板布局

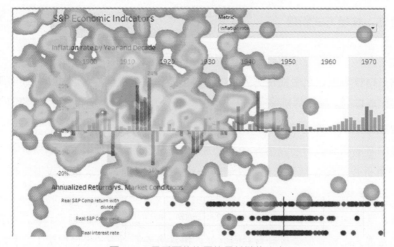

图 7-3　最重要的位置放最关键的内容

- 要有明确的仪表板标题，适当添加理解数据的辅助说明（比如关键的引导语、关键的数据结论等）。并不是每个人都能顺利地找到数据探索的方向，必要的引导会帮助数据访问者更快领会数据重点。

- 将每个人都会用到的筛选工具放在上方标题之后，或者放在仪表板右上角，其他的辅助图例放在右侧或者紧挨可视化排序。有层次的筛选器布局能显著地增加数据交互的灵活性和分析深度，节省视图空间。

● 如果存在视图间的关联筛选或者其他互动，按照筛选的先后关系以及字段的层次关系排序视图。当仪表板数据越来越多时，通常存在层层钻取的递进关系，仪表板的设计必须考虑到数据用户互动的便利性，通常按照"Z"字形状排列，并添加文字引导。

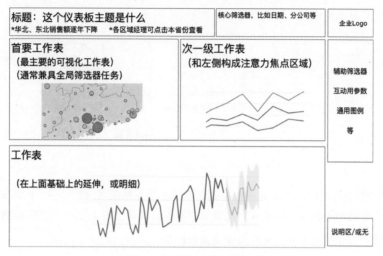

图 7-4　常见仪表板的布局方式

初学者制作仪表板，最好遵循类似的指引，特别是为领导提供规范的数据仪表板时。等到游刃有余时再适当变通，更多听从依据内心美感的呼唤和最佳实践的指引。

7.1.2　精确设计和布局

要更加精确地布局仪表板，特别是完成大尺寸设计，就需要使用仪表板中的尺寸、对象和布局功能。

Tableau 支持 3 种尺寸布局设计：自定义固定尺寸、自动适应任意屏幕、在规定范围内适应，分别适用于完全精确、完全灵活和有效规定的场合，如图 7-5 所示。

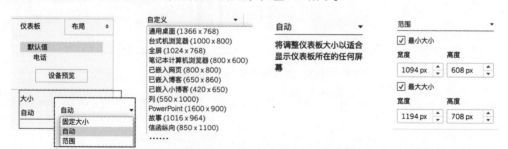

图 7-5　Tableau 支持的仪表板尺寸设计

对象是设计的关键。

"对象"是容纳数据的容器，可以容纳工作表、文本、图像、网页、导航按钮等各种类型的数据。比如要增加"可视化标题"，就拖动"文本"到仪表板顶部；而想要增加企业 Logo，则单击"对象"中的"图像"将其拖曳到仪表板后选择图形，如图 7-6 所示。

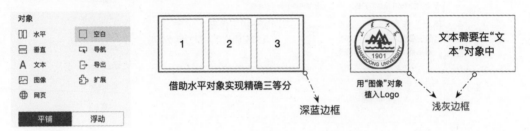

图 7-6　使用对象实现精确控制和布局

"水平"和"垂直"可以视为上面各种容器的容器，用于精确定位和布局。比如设置 3 个工作表平均排列、为工作表和图例增加外边框，都需要"水平"或者"垂直"对象精确控制。

首先，拖曳"水平"对象到仪表板放在合适的位置，注意边框是深蓝色。

其次，向对象中拖入一个或者多个工作表，特别注意：只有当"水平"对象的边框是深蓝色时，才代表工作表加入对象内部，否则就是在对象外部。

仪表板中几乎所有的设置入口，都隐藏在每个工作表和对象的三角形下拉菜单中，包括上面的"选择容器"和"均匀分布内容"，如图 7-7 所示。

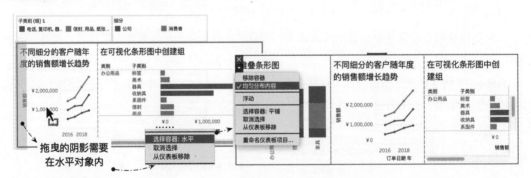

图 7-7　把多个工作表加入水平对象并平均分布

除了水平、垂直、文本和图像，还有几个特别的对象：空白、"导航"按钮、扩展、网页，以及新增的"导出"。

空白相当于仪表板中的占位符，通常用于增加留白，或者预留布局。

"导航"按钮用于设置页面之间的跳转，用于多个工作表或仪表板之间的切换。

借助"网页"则可以在仪表板中增加特定的 Web 页面并动态交互，比如点击任何一个商品名称时，则通过百度等搜索引擎搜索相关信息。默认拖曳"网页"加入仪表板，会提示输入 URL 地址，此时可以输入一个 URL 地址，或者保留为空，之后点击"网页"对象菜单设置 URL 动作，如图 7-8 所示。

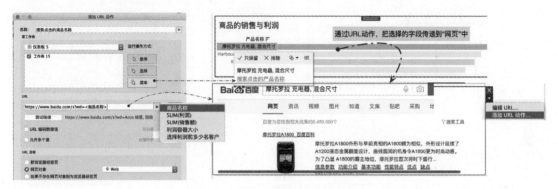

图 7-8　增加 URL 并设置 URL 动作

通过 URL 动作界面，可以设置将特定字段置于 URL 中，从而构成动态页面。默认使用"菜单"式导航。

扩展程序则是基于 Tableau SDK 开发的第三方工具，也支持企业自己开发，从而实现一些定制化需求。此内容不在本书的介绍范围内，有兴趣的读者可以浏览官方页面。

新增加的"导出"对象是一种特殊的按钮动作，加入仪表板中，方便业务访问者直接导出 PDF、图像或者 PPT 文件，简化了导出操作。

默认对象是按照拼接方式排列的，相互之间不会重叠。在以下的多种场景中，可以通过选择对象下方的"浮动"，使对象重叠显示：

- 需要设置图片背景，将其他对象均置于背景之上；
- 颜色、大小等图例直接悬浮在关联的工作表之上。

生成悬浮布局的最快方式，是按住 Shift 键拖曳对象。

7.1.3　更节省空间的折叠工具栏

仪表板中经常用多个筛选器、图例，需要占据一部分顶部或右侧区域，借助 Tableau "隐藏浮动对象"的功能，可以实现对特定内容的折叠隐藏。

以默认的超市仪表板为例，右侧垂直对象中容纳了多个筛选器和图例，占据了 1/5 左右的宽度，如果能把这些筛选器折叠起来，既保留了交互入口，又节省了视图空间。如图 7-9 所示，通过把对象设置为浮动、添加"显示/隐藏"按钮，可以将多个筛选器改为折叠菜单。

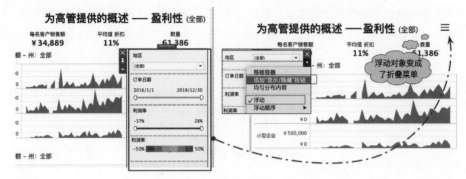

图 7-9　使用动作实现折叠工具栏

7.1.4　多设备设计和大屏设计

仪表板通常要在 Web 页面、平板甚至手机端等多种设备上访问，因此设计应该充分考虑访问的兼容性。Desktop 默认会向仪表板增加手机布局，同时支持根据具体的尺寸定制设计。如图 7-10 所示，借助 "设备预览"功能，可以额外增加"平板电脑""桌面"等布局。

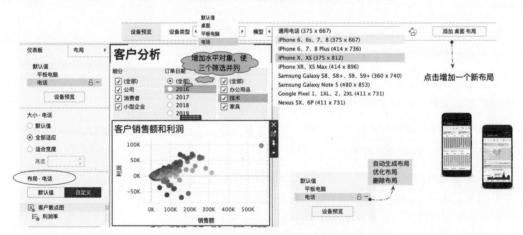

图 7-10　为仪表板增加设备预览和布局

针对"电话"布局，Tableau 还提供了"自动生成布局"和"优化布局"选项，前者用于自动创建并锁定到 Tableau 推荐的布局，后者用于自定义后的优化调整。

每一种布局都支持独立调整，比如图 7-10 中默认的 3 个筛选器都是垂直堆叠，在"电话"布局中增加一个"水平对象"从而调整为并列形式。在某一个布局中删除部分元素，不会影响其他布局的显示，如果在"电话"布局中删除了某个对象，则可以从图 7-10 左侧下方的"布局–电话"重新加入删除的元素。

很多企业希望在已有的设计中增加"大屏设计"。对于 Tableau 而言，可以根据大屏的尺寸增加一个单独的尺寸，类似于对上面的设备布局做专门的调整。

并非每种设备类型都要通过上述方法添加，如果设备非常关键或者非常特殊，比如 CEO 办公室的电视、企业走廊的大屏，最佳的策略不是与其他设备共用一个仪表板，而是复制已有的仪表板单独定制仪表板尺寸。

7.2　故事：构建你的 DataPoint

和仪表板相比，故事显得过于简单了，仅有的对象是"标签"——用于在故事中增加备注说明，而且标签独立于故事中的工作表和仪表板。这是因为故事只是完整可视化的表达方式，因此不能更改内容。

仪表板侧重于多个数据层次之间的关联、钻取和交互，相比之下故事完全是一种阐述者的叙事方式，帮助数据陈述者更好地揭示数据逻辑，因此笔者常称之为 DataPoint（数据幻灯片），与使用图片和文字叙事的 PowerPoint（文字幻灯片）相对应，如图 7-11 所示。

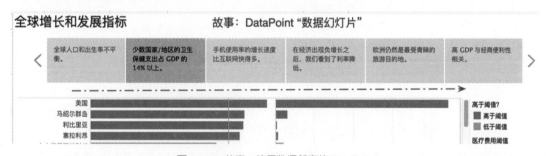

图 7-11　故事：使用数据叙事的 DataPoint

故事中最重要的是"故事节点"。推荐的用法是在节点中标记启发性问题或者数据结论，从而帮助叙事者陈述，引导访问者理解。当然，如果需要，也可以改为数字、点或者箭头的方式。

笔者最常用的方法是通过"另存为新节点"命令，保留数据讲述的前后过程。比如在全年的客户分析中筛选 2019 年数据，然后保存为新节点继续展示，甚至通过标签增加说明；而后又筛选某个子细分市场，再次保存为新节点。如同钻取分析的同时又保留了底图，适合逐步深入地讲述话题，如图 7-12 所示。

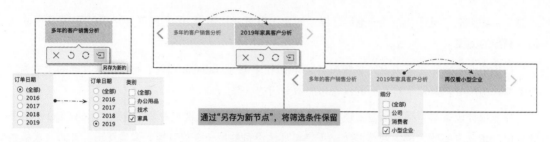

图 7-12　基于筛选和另存为，创建故事节点

如果是部门的负责人，则可以用故事代替 PowerPoint（幻灯片）展示数据业绩，如图 7-13 所示，按照部门的主题类别总结工作并基于数据描述业务重点。

图 7-13　一种讲述故事的视角

工作表是从数据到信息的阵地，仪表板是构建知识的堡垒，而故事更易让人信服。基于仪表板和故事的布局方式，还需要借助筛选、突出显示、参数等方式，增强与数据对话的灵活性，从而满足更多数据用户的需求，同时展示更多的数据层次。

7.3　可视化交互：与数据对话

与数据交互的方式主要有两大类：突出部分数据甚至只保留部分数据、输入自定义变量查看视图变化。前者的代表是突出显示和筛选器，后者的代表是参数。

筛选是常用的互动方式，高级互动则需要多重筛选和共用筛选器（7.3.1 节）。如果希望把筛选结果像幻灯片一样一页一页地播放，则使用页面功能——页面是按照字段筛选的叠加。Desktop 2020.1 版本新增加的"页面动画"功能满足了很多人"动起来"的视觉需求（7.3.2 节）。

突出显示有助于在众多的数据中突出重点，既方便对比又无须担忧筛选造成的性能下降和视图改变，通常用于颜色图例的突出显示、指定字段的全局高亮等场合（7.3.3 节）。

不过，这里的筛选、突出显示和此前的 URL 跳转动作都是一次性动作，因此难以称之为"高级互动"。Tableau 在交互上的巅峰借助了参数动作和集动作，实现了交互与二次计算的结合。因此本书将它们单独列入"高级互动"部分。随着 Desktop 2020.2 版本"集控制"功能的出现，集动作将很快成为高级分析的主流。

下面凡是从视图中选择一部分数据时，我们统称之为"数据选区"或者"选区"（Selection）。

7.3.1　多重筛选和共用筛选器

筛选器是最重要的互动方式，在第 5 章"可视化增强分析技术"中介绍了单一工作表中的多种筛选器类型及其先后顺序。到了仪表板阶段，我们希望将筛选的范围扩大到多个工作表，甚至使用工作表 A 筛选工作表 B 中的数据——通常称之为数据联动。

在仪表板中，点击工作表上的漏斗形状图标，即可添加"快速筛选器"，实现从当前工作表到其他任意工作表的筛选查询，这也是最便捷的方式，如图 7-14 所示。

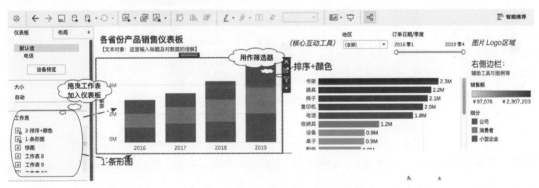

图 7-14　在仪表板中添加快速筛选器

不过，通常需要对筛选器做进一步的自定义设置，比如工作表 A 的筛选仅对部分工作表生效；比如依次点击工作表 A、工作表 B，对工作表 C 执行追加筛选；比如工作表 A 的地区筛选器要对所有工作表生效等。这就需要自定义筛选器交互。

如图 7-15 所示，基于超市数据制作仪表板：展示分析各省的商品类别与 TOP 客户情况，并查看客户的贡献；特别是分析非盈利地区的商品与客户消费特征。

这个仪表板中包含了 4 个工作表，分别是各省、各类别与子类别、各客户、商产品的销售额与利润，并从第一个工作表中显示两个筛选器：细分筛选器和订单日期筛选器，准备用于全局筛选。

首先，为了实现从省份到其他工作表的筛选器，激活工作表右上角的"快速筛选"（方法见图 7-14），这样点击"浙江"就对其他工作表执行筛选，同理，在第二个工作表激活"快速筛选"，此时再点击利润亏空的"复印机"，就在此前"浙江"筛选的基础上，进一步筛选了当前商品和客户。我们可以在图 7-15 的两个视图中清晰地看到销售 TOP 的商品和客户分布。

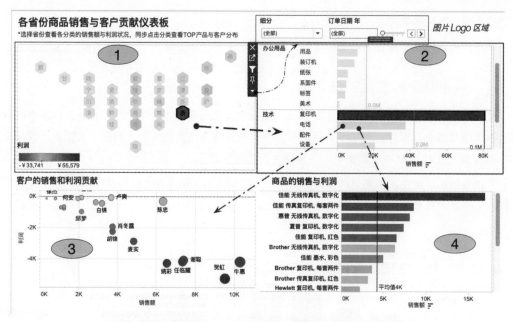

图 7-15 客户分析仪表板示例

其次，将单一工作表的筛选器改为适用于所有工作表。工作表所有的筛选器、图例、突出显示工具、参数都可以通过工具栏调出。如图 7-16 位置 a 处所示，点击任意工作表就会出现工具栏，点击小三角图标出现更多的菜单工具。选择"筛选器"，勾选"细分"，仪表板中就会出现"细分"筛选器，如图 7-16 位置 b 处所示。再点击细分筛选器右侧的小三角图标打开菜单，选择"应用于工作表→选定工作表"命令即可选择这个筛选器的适用范围。选择"使用此数据源的所有项"命令将其扩大到多个仪表板。

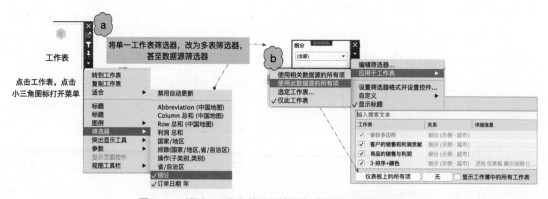

图 7-16 将单一工作表筛选器设置为适用于仪表板所有项

这是最常见的两种操作方式，如果想要个性化定制筛选器的激活方式（比如悬停）、目标筛选器的范围，则可以通过 Desktop 菜单栏，选择"仪表板→操作"命令，打开操作设置界面，如图 7-17 所示。

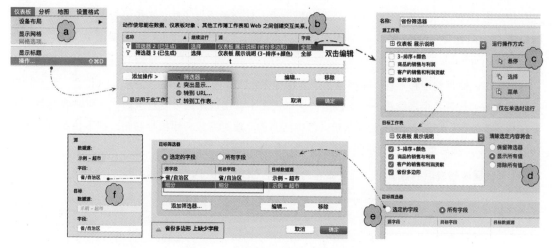

图 7-17　仪表板：筛选器动作高级设置

如图 7-17 位置 b 所示，通过"仪表板→操作"命令可以查看当前仪表板所有的动作列表。

在图 7-17 位置 c 所示的"运行操作方式"中，"悬停"多用于突出显示、"选择"（鼠标点击或者多选）多用于筛选、"菜单"（点击后再点击菜单）多用于跳转、高级动作等场景。

通过图 7-17 位置 d "清除选定内容将会"选项，可以设置鼠标移走后的数据变化，默认为"显示所有值"。如果希望筛选某个区域后，在鼠标下次点击之前保持不动，则可以选择"保留筛选器"。

默认筛选会筛选所有字段，如果希望针对性地筛选特定字段（比如点击城市依然筛选所在的省份），可以点击图 7-17 位置 e 处的"目标筛选器"，之后点击"添加筛选器"，手动建立筛选字段。

比如在"国家-省份-城市"的地图中，点击"城市"时依然按照所属的"省份"筛选，就可以如图 7-17 位置 f 所示，增加从"省份"到"省份"的筛选。

使用"目标筛选器"的高级设置，需要确认目标工作表中具有所筛选的字段，否则就会提示"缺少字段"；并且由于筛选层次由人为指定，应该在视图明显位置说明，避免误导视图访问者。

7.3.2　页面与动画

页面是筛选器的切片和叠加，借助页面能实现视图的连续动态播放，从而展示变化的趋势。很多人深刻地认识数据的动态意义是从可视化领域的泰斗汉斯·罗斯林（Hans Rosling）在 TED 的演讲开始的，在他去世多年后，汉斯关于"世界人口与经济发展变迁"[1]的演讲依然是 TED 最棒的演讲之一。

汉斯的演讲主要使用"带有页面功能的散点图"，分析随着年度变迁的全世界各个国家/地区的人口和人均 GDP 变化。中国两个世纪以来的低起点、快增长一目了然。本案例包含 3 个数据表：各国家/地图人口数量（population）、各国家/地区人均寿命（life_expectancy）、各国家/地区人均 GDP（GDP_per_capital）。

第一步，数据整理和准备。按照第 2 章介绍的方法先连接单个文件，如图 7-18 位置 a 所示，默认数据每一列代表各个国家每一年的数值，这样视图中就出现无数个度量字段。这里需要把多个年字段从列转为行。如图 7-18 位置 b 所示，选中所有的年度列字段，用鼠标右击，在下拉菜单中选择"转置"命令，然后重命名为字段名称。

3 个数据表转置后的数值，分别重命名为"人均 GDP""人均寿命"和"人口总数"。

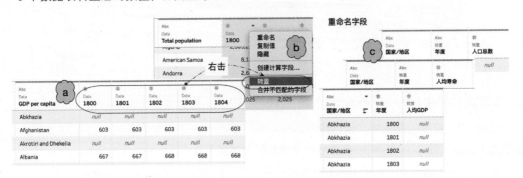

图 7-18　3 个数据表分别转置和重命名为相同字段

第二步，将 3 个数据表"合并"在一起展示各国家/地区人均 GDP、人口和人均寿命的变化趋势。按照第 4 章数据合并的介绍，可以使用数据混合功能只关联不连接，以人均 GDP 数据表为主数据源，把另外两个数据表作为辅助数据源；也可以将 3 个数据表通过数据连接（Join）功能物理性地合并在 1 个数据表中，不过这里 3 个数据表都需要进行字段转置，Desktop 中暂时无法实现基于转置的连接，因此只能选择数据混合，或者通过 Prep Builder 完成转置、连接工作。下面以数据混合方法为例进行讲解。

如图 7-19 所示，以"人均 GDP"数据表为主数据源，拖曳"人均 GDP"为横坐标（列字段），从另一个表拖曳"人均寿命"为纵坐标（行字段），二者构建主视图（见图 7-19 位置 a），把"国家/地图"字段加入"标记"的"详细信息"中构建层次，为了显示国家/地区的名称，还可以拖曳到"标

1　视频可以搜索作者名字或者通过 TED 页面查看。

记"的"标签"中（见图 7-19 位置 b）。

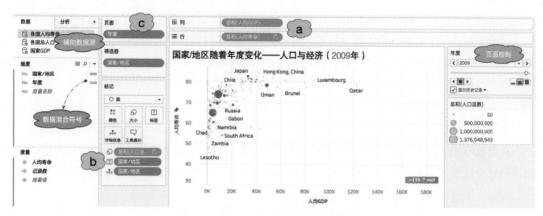

图 7-19　在 Desktop 视图中增加页面展示

第三步，根据需要调整页面动作和修饰视图。

为了实现动态页面变化，把"年度"字段加入页面（见图 7-19 位置 c）。添加了页面的视图会自动显示页面播放控件，可以点击播放查看随着年度的动态变化（见图 7-20 位置 a）。如果希望查看某个国家/地区的变化，则可以通过"显示历史记录"，保留国家/地区变化的轨迹，如图 7-20 所示。

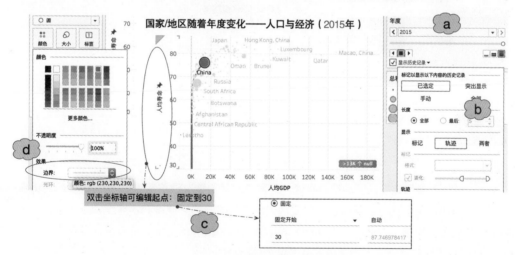

图 7-20　页面动作和颜色修饰

为了让视图更加清晰，还可以双击"人均寿命"坐标轴，将坐标轴开始的数值固定到 30 岁开始（见图 7-20 位置 c）。把"标记"从默认的"形状"改为"实心圆"，从而突出人口更多的国家/地区，为颜色增加浅灰色的边界（描边），确保小国家/地区显示又不影响主视图（见图 7-20 位置 d）。

在 Desktop 2020.1 版本中增加了动画功能，不过默认是关闭的。在 Desktop 菜单栏中选择"格式→动画"命令可以打开动画功能，之后页面的变化就有了动态的过渡效果。

动画不仅适用于页面，也适用于有筛选器的工作表，切换筛选数据就会有动态效果。不过，笔者并不推荐在页面之外的地方打开它，很多人尚未抓住数据背后的逻辑，却耽于形式，动画只会加剧这样的困境。

7.3.3 突出显示

突出显示又被称为"高亮"，在不改变视图数据的前提下强调部分数据。通过快速工具栏，可以快速打开或者关闭"突出显示"功能，还能指定高亮的字段。有两种常见的突出显示的用法。

其一，直接使用突出显示查看个体的分布趋势。

比如，图 7-21 中展示了多年的客户销售额，通过突出显示选择 2017 年的头部客户群，可以快速分析这些客户在此后几年的复购情况。从图 7-21 来看，头部客户的回购并不理想。

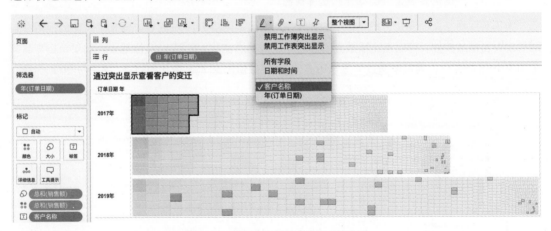

图 7-21 通过突出显示查看客户的变迁

当然，千万不要用这样的图表给领导说"大客户的复购情况很不理想"，因为这里的突出显示是从个体角度看的，虽然清晰却不精确。想要精确地分析客户的忠诚度和活跃度，应该建立在更加精确的分析基础上，在这一方面，使用 LOD 表达式是极力推荐的方法。笔者的很多客户都从客户的 RFM-L 模型分析中获益匪浅，相关内容会在第 10 章介绍。

其二，突出显示与颜色图例或者突出显示工具结合。

在颜色图例较多需要进一步强调单一类别字段时，突出显示非常方便，如图 7-22 所示，在视图的讲解中，借助它能有效引导听众聚焦。

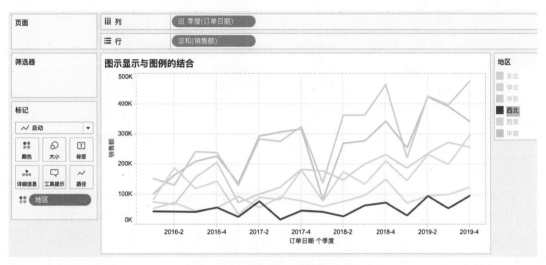

图 7-22　借助图例突出显示所选类别

阶段性地总结一下，从 7.1 节到 7.3 节，所有的交互都是一次性的，因此可以归纳为"普通的交互"，通常可用于简单的可视化访问。

复杂的可视化交互是真正的数据对话——给可视化输入变量，然后等待它的回答。接下来是本章的重点。

7.4　高级互动：动态参数和参数动作

参数是最重要的输入性的交互方式，比如访问者可以指定 TOP 集的大小、参考线的日期、选择的度量名称等，视图根据"参数控件"的输入而动态变化。

作为最基本的交互工具，参数有以下几个关键特征。

- 全局可用，不仅跨工作表，也能跨数据源传递变量；
- 传递变量的类型广泛，支持数字、日期、字符串，因此可以广泛用于计算、集、参考线等各种场合；
- 可以设置参数的范围和列表，但每次只能传递一个值。

因此，参数通常用于单一数据值的输入和控制，用于全局特别是跨数据源的变量交换，如图 7-23 所示。

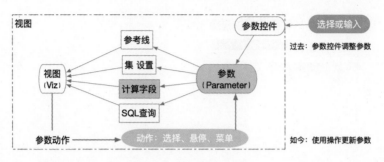

图 7-23　参数功能示意图

在动态参数之前，参数列表仅能手动更改，参数动作赋予 Desktop 通过选择（点击）、悬停、菜单等动作方式更新参数的能力，从本质上增强了高级交互的体验。本节会介绍如何使用参数控制视图的度量（7.4.1 ~ 7.4.2 节）、控制视图参考线（7.4.3 节）以及展开指定的类别（7.4.4 节）。

在 Desktop 2020.1 版本中增加了近年来呼声最高的功能：动态参数，无须刷新即可根据数据变化自动更新连续性参数。以日期最常见，如图 7-24 所示，每次打开工作薄，将"订单日期"全部更新到参数列表中。

图 7-24　动态参数实现了将最新数据加入参数列表

7.4.1　实例：使用参数更新度量

除了 5.5.2 节介绍的使用参数更新顶部集的方法，在此介绍两种常见的用法：使用参数更改视图度量和控制参考线，并一起介绍参数与计算字段的结合。

业务中经常遇到领导要分别查看销售额、毛利、利润、发货数量等多个指标的情形，显然不能为此制作多个工作表，最简单的方法是制作可以选择度量名称的工作表和仪表板。选择度量名称交给参数完成，从度量名称转化为视图中需要的度量值，则需要计算参数，逻辑过程如图 7-25 所示。

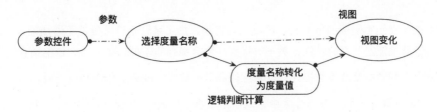

图 7-25　使用参数控制度量显示的示意图

第一步，创建一个可供选择的参数列表，比如包含销售额、利润和数量。这里传递的是字符串，且是明确的内容，因此通过列表指定，后续也可以再手动添加，如图 7-26 所示。

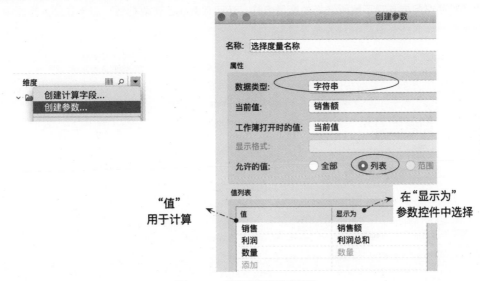

图 7-26　创建字符串列表参数

第二步，使用逻辑判断将度量名称转化为视图中需要的度量聚合。"当选择某个度量名称时，视图显示对应的度量值"，这是典型的逻辑判断，可以使用 IF 函数完成；由于是相等判断，推荐用 CASE WHEN 函数（两种函数的用法参见第 8 章），两种表达式如图 7-27 所示。

图 7-27 基于参数字符串而对应度量聚合的计算

注意，由于视图中需要的是聚合，因此这里直接添加了聚合字符，虽然不添加聚合也能正确显示，但是对计算性能是严峻的考验，关于行级别和聚合级别的差异，参见第 8 章相关介绍。

第三步，在视图中整合参数控件、计算字段和其他要素，创建工作表和仪表板。

如图 7-28 位置 a 所示，在工作表中，点击第二步中创建的"显示度量名称"，用鼠标右击，在弹出的下拉菜单中选择"显示参数控件"命令，即可在视图右侧显示参数列表。之后把第二步中 CASE WHEN 计算字段和日期维度加入视图（见图 7-28 位置 b），即可生成如图 7-28 所示的视图，通过右侧参数控件可以手动更新视图中显示的度量值。

为了帮助访问者直观了解所选择的度量名称，还可以双击工作表标题，将参数插入标题中，实现标题与参数的联动（见图 7-28 位置 c）。

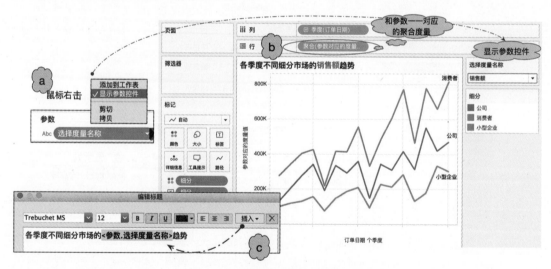

图 7-28 参数和计算字段结合的视图

多个这样的视图可以整合为仪表板，无须像筛选器一样设置应用范围，参数会默认同步所有工作表，如图 7-29 所示。

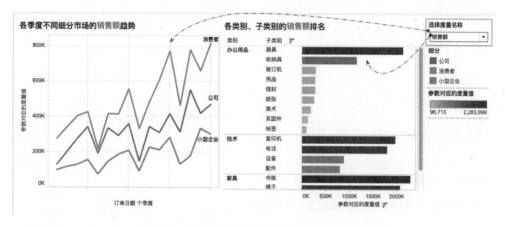

图 7-29　通过手动更改参数引起仪表板的统一变化

至此，视图访问者将可以通过右侧参数选择更改视图中的聚合度量。不过，有没有进一步改进的空间呢？

业务中通常使用展示多个度量值的交叉表，能否通过点击度量名称，实现自动传递参数，无须手动选择？这就需要使用参数的高级功能"参数动作"了。

7.4.2　实例：使用操作动态更新度量

在上面的仪表板中，增加一个新的工作表："度量名称"和"度量值"组成的文本表。使用参数动作可以实现通过视图的动作（通常是点击，也可以是悬浮）更新参数。比如点击"数量"，参数就更新为"数量"，从而引起自定义计算字段"参数对应的度量值"的变化，间接更新视图的度量，如图 7-30 所示。

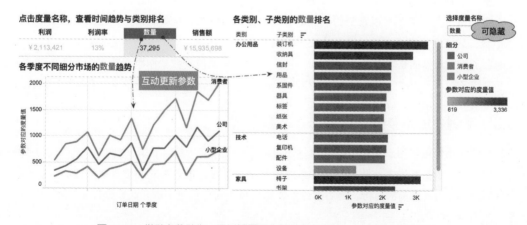

图 7-30　借助参数动作，通过视图操作即可更新参数，从而引起视图变化

这个过程的核心是为仪表板添加"参数动作"，指定操作类型、设置传递哪个字段、更新哪个参数，如图 7-31 所示。

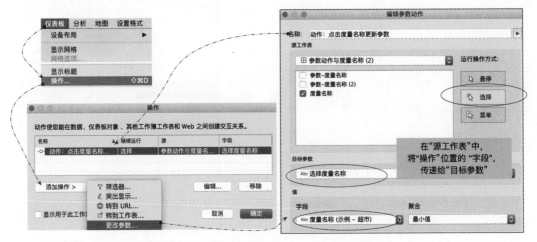

图 7-31　在仪表板中增加参数动作，实现点击更新参数

参数动作的本质是将之前手动输入的参数，改为视图内操作获得，以点击最常用。在图 7-31 中，即指定在"源工作表"中，通过鼠标"选择"（点击或者多选），可以把所点击部分对应的"字段"传递给"目标参数"。如果出现了多选，那么传递"最小值"。

需要注意以下几点。

- 参数动作只是更新参数，并没有更改参数本身的设置，也就是不能通过点击把参数列表或者范围中没有的数据赋予参数。所以点击图 7-30 中的"利润率"和"销售额"时，参数并不会更改。因为参数列表中没有"利润率"，而"销售额"和参数中的值"销售"不对应。
- 参数控件是人人都可以看到的，但是参数动作未经说明通常难以察觉，因此使用动作传递参数，建议在仪表板中增加适当的使用指引。

明白了参数动作的基本过程，再回顾一下图 7-23 中描述的参数动作原理图，应该就更加清晰它的设置逻辑了。

7.4.3　实例：使用参数动作动态控制参考线

参数动作不仅可以用于更新度量名称，还可以用于更新参考线和计算。比如，在"公司各月销售额变化趋势"的折线图上，我们希望每当点击一个月份时，生成对应的垂直参考线。可以先创建一个日期参数，指向当前的月份，之后通过参数动作将点击传递给参数，而参数控制参考线的位置，如图 7-32 所示。

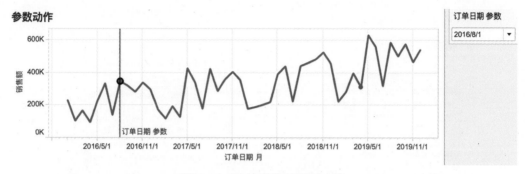

图 7-32　通过参数动作更新参考线

第一步，创建一个包含相关日期变量的参数。

如果希望参数包含"订单日期"的所有数值，那最佳方式是选择"订单日期"字段，用鼠标右击，在弹出的下拉菜单中选择"创建→参数"命令，这样就会直接引用当前字段的所有日期。在这里，我们也可以直接把参数允许的值改为"全部"，而只指定字段的类型，如图 7-33 所示。参数动作减少了输出错误参数的概率。

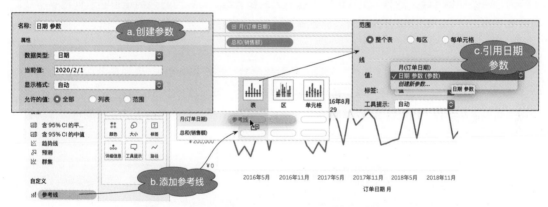

图 7-33　使用参数作为参考线

第二步，从左侧的"数据窗格"中拖动参考线到视图，在弹出来的对话框中，选择刚刚创建的日期参数。

第三步，将视图的选择与参数结合。

和更新度量名称的设置方法相同，在图 7-34 中，在"仪表板"操作中增加参数动作，设置将月（订单日期）字段作为参数传递给目标参数"日期 参数"（见图 7-34 位置 b）。

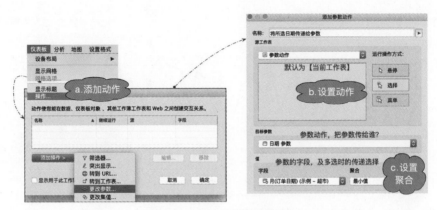

图 7-34　添加和设置参数动作

由于参数一次只能传递一个值，那万一多选了怎么办呢？可以添加"聚合"选项，比如选择"最小值"，用于应对多选数据时如何传递参数（见图 7-34 位置 c）。至此，我们可以在视图中通过点击，更新垂直的参考线；如果同时选择多个日期，就会用最小日期更新参考线。

为日期添加参考线，是为了更快地定位这一天的销售额，可以为当天的销售额也创建参考线。有两种方法：其一，可以通过计算字段计算参数日期的销售额，然后加入参数；其二，通过操作传递聚合值。显然第二种方法更加简单灵活。

如图 7-35 所示，依然是三步走：创建一个数值参数（销售额参数）、添加参考线（位置销售额胶囊）、添加参数动作（将销售额字段传递给销售额参数）。添加参数动作（见图 7-35 位置 c），把销售额总和传递给参数（销售额参数）。值得注意的依然是多个参数时的聚合方式，日期可以传递最小值，度量通常计算平均值。

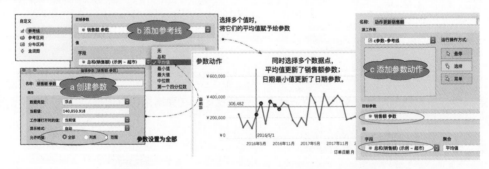

图 7-35　使用参数务必选择聚合方式：参数只能传递单值

有了参考线，就可以借助颜色进一步区分参考线上下两部分。由于参考线的销售额对应参数，因此可以直接在"标记"下方双击，将行功能区中的"总和（销售额）"拖入计算，之后改为"SUM([销售额])>[销售额 参数]"，再将之加到"标记"的"颜色"中。如图 7-36 所示。

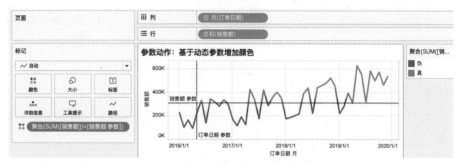

图 7-36　基于动态度量为视图增加颜色

在使用参数的过程中，有以下几个最佳的使用建议。

- 适当控制参数的范围或列表内容，避免数据访问者输入无效值；参数可以从已有字段中引用其包含的数值，非常方便。
- 参数和集传递参数时，一个地方的变化会引起所有使用该参数的视图变化，所以不同情景尽可能不要共用参数。
- 通过互动传递参数，设置聚合方式，因为参数只能传递单个数值。

参数的强大功能只有在遇到"计算字段"之后才会真正绽放。在本书第 2 篇，会经常用到参数的功能。

7.4.4　实例：使用参数展开指定的类别

在分析"类别和子类别的销售额"时，层次结构能帮助我们展开所有类别，却不能按照选择展开某一个类别，这在子类别特别多时结果就很不直观。借助参数，可以展开指定的类别，如图 7-37 所示。

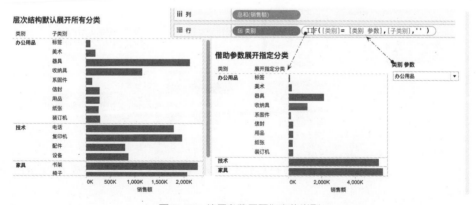

图 7-37　使用参数展开指定的类别

原理就是判断类别名称与参数是否相等，相等则显示"子类别"，否则返回空，可以理解为在每一行数据后面增加一个辅助列,仅显示符号逻辑判断的子类别——这里的 IIF 函数是仅有一次判断的逻辑判断。

更进一步,可以为参数设置动作,轻松实现点击哪一个"类别",就展开其"子类别"。操作步骤与此前一致,读者不妨一试。

不过,这里的参数一次只能展开一个类别,如果想同时展开两个类别,就只能使用能容纳多个变量的"集"了。

7.5 高级互动的巅峰:集动作

2019 年年初发布的"集动作",是 Tableau 高级互动的巅峰之作,由于通常要与计算结合,加上更加考验数据分析师的业务逻辑,因此被埋没在分析之中。不过因其灵活和强大,笔者将它列为"Tableau 高级分析三剑客"之首。

第 5 章介绍了集的基本用法,它可以把离散的数据分为两部分,比如销售额排在前 10 的客户和其他客户、购买金额 1 万元以上的客户和其他客户等。集可以是静态的(比如仅仅包含 5 大重点产品),也可以是动态的(比如根据区域不同显示销售额前 10 名的客户)。

在没有集动作之前,集只是一种一分为二的类别方式,和筛选、高亮、URL 一样仅仅指向一个特定的结果,无法"二次利用";有了"集动作",它就变成了可以传递多个变量的,通过操作实现动态分组的高级互动技术。如图 7-38 所示,作为变量的容器,它与筛选、计算字段、标记等的结合,可以创建近乎无数的分析场景。

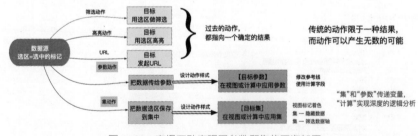

图 7-38　高级互动实现了参数和集的二次加工

这就是动作的魅力,动作让简单的参数和集成为传递变量的容器,真正释放了它们的生产力,借助计算实现复杂的分析需求。

和参数动作的原理类似,图 7-39 说明"集动作"如何增强了集的功能和灵活性。不过,集动作一方面提高了集的生产力,另一方面也因为操作烦琐阻碍了集的使用,这也是集作为高级互动的中心却尚未得到普及的关键原因。好在，这一切都即将扭转，Tableau 2020.2 版本增加了像显示参数控件一样的"集控制"功能，帮助初学者绕过集动作实现集的高级使用，并在必要时增加集动作增强交互性——使用 Tableau 2020.2 版本的读者强烈建议先看一下 7.6.2 节，并在练习过程中多使用集控制，再添加集动作。

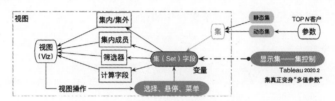

图 7-39　集动作实现了集列表动态更新

借助于"集动作"和"集控制"，集就像参数一样，也成为传递变量的容器。既然二者都可以传递变量，那什么时候选择参数，什么时候选择集呢？

- 参数只能传递一个数值，而集可以同时传递多个数值；
- 参数可以传递连续的日期和度量，而集主要用于传递客户、省份等离散数据；
- 参数是全局变量，可以跨数据源使用，在多个仪表板之间传递查询；集依赖于创建字段，只能用于字段所在数据源的仪表板。

7.5.1　实例：指定省份的销售额占比

假定领导提出一个业务分析问题："结合地图，显示东北三省的销售额在全国的占比？"东北三省是省份的一部分，借助集可以轻松把省份划为两类：属于东北三省的省份和其他省份。

第一步，手动创建"省份集"，包含东北三省。之后用条形图的颜色代表集内/集外，借助"快速表计算→合计百分比"命令计算占比，如图 7-40 所示。

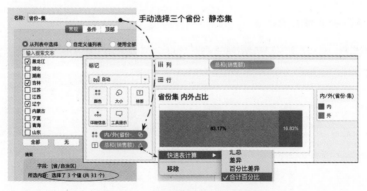

图 7-40　创建省份集并加入条形图

　　第二步，把条形图和地图放在一个仪表板中，因出版需要，这里为每个省份指定了 *X/Y* 坐标，并用圆代表省份。为了帮助理解，仪表板中增加了一个"集内成员清单"的工作表，方便查看使用集动作时的变化，如图 7-41 所示。

　　但是，如果此时领导问"苏浙沪三省的占比"呢？手动更新"省份集"显然不是上策，最佳的策略是通过视图选择动态地更新集，这就是集动作的设计初衷。

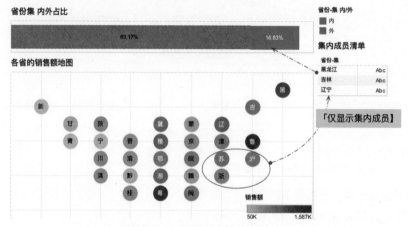

图 7-41　如何从地图更新集列表？

　　第三步，增加集动作。如图 7-42 所示，菜单栏中选择"仪表板→操作"命令，在弹出的界面中点击"添加操作→更改集值"命令。集动作的设置概括为一句话，"在哪些工作簿，如何选择数据，这些数据更新到哪个数据源的哪个集里，取消选择后集如何变化"。

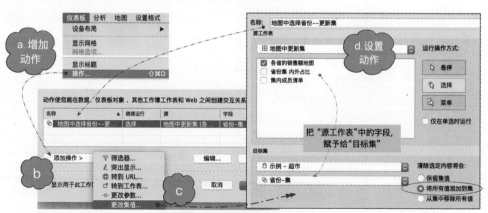

图 7-42　添加集动作，更新集列表

保存设置后返回到仪表板界面，同时选择苏浙沪三省，右侧的集列表就会更新，上面的百分比也会同步更新，如图 7-43 所示。如果在地图中选择选区，则可以使用"套索"工具快速选择。

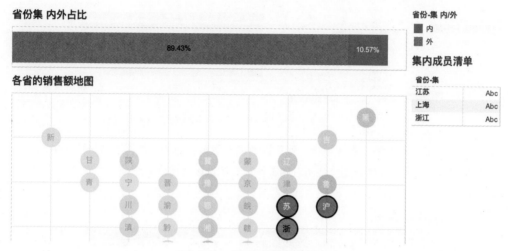

图 7-43　通过选择更新集列表

至此，就是一个完整的集、集动作的设置过程。按照同样的逻辑，还可以计算"省份集"在各个商品类别的销售占比，计算各个省份相对于"省份集"销售额平均值的差异，查看"省份集"内的 TOP 商品清单等，也就实现了针对集内成员的样本深入分析。

7.5.2　实例：查看所选省份在各商品类别的销售占比

上面查看选定省份在全国的销售占比，这是一个较高的视角。我们还可以分析更详细的层次，比如各个商品类别的销售占比，从而针对性地发现所选区域的主力商品。

查看各个商品类别的销售，是典型的排序分析，因此使用条形图。突出某个区域在各个商品类别的占比，则是典型的占比分析，要在条形图中展示占比，最佳策略是堆叠两个颜色，亮色突出所选区域。颜色是不更改主视图框架前提下增加可视化深度的最好方法。把"省份-集"从"数据"窗格拖曳到"标记"的"颜色"中，每个类别、每个子类别的条形图就会被它切分为两个颜色，"内"代表集内省份，"外"代表集外省份，如图 7-44 所示。

要在图 7-44 中显示集内省份在全国省份的占比，把"销售额"字段拖曳到"标记"的"标签"中，选择胶囊右击，在弹出的下拉菜单中选择"快速表计算→合计百分比"命令，并设置"计算依据"为"省份–集内/外"。因为占比是在每个类别、每个子类别内计算的，计算依据就是对比的依据，类别和子类别则是相互独立的分区。更加具体的说明参见第 2 篇第 9 章。

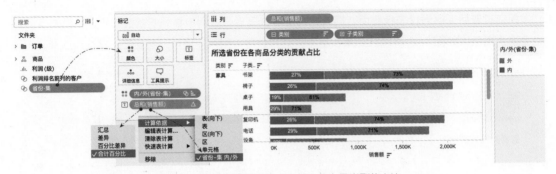

图 7-44　借助于集显示集内省份在各商品类别的占比

把这个工作表和前面的仪表板结合，就可以通过地图选择范围，地图上方工作表中的单一条形图显示选区省份在全国销售的占比，地图右侧工作表显示选区省份在各个商品类别的占比，如图 7-45 所示。

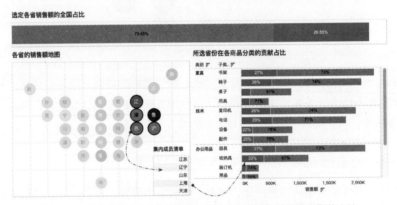

图 7-45　借助集动作同时计算集内省份在全国和在各商品类别的占比

借助这样的互动方式，可以极大地增强仪表板的互动性，给予业务用户更多的访问控制权。更加深入业务需求，就需要更加高级的计算和互动实现，特别是高级计算。

下面介绍一个使用行级别逻辑计算、聚合计算、表计算和集动作的实例。

7.5.3　实例：各省份相对于指定省份的销售额差异

相对某个数值的差异分析是一种非常常见的业务分析类型，比如各门店相当于"直营示范店"的业绩差异，各品类销售单价相当于平均销售单价的差异等。通常用作对比锚点的有：

- 视图中多个聚合度量的平均值或者中位数（使用窗口表计算）；
- 指定某个或多个类别字段的聚合值（使用参数或者集）；

- 通过参数输入的静态数值　（使用参数）。

以 7.5.2 节的数据为例，以上海的销售额为对比锚点，分析各个省份相对于它的差异。为了对比，视图中需要有各省份和上海的销售额，借助即席计算在销售额胶囊之后双击创建计算，使用 IIF 逻辑函数仅显示"上海"的销售额，可以快速实现如图 7-46 所示的效果。

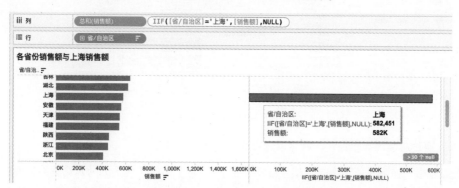

图 7-46　辅助列，仅仅计算单一省份的销售额

要计算各省与上海的差异，上述两个字段直接相减是不行的，因为除了上海之外的省份，相对应的 IIF 函数字段都是空值。还需要计算 IIF 函数字段相对于当前视图更高层次的聚合，最佳的方法是窗口表计算——WINDOW_SUM 窗口函数，它会返回指定窗口所有聚合数值的二次聚合。具体原理可以参考第 2 篇第 9 章的表计算。如图 7-47 所示，在 IIF 函数字段后面，双击输入 WINDOW_SUM 函数，之后把 IIF 函数胶囊拖入其中。

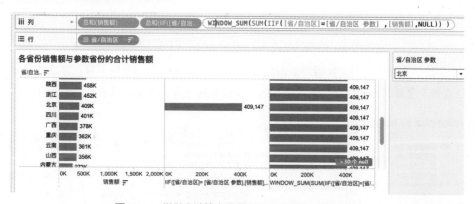

图 7-47　借助表计算实现更高层次的聚合，用于对比

如果要更改对比计算的锚点，比如"浙江"，可以创建一个包含各省份名称的参数，将参数与上面的 IIF 函数结合。在维度"省份"字段上右击，在弹出的下拉菜单中选择"创建→参数"命令，即可把所有省份加入参数列表，如图 7-48 所示。之后双击 WINDOW_SUM 函数胶囊，将"上海"替

换为新创建的参数"省/自治区 参数"。

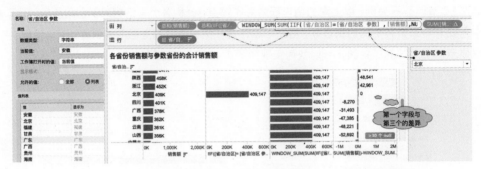

图 7-48 差异计算与参数的结合

这样，通过右侧的参数控件，就可以选择差异计算的锚点了。

不过，参数的方法只能传递单个值，如果希望计算"每个省份相对于苏浙沪销售额均值的差异"，就必须借助集来实现。核心的逻辑和上面完全一致，使用此前创建的"省份集"，将 IIF([省/自治区]=[省/自治区 参数],[销售额],NULL)改为以下表达式：

$$IIF(\ [省份-集] \ ,[销售额],NULL)$$

为什么这里只有集的名称，而不是类似于上面的等式判断呢？因为集本身就是一个内/外判断：如果在集内，则返回内（是——TRUE），否则为外（否——FALSE）。因此完整的表达式是：

$$IIF(\ [省份-集] = TRUE \ ,[销售额],NULL)$$

同时，使用"窗口表计算"功能计算多个度量的平均值，注意表计算内的数据必须是聚合的：

$$WINDOW\_AVG(\ SUM(IIF(\ [省份-集] \ ,[销售额],NULL))))$$

"每个省份与集内省份的销售额均值差异"，就是与这个表计算结果的差异，因此结果如图 7-49 所示，注意每个度量下方的坐标轴，由于全过程使用即席计算，因此默认显示了计算函数的过程。

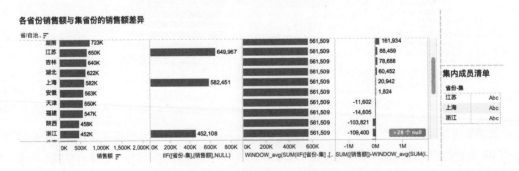

图 7-49 使用集合计算各省与集内销售额均值差异

　　至此，一个包含集、表计算的差异计算就完成了。删除中间的两个辅助列，并添加"颜色"标记，把它加入此前的仪表板中；由于已经设置过动作，且共用一个集，因此无须重复添加"集动作"即可实现选取省份的分析，如图 7-50 所示。

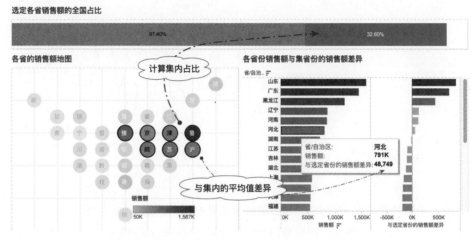

图 7-50　借助于集动作查看各省份与所选省份的销售差异

　　它的计算过程是，当我们选择华北区域多个省市时，动作会用所选省份更新"省份-集"，集引起了 IIF 函数、WINDOW_SUM 函数和差异计算的变化，从而显示各省与所选省份的销售差异。假如笔者是华北区域销售经理，就可以直观地了解辖区在全国的销售贡献是 32.6%，全国有 6 个省份的销售超过了辖区的销售均值，其中包括华北区域的山东、河南和河北，说明总体贡献和省份均衡都不错。

7.5.4　实例：指定省份随着日期的销售趋势

　　华北区域的业务代表不仅要看区域在全国的占比，更希望看到区域内各个省份在连续季度的销售变化，并与全国的趋势做对比。既要显示集内成员的趋势，又要显示全国的趋势，类似于一个视图中要同时表达两个数据层次的问题，这属于典型的高级分析。

　　第一步，创建集内成员的月度销售趋势图。

　　随日期的销售趋势属于典型的时间序列问题类型，选择折线图来展现。依次双击添加销售额字段和订单日期字段，构建主视图的行列框架，并把日期更改到"月"详细级别，如图 7-51 所示，然后把集字段"省份集"加入"标记"的"颜色"中（见图 7-51 位置 c），此时一条折线图拆分为集内、集外两条趋势。

　　仅展示集内省份的趋势，需要做筛选，如图 7-51 位置 d 所示，右击"标记"中的"省份-集"字段，在弹出的下拉菜单中选择"在集内显示成员"命令，这样视图就仅仅显示了集内省份的销售趋势。

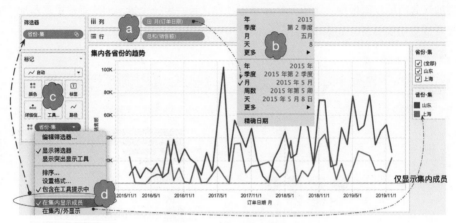

图 7-51　显示集内成员的趋势

第二步，要增加全国的销售趋势，最方便的方法是按住 Ctrl 键拖曳销售额胶囊从而复制一个新胶囊（见图 7-53 位置 a），"标记"中会增加一个新标记，把"标记"的"颜色"中的集字段（见图 7-52 位置 b）拖曳移除，这样对应的销售趋势就应该是全国了吧。

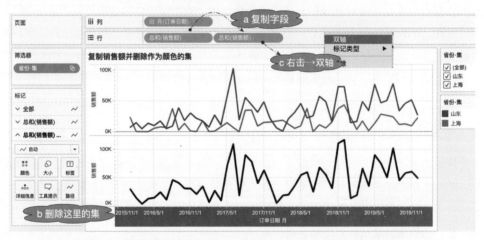

图 7-52　新增销售额坐标轴并删除颜色标记，可以获得所有省份的合计

等一等，有没有发现奇怪的现象：两个坐标轴的刻度几乎一致；如果建立双轴并同步轴，则发现全国的销售明显偏少，仅仅比集内两个省份高一点点而已。

问题在于，思路是对的，但方法是错误的。

因为集已经加入了筛选器，它对全部视图起作用，因此图 7-52 中第二个胶囊对应的趋势仅仅是集内全部省份的合计，而非全国的合计。

想要计算全国的聚合，这个聚合高于当前的视图层次（集内省份），高于视图的聚合可以使用表计算、FIXED LOD 和 EXCLUDE LOD 等多种方法实现，但由于视图中有维度筛选器影响，只能使用优先级高于维度筛选器的 FIXED LOD 表达式：指定每个月的层次返回销售额的聚合，而无关视图的其他维度，如图 7-53 所示。

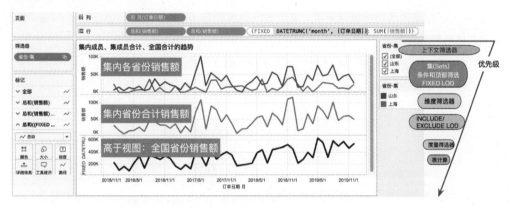

图 7-53　借助 FIXED LOD 表达式，实现更高层次的聚合：各月度全国的销售额

包含多个层次的问题分析，必须考虑筛选器与计算的先后顺序，更多分析，参见第 2 篇第 10 章。

至此，仅保留第一个和第三个度量胶囊，并在第二个胶囊或者坐标轴上右击，在弹出的下拉菜单中选择"双轴"命令，就可以看到所选省份与全国的趋势是否同步了，如图 7-54 所示。

图 7-54　对比集内成员与全国的销售趋势

由于全国销售额和集内各省销售额差异非常大，为了更好地体现趋势性，因此这里不选择"同步轴"。

7.5.5 关键原理：Tableau 多种操作的优先级

很多高级分析会频繁地用到多种操作的先后关系，因此务必要非常清晰乃至熟记。

比如，为了帮助大区销售经理查看"多个省份销售额前 10 名的客户"，创建一个以省份集和顶部前 10 为筛选器的视图。

如图 7-55 位置 a 所示，把"省份集"加入筛选器默认仅显示集内省份；把"客户名称"拖入筛选器，在弹出的窗口中选择"顶部"，按照销售额总和筛选前 10 名。但是视图中却只有两个客户？为什么呢？

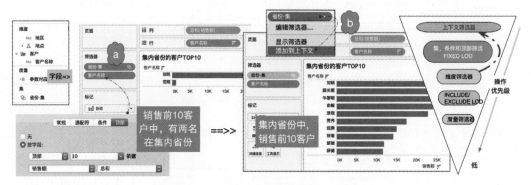

图 7-55　借助上下文调整操作的优先级

这是因为 Tableau 的系统设定顺序中，"顶部筛选器"优先于"集筛选"，因此默认的视图结果代表"销售前 10 客户中，有 2 名在集内省份"，即全国 TOP 客户的分布分析。

如果想要分析"集内省份的前 10 客户"，就需要调整优先级，确保先执行集筛选器，再执行顶部筛选器。为此，Tableau 设置了专门用于调整筛选器位置的"上下文筛选器"。如图 7-55 位置 b 所示，在筛选器中选择"省份-集"，鼠标右击，在弹出的下拉菜单中选择"添加到上下文"，"省份-集"筛选器变成灰色，就会被优先执行。最终结果就出现了前 10 名客户的销售。

涉及更多计算之后，筛选器与计算的操作顺序就会更加重要，本书会在第 10 章进一步介绍。

7.5.6 高级实例：多个集动作构建的自定义矩阵

上述实例都使用了同一个"省份集"，因此构建的视图可以在同一个仪表板内实现完全一致的体验。而借助两个集，则能完成两个样本数据的关系分析。

以散点图为例，散点图用于两个度量的相关性分析，比如折扣与销售数量、单价与销售数量的相关性。通常的散点图是基于相同的分析样本的不同度量特征的分析，借助于集，可以在散点图中实现不同的分析样本在同一个度量框架下的关系分析。

比如，分析各个子类别在苏浙沪和京津冀两个典型区域中的销售数量关系，哪一些类别商品在苏浙沪销售更好？京津冀的落后类别是哪些？并能借助集将京津冀扩大到京津冀鲁豫更大的区域，实现业务人员的灵活取样和对比。

第一步，创建两个集字段。

基于省份字段建立两个集字段，分别命名为"A 省份集"和"B 省份集"，在没有创建集动作之前，先手动选择苏浙沪和京津冀，分别加入两个集中，如图 7-56 所示。使用 Tableau 2020.2 版本的读者可以借助最新功能"集控制"更好地改变静态变量（见 7.6.2 节）。

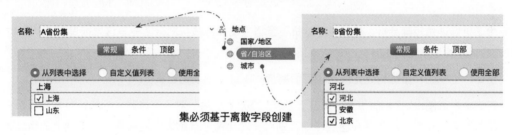

图 7-56　基于省份创建两个集

第二步，创建逻辑计算和散点图。

参考 7.5.2 节的逻辑判断方法，建立两个辅助字段，分别保存属于"A 省份集"和"B 省份集"的销售数量。注意，两个字段都是行级别的判断，相当于在 Excel 的数据明细行中依次判断，只要省份字段属于"A 省份集"，那么就保留"数量"值，否则为 0。两个字段分别如下：

$$IIF([A\ 省份集],[数量],0)$$

$$IIF([B\ 省份集],[数量],0)$$

如图 7-57 所示，借助即席计算，无须提前创建字段，直接在视图行和列中输入上述表达式即可创建散点图，之后把"子类别"添加到"标记"中。为了进一步突出子类别的利润贡献，将"利润"加入"标记"的"大小"中，不过，利润是各子类别在所有省份的总利润，与两个集无关。

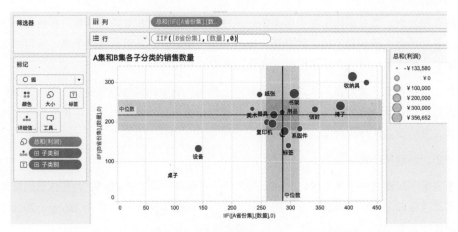

图 7-57　分别在行和列输入基于集的判断表达式，查看子类别的相关性

为了更好地做矩阵分析，从左侧"分析"窗格拖曳参考线帮助分区——这里拖曳"含 95%CI 的中位数"，即每个销售商品有 95% 的概率落在阴影区域中。

至此，主视图和修饰构建完成，让我们解读一下这个图表的含义。

在这个散点图中，"A 省份集"对应苏浙沪，"B 省份集"对应京津冀，列和行分别对应两个区域的销售数量；子类别决定了视图的详细级别——对比两个自定义区域在各个子类别上的销售数量相关性。

据此，可以发现一些细微的市场变化，比如"收纳具"在两个市场的销售数量都很好，同等利润贡献的子类别中，"椅子"在苏浙沪市场表现更佳，而"书架"在京津冀市场表现更佳。

到这里，我们展示了两个"静态集"在同一个度量上的分布特征。如何方便用户随时调整对比的样本从而查看变化呢？就需要把可供选择的省份列表和散点图共同整合到仪表板中（效果如图 7-59 所示）。

第一步，创建两个省份的列表，用于仪表板中选择并更新集。

为了只保留省份的标题，如图 7-58 所示，将"省份"字段拖到"标记"的"文本"，同时右击"列"中的"省/自治区"胶囊，在弹出的下拉菜单中取消勾选"显示标题"，从而隐藏主视图的省份标题。

图 7-58　仅显示文本而隐藏标题，制作列表的关键技巧

第二步，创建仪表板。

分别将两个省份标题放在左侧和底部，用于更新对应坐标轴的两个集。默认是此前两个静态集的矩阵分布，如图 7-59 所示。

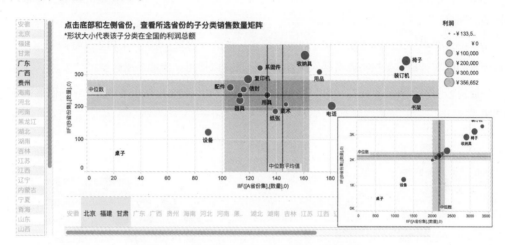

图 7-59　通过仪表板整合散点图和两个省份列表

第三步，在仪表板中增加集动作。

点击"仪表板"菜单，在弹出的目录中选择"操作"，为仪表板添加两个集动作，分别点击底部省份更新"A 省份集"，点击左侧更新"B 省份集"，添加过程参考图 7-31。图 7-60 展示了包含两个集动作的操作面板。

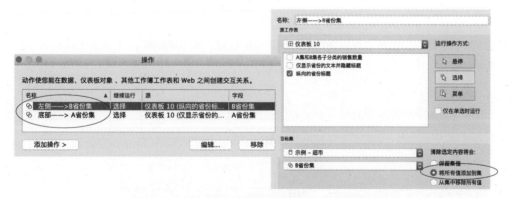

图 7-60　在仪表板中增加两个参数动作，更新两个集

此时，就可以通过操作分别更新两个集，集引起计算字段的变化，从而展现期望的散点图关系。当我们不执行任何操作时，默认就是全部省份各个子类别的数量和利润图了。

7.5.7　技巧：集与分层结构、工具提示的结合

前面讲到，使用集动作可以帮助大区业务经理同时选择多个省份查看选区的全国占比、TOP 客户、随着月份的销售趋势。不过，如果华北大区业务经理每次都要挨个选择辖区的省份，也是不够高效的。

借助于多个字段之间的层次结构（比如"国家—地区—省份—城市"）和工具提示的结合，可以实现快速的层次选择。虽然不具有层次关系的字段也可以使用，但容易引起误解。

在此前地图的基础上，把"地区"字段加入层次结构，并拖入"标记"的"详细信息"中（见图 7-61 位置 a）。

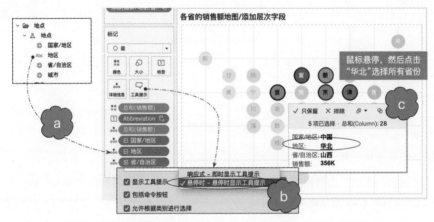

图 7-61　使用具有层次结构的字段，在工具提示中选择上一层次

点击"工具提示"，在弹出的窗口中，确认勾选"允许根据类别进行选择"复选框。工具提示有两种模式，默认是点击数据才可以选择工具提示中的数据要素（响应式），另一种是鼠标悬停即可选择（悬停时）。

设置完毕之后，鼠标光标悬停在地图上，即可显示工具提示，点击其中的"地区：华北"，即可快速选择整个华北区域的所有省份。

这种选项方法，进一步提高了集控制的效率。

7.6　让集动作更强大：增量更新与集控制

Tableau 2020.2 版本进一步加强了集动作的功能。主要有两个方面的更新：集动作增减（Set Action:Add/Remove）和集控制（Set Control）。

7.6.1　集动作增减

集作为多个变量的容器，此前都是通过一次性传递，比如点击"苏浙沪"会把它们加入集，但是想要在"苏浙沪"基础上增加"广东"或者仅减去"沪（上海）"，只能重新做出全部的变量选择。尤其是在 7.5.6 节的高级实例中确实不便于操作。能否仅仅基于想要增加或者减少的省份去更新集，也就是增量更新呢？

这就是"集动作增减"（Set Action:Add/Remove）的功能。

鉴于这个新功能的出现，集动作的设置面板就有了新变化，如图 7-62 所示，在"清除选定内容将会"的设置左侧，增加了"运行操作将会"的全新选项。

图 7-62　通过集动作实现增量更新

这里有 3 个选项，默认的"为集分配值"就是此前的动作，即把所选代替当前的集内容；另外的两个选项分别用于将所选的数据"将集添加到集"和"从集中移除值"。

不建议直接使用"选择"增加或减少，这样极容易导致未经注意的集变化，所以增量更新推荐使用菜单栏——菜单是强制提醒数据用户行为、提高安全性的好方法。为了简化菜单的操作难度，建议调整"工具提示"为"悬停时-悬停时显示工具提示"，如图 7-63 所示。

这样，当我们在视图中将鼠标光标悬浮在一个省份时，工具提示就会出现可以执行的动作，只需要点击即可把当前省份从集中增加或者减少了。

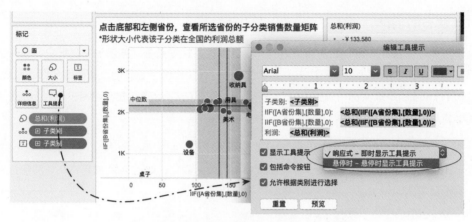

图 7-63　工具提示与菜单动作结合

7.6.2　集控制——"集"真正变身"多值参数"

即便增加了增量更新，依然不改从视图互动中更新集的本质，在集依赖的字段有很多数据时（比如上面的省份），视图选择并非最佳方法，能否像参数一样显示控件列表，直接从列表中获得呢？

这就是"集控制"（Set Control）的设计目的，它提供了视图互动之外的更新方式。这样的设计，让集真正变身成为"多值参数"——可以容纳多个变量的参数。

如图 7-64 所示，在左侧"数据"窗格中，选择"A 省份集"右击，在弹出的下拉菜单中选择"显示集"命令，就会在视图右侧显示集控件，类似于参数控件。还可以设置集控件的显示方式，比如单值（列表）、多值（列表），进一步提高交互性能。

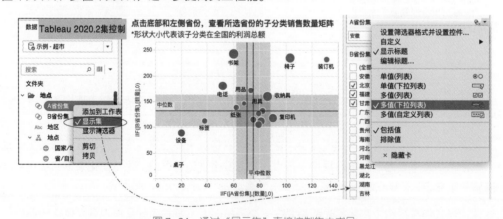

图 7-64　通过"显示集"直接控制集内成员

不得不说，此前只能通过"集动作"更新集变量的方式，阻碍了集的普及。接下来集作为高级互动的核心大放异彩，通过"显示集"实现集控制的功能将是第一功臣。

7.7　高级互动的使用建议

在推出"集控制"之后，集就变成了一种同时传递多个值的高级参数——类似于 Python 的数组。

高级互动是复杂计算的典型，它设计的每个功能都很简单，不简单的是如何把各个功能衔接起来构建完整的业务逻辑。

复杂的业务问题需要综合各种功能，它们之间的定位也非常清晰。

（1）数据连接（Join）、并集和新增的"数据关系"，用于合并数据（见第 3 章）。

（2）分组、拆分、转置、行计算等，用于整理数据（见第 4 章）。

（3）把复杂问题拆分，基于问题焦点构建主视图，选择合适的图形增加深度；分层结构、集、参考线等帮助增强分析（见第 5 章）。

（4）需要地理分析，选择合适的地图展示，函数有助于简化过程（见第 6 章）。

（5）使用仪表板和故事让数据结果完整呈现，借助参数和集用于传递变量使结果动起来（见第 7 章）。

- 参数能传递连续的日期和数值；
- 集可以传递多个数据。

（6）计算帮助展现分析逻辑（见第 2 篇）。

- 行级别计算补充数据的不足；
- 聚合计算在视图中展示结果；
- 表计算做视图的二次行内差异；
- LOD 表达式增加层次。

（7）如果要把数据分享给组织内的更多人，则需要借助于 Tableau Server。

如果视角聚焦到互动的环节，我们可以把这个过程分为如图 7-65 所示的 3 个步骤：创建数据选区、传递变量给中间字段、计算并呈现。

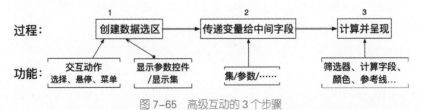

图 7-65　高级互动的 3 个步骤

互动提供给数据用户自主更新数据选区的权力，结果的呈现依赖于参数和集传递变量、计算字段和视图展示结果。

因此，遇到复杂的互动问题，不妨按照这里的 3 个步骤拆分整个过程，必要时可以先手绘关系图，然后在 Desktop 中依次完成。

以 Tableau 提供的一个球队分析为例，要查看选定球队的市场价值，就需要传递数据的集字段，在此基础上使用计算创建各种辅助字段，最后统一到视图中来，如图 7-66 所示。

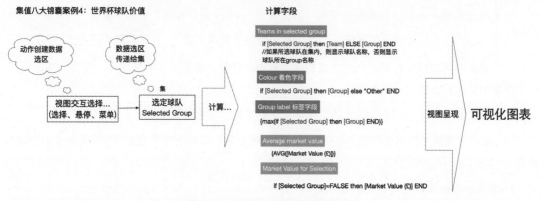

图 7-66　按照 3 个步骤拆分复杂问题

因此，在本章节，特别是集动作的介绍中，不得不使用了一些计算的内容，包括逻辑判断函数 IIF、窗口汇总表计算函数 WINDOW_AVG 和 FIXED LOD 表达式，只有借助高级计算，参数动作和集动作才能实现更深层次的业务分析。

计算帮助数据分析师实现从有限的数据到无限的业务分析的扩展，而这也是本书第 2 篇的主题。

从有限到无限：Tableau 计算

| 第 8 章 |

Tableau 基本计算：原理与入门

关键词：行级别、视图级别、聚合、函数、表达式

Tableau 能帮助我们轻松完成各种数据可视化和互动分析。其预设的图形样式和互动方式是有限的，业务问题却是无限的，想要满足无限的业务需求，就必须借助计算字段来实现。从本章开始，笔者就深入分析计算的分类及应用场景，并与此前的可视化过程结合来创建各种行业分析模型，比如客户的 RFM 结构分析、商品的交叉购买分析等。

本章主要内容如下。

- 广义 LOD 表达式的分类；
- 行级别计算：数字函数、字符串函数、日期函数等；
- 逻辑计算函数。

- 数据层次与两类计算类型；
- 聚合计算函数；

8.1　问题的层次与计算的类型

问题是由样本、问题和答案三部分构成的[1]。问题中的一个或者多个维度字段构成了问题所在的**层次**（Level），**聚合**回答问题的答案。层次也称为"详细级别"（Level of Detail，LOD）。聚合度量通常是度量字段的聚合（如 SUM 销售额总和、AVG 平均利润率），也可以是维度字段的聚合（如 MIN 最早订单日期、COUNT 客户数量等），本书统称之为"聚合度量"[2]。

简而言之，计算就是生成特定层次（LOD）数据的过程。按照计算所在层次分为行级别计算和

1　问题的解析方法及其与 Tableau 的对应关系，详见第 2 章。

2　"最早订单日期"（MIN([订单日期])）的结果虽以"2020-11-30"的格式出现，不过其本质却是度量，因此 MIN([订单日期])会出现在度量区域。更进一步说，连续的日期的本质就是数字。

聚合计算，其中聚合计算又包含两种特殊形式：计算聚合的二次聚合的表计算（见第 9 章）和独立于视图层次的聚合计算（见第 10 章）。所有这些类型构成了"广义 LOD 表达式"的全部。如图 8-1 所示，帮助初学者快速进入计算的领域。

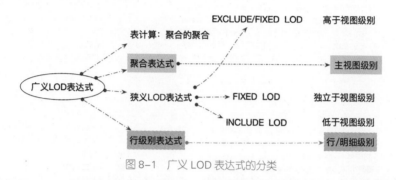

图 8-1 广义 LOD 表达式的分类

学习计算的关键，一是理解其语法的差异，二是理解适用环境的不同。概括而言：

- 行级别表达式相当于数据准备，补充数据表字段的不足，主要为字符串函数、日期函数等；在视图中既可以作为维度（决定视图的详细级别/层次），也可以生成聚合度量回答问题答案；
- 聚合表达式是维度或者度量字段的聚合，用于回答问题的答案，不能作为维度使用；
- 表计算是聚合的二次聚合，只能作为度量使用，且只能等于或者高于当前视图层次；
- 狭义 LOD 表达式相当于在视图之外的某个层次完成预先聚合，以大括号为特征，作为聚合度量可以完成二次聚合，而 FIXED LOD 可以作为维度使用。
- 优先级：不依赖于视图的行级别表达式优先计算，其实是依赖于视图的聚合计算和狭义 LOD 表达式，最后是建立在聚合基础上的表计算。

学习大数据计算的首要功课，是理解行级别与聚合计算的差异，是整个第 2 篇的起点。

8.1.1 借助 Excel 学大数据基础：行级别计算和聚合计算

在第 2 章中我们总结过"详细级别是从 Excel 到 Tableau 的本质性跨越"。描述详细级别（LOD）的两个主要角度是"聚合度"（Aggregation）和"颗粒度"（Granularity），聚合度越高、颗粒度越低，二者正好相反。这样的思考方式同样适合计算。

数据分析中最主要的两个基准层次是行级别和视图级别，分别对应数据库中的明细数据和视图中问题的层次，在这两个级别的计算称之为行级别计算和聚合计算。这里先以大家熟悉的 Excel/WPS 讲解，基于图 8-2 的数据明细，领导提出的业务问题是"计算所有商品的平均利润率"。

"利润率"就是利润除以销售额，因此可以在明细数据后面增加一列"利润率"，使用 Excel 计算得到"平均利润率"，之后计算平均值，计算过程如图 8-3 所示。

	A	B	C	D	E	F
1	订单 ID	类别	商品名称	数量	利润	销售额
2	US-2018-1357144	办公用品	Fiskars 剪刀, 蓝色	2	￥-61.00	￥130.00
3	US-2018-1357144	办公用品	GlobeWeis 搭扣信封, 红色	2	￥43.00	￥125.00
4	US-2018-1357144	办公用品	Cardinal 孔加固材料, 回收	2	￥4.00	￥32.00
5	US-2018-3017568	办公用品	Kleencut 开信刀, 工业	4	￥-27.00	￥321.00
6	US-2018-3017568	办公用品	KitchenAid 搅拌机, 黑色	3	￥550.00	￥1,376.00
7	US-2018-3017568	技术	柯尼卡 打印机, 红色	9	￥3,784.00	￥11,130.00
8	US-2018-3017568	办公用品	Ibico 订书机, 实惠	2	￥173.00	￥480.00
9	US-2018-3017568	家具	SAFCO 扶手椅, 可调	4	￥2,684.00	￥8,660.00

图 8-2　Excel 的明细数据示例

	A	B	C	D	E	F	G	I
1	订单 ID	类别	商品名称	数量	利润	销售额	利润率	
2	US-2018-1357144	办公用品	Fiskars 剪刀, 蓝色	2	￥-61.00	￥130.00	-46.92%	= E2 / F2
3	US-2018-1357144	办公用品	GlobeWeis 搭扣信封, 红色	2	￥43.00	￥125.00	34.40%	
4	US-2018-1357144	办公用品	Cardinal 孔加固材料, 回收	2	￥4.00	￥32.00	12.50%	
5	US-2018-3017568	办公用品	Kleencut 开信刀, 工业	4	￥-27.00	￥321.00	-8.41%	
6	US-2018-3017568	办公用品	KitchenAid 搅拌机, 黑色	3	￥550.00	￥1,376.00	39.97%	
7	US-2018-3017568	技术	柯尼卡 打印机, 红色	9	￥3,784.00	￥11,130.00	34.00%	
8	US-2018-3017568	办公用品	Ibico 订书机, 实惠	2	￥173.00	￥480.00	36.04%	
9	US-2018-3017568	家具	SAFCO 扶手椅, 可调	4	￥2,684.00	￥8,660.00	30.99%	
10							=AVERAGE(G2:G9)	
							16.57%	

图 8-3　基于每一行的利润率计算平均利润率

我们将每一行的"利润率"计算称之为"行级别的计算",这也是 Excel 中最常见的级别。HR 基于每个人的出勤天数和工资标准计算应发、应扣、实发工资,财务基于合同成本、合同收入计算合同毛利,这都可以在 Excel 中计算。

而最后得出 16.57%的"平均利润率",是基于多行的数值得出了一个聚合的结果,称之为"聚合计算"。更准确地说,先完成行计算,再进行聚合的计算方法称之为"基于行级别计算的聚合计算"。

不过,熟悉业务的领导一定会说这个数值偏低了,因为实际每销售 100 元的账面利润没有那么低。问题出在哪里?

问题在于,上面基于行级别的计算方法,忽视了商品的销售数量对总体利润率的影响,假定第一件商品的销售数量是 100000 件,其他商品的贡献就几乎忽略不计,实际的业务利润率必然无限接近这个商品的利润率。但是按照基于行级别的计算方法,商品数量的变化不会影响"16.57%"的变化(只是简单的算术平均)。显然,这不是领导期望的结果,业务中的利润率是"单位销售的利润率",即每销售 100 元商品所获得的边际利润,而不是所有商品的某个静态指标的平均值。

换一个角度看,企业中有的商品定位就是战略性亏损或者薄利,有的商品是利润之王,每件商品的权重(影响)显然是不同的,"综合利润率"衡量总公司的商品营运能力,是基于销售数量的利润加权平均值。盈利性商品每增加一件,"平均利润率"就应该提高一点点。

　　显然，基于行级别计算的方法适合描述个体特征，却不适合描绘总体——于是有了另一种计算，聚合计算。聚合计算关注总体，而不关心个体特征。

TIPS：行级别计算关注个体，聚合计算关注总体

　　在 Excel 中计算的"平均利润率"，应该是所有商品总利润相对总销售额的比率，它代表的是总体的运营能力，是不同商品加权的单位销售的利润贡献。因此要首先计算所有商品的利润总和，代表总盈利；其次计算所有商品的销售额总和，代表总收入；总盈利除以总收入，是单位收入的盈利，即平均利润率，正确的计算结果为 32.13%，计算过程如图 8-4 所示。

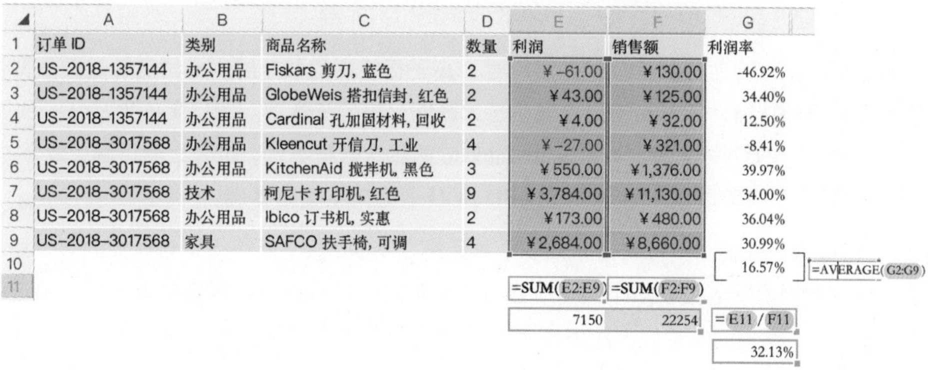

▲	A	B	C	D	E	F	G
1	订单 ID	类别	商品名称	数量	利润	销售额	利润率
2	US-2018-1357144	办公用品	Fiskars 剪刀, 蓝色	2	￥-61.00	￥130.00	-46.92%
3	US-2018-1357144	办公用品	GlobeWeis 搭扣信封, 红色	2	￥43.00	￥125.00	34.40%
4	US-2018-1357144	办公用品	Cardinal 孔加固材料, 回收	2	￥4.00	￥32.00	12.50%
5	US-2018-3017568	办公用品	Kleencut 开信刀, 工业	4	￥-27.00	￥321.00	-8.41%
6	US-2018-3017568	办公用品	KitchenAid 搅拌机, 黑色	3	￥550.00	￥1,376.00	39.97%
7	US-2018-3017568	技术	柯尼卡 打印机, 红色	9	￥3,784.00	￥11,130.00	34.00%
8	US-2018-3017568	办公用品	Ibico 订书机, 实惠	2	￥173.00	￥480.00	36.04%
9	US-2018-3017568	家具	SAFCO 扶手椅, 可调	4	￥2,684.00	￥8,660.00	30.99%
10							16.57% ＝AVERAGE（G2:G9）
11					=SUM（E2:E9）	=SUM（F2:F9）	
					7150	22254	＝ E11 / F11
							32.13%

图 8-4　基于聚合计算的平均利润率

　　通过在相除前增加聚合计算（用 SUM 函数求和是典型的聚合计算），实现了先聚合度量，再计算比率的目的。我们把这一类型称为"聚合计算"——包含了数据聚合且聚合优先的计算。上面的过程简化一下，可以如图 8-5 所示。

$$平均利润率 = \boxed{\text{SUM(E2:E9)}} \Big/ \boxed{\text{SUM(F2:F9)}} \quad \boxed{= \text{E11} / \text{F11}}$$
$$= \text{SUM([利润])} / \text{SUM([销售额])}$$

图 8-5　如何在 Excel 中实现聚合计算

　　总结一下，行级别计算和聚合计算最大的区别在于：行级别只在单行内计算，每一行的结果完全不会对另一行数据产生影响；而聚合计算必然是跨行的计算，是多行数据的聚合计算，聚合方式可以是求和、平均值等任意一种。二者关键的区别在于计算的方向，如图 8-6 所示。

　　因此，在 Excel 中，E2/F2 是行级别计算；而 AVERAGE(G2:G9) 和 SUM(E2:E9) 都是聚合计算。

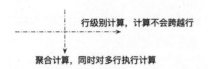

图 8-6　行级别计算是水平单行的，聚合计算先跨行计算

同时，我们要区分"基于行级别的聚合计算"和"完全的聚合计算"。比如第一种计算平均利润率的方法，可以简称为 AVG（[利润]/[销售额]），它是包含行级别计算的聚合；而后一种计算可以简称为 SUM[利润]/SUM[销售额]，它是完整意义的聚合计算，两种计算在本质上是不同的。

行计算和聚合计算如何在 Tableau 中实现呢？它与 Excel 相比有什么优势？

8.1.2　从 Excel 数据透视表到 Tableau 视图计算

我们看数据的角度，对应数据模型的层次性，高于行级别的数据层次必然意味着数据聚合。因此，熟悉聚合计算的特征、原理和使用方法，是大数据分析的基本功。为了更好地从 Excel 分析进阶为 Tableau 分析，在此进一步对比 Excel 和 Tableau 的层次分析方法，也为之后讲解"聚合的聚合"（表计算）和"独立于当前层次的聚合"（FIXED LOD 表达式）奠定基础。

Excel 的行级别计算是同一行内两个或多个单元格之间的计算，而执行聚合计算的典型场景是**数据透视表**。使用数据透视表可以从不同角度查看和分析同一份数据，可以做钻取分析、筛选查看，甚至聚合计算。

数据透视表的英文是 Pivot Table，Pivot 的本意是"转置"，Pivot Table 可以把列字段改为行字段分层显示，还能随时交换位置，后来主要功能慢慢从"转置"变为"按照字段聚合度量"，"透视"多少有一点按照既定视角纵览数据的意思。Tableau Prep 刚刚推出 Pivot 功能时也翻译为"透视"，但 Prep 中的本意是"转置"而非聚合，后来 Tableau 国际化小组采纳了笔者的建议，将中文翻译改为"转置"。

下面用 Excel 数据透视表来看一下样本数据，将两个度量加入 Excel 数据透视表，如图 8-7 所示。

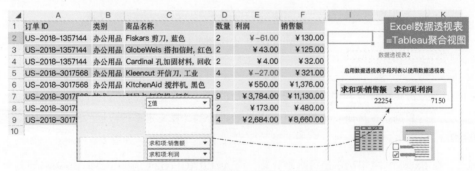

图 8-7　Excel 数据透视表实现两个度量的聚合

在 Excel 数据透视表中，每个字段前面都有一个聚合标签，比如上面的"求和项"。那如何计算"求和项：利润"和"求和项：销售额"的比率，即"综合利润率"呢？

数据透视表可以新增"计算字段"，如图 8-8 所示，点击"计算字段"，弹出"插入计算字段"对话框，在"公式"中输入"=利润/销售额"，点击"添加"按钮，添加到数据透视表中即可。注意这里得出的综合利润率是 32%，对应"求和项：利润"和"求和项：销售额"的比率。

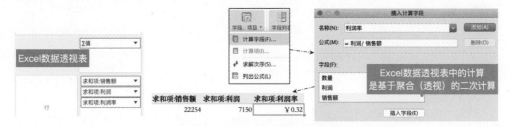

图 8-8　在 Excel 数据透视表中增加聚合的计算字段

上述的数据透视表中没有"维度"字段，默认是所有行的利润、销售额和利润率，如果在左侧透视表中加入维度，比如"类别"，就相当于在每一个类别的层次上计算利润、销售额和利润率。结果如图 8-9 所示。

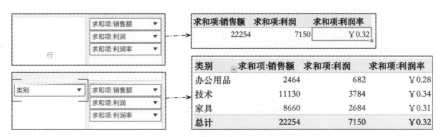

图 8-9　两场不同层次的数据透视图

注意，两个透视表中的总计利润率都是 0.32，而每个类别的利润率则各不相同。

数据透视表实现了同一份数据、不同视角的层次分析，不管是最高层次的分析（比如这里的0.32），还是每个类别的分析，都可以通过控制透视表中的维度来实现。

这就是数据透视表中聚合计算的基本方法和原理，它对应的是之前的 SUM[利润]/SUM[销售额]，而非 AVG（[利润]/[销售额]），因此是完全的聚合计算。只是 Excel 不是专门的数据分析工具，也无须为"聚合的聚合"准备空间，所以透视表中的聚合计算语法并不严格，插入字段时，完整的写法应该带有聚合类型，比如 SUM[利润]/SUM[销售额]，而非[利润]/[销售额]。

作为专门的数据分析工具，Tableau 在这个方面则严格和清晰。我们看一下 Tableau 如何轻松实现聚合计算。

把上面的几行数据复制到 Desktop 中可以自动创建数据源，设置为"字段名称位于第一行中"，这里的数据预览和 Excel 一致，如图 8-10 所示。如何在 Tableau 中创建完全聚合的"平均利润率"呢？

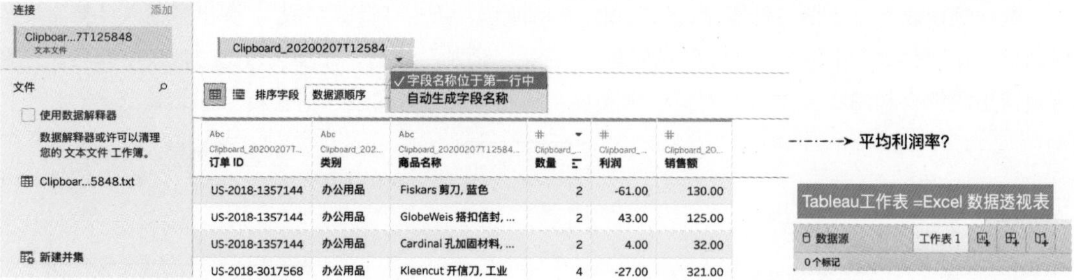

图 8-10 在 Tableau 导入数据源，并准备计算平均利润率

实际上，从 Desktop 左下角创建工作表开始，类似"数据透视表"中的聚合已经开始，而且设计理念和 Excel 数据透视表多有类似，但又截然不同。Tableau 中的拖动更加方便——直接从左侧的字段拖动到视图；展示更加丰富——拖动默认生成图形，而非数据表；功能更加强大——借助于计算函数，实现复杂的多层次分析；还能借助仪表板把多个"透视表"做整合互动。

第一步，创建销售额和利润的聚合。

多选"利润"和"销售额"拖动到视图，可快速生成聚合，如图 8-11 所示。

图 8-11 Tableau 的工作表中构建视图和聚合

第二步，创建视图级别的比率计算。

两个聚合字段相除就是 SUM[利润]/SUM[销售额]。Tableau 创新性的"即席计算"简化了操作，只需要在"度量值"下方双击即可创建新的计算胶囊，分别拖动上方的两个聚合字段、相除，按 Enter 键确认输入（见图 8-12）。数据默认显示为整数，在字段上右击，在弹出的下拉菜单中选择"设置格式"命令，在弹出的窗口中选择"百分比"。

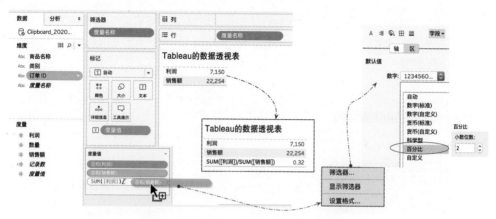

图 8-12 在 Tableau 中使用聚合计算创建比率

第三步，根据需要调整视图详细级别。

上面是全部商品的综合利润率，如何计算各个类别的利润率呢？相当于把分析的层次从最高层次下移到"类别"，只需要双击或者拖动"类别"字段到视图，必要时行列交换即可，如图 8-13 所示。不过 Tableau 默认没有显示合计，可在"分析"窗格通过拖曳加入。

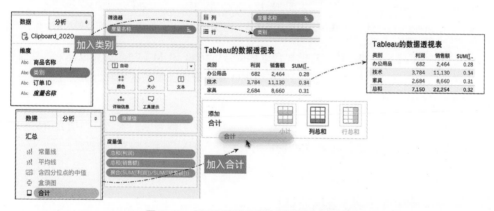

图 8-13 基于各类别的销售计算聚合利润率

这样，就在类别层次计算了"综合利润率"——每个类别的总利润与总销售额的比例。

第四步，增加行级别的比率计算。

在 Tableau 中，创建行级别表达式的方法与 Excel 完全一致，只需要在创建计算字段时，直接用利润除以销售额即可。图 8-14 展示了行级别比率与视图级别比率的差别，很明显，行级别的比率在视图中只是多个商品利润率的累加，超过了 100%，显然是没有意义的。二者深层次的差别，会在8.4 节结合逻辑计算的实例来介绍。

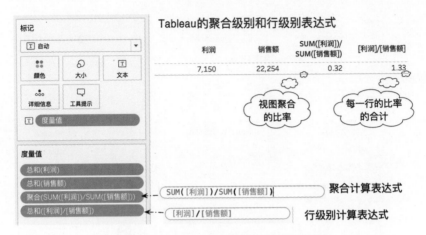

图 8-14　Tableau 中的行级别计算和聚合计算

至此，我们可以对比一下 Excel 和 Tableau 中的行级别计算、聚合计算，如表 8-1 所示。

表 8-1　行级别与聚合计算的对比

	Tableau	Excel	备　　注
行级别计算	利润/销售额	明细数据·利润/销售额	仅在行上有意义
聚合计算	SUM[利润] / SUM[销售额]	数据透视表·利润/销售额	灵活性好，可以随视图变化自动聚合

可见，Tableau 语法更加严格，它把聚合运算符号（比如 SUM）加入计算过程中，从而可以随着视图的详细级别而灵活变化。深刻地理解行级别计算和聚合计算的区别和计算方法，是学习高级计算、解决复杂问题的基础。

接下来，笔者会依次介绍各类函数，并结合实例介绍多函数构成的表达式。所有表达式是由一个或者多个函数及运算构成的，比如"[利润]/[销售额]""SUM[利润]/SUM[销售额]"。

8.2　行级别函数及其作用

行级别计算和数据库字段一样，既可以作为维度决定视图层次，也可以作为度量生成聚合，二者是所有聚合计算的原材料，因此是视图和计算的基础。

8.2.1　行级别函数的使用场景

通常，行级别表达式类似于在 Excel 中插入辅助列的过程，辅助字段又分为两类：基于分类字段的辅助列和基于度量的辅助列。前者通常默认是分类字段（维度），可以构建视图的详细级别，而后者通常是度量，聚合后描述数据的多少。

举例来说，在表 8-2 所示的省份的商品销售数据中，我们想要做"地区的销售分析"，但是没有"地区"字段，此时就增加一个辅助列，基于省份标记所在的区域，比如浙江与江苏属于华北、四川属于西南、广东属于华南。这种判断按照每行单独判断，因此这个逻辑判断函数是在行级别执行的。

表 8-2 基于行级别的判断示例

省　份	类　别	细　分	订单 ID	订单日期	邮寄方式	销售额
浙江	办公用品	公司	US-2019-1357144	2019/4/27	二级	￥130
四川	办公用品	消费者	CN-2019-1973789	2019/6/15	标准级	￥125
四川	办公用品	消费者	CN-2019-1973789	2019/6/15	标准级	￥32
江苏	办公用品	公司	US-2019-3017568	2019/12/9	标准级	￥321
广东	办公用品	消费者	CN-2018-2975416	2018/5/31	二级	￥1,376

我们可以用 IF 函数进行逻辑判断，例如当[省份]="浙江"时，"地区"显示为"华北"，不过此类对字符串的相等判断，建议用更优雅、简单的 CASE WHEN 函数，如图 8-15 所示。

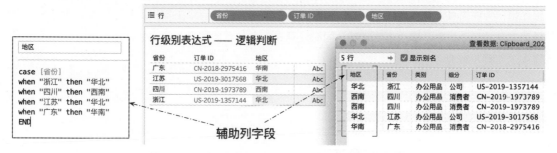

图 8-15 使用 CASE WHEN 函数在每一行创建辅助字段

使用行级别表达式，为每一行的"省份"字段统一增加了一个地区标签。

另一类行级别表达式则是基于度量的，比如 "[利润]/[销售额]"，按照每次交易的销售价格和定价计算商品折扣（[销售价]/[定价]）。可以假想，在 Excel 的明细行中，基于多个字段的关系创建了一个辅助列字段，这个辅助列字段可以在视图中生成聚合。

当然，也有一些计算在行级别和聚合表达式上结果一致，只是诠释方法不同。比如基于图 8-16 所示的 HR 数据，要计算每个部门的"实发工资总额"。我们可以先计算每个人的实发工资而后按照部门聚合，对应的表达式是：SUM([应发工资]-[扣除工资])），我们也可以用部门的总应发工资减去总扣除工资，对应的表达式为：SUM([应发工资])-SUM([扣除工资]) 。二者虽然在结果上相同，但是诠释方式截然不同。这种结果的一致性，通常发生在只有加减运算的辅助列中。

◢	A	B	C	D	E	F
1	日期	部门	员工	编号	应发工资	扣除工资
2	2020年1月	总裁办	李四	A001	1000	20
3	2020年1月	总裁办	王五	A002	1000	30
4	2020年1月	保卫科	张三	A003	2000	0
5	2020年1月	保卫科	黄四郎	A004	500	100

图 8-16　人力资源的薪资表示例（部分）

总而言之，数据分析中的计算以聚合计算为主，各种行级别函数及其计算为视图的聚合计算提供原材料。接下来，我们依次介绍主要的行级别函数及用法。

8.2.2　字符串函数

最典型的行级别函数是字符串函数，它们可以对各类字符做清理、截取、拆分、合并、查找、替换等操作。比如截取函数 LEFT、RIGHT、MID，拆分函数 SPLIT、查找函数 FIND、替换函数 REPLACE 等。

在 Tableau 中，常见的字符串功能（如字段合并、字段内拆分）都内置到了单击鼠标右键的快捷操作中，方便简单。更多的函数则可以通过"创建计算字段"命令来实现。写计算字段时，要善于借助右侧的帮助信息，确认语法正确，同时注意左下角的状态信息，这里会提示计算有效或者错误信息，如图 8-17 所示。

图 8-17　Tableau 创建计算字段的工具栏

在此，简述关键的字符串函数，如下。

（1）查找函数——返回数值

FIND([字符串字段],"被查找字符")

FINDNTH ([字符串字段],"被查找字符",n)

FIND 函数返回被查找字符所在的位置，FINDNTH 函数返回被查找字符第 *n* 次出现的位置（NTH 是"第 *n* 次"），注意二者的结果是数字。

比如，我们从订单 ID 字段查找字符 "20"，然后返回对应的字符位置。如图 8-18 所示，创建即席计算，输入 **FIND**([订单 ID],"20")，每个 ID 就会对应一个数据。不过，我们看到有些订单对应的位置远远超过了合理的范围，为什么？

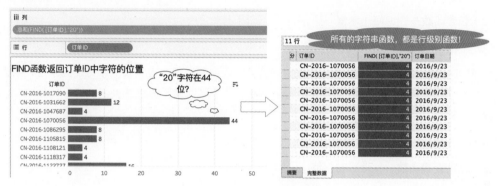

图 8–18　FIND 字符查找函数

只要结果是度量，加入视图中都会默认被聚合，由于 FIND 函数返回的是数值，因此行级别的计算结果被聚合了，图 8-18 中第 5 个订单 ID 对应的 44 是 11 行数据的聚合（FIND 函数返回的结果是数值 4）。为了查看每个订单 ID 的情况，在 FIND 函数字段上右击，在弹出的下拉菜单中将其从连续、度量改为离散、维度，并拖曳到订单 ID 之后显示，如图 8-19 所示。

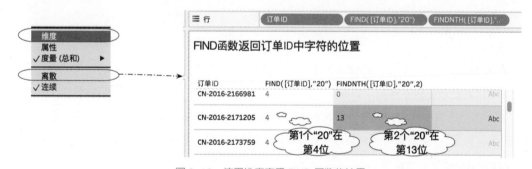

图 8–19　使用维度查看 FIND 函数的结果

在 Tableau 中，FIND 函数通常与 LEFT、RIGHT 等截取函数结合，比如 "从左侧截取到第一个 ××字符"，表达式如下：

LEFT([截取字符串字段],FIND([截取字段],"××")-1) [1]

笔者之前在给一家使用 SAP 的客户做实施项目时，由于 SAP HANA 直连时不支持拆分函数

1　注意，函数引用字符的引号必须是半角的单引号或者双引号，全角（中文）下会报错。

SPLIT，因此从"一级物料—二级物料—三级物料"字段（物料编码）提取每个部分，就可以使用 FIND 函数间接完成。比如截取"一级物料"使用：

LEFT([物料编码],FIND([物料编码],"-")-1) //截取左侧到第一个短横分隔符

（2）包含函数——返回布尔值

CONTAINS([查找字段],"被查找字符")

和 FIND 函数类似，CONTAINS 函数用于验证字段中是否包含被查找的字符，如果是，则返回 TRUE，否则返回 FALSE，因此是典型的布尔判断。这个判断通常与逻辑判断结合，比如"当字符串中包含"××"字符时，定义为'危险'，否则'正常'"：

IIF(CONTAINS([被查找字段],"××"),"危险","正常")

（3）特定查找函数——返回布尔值

STARTSWITH ([字符串字段],"被查找字符")

ENDSWITH([字符串字段],"被查找字符")

CONTAINS 函数用于验证字符串中是否包含某个字符，有时候需要缩小查找范围，仅仅查找是否以指定字符开头，或者以此结尾，这时就用 STARTSWITH 和 ENDSWITH 函数。比如字符串是否以"AA"开头，如果是，则返回 TRUE。

STARTSWITH ([字符串字段],"AA") //字符串是否以"AA"字符开头

（4）替换函数——返回字符串

REPLACE ([字符串字段],"指定字符串","用于替换的字符串")

这个函数的用法简单清晰，把指定字符串更换为一个新字符串。比如公安局分析警情记录的一个例子，"通过字符判断案件是否为涉财案件"。涉财案件的基本标准是，警情记录中一定会包含"涉嫌金额×××元""被盗财物×××万元"等字样，因此可以按照以下的字段判断"涉财案件"：

CONTAINS([案件详情],"元")

不过，这里有一个问题需要处理，案件详情记录报警人的家庭住址、事发地点等，存在大量的"×号楼×单元"字样，这里的"单元"会影响上面的判断，因此需要先把案件详情中的"单元"修改一下，创建辅助字段，如下：

REPLACE ([案件详情],"单元","单圆")

二者结合就是：

CONTAINS(REPLACE ([案件详情],"单元","单圆") ,"元")

更进一步，使用逻辑函数 IIF，把包含"元"的数据，标记为"涉财案件"，如图 8-20 所示。

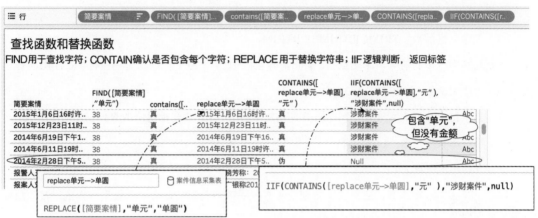

图 8-20　使用 CONTAINS 和 EREPLACE 的实例

业务分析中有大量的字符串判断，FIND、REPLACE、CONTAINS 等字符串函数能帮助我们整理数据。当然，这是面向初学者的简单办法，更复杂的查找判断情形，可以用后面的"正则匹配函数"。

（5）拆分函数——返回字符串

SPLIT([字符串],"分隔符",拆分位数)

拆分函数已经被预置在字段的右键菜单"变换"中。如果你想知道自动拆分的原理，就需要了解 SPLIT 函数的语法，它的关键是指定拆分的分隔符和拆分的位置，如图 8-21 所示。

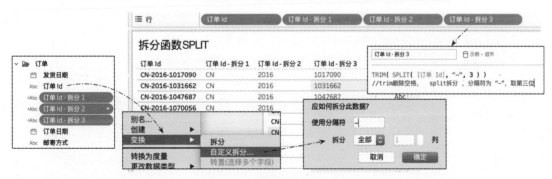

图 8-21　拆分函数和自定义拆分

熟练之后，可以通过即席计算直接在"行"/"列"中输入。如果只想拆分最后一个，则把后面的数字输入为"-1"。

（6）空格函数 SPACE(N)

生成 N 个空格字符串，比如 SPACE(2)生成两个空格，通常与其他函数结合使用。

（7）删除空格函数：TRIM、LTRIM、 RTRIM

分别删除字符串的前导与尾随空格、删除前导空格（L 为 LEFT）、删除尾随空格（R 为 RIGHT）。

（8）大小写函数：UPPER、LOWER

分别把字符串改为大写或者小写（当然是英文字符），特别适合批量修改身份证尾号 x 为 X。

（9）字符串长度函数：LEN 函数

返回字符串的长度。

除了上述的字符串函数，还有一类特别的函数——正则匹配，适合中高级用户尝试，我们放在本章的后面介绍。

8.2.3　日期函数

日期是非常特殊的维度字段，它不仅具有连续性，而且自带层次特征，我们可以像切片一样，从年到季度、从季度要月、从月到周一直切分下去。这样的层次性，是使用日期字段和创建日期函数的基础。

不同的数据库通常使用不同的日期格式，常见的如"2020-2-10 10:20:30"，任意的日期或时间都由多个日期部分构成，每个部分都有一个名称（datepart）对应。可以参考图 8-22 理解日期的层次结构和格式构成。

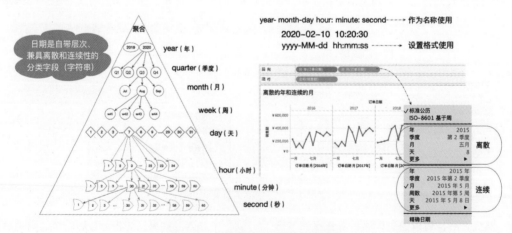

图 8-22　日期的层次和离散/连续属性

日期自带层次结构，如图 8-22 左侧所示，因此分析中可以通过调整日期的层次快速调整整个视图的层次。常见的日期层次有年/季度/月/天（离散），还有年/年季度/年月/年周/年月日（连续），通过鼠标右击日期字段，可以在弹出的下拉菜单中快速调整。

日期默认都是连续的，连续的日期坐标轴会有一个明细特征：坐标轴分别向前、向后延伸一段距离，代表前后还有更多日期。日期也可以改为离散，离散显示是为了更好地展示相互差异而非总体趋势。

所有的日期函数可以分为以下几类。

- 日期计算函数：差异计算函数 DATEDIFF、增减函数 DATEADD。
- 日期创建函数：创建日期函数 MAKEDATE、创建时间函数 MAKETIME、创建日期时间函数 MAKEDATETIME、TODAY 函数、NOW 函数。
- 日期转化函数：DATE 函数、DATETIME 函数、转化函数 DATEPARSE、截取函数 DATETRUNC。
- 日期提取函数：DATEPART 函数取日期的构成部分之数字、DATENAME 函数取日期构成部分的名称，以及各种简化形式函数 YEAR、QUARTER、MONTH、WEEK、DAY。

1. 日期创建类函数

一个完整的日期是由年、月、日组成的，而时间是由小时、分钟、秒组成的。我们既可以把多个散落在不同字段中的日期部分组成一个完成日期，也可以提取一个完整日期中的某个部分。

Tableau 提供了多个函数把多个字段合并为一个完整日期、时间或者日期时间。其中，MAKEDATE(year,month,day)用于创建标准日期，MAKETIME(hour,minute,second)用于创建标准时间，这两个函数中的构成部分，必须是数字（整数），如果改为数字（小数）或者字符串，就会报错，如图 8-23 所示。有时候数据中没有"日"，但是又要创建日期，则只需要在"日"对应的函数位置输入 1（见图 8-23 右侧）。

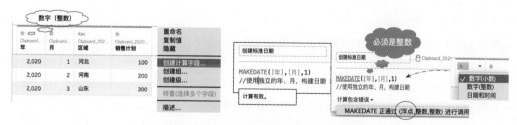

图 8-23　构建日期的函数 MAKEDATE

除了 MAKEDATE 和 MAKETIME 函数，还有一个函数 MAKEDATETIME(date,time)，它可以把独立的日期和时间两个字段合二为一，注意构成的两个参数 date 和 time 都必须是标准的格式，通常与上面两个函数结合使用。

另外两个特别重要的函数是 TODAY 和 NOW。

这两个函数没有参数，分别返回当天的日期（比如 2020-5-1）和当下的日期时间（比如 2020-5-1 09:32:30），在结合参数使用时特别有效。

比如我们希望只查看当天的数据，除了把日期拖入筛选器选择"相对日期→今天"，还可以创建一个判断函数，这样避免了在多个工作簿中反复操作。不过，随着动态参数的出现，用动态参数更方便实现。

- 字段名称：筛选今天的订单
- 表达式内容：[订单日期]=TODAY()

TODAY 和 NOW 两个函数可以根据程序的日期自动变化，是动态筛选的好办法。

2. 日期转化类函数

用字符串保存的日期都需要转换为"日期"类型才能充分地做时间序列分析。最常见的转换方式是修改字段的数据类型，日期类型对应的是 DATE 函数，日期时间类型对应的是 DATEIME 函数，如图 8-24 所示。

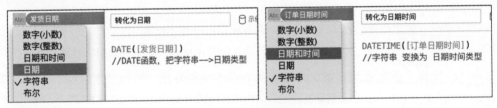

图 8-24 日期转化函数

这种通过点击字段更改类型的方式适用于比较标准的格式转换，复杂格式经常会有转换失败的情况，Tableau 提供了更加底层的转化函数 DATEPARSE，将字符串映射为标准的日期格式，英文中 PARSE 是"解析、句法分析"之意。

使用 DATEPARSE 函数的关键是使用标准的字符组合来表示字符串的时间构成。比如数据库中的数据是以"20191020/033000"形式存储的时间，可以使用 DATEPARSE("yyyyMMdd/hhmmss", #20191020/033000#) 转化为标准日期，这里 yyyy 代表四位数的年，MM 代表两位数的月，dd 代表两位数的日，等等。只有明确的解释格式，才能确保转换正确。

不同的位数代表不同的解析方式，比如英文环境下月份一个 M 代表 1 月，两个 MM 代表 02 月（包含前导零），三个 MMM 代表 Feb，四个 MMMM 代表英文全称 February。

日期解析函数 DATEPARSE 的常用符号对照表如表 8-4 所示。

表 8-4　日期解析函数 DATEPARSE 的常用符号对照表[1]

日期部分	符　号	示例字符串	示例格式
年	y、Y	20，2020	YY、YYYY yy 、 yyyy
季度	Q	2，02，季 2，第二季度（中文） 2，02，Q2，2nd quarter（英文）	Q，QQ，QQQQ
月	M	9、09、九月、九月 9、09、Sep、September	M、MM、MMM、MMMM
年中的周（1~52）	w	8、27	w、ww
月中的天	d	1、15	d、dd
年中的天（1~365）	D	23、143	DDD、DDD
期间	a	AM、am、PM	aa、aaaa
小时（1~12），小时（0~24）	h、H	1、16、03	h、hh、HH
分钟	m	8、59	m、mm
秒，毫秒	s	2、24	s、ss
小数秒	S	S、SS、SSS、SSSS	2，23，235，2350
毫秒	A	AAAAA	23450

　　DATETRUNC 函数与 DATEPARSE 函数不同，它用于调整标准的日期字段的层次。TRUNC 是 TRUNCATE（裁剪、裁断）的缩写，DATETRUNC 将日期裁断到相应的层级，比如 2019 年 1 月 1 日和 2019 年 1 月 10 日裁断到"月"，都是 2019 年 1 月，不过为了保持连续性，裁断后的日期实际上把"月"以下的部分都改为"1"。裁断后的日期都是连续的，区别于后面的 DATEPART。

　　Tableau 实际上把这个字段内置到了日期类型字段的"创建→自定义日期"之中了。如图 8-25 所示，在"发货日期"字段上右击，在弹出的下拉菜单中选择"创建→自定义日期"命令，这里的"日期值"对应 DATETRUNC 函数，在详细信息中选择"月"，点击"确定"之后会创建一个 DATETRUNC 的计算字段。

　　DATETRUNC 函数使用广泛。在第 3 章介绍 Prep Builder 的"数据聚合"时就曾经提及。数据聚合就是调整数据的详细级别，当加入日期字段时，默认是数据库明细级别的，如果要把数据级别提升到"年月"，就需要选择数据分组，相当于把同一个年月内的所有日期都截断到年月的第一天，如图 8-26 所示。

1　更多可以参考国际通用标准 icu-project.org 中的附录，中英文的结果略有差异，以月和周最为明显。

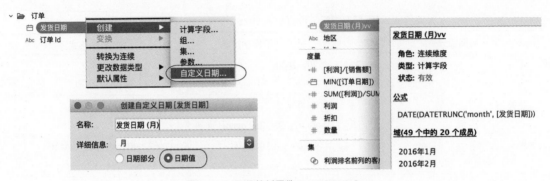

图 8-25 日期截断函数 DATETRUNC

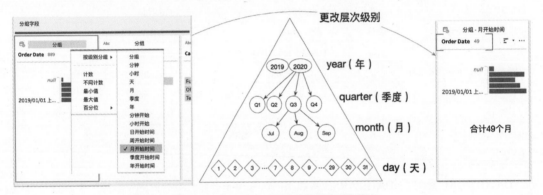

图 8-26 Prep Builder 聚合阶段调整日期层次

3. 日期计算函数（见图 8-27）

图 8-27 日期计算函数 DATEDIFF

业务分析中，经常要计算两个日期的间隔，比如订单的发货日期到收货日期间隔几周（间隔单位），就需要用 DATEDIFF 函数。使用计算函数的关键是必须指定间隔的单位，如图 8-28 所示。

DATEADD 函数与之类似，相当于在指定的日期上增加一个特定的时长。

比如说，有不少单位都将每月 26 日（含）之后的业绩算到次月统计，可以直接使用 Tableau 创建一个辅助字段，自动为每个日期调整到统计月份。

图 8-28 DATEDIFF 函数的用法

方法就是创建一个辅助列"统计月份"，让"订单日期"中的 26—31 日跳到下个月去，所有日期增加 6 天即可，表达式如图 8-29 所示。

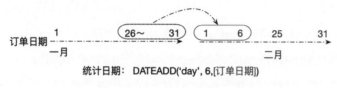

统计日期：DATEADD('day', 6, [订单日期])

图 8-29 DATEADD 函数的示例

这样，使用新字段的"年月"部分即可作为统计月份创建视图或者筛选了。

注意，日期可以加减整数，相当于指定 datepart=day 的日期计算，但是建议大家使用 DATEDIFF/DATEADD 的完整函数来处理。[1]

4. 日期函数

前面的日期创建和日期转换都是为了创建标准的日期格式，日期计算也是基于标准的日期格式方才有效。不过，有时也需要提取日期中的某一部分，从而简化分析工作，这一类函数统称日期部分，最典型的函数是 DATEPART。

DATEPART(date_part, [标准日期字段])可以提取指定的日期部分为数字，比如 2016 年 2 月 1 日的年份部分（date_part=year）为 2016，月份部分（month)为 2 等。

实际上，虽然 DATEPART 函数的运算结果是数字，但默认是离散显示，可以通过设置格式更多多种显示方式。而既然它是数字，就意味着必要时，依然可以将其改为连续性。

---

1 本书首印曾写到"日期不能直接相减"，自然是不对的；日期直接相减和加整数计算，相当于 date_part='day'。

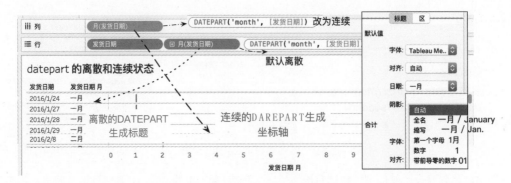

图 8-30 DATEPART 函数：取日期的指定部分

为了进一步简化提取日期部分的工作，Tableau 提供了多种常见的日期简化函数：

YEAR([订单日期])=DATEPART("year",[订单日期]) //结果为年

QUARTER([订单日期])=DATEPART("quarter",[订单日期]) //结果为季度 1 ~ 4

MONTH([订单日期])=DATEPART("month",[订单日期]) //结果为月 1 ~ 12

WEEK([订单日期])=DATEPART("week",[订单日期]) //结果为周 1 ~ 53

DAY([订单日期])=DATEPART("day",[订单日期]) //结果为天 1 ~ 31

Tableau 将这几个常见函数内置在日期字段的创建中，如图 8-31 所示，鼠标右击"发货日期"字段，在弹出的下拉菜单中选择"创建→自定义日期"命令。这里的日期部分对应的是 DATEPART 函数。

图 8-31 日期简化函数

Tableau 在公历历法之外，还支持使用 ISO-8601 基于周的日历[1]，只需要将对应的函数改为 ISOYEAR、ISOQUARTER、ISOMONTH、ISOWEEK 即可。

DATEPART 函数提取为数值，另一个函数 DATENAME(date_part,[标准日期字段])则可以提取为字符串。比如 2016 年 3 月 31 日提取月度，返回的字符串结果就是"3 月"，或者英文的"March"，如图 8-32 所示。基于 DATENAME 的结果不能再设置格式。

---

1 ISO-8601 基于周的日历是适用于日期相关数据的一项国际标准。与公历不同，ISO-8601 日历在每个季度中有一致的周数，每周有一致的天数，从而使 ISO-8601 日历在计算零售和财务日期时很受欢迎。

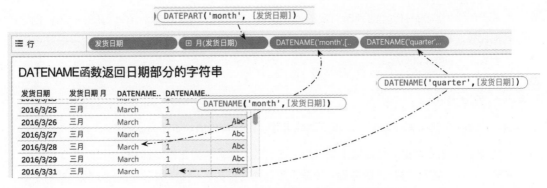

图 8-32　DATENAME 函数提取日期某个部分的名称

5．DATEPART 高级实例：比较年同比年初至今数据[1]

DATEPART 函数是最常用的日期函数，比如要计算今年年初至今的销售额与去年同期的差异百分比。默认会显示去年全年和今年年初至今的数据，要想把比较对象限定到去年同期，就需要对数据做筛选。筛选的标准是任何年度的月和日都不能大于今天的月和日，如图 8-33 所示。

图 8-33　保留早于同期月和日期的交易

因此，筛选需要提取所有日期和今天的月、日的部分，之后比较，在数据库中的所有日期都添加一个单独的维度列：同期比较日期和不可同期比较日期。Tableau 官方提供了如下的计算字段：

```
IF DATEPART('month',[订单日期]) < DATEPART('month',TODAY())
OR
( DATEPART('month',[ 订单日期]) = DATEPART('month',TODAY()) AND
DATEPART('day',[ 订单日期]) <= DATEPART('day',TODAY())
)
THEN "同期比较日期"
ELSE "不可同期比较日期"
END
```

这里的关键是 IF 函数的判断语句，DATEPART('month',TODAY())用于提取今天（TODAY）所在的月份，订单日期的月份只要小于今天所在的月份，就标记为"同期比较日期"；而如果订单日期所

1　本实例可在 Tableau 官网知识库中查询。

在月份等于今天所在的月份，就判断对应的天（DAY）的数值，小于或等于今天所在的天，也标记为"同期比较日期"。不符合这两个条件的都标记为"不可同期比较日期"。使用这个字段就可以筛选今年和去年同期的订单了。

8.2.4　数字函数

数字函数主要包括各种算术、几何、幂等运算。比较常用的如下所示。

- ABS 计算给定数据的绝对值（可以用来把负数坐标轴改为正数坐标轴）
- ROUND（数字,位数），四舍五入函数，可以指定位数，1 位小数后 1 位，-1 位小数前 1 位；比如 ROUND(13.14,1)=13.1，ROUND(13.14,-1)=10
- 进位到整数函数 CEILING，比如 CEILING(13.14)=14
- 舍位到整数函数 FLOOR，与 CEILING 函数正好相反，比如 FLOOR(13.83)=13

其他的函数都是专业的几何函数，比如正弦、余弦等。在分析中，与数学函数结合，除了加减乘除，有时候会用到其他运算符：

%余数计算符，比如 5%2=1

曾经有人提过一个分析需求：按照每 15 分钟为时间段聚合交易金额。Tableau 默认的日期层次是年月日时分秒，按照 15 分钟为时间段，相对于将连续的日期重新分组，可以加一个辅助列，通过逻辑判断实现。

很多初学者把此类问题设计得过于复杂，特别是大量嵌套日期函数，会严重影响计算性能——行级别计算字段相当于对每一行数据做判断，相对于聚合计算，可能会导致性能负担。

假想很多连续的日期，每个小时内的 1 分钟与 14 分钟之间的所有日期标记为 0 分（整点），15 分钟与 29 分钟之间的所有日期标记为 15 分钟，以此类推。通过 DATEPART 函数可以轻松提取每个日期的分钟部分，如下：

$$m = DATEPART('minute', [订单日期])$$

笔者当时思考的过程如图 8-34 所示。

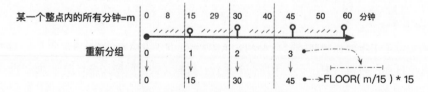

图 8-34　把分钟按照 15 分钟为间隔分组

通过算术计算实现分组的好办法是 FLOOR 或者 CEILING 函数，FLOOR(m/15)使用了舍位到整数函数，因此从 0/15 到 14/15 的结果都是 0，结果再乘以 15，就实现了 0/15/30/45 的分组。

接下来，就是把每个日期分钟之前的部分和这个新的分钟数字加在一起，使用 DATETRUNC 函数将订单日期截断到"小时"，然后使用 DATEADD 函数将上面的算术计算加到它的分钟位置，如下：

DATEADD('minute', FLOOR(m/15)*15，DATETRUNC('hour',[订单日期]))

尽可能简化的方式实现了订单日期按照 15 分钟分组，综合使用了算术计算、日期函数。

8.2.5　类型转换函数

分析的前提是确保每个字段的类型是正确的，因此类型转化视为数据整理的必备工作。通常情形下，通过手动的类型转换、格式设置和函数计算，已经满足了大部分的需求。背后的转换函数业务人员可以适当了解，在成为高级用户的路上多加留意。

Tableau 常用的数据类型有数字（小数）、数字（整数）、日期、日期时间和字符串，分别对应 FLOAT、INT、DATE、DATETIME、STR。英文词 FLOAT 是浮点，被各类程序语言用于代表小数；INT 则是 INTEGER（整数）的简称；STR 则是 STRING（字符串）的简称。

8.2.6　高级字符串函数之"正则函数"

正则表达式（Regular Expressions，RegEx）也可以称为"正则函数"，属于典型的高级分析工具，用于"极度不规则但有规律"的字符处理。使用正则表达式的关键是从极度混乱的字符串中识别"规律"，从而实现查找、替换或者提取。这一规律又可以称之为"模式"（Pattern）。

作为高级程序必备的工具，正则表达式被各种软件广为支持，Tableau 的语法符合国际 ICU 的通行规则，笔者也经常会在使用时前往查阅[1]。最核心的语法是几个符号的使用，笔者用一个例子总结如下：

$$([A-Z]\{1,2\}+[0-9]\{3,4\})$$

- [方括号]：代表某个范围中的任意字符，比如[abc]代表 abc 中的任意 1 个字母，[A-Z]代表 1 个大写字母，[0-9]代表 1 个数字等；
- {大括号}：正则匹配的字符数量，紧接在方括号之后，比如{3}代表 3 个字符，{3,4}代表 3 个或者 4 个字符，而{1,}代表至少 1 个字符；
- (小括号)：用于提取你想要返回的字符模式范围。

按照这样的解释，上面所要代表的"规律"就是由 1 位或 2 位大写字母及 3 位或 4 位数字构成的序

1　通过搜索引擎搜索"ICU-RegExp"可得。

列，比如 AU2004、I1403、C340，分别代表黄金的某个期货代码、铁矿石的某期货代码、看涨估价。

Tableau 提供了多个正则表达式，最常用的是提取符合某个模式的字段的函数 REGEXP_EXTRACT。

- REGEXP_EXTRACT(字符串,模式)：提取。从字符串中提取符合某些字符模式的字符。
- REGEXP_EXTRACT_NTH(字符串,模式,序号)：提取第 *n* 个。多次符合条件，符合第 *n* 个。
- REGEXP_REPLACE(字符串,模式,替换字符串)：替换。把某些字符更换为特定字符。
- REGEXP_MATCH(字符串,模式)：匹配。如果字符串中有特征一的某些字符，那么返回 TRUE。

REGEXP_EXTRACT(字符串,模式)用于提取符合特定条件的部分，比如从一组混乱的数据中提取电子邮件地址、提取 11 位电话号码等。下面结合实例说明一下。

比如笔者有很多的期权合约代码，格式如图 8-35 所示，分别代表"品种（AU）""合约（2004）""看涨 C/看跌 P""行权价格（340）"、分隔符（.）、交易所（SHF）。每个品种、合约、行权价格的位数都不确定，因此不能使用字符串函数 LEFT、RIGHT 和 MID 来拆分，但由于是有"规律"的，因此可以用正则匹配来提取特定的字符串部分。

品种　合约　涨跌　价格　交易所
AU2004|C340.SHF

图 8-35　期权合约代码的组成与规则

- 品种和合约：1 位或者 2 位字母+3 位或者 4 位数字。
- 涨跌及行权价格：C 或者 P 开始+数字，以分隔符(.)结尾。
- 交易所：分隔符(.)之后的字母，2 位至 4 位。

因此，仅提取品种和合约的正则表达式如图 8-36 所示。

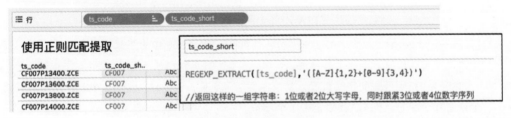

图 8-36　正则表达式示例

在这个表达式中，核心部分是代表规律和模式的 "([A-Z]{1,2}+[0-9]{3,4})"。{1,2}大括号中的数字代表匹配的位数，因为品种字母可以是 1 位（M），也可以是两位（CU）。更多的返回结果如图 8-37 所示。

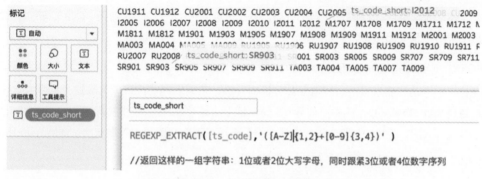

图 8-37　正则表达式的返回结果

REGEXP_EXTRACT 函数默认返回符合条件的第 1 组字符串，如果要返回符合匹配模式的第 2 组，比如图 8-38 中的涨跌及行权价。

图 8-38　一个字符串中有两个部分符合指定模式

此时可以用第二个表达式 REGEXP_EXTRACT_NTH，如下所示：

REGEXP_EXTRACT_NTH([ts_code], '([A-Z]{1,2}+[0-9]{3,4})',2)

当然，我们也可以在之前模式的基础上修改代表规律的模式，第二组符合条件的字符串可以加一个特征：跟紧在数字 0~9 之后，这个特征是第一组字符串没有的，因此表达式如图 8-39 所示。

图 8-39 正则表达式，返回模式的指定部分

当然，这里的字母只有 C 或者 P 两个可能，因此也可以把([A-Z]{1,2} 改为（C|P），不过，要特别注意用于提取的括号的位置。

REGEXP_EXTRACT([ts_code], '[0-9]+((C|P)+[0-9]{3,4})')

可见，正则表达式非常灵活。随着业务分析的升级，正则表达式应该成为数据分析师的常识工具，之前遇到 SAP HANA 数据库中"前导 0"的问题（比如 6763 在系统中被标记为 00007673），如果要用 FIND、RIGHT 函数来处理，则很容易出错，而用正则匹配则可以轻易解决，如图 8-40 所示。

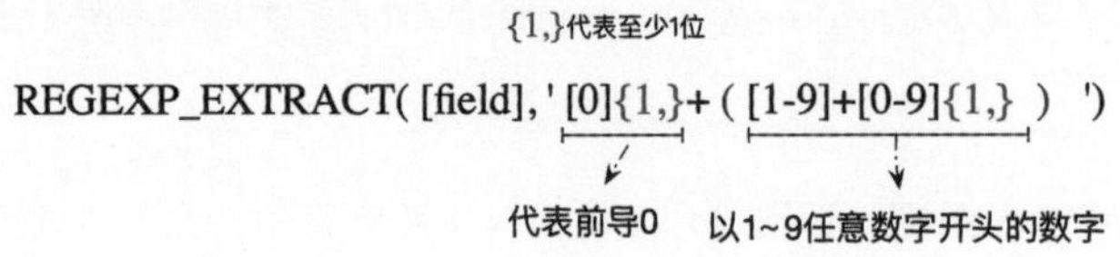

{1,}代表至少1位

REGEXP_EXTRACT([field], ' [0]{1,}+ ([1-9]+[0-9]{1,} ）')

代表前导0　　　以1~9任意数字开头的数字

图 8-40　使用正则表达式提取前导 0 之后的部分

有前导 0 的数字串，一定是多个 0 开头，之后从 1~9 的任意数字开始。这里{1,}代表至少 1 位数字，[0]{1,}就代表前导 0 的字符串，而[1-9]+[0-9]{1,}代表以非 0 数字开头的任意长度。

只要掌握了"寻找规律"+"正则模式"描述规律+提取返回部分的思路，正则表达式并没有想象得那么难。其他几个函数的方法与此一致，不再赘述。

8.3　聚合函数

上面我们讲解的行级别函数都是在一行中计算的，增加了字段的列，但没有行与行之间的计算，因此都不是聚合过程。聚合必然存在多行之间的比较和计算，这是最基本的判断标准。

Tableau 主要的聚合函数包括总和函数 SUM、求平均值函数 AVG、最大值函数 MAX、最小值函数 MIN、计数（重复计数）函数 COUNT、计数（不重复计数）函数 COUNTD、中位数函数 MEDIAN，度量加入视图后默认聚合。

可以根据需要修改字段默认聚合的方式，比如"利润率""折扣""单价"等字段默认的总和聚合没有意义。在视图"数据"窗格中找到"折扣"字段，用鼠标右击，在弹出的下拉菜单中，选择"默认属性→聚合→平均值"命令，以后双击这个字段，视图中的所有聚合都会是"平均值"了，如图 8-41 所示。

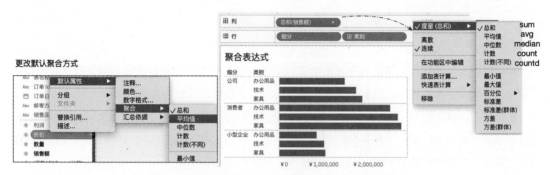

图 8-41　为字段设置默认聚合方式，或者在视图中更改

另外，还有一些统计函数也属于聚合类别，比如 PERCENTILE（百分位）、CORR（皮尔森相关系数）、COVAR（样本协方差）、COVARP（总体协方差）、STDEV（样本标准差）、STDEVP（总体标准差），它们都是从样本的很多数值中计算出一个特征值，如图 8-41 右上角所示，可以在度量字段右击，在弹出的下拉菜单"度量"中选择。

还有一个属性函数 ATTR，用于返回唯一属性或者*，ATTR 是 ATTRIBUTION（属性）的简写，可以理解为是对多个维度的唯一性计算函数——唯一就返回本身。由于 ATTR 函数也是聚合函数，所以它不会影响数据的详细级别，如图 8-42 所示，假定这是某个客户的购买分析，左侧是每个类别下每个订单 ID 的购买金额（详细级别是类别*订单 ID）；对订单 ID 做属性聚合（对应 ATTR 函数）之后，就是每个分类的购买金额，同时显示每个分类的唯一订单 ID 号码，由于"办公用品"下有两个订单 ID，因此这里返回*。

图 8-42　ATTR 函数返回离散维度的唯一值

和行级别字段相比，这些聚合字段显得单调得多，确实，行级别丰富了分析的层次，而聚合只是用于描述不同层次的数据总体特征，且计算方法受限于维度。为了满足复杂的分析需求，Tableau 推出了表计算和 LOD 表达式，它们也属于聚合函数，却是聚合函数的二次聚合，不列入本章节所说的聚合函数范围，会在后面两章进行深入介绍。

8.4 逻辑函数

逻辑函数用于判断，既可以用于维度也可以用于度量，既可以用于行级别明细数据，也可以用于视图级别聚合数据。因此，我们把逻辑函数作为独立于行级别函数和聚合函数的分类介绍。

最重要的逻辑函数是 IF 函数，其他函数都可以视为 IF 函数在某种特殊情形下的简化形式，比如仅有一次判断的 IIF 函数，适用于"等于判断"的 CASE WHEN 函数，适用于日期格式判断的 ISDATE 函数，适用于空值判断的 IFNULL 函数、ISNULL 函数和 ZN 函数。

另外，逻辑函数中还常用几个判断字段，AND 代表同时满足两个条件，OR 代表至少满足一个条件，NOT 代表条件的反面。2020.3 版本新增了 IN 逻辑函数，进一步简化了多个 OR 判断的语法。比如[para]='A' OR [para]='B' OR [para]='C'可以简化为 [para] in ('A', 'B', 'C') 。

对于初学者，要先学习和理解 IF 函数的逻辑及应用，然后不断学习并优化逻辑判断。"条条大路通罗马"，慢慢寻找最近的路。

8.4.1 IF 函数

最基本的 IF 函数是只有一次判断条件的情形：

IF <判断> THEN <判断正确的返回值> ELSE <判断错误的返回值> END

如果需要多次逻辑判断，则可以嵌套 ELSEIF 函数，如下：

IF <判断 1> THEN <判断 1 正确的返回值>

ELSEIF <判断 2> THEN <判断 2 正确的返回值>

……

ELSE <所有判断都不满足时的返回值>

END

逻辑函数可以用于行级别的明细判断，也可以用于视图的聚合数据判断，语法完全一致，具体选择使用哪个取决于问题和分析目的。

在 Tableau 可视化中，颜色是特别关键的视觉层次，从已有的字段作为颜色图例是首选项，不过经常会遇到默认色系不能满足业务需求的情况。

比如我们看 TOP20 客户的销售额，仅仅用利润总额来自动区分颜色，显然无法建立视觉重点（见图 8-43 左侧），此时就需要用逻辑函数对代表颜色的"总和（利润）"做进一步的分层，把利润总额大于 15000 元的标记为"高利润"，大于 10000 元的标记为"中间利润"，其他标记为"偏低利润"，逻辑判断结果拖动到"标记"的"颜色"中，即可用颜色把客户区分为三类。

图 8-43　使用 IF 函数为视图聚合值分类

只要是在视图层次对聚合的度量做分层，那么逻辑判断中就应该包含聚合表达式（见图 8-43 中的 SUM(利润)），此时的逻辑函数就是视图级别的逻辑函数。

不过，逻辑函数相当于给不同阶段的数据加了一个描述字段，它的结果就是离散字段，离散字段默认用对比色，而非连续颜色表示。在这里，建议点击"颜色"选择一个连续的色系设置颜色，而非按照上面的对比色，以免增加视觉压力。

行级别的逻辑判断就是没有聚合字段的逻辑判断，如下所示：

IF[利润]>1000　THEN　'高利润交易' ELSE　'低交易单据'　END

8.4.5 节会提供一个基于 IF 判断的综合实例，从行级别逻辑判断和包含聚合的逻辑判断，分析"子类别的利润分层及其结构特征"，从而对比二者的区别和联系。

IF 函数是最基本的逻辑函数，使用时注意以下几个地方：

- 在嵌套逻辑中，每个数值都是从前往后依次判断，不满足第一个条件（SUM([利润])>100000）再去判断第二个条件，所以第二个条件（SUM([利润])>0）无须考虑第一个条件，等价于（SUM([利润])>0 AND SUM([利润])<=100000）。因此写逻辑判断时，要么从高往低写，要么从低往高写，这样语法就更加简洁。
- 每一次逻辑判断都是一次计算，因此过多的嵌套判断会降低计算的性能，应谨慎使用非常复杂的嵌套函数。

8.4.2　IIF 函数

IIF 函数是"IF THEN ELSE END"单一判断逻辑的简化版。下面的两种表达式在结果上是完全一致的：

- IF ＜判断＞ THEN ＜判断正确的返回值＞ ELSE ＜判断错误的返回值＞ END

- IIF(<判断> ,<判断正确的返回值> ,<判断错误的返回值>)

IIF 函数如此简单、优雅，特别适合与其他函数嵌套使用，比如业务中经常会提取 2020 年的销售额总和，可以使用 IIF 函数、YEAR 函数和聚合函数轻松完成：

SUM(IIF(YEAR([订单日期])=2020 , [销售额] ,null))[1]

在第 10 章使用 LOD 表达式介绍会员分析模型时，将会介绍计算每个客户的首次购买日期、第二次购买日期，其中就是使用了一个 IIF 函数嵌套到 LOD 表达式中，很多地方都用 IIF 函数以简化语法。如下所示：

- 首次购买日期 = {FIXED [客户 ID] : MIN([订单日期]) }
- 第二次购买日期 = { FIXED [客户 ID] : MIN(
  IIF([订单日期]=[首次购买日期], null, [订单日期])) }

8.4.3　CASE WHEN 函数

CASE WHEN 函数适用于同一个字段的多次、相等判断，常见于离散的维度枚举判断，而不能用于连续字段的范围判断。

第 7 章 7.4.1 节"使用参数更新度量"的实例中，使用了这个函数。参数是由多个字符串构成的清单，每次的选择都是相等判断，多次、相等判断用 CASE WHEN 函数最方便。可以用图 8-44 表示这个过程的原理。

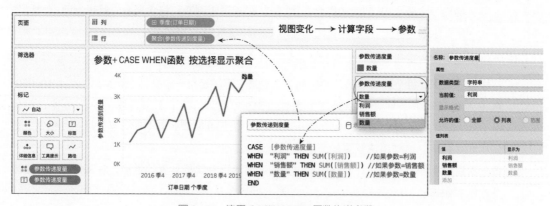

图 8-44　使用 CASE WHEN 函数传递参数

1　YAER 函数是 DATEPART 函数的简化版，返回的是数字，因此可以直接等于数值。

8.4.4　其他简化逻辑判断

还有几个逻辑函数也是适用于特殊情形下的简化判断，主要有 ISDATE、ISNULL、IFNULL 和 ZN 函数。

IFNULL([字段],"字符串")用于将空值（null）改为特定的值，它可以视为 IIF 函数的进一步简化。下面的两个逻辑判断是等价的。

- IIF ([字段]=null,<字段为空时返回的字符串>, [字段])
- IFNULL([字段], <字段为空时返回的字符串>)

在用 Prep Builder 整理数据时，通常会双击把 null 改为一个特定的结果，可以理解为 IFNULL 的逻辑判断。

如果一个字段格式是数字，那么最常见的更改是把 null 改为 0，Tableau 提供了一个把 null 改为 0 的更加简化的函数：ZN([字段])，Z 代表 zero，N 代表 null，ZN 就是把 null 改为 zero，下面的表达式是等价的：

- IFNULL([字段], 0)
- ZN([字段])

Tableau 的很多内置计算都嵌套了 ZN 函数，用于避免 null 引起的错误，使用快速表计算创建的很多表计算函数，默认都嵌套了这个函数。

和 IFNULL 的逻辑判断不同，ISNULL([字段])本身就是判断，相当于上面的[字段]=null，因此下面的 3 个表达式是等价的：

- IIF ([字段]=null,<字段为空时返回的字符串> , [字段])
- IIF (ISNULL([字段]), <字段为空时返回的字符串> , [字段])
- IFNULL([字段],<字段为空时返回的字符串>)

ISDATE 函数与 ISNULL 函数类似，用于判断一个字段是否是日期格式，可以和此前的日期函数结合使用。

8.5　行级别函数与聚合函数的区别与原理

8.5.1　高级实例：各类别的盈利分层与盈利结构分析

在这里，笔者介绍一个同时使用行级别函数和聚合函数，从而对聚合做分层和结构性分析的实例，帮助读者深入理解聚合和行级别。

假设领导要查看"2019 年度，各类别下各子类别的利润，重点突出非盈利子类别；同时分析哪些子类别的非盈利交易更多，以此制定进一步的产品战略和营销战略"。

第一步，"问题解析是分析的起点"

先不考虑盈利判断的逻辑部分，问题中分析样本是"2019 年"（对应订单日期字段），主视图的层次很明显是"类别*子类别"（维度决定层次），涉及到的度量仅有"利润"，聚合方式为总和 SUM。在这样的问题解析基础上，可以制作如图 8-45 所示的可视化视图。

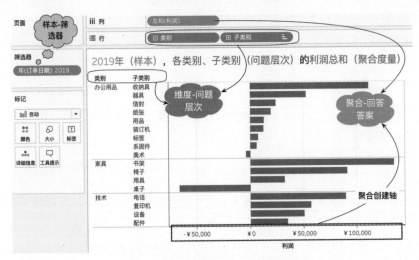

图 8-45　基于问题解析的可视化视图

第二步，增加逻辑判断的部分，即计算的部分

在图 8-45 的基础上，先把"总和（利润）"拖曳到标记中的"颜色"，视图条形图就具有了渐变颜色；之后按住 Ctrl 键拖拽两次"总和（利润）"胶囊，从而生成两个新的聚合度量及其坐标轴。

更改后面两个聚合度量对应的标记，分别双击修改，前者改为 SUM([利润])<0，后者改为([利润])<0，如图 8-46 所示。

注意观察三个聚合度量的颜色差异，及对应的颜色图例，这里对比一下：

- SUM([利润])：聚合度量是连续的数字，因此图例生成轴，对应条形图是渐变色；
- SUM([利润])<0：聚合度量的逻辑判断，因此是离散的"聚合计算"（TRUE/FALSE），聚合计算以视图层次为基础，因此每个子类别对应一个判断结果；
- [利润]<0：没有聚合字符，是"行级别"的逻辑判断，结果是离散的分类字段（TRUE/FALSE）；聚合以行级别层次为基础，因此是每个子类别中每一笔交易的特征判断（这一笔交易是盈利的吗？）结果是对每个子类别的交易盈利与否的分类，因此每个子类别对应两个判断结果（颜色）。

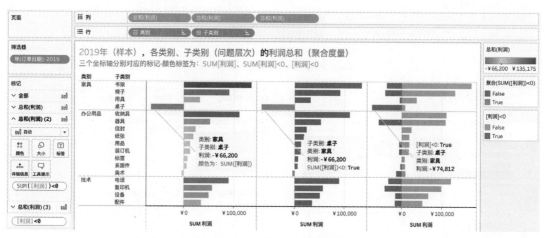

图 8-46　各子类别的利润总额，增加逻辑判断之后

理解的关键是 SUM([利润])<0 和[利润]<0 的不同。而理解二者的关键是洞察视图聚合级别与行级别计算的差异，这也是本章的落脚点。

结合问题本身来解释，图 8-46 中，左侧两个条形图都是在"类别*子类别"的层次上展示了利润总和的情况，只是标记方式不同，一个是连续的利润总额（SUM([利润])），另一个是离散的利润总额判断（SUM([利润])<0），**所有的聚合判断都是在当前视图层次上的判断，因此绝不会影响当前视图的层次。**

而基于[利润]<0 的条形图，由于这个判断是在行级别层次完成的，行级别逻辑判断不依赖于当前视图，相反，还决定了视图的层次，因此最右侧条形图的层次是"类别*子类别*盈利结构"，也正因此，每个子类别对应的颜色是两种。以"桌子"为例，虽然"桌子"的子类别总体上亏损的（SUM([利润])<0），但是并非所有的交易都赔钱，依然有少量交易是盈利的（[利润]>0），只是赔钱的交易更多，所以总体亏损。因此，基于行级别的判断展示的是每个子类别的盈利结构，而非最终的盈利状态。

深入理解行级别判断与聚合判断是大数据分析的基础。那行级别和聚合级别计算有什么本质差异呢？

8.5.2　原理：行级别与聚合级别表达式的本质差异

在图 8-46 的基础上，把 SUM([利润])<0 和[利润]<0 分别拖曳到左侧保存为计算字段（如果不能通过拖曳保存，也可以创建自定义计算字段）。结果如 8-47 所示：

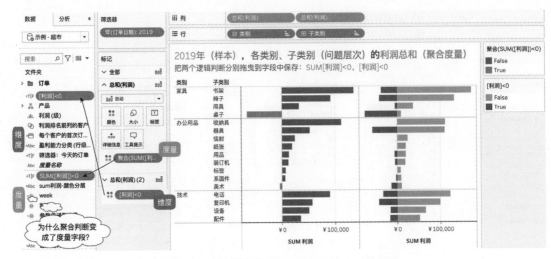

图 8-47　逻辑判断和行级别判断同时加入计算字段

按理说，逻辑判断的结果是"布尔值"（TRUE/FALSE），布尔是字符串的特殊形式，默认属于维度字段。为什么行级别表达式字段出现在维度上，聚合表达式字段却出现在度量上？

这背后是行级别计算和聚合计算的本质性差异及其功能限制。

先说结论：行级别表达式是在数据库层面计算的，其结果既可以作为维度使用，也可以作为度量使用。而聚合计算是建立在视图层次方才有效的计算，依赖于视图，就不能破坏当前视图，因此不管结果是字符串还是数字，只能作为"度量"使用——这里，度量代表视图中的属性。

如图 8-48 所示，如果聚合字段能变成维度，则意味着它可以决定视图的详细级别，从而破坏了当前视图的层次性，就会陷入死循环。

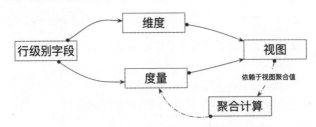

图 8-48　为什么聚合计算不能作为维度使用

正因为此，**行级别字段通常理解为数据准备的过程**——为了构建视图提前创建需要的字段；而**聚合计算理解为大数据分析的层次分析**，是在当前视图上的二次加工。

不过，很多业务分析中必须使用聚合作为维度，比如分析"客户的购买频率分布""客户的复购分析"，但上面的逻辑又无法违背，怎么办？Tableau 创造性地推出了在一个视图中实现多个层次的狭义 LOD 表达式（FIXED LOD），以超乎想象的优雅方式解决了这个问题。第 10 章中笔者会专门分析这种情形。

很多传统分析工具和披着"数据分析工具"外衣的报表工具，之所以无法真正走向大数据分析，就是难以优雅地迈过这个台阶。

> **TIPS**：行级别表达式可以视为数据准备，
> 而聚合计算才是真正的数据层次分析。

因此，在"如何选择计算"时有一个非常关键的标准：**如果视图中缺少维度字段，则要么寻求行级别的表达式创建，要么寻求狭义的 LOD 表达式——前者满足一个视图一个层次的简单场景，后者满足一个视图多个层次的复杂场景。**（第 10 章会阐述如何选择计算）

除了聚合计算不能作为维度使用，如何更好地理解行级别计算与聚合计算的差异呢？

其一，行级别计算是数据准备，等价于数据库中的已有字段

基于行级别计算的自定义计算可以反复嵌套，它们都是在构建视图之前完成的计算，因此等价于数据库中已有字段，具有默认字段的一切特征。聚合计算依赖于当前视图才有意义，因此很明显没有这样的灵活性。如图 8-49 所示。

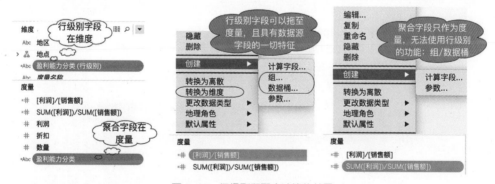

图 8-49　行级别和聚合计算的差异

其二，在视图中，作为度量的行级别计算会被默认聚合，而聚合字段自带聚合特征

行级别的结果是多个值（对应数据库的多行明细，故多个值），而聚合计算的结果对应一个值（数据库多行明细聚合到视图中的一个结果）。因此，二者同时出现在视图中时，前者会被聚合，而后者则会标记为"聚合状态"，如图 8-50 所示。

图 8-50　行级别和聚合计算添加到视图的结果

行级别表达式[利润]/[销售额]前面的"总和"是对多个数值的聚合计算；而聚合表达式 SUM[利润]/SUM[销售额]前面的"聚合"代表这个数值是被聚合的一个值。前者的聚合计算是可以更改的，比如改为"平均值"或者"最大值"，而后者的状态标签则是唯一的。

同时，你不能在一个表达式中同时使用聚合和非聚合函数，否则会遇到最普遍的报错提醒——"不能混合聚合和非聚合"，如图 8-51 所示。

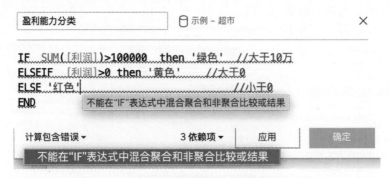

图 8-51　表达式中不能同时使用行级别和聚合计算

总结一下：

- 行级别计算相当于数据库层面的**数据准备**，先于视图而计算，其功能完全等价于数据库中的已有字段；
- 因此，行级别计算可以作为维度，也可以作为度量，可以在维度和度量之间切换；可以创建数据桶（连续）、集（离散）和自定义计算字段（反复嵌套）。

- 所有的字符串函数、日期函数、数字函数、类型转换函数，以及判断条件为行级别函数的逻辑函数，是行级别函数。
- 聚合计算依赖于视图的层次（维度字段）才有意义，揭示问题的答案，是数据分析最重要的组成部分；
- 由于聚合计算依赖于视图，因此不能成为维度（维度破坏视图层次），也不能再使用行级别函数嵌套计算；
- 聚合函数只能使用高级计算才能完成两个层次的聚合，这就是表计算和狭义 LOD 表达式的阵地，也是 Tableau 最优雅而令人着迷的地方。

第 9 章

Tableau 高级计算：表计算

关键词：行间计算、计算方向、计算范围、窗口计算

  Tableau 行级别和聚合计算结合，可以增加分析的层次，快速完成视图分析，能满足大部分的初中级分析需求。随着业务场景的复杂性，单一层次的分析就限制了分析的想象力，难以解释更深层的数据关系，此时就需要更高级的表达式。

  高级并不意味着复杂，特别是 Tableau 快速表计算的简单易用性，FIXED LOD 表达式的优雅简洁，帮助业务分析师始终关注业务洞察，而非偏于技术实现，这也是笔者如此钟爱 Tableau 的原因之一。本章首先对比两大高级计算表计算和 FIXED LOD 表达式的应用场景，之后详细介绍表计算的基本原理、方法和函数。

9.1　多层次分析与高级计算原理简介

  行级别计算和聚合计算分别是在行级别和视图级别完成的，行级别计算为视图补充需要的字段，而视图级别、聚合计算都是在单一的数据层次完成的。不过，很多业务决策要依赖于更加复杂的逻辑，比如"年初至今各月**累计**销售额及达成率""不同购买频次的客户分布和复购间隔"，这样的复杂问题无法用行级别计算完成，也不能用单一的视图来表达，多个视图的组合又难以表述关键的逻辑，此时就需要特别的表达式，完成"聚合的聚合"类型的分析，以及"一个视图多个层次"的分析场景。

  因此，做高级分析，首先务必清楚问题背后的数据关系和层次关系，以此为基础，沿着视图详细级别的字段，既可以完成"聚合的聚合"，又可以引用其他层次的聚合数据实现"一个视图多个层次"。通常，我们需要沿着"主视图焦点"对应的详细级别来展开分析，明确业务问题所在的数据层次，从而明确问题的类型，进而选择最佳的表达式。以"超市细分*类别的利润"作为"主视图焦点"，

可以绘制数据的层次关系图和几个典型问题，如图 9-1 所示。

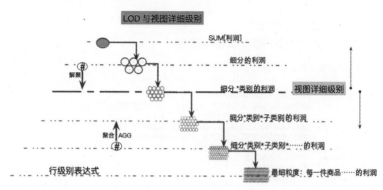

图 9-1　以类别*细分的利润为基准的多个问题的相互关系

结合图 9-1 的层次图，在表 9-1 中列举了 4 种问题类型，它们代表了 90%以上的高级问题场景。

表 9-1　4 种主要的详细级别

问　　题	问题所在级别	层次数量	计算类型
每笔商品交易的利润	行级别	单一层次	行级别函数
各细分下各类别的利润总额	视图级别（细分*类别）	单一层次	聚合函数
各细分下各类别的利润总额，以及其在所属细分的占比%	视图级别和更高的细分级别	两个层次，且上下关系	表计算函数
各细分、各类别的利润总额，以及每年的新客户贡献的利润结构（客户矩阵分布）	视图级别和独立的客户级别	两个层次，且相互独立	FIXED LOD 函数

前两种问题只有一个数据层次，分别使用第 8 章介绍的行级别计算和聚合计算即可完成。后面两个问题，需要在一个视图中完成多个数据层次的数据聚合，是表计算函数和 FIXED LOD 表达式的用武之地。鉴于很多用户经常误用表计算和狭义 LOD 表达式，这里先介绍一下两种高级计算函数。

9.1.1　表计算函数代表：WINDOW_SUM 函数

先看一下表 9-1 中的第 3 个问题，"各细分下各类别的利润总额，以及其在所属细分的占比"，它的"主视图焦点"是"各细分下各类别的利润总额"，它决定了视图详细级别（见图 9-2）。而计算"类别在所属细分的占比"需要计算每个细分的利润总额，这是高于当前视图层次（细分*类别）的层次的聚合（细分）。

如果要计算 3 个细分类别的利润总额，在不改变当前视图的基础上，就只能计算各细分下子类别的合计。我们把基于"视图详细级别"做更高层次聚合的聚合过程，称之为"高于视图层次的二次聚合计算"。

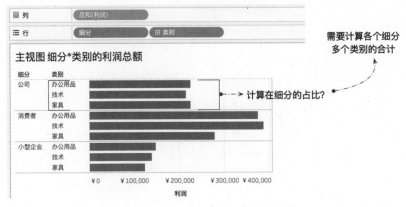

图 9-2　各类别、细分的利润：当前视图级别

主视图"3 个细分 × 3 个类别"共计 9 行对应 9 个数（见图 9-2），而计算合计百分比需要的各细分的总利润，即 3 个数，分别由每个细分内多个类别的利润聚合而成。

在视图中添加表计算的最简单方式是使用即席计算，在列中"总和（利润）"胶囊后面双击即可创建计算，输入 WINDOW_SUM 函数，之后把"总和（利润）"胶囊拖入函数的括号中，结果如图 9-3 所示。WINDOW_SUM 是最重要的表计算函数，用于计算指定窗口的二次聚合，右击字段在弹出的下拉菜单中选择"计算依据→类别"命令，就会把每个细分中的所有类别的利润二次聚合起来，从而获得 3 个聚合度量。

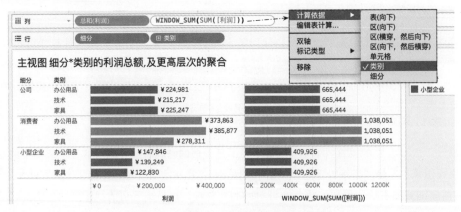

图 9-3　主视图详细级别与更高层次的聚合[1]

1　为了增强可视化效果，这里把"类别"拖曳到了"标记"的"颜色"上，非计算过程的必备步骤。

上面包含两个计算过程，第一步是把每个细分中的多个类别的利润做聚合计算，获得 3 个聚合值；第二步是 3 个细分的聚合利润要显示在 9 个类别之后，3 个数放在 9 行中，就相当于复制多次。这两个过程放在数据层次上，可以用图 9-4 形象地代表。

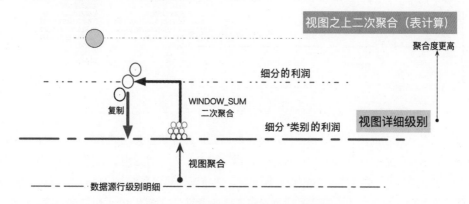

图 9-4　视图详细级别及更高层次的聚合

从这个角度讲，带有"合计百分比"的饼图和环形图，是最简单的包含高级计算的可视化图形。

除了表计算的方法，还有其他方法吗？这里的关键是计算各个细分的利润总额，还可以使用 FIXED LOD/EXCLUDE LOD 表达式完成，这两种方法的对比如下。

（1）表计算（Table Calculation，TC）是最常见、最简单的方法。在这里，相当于指定每个细分下的多个类别计算聚合。因此，表计算就需要两个步骤：输入表计算函数（WINDOW_SUM）、设置计算依据（类别）（见图 9-3）。表计算是基于视图级别的聚合完成的。

（2）而使用 FIXED LOD 方法[1]，可以直接从数据源明细数据计算每个细分的利润合计，而无关视图中的其他字段。"FIXED"是"指定"之意，顾名思义，FIXED LOD 是指定层次实现聚合。如图 9-5 所示，在绿色胶囊之后，双击创建即席计算，输入"{FIXED [细分]:SUM([利润])}"，结果和图 9-3 中完全一样，但逻辑迥然不同。

1　这里也可以用 EXCLUDE 方法完成，作为入门介绍，这里使用最容易理解的 FIXED LOD，详见第 10 章。

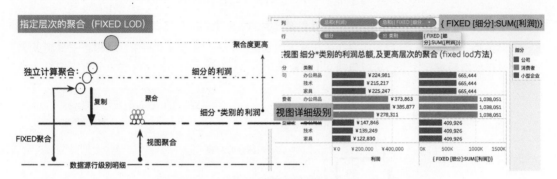

图 9-5　使用 FIXED LOD 方法实现更高层次的聚合（从数据源明细聚合）

不过，凡是涉及在视图详细级别做二次聚合的问题，都应该首先考虑表计算。这一类问题包括合计百分比、移动汇总、同比和环比、排序、移动平均等。表计算是解决这些问题最优雅、性能最好、最灵活的解决方案。对于这里的窗口计算而言，选择表计算还是 FIXED LOD 计算，取决于是否有其他筛选器类型、结果作为维度还是度量等更广泛的背景，将在第 10 章中详细介绍。

9.1.2　狭义 LOD 表达式代表：FIXED LOD

表 9-1 中的第 4 个问题是关于矩阵分析的。矩阵分析是零售分析常见的结构性分析，在这里用来分析各年度利润分别是由哪年的新客户贡献的。比如某企业 2020 年的利润总额迄今 100 万元，其中 20 万元是当年的新客户贡献的，30 万元是 2019 年的新客户贡献的，50 万元是 2018 年的新客户贡献的，据此可以分析该企业利润的客户结构，明显更依赖于老客户复购和持续贡献。结构分析是最重要的高级业务分析类型，任何一种结构分析都需要计算的协助才能完成。

1．问题的分析与思考过程

具体问题是"各细分、各类别的利润总额，及每年的新客户贡献的利润结构（客户矩阵分布）"，细分和类别的利润总额是主视图，而要加入客户矩阵分析，就是引用一个独立的数据聚合。为了和官方的示例保持一致，下面分析同一个类型的问题："各年度的利润总和，以及每年的新客户贡献的利润结构（客户矩阵分布）"。

使用 Tableau 完成这个分析的思路为：主视图的焦点是"各年度的利润总额"，因此视图详细级别是订单日期（年），首先拖动"订单日期"字段到"列"默认聚合到年，然后拖动"利润"字段到"行"，度量默认聚合生成坐标轴，默认"标记"为"自动"，生成折线图（见图 9-6 左侧）。不过我们需要对每年的利润做进一步的分层（客户矩阵），最佳策略是使用堆叠条形图的颜色代表客户矩阵年度，因此点击"标记"下面的样式，选择"条形图"，结果如图 9-6 右侧所示。

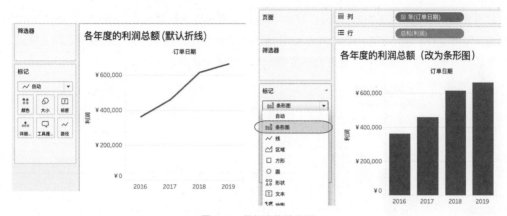

图 9-6　各年度的销售额

接下来，我们要在主视图中增加另一个数据层次："利润贡献的客户矩阵"，也就是不同年度的客户利润贡献。在此需要一个全新的字段，这个字段对应每个客户的首次购买日期——首次购买日期的年度就是客户所在的矩阵。

如图 9-7 所示，先查看一下每个客户的所有订单日期，首次购买日期就是对订单日期执行"最小值"的聚合。这个日期的年度部分就是客户的矩阵，比如白婵、白栋、白鹄都是 2016 年的新客户，白聪、白德伟、白欢都是 2017 年的新客户。

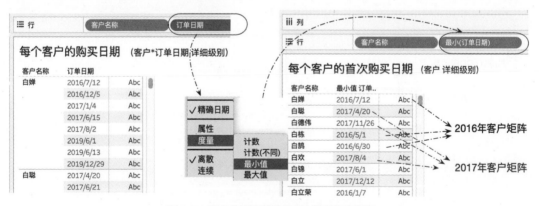

图 9-7　客户的矩阵就是首次交易所在的年度

2．如何在一个视图中展现两个层次的聚合

要分析"各年度的利润总和，以及利润贡献的客户矩阵分布"，就要把上面两个层次对应的数据整合在一起。"各年度的利润总额"是主视图焦点，"客户矩阵"（每个客户的首次订单日期）则是需要加入主视图的辅助字段。

如果我们把第 2 个视图中的"最小（订单日期）"直接拖到主视图能否达到目的？如图 9-8 所示，这个方法显然不行。因为"最小（订单日期）"是度量，随着当前视图的层次而变化，随之变成了每年所有订单日期的最小值聚合，通常是年度第一天，结果和客户无关。

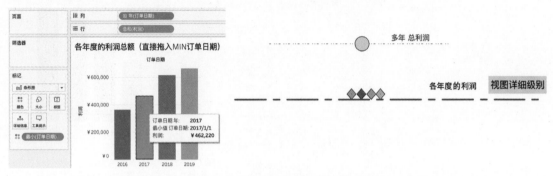

图 9-8　两个层次的数值无法直接合并在单一视图中

高级计算要解决的就是这个困难。在主视图中加入一个独立的详细级别的数据（每个客户的首次订单日期），但是又不能直接拖动 MIN(订单日期)到视图中，而必须提前在客户层次上计算 MIN(订单日期)。此时就需要使用 FIXED LOD 表达式，专门用于计算与主视图无关的独立详细级别的聚合，结合这个实例，可以用图 9-9 展示多个数据层次的逻辑。

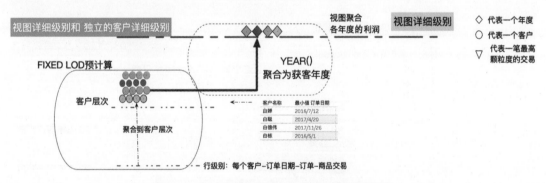

图 9-9　在主视图中增加额外层次的数据的逻辑过程

FIXED LOD 表达式可以视为视图详细级别之外的预先计算。在这里，使用 {FIXED [客户 ID]: MIN([订单日期])}表达式生成每个客户的首次订单日期。这个语法可以用图 9-10 展示。

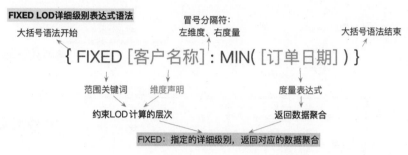

图 9-10　FIXED LOD 表达式的语法与含义

　　回到图 9-6 "每个订单年度的利润"，在 "数据" 窗格中，按照上述的语法创建 "每个客户的首次订单日期" 字段，之后将其拖入 "标记" 的 "颜色" 中，日期自动聚合为年，并且出现颜色图例，如图 9-11 所示。

　　在这个视图中，整合了两个详细级别的聚合数据：主视图是每个年度的利润总额，辅助层次是每个客户的首次订单日期。这种问题无法通过之前的行级别函数、聚合函数和表计算表达式完成，只能借助于更高级的语法。

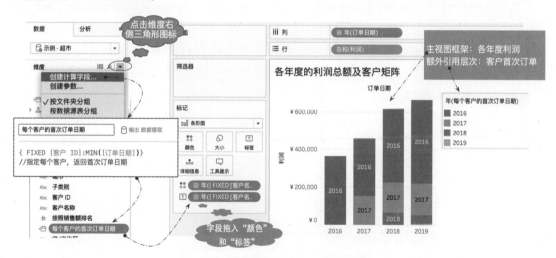

图 9-11　在各年销售额中增加客户矩阵年度

　　Tableau 提供了 3 种特别的聚合语法，FIXED、INCLUDE、EXCLUDE LOD 表达式，专门用于在主视图中引用其他层次的数据聚合，三者的基本原理如图 9-12 所示，第 10 章会专门讲解这 3 种语法的原理和实例。

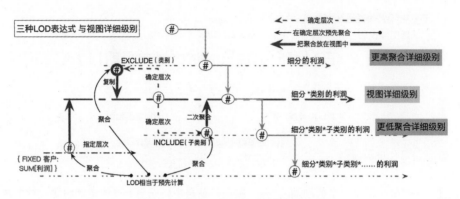

图 9-12　多种 LOD 表达式的层次关系图

9.1.3　广义 LOD 表达式的分类及区别

总结一下，所有的表达式都是在特定的详细级别（LOD 层次）上运算的，因此所有的表达式都可以称之为"广义 LOD 表达式"。

而数据分析过程中的常见层次有几种呢？不同的理解方式可能有不同的诠释方法。以笔者之见，数据分析的工作层次只有两种：行详细级别和视图详细级别。前者与数据库中的数据明细对应，后者与分析视图中的数据聚合对应；在不同的问题中，需要引用行级别和视图级别之外的数据层次级别（比如上面的客户层次）的聚合，可以称之为"临时的分析层次"，不建议把"因题而异"的分析层次和工作层次混为一谈。

大数据分析关注问题（层次）的数据特征，而非行级别的差异性，因此大部分的分析都是在视图详细级别实现的，高级分析则要加入其他的数据分析层次。借用之前的"数据金字塔模型"，两个工作层次和主要的计算表达式的相对位置如图 9-13 所示。

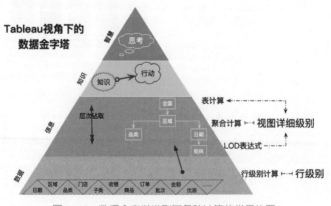

图 9-13　数据金字塔模型与各种计算的常见位置

区分表达式的主要依据是所在的层次及其与视图详细级别的关系，总结如图 9-14 所示。

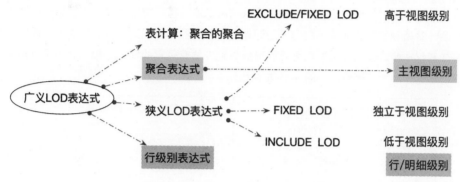

图 9-14　广义 LOD 表达式的基本分类

每一种表达式，都有其他表达式无法胜任的工作场景，分别对应不同的语法和详细级别。表 9-2 中展示了主要的计算类型及其范例。第 8 章已经介绍了行级别和聚合表达式，在理解了表计算与 LOD 的关键区别后，本章进一步深入介绍表计算的原理和使用方法。

表 9-2　常见的表达式类型

计　　算	所在层次	主要特征	范　　例
行级别计算	行级别	运算仅在每一行内有效，单行计算，无关聚合	[利润]/[销售额]
聚合计算	视图级别	对多行执行聚合计算，数据一定由多变少	SUM([利润])
表计算	依赖于视图级别	在视图基础上的二次计算，聚合度不变或提高	WINDOW_SUM(SUM[利润])
狭义 LOD 计算	独立于视图级别	在独立的层次预先做聚合计算，而后加入视图中	{FIXED [客户名称]：MIN([订单日期])}

9.2　表计算的独特性与原理

表计算是 Tableau 中非常重要的计算，可以完成合计百分比、环比同比、移动汇总等非常多的计算类型，是帕累托分析、标杆分析、排序分析等场景下的必备技能。

同时，相对于聚合计算、FIXED/INCLUDE/EXCLUDE LOD 表达式，表计算的误解和误用也最多。在这一部分，笔者会详细诠释表计算的独特性、设置方法和关键实例。

9.2.1 表计算的独特性原理

表计算的独特性，是在视图级别上对聚合数据做二次计算，特别是排序、差异、排序、同比等计算，是表计算所独有的。最简单的例子是计算公司利润的年度同比差异及增长率，同比增长和同比增长率二者仅一步之遥。计算同比差异的前提是首先要有每年的利润总额。我们可以拖动订单日期和利润创建这个层次的聚合，如图 9-15 左侧所示。

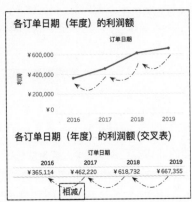

图 9-15　年度的利润同比差异

年度同比差异是当前年度的利润合计相对于前一年度利润合计的差异，比如 2017 年的同比差异是：2017 年的利润 SUM-2016 年的利润 SUM。

$$利润同比增长=2017 的 SUM[利润]-2016 年的 SUM[利润]$$

此前我们说的几乎所有计算，都是两个不同度量的计算，比如利润率、折扣率等；而这里竟然是同一个度量的计算，即 SUM[利润]减 SUM[利润]。如何实现同一个度量相减呢？这里有一个维度（订单日期）参与其中。我们把一类的计算统称为"行间计算"（Computation between values of one measure），典型的行间计算通常由表计算完成。

表计算有两个明显特征：

其一，它是基于聚合计算而做的二次计算，计算对象必须是聚合值；

其二，行间计算是有方向的，计算的方向由维度字段决定。

总结一句话：表计算是对视图聚合的二次计算，是基于维度的行间计算，如图 9-16 所示。

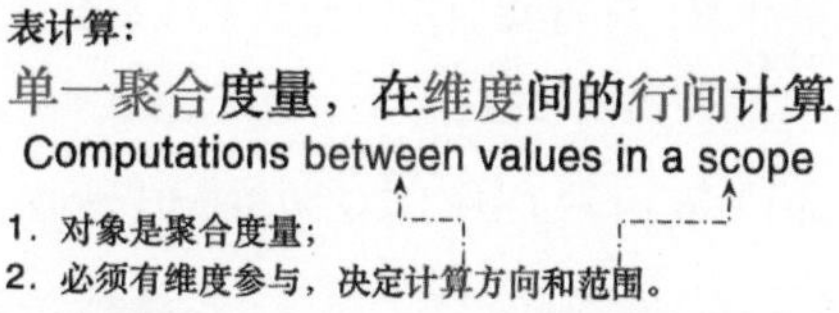

表计算：

单一聚合度量，在维度间的行间计算。

Computations between values in a scope

1. 对象是聚合度量；
2. 必须有维度参与，决定计算方向和范围。

图 9-16　表计算的基本定义

为了更好地理解表计算的独特性，我们对比一下行级别计算、聚合计算和表计算的主要特征：

● 行级别计算是在数据库对单行数据内的单一字段或多个字段的计算，比如 LEFT([订单 ID],4)，[利润]/[销售额]，相当于 Excel 中的单行计算，单行计算与其他行无关，因此也无关多行聚合；

● 聚合计算是在数据库中把字段从行级别聚合到视图级别，数据必然从多变少，比如 COUNT([订单 ID])，SUM[利润]/SUM[销售额]，相当于 Excel 中数据透视表中的聚合；

● 表计算是在视图中对单一聚合度量，不同维度行之间的计算，比如 SUM[利润]，计算 2017 年和 2018 年利润的差异。表计算的对象是聚合度量，而维度决定行间计算的方向。

可见，**行级别的字段是聚合计算的条件；而聚合计算的结果，则是表计算的条件**。因此，表计算中的维度，除了决定计算的方向和范围，还有一个普遍的功能：决定当前视图的详细级别。

我们重点对比一下聚合计算和表计算之间的差异，如表 9-3 所示。

表 9-3　聚合计算和表计算之间的差异

	是什么	维度的主要作用	范　例
聚合计算	从行级别到视图层次的字段聚合	决定详细级别	各年度的 SUM [利润]
表计算	单一聚合字段，不同行之间的计算	参与计算过程 决定计算的方向和范围	（2018 年–2017 年）的 SUM[利润]

9.2.2　表计算的独特性：维度如何参与计算过程

理解表计算的关键是理解维度如何参与计算过程，从而控制行间计算的结果。我们先以此前说的年度同比差异为例，年度同比差异就是在聚合的视图中计算当前的利润总额减去上一年度的利润总额。

利润同比增长=2017 的 SUM[利润]–2016 年的 SUM[利润]

1. 作为方向的维度字段

如图 9-17 所示，在聚合字段"总和（利润）"上右击，在弹出的下拉菜单中选择"快速表计算

→差异"命令，可以一键完成差异计算，所有添加表计算的字段都会在右侧出现一个"△"（三角形）图标。双击这个字段，可以看到其完整的表达式：

$$ZN(SUM([利润])) - LOOKUP(ZN(SUM([利润])), -1)$$

图 9-17　Tableau 快速表计算之差异计算

不过，关键是明白背后的原理，才能在更复杂的分析面前举一反三、融会贯通。

ZN 函数是（If null then zero）为了防止因为空值而导致的计算错误（详见第 8 章逻辑计算）。

这里的关键是 LOOKUP 函数，意如其言，LOOKUP 函数用来查找视图中的某个数值，而后面的参数"-1"用来控制查找的方向和距离（1 是偏移 1 位，负数代表方向）。LOOKUP(ZN(SUM([利润])), -1)就是查找前一个利润聚合值，如图 9-18 所示。

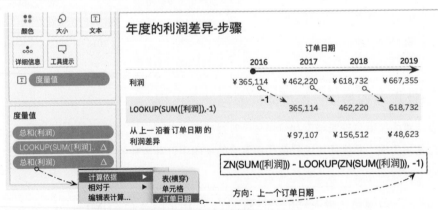

图 9-18　为差异计算设置计算依据

表计算最关键的步骤是设置计算依据。笔者总结的经验是：由于表计算是做多行之间的计算，哪几个数据值相互计算，对应的字段就是计算依据。在这里，差异是 2018 年的利润减 2017 年的利润，2017 年的利润减 2016 年的利润，这些数据值所在的"订单日期"字段就是差异表计算的方向（计算依据）。

标准的设置方法是在表计算字段上右击，在弹出的下拉菜单中，选择"计算依据→订单日期"命令。

2．作为范围的维度字段

在上面的视图中，如果加入另一个字段"类别"，那么此时视图的详细级别就从"订单日期（年）"下降为"订单日期（年）*类别"。此时的利润同比差异，应该是各个单独的类别的年度差异。

在添加"快速表计算→差异"时，根据视图的布局不同，结果往往截然不同。以两个维度字段都在"行"中为例，表计算默认的方向是沿着所有字段向下，如图 9-19 所示。

图 9-19　两个维度字段时的差异计算

这样明显出现了差错，年度的差异只应该在每个类别内部有效，沿着类别做差异计算是不对的。也就是，行间计算只应该是日期的计算，而不能是类别的计算，那应该如何处理？

表计算不仅可以设置哪些数值相互计算，也可以设置计算到哪里停下来。分别对应计算的方向和计算的分区，如图 9-20 所示。在表计算视图中，任何一个维度字段不是指定计算方向，就是约束计算的范围，既然二者"非此即彼"，就可以通过设置方向字段间接地设置范围字段。

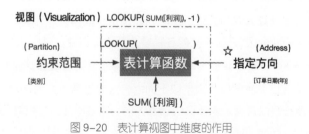

图 9-20　表计算视图中维度的作用

因此，为了保证差异计算仅在每个类别内（即计算范围内）有效，在图 9-19 中就需要明确指定"订单日期"为计算方向，从而间接指定"类别"为范围。点击表计算字段"总和（利润）△"，在弹出的下拉菜单中选择"计算依据→订单日期"命令，如图 9-21 所示。

图 9-21　多个维度字段时的表计算设置

TIPS：方向字段的尽头就是表计算范围字段的边界。

大部分的表计算应用场景都需要按照这样的逻辑设置方向和范围，不管是计算差异还是后面会讲到的窗口合计（WINDOW_SUM 函数），Tableau 都通过指定方向来间接地指定范围。

在复杂的表计算实例中，即使经常使用表计算的人，也时常会错误地设置"计算依据"。快捷思考的方法是：由于表计算是行间计算，哪两个数值比较，它们对应的字段就是方向字段；哪两个数值的比较没有意义，它所对应的就是范围字段。比如计算同比，2019 年的利润减 2018 年的利润有意义，但"技术"的利润减"家具"的利润就没有意义，因此订单日期就是计算方向，类别就是范围。

9.2.3　两种指定方向的方法

在开始学习表计算时，很可能会被复杂的方向搞迷糊，确实，Tableau 表计算的精髓在于方向的灵活性，一个表计算函数加上不同的设置可以在视图中出现截然不同的多种结果。

上面我们介绍的指定计算方向的方法，是明确地指定字段作为表计算的计算方向，这种方式我可以称之为"绝对的方向和分区"，在英文的各种官方帮助文档中，对应 Address 和 Partition。

同时，每次设置快速表计算或者输入手动表计算，在没有设置方向字段前，Tableau 会默认设置计算方向——通常是沿着横向的字段（列字段）向右，或者沿着纵向的字段（行字段）向下。这种不指定字段，只是按照行列位置指定表计算的计算方向，笔者称之为"相对的方向和分区"，在英文的官方文档中，对应 Direction 和 Scope，如图 9-22 所示。

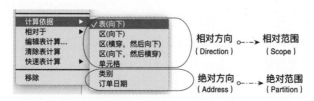

图 9-22　两种指定表计算方向的方法

相对方向有"横穿"（Across）和"向下"（Down）两种，相对分区有表、区、单元格 3 种，如图 9-23 所示。相对方向和相对分区最多有 9 种组合方式，每一种相对设置方法，必然与一种绝对的设置方式相对应，选择表计算字段，用鼠标右击，在弹出的下拉菜单中选择"编辑表计算"命令，可以查看和更换相对或者绝对分区设置。

图 9-23　相对方向的表计算设置

相对表计算的设置方法较为简单，而且是以肉眼看得见的方式理解，特别是无须编辑就能将多个字段设置为计算方向。不过，虽然看似简单，但是笔者更推荐大家使用绝对设置的方法——不管是初级用户还是中高级用户。

就像有人打电话问路，最佳的指路方法是"往南三栋楼，再往东 100 米路口向南拐 100 米路西"，而不能是"往右三栋楼，再往左 100 米路口右拐右手边"，"东西南北"是适用于所有人的、最安全的指路方法。当然，如果是面对面在一起，距离较短，左、右这样的相对方向也是有效的，"右拐 100 米"非要说"往南 100 米"反而让方向感不好的人凌乱。所以相对表计算适用于简单的计算场景，复杂场景时应避免使用。

所以，使用"表、区、单元格"和"向下、横穿"的相对表计算设置，仅推荐用于以下简单的情景：

- 初次学习，用"横穿""向下"的直观方式帮助理解表计算；
- 在表计算设置过程中，使用相对设置方式测试，之后转为绝对设置；
- 不希望锁定表计算结果。

特别是在以下的场景中，则完全不能使用相对设置：

- 方向维度字段没有显性显示在视图中（比如出现在"标记"中），后面介绍帕累托分析时会遇到这种情形；
- 如果希望更改维度的相对位置，而表计算结果不改变，则必须改为"特定维度"，这在从交叉表转为可视化时尤为重要；
- 希望使用表计算的高级功能，比如"深度""重新开始"等功能时，高级功能会在本章节后面介绍。

在本书中，除非特别说明，否则笔者都会用明确指定方向的"绝对方向"方式来设置表计算。

9.3 表计算函数及实例

初学者可以使用"快速表计算"实现常见的汇总、差异、排序等计算，不过为了深入地理解表计算的逻辑，并为高级表计算奠定基础，笔者将按照两个分类介绍所有的表计算函数，并穿插介绍几个关键的表计算实例。

前面我们已经穿插地介绍了几个表计算函数，LOOKUP 函数用于查找聚合值，WINDOW_SUM 函数用于计算某个范围的二次聚合，这两个函数具有明显的特征，前者对计算方向格外敏感，"前一个"还是"后一个"差异巨大，而后者对计算方向不敏感，细分的总和，与类别的先后无关。我们按照表计算是否对计算方向敏感，可以把表计算函数分为两类：需要明确指定方向的表计算和无关方向的表计算。无关方向的函数又分成几大类，如参数类型函数、统计类函数等。

- 需要明确指定方向的表计算：LOOKUP（查找函数）、RUNNING_SUM（移动汇总）等。
- 无关方向的表计算：WINDOW_SUM（窗口合计函数）、TOTAL（合计函数）、RANK（排序函数）、PREVIOUS_VALUE（首行函数）。
- 参数类型函数：FIRST、LAST、INDEX、SIZE。
- 统计类型函数：WINDOW_CORR 等函数。
- 第三方计算函数：SCRIPT_INT（整数函数）、SCRIPT_BOOL（布尔函数）、SCRIPT_REAL（整数函数）、SCRIPT_STR（字符串函数）。

下面笔者会结合函数同步介绍一些实例，初学者可以先学习原理，然后借助实例温习原理，从而融会贯通。

9.3.1　最具代表性的函数：LOOKUP 函数和差异计算

LOOKUP 函数是最典型的表计算，体现了表计算的本质特征——行间计算，它和聚合计算的结合构成了快速表计算的"差异""差异百分比""年度同比增长"等快速表计算。

正如之前实例所说，LOOKUP 函数用来返回与当前聚合行偏移 n 行的数值，它的关键是偏移的数量，及限定偏移的允许范围，如图 9-24 所示。

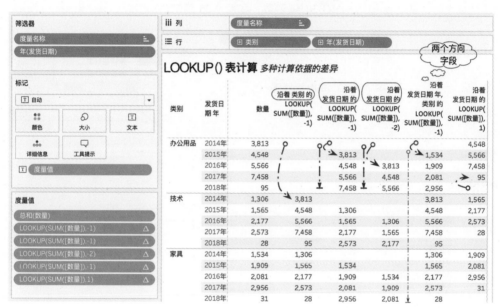

图 9-24　LOOKUP 表计算

从上面的示例可以看出来，offset 代表的是和当前聚合行的偏移，-1 就是前 1，1 则是后 1 的聚合数值。这里多处都设置"发货日期"为计算依据，相当于间接地指定了"类别"为分区字段。而如果两个维度全部都指定为计算依据（见图 9-24 第 5 列），则建议通过"编辑表计算"命令设置计算依据。

差异快速表计算都是 LOOKUP 表计算的变种，如下：

- 差异 = ZN(SUM([数量])) - LOOKUP(ZN(SUM([数量])), -1)
- 差异百分比 = (ZN(SUM([数量])) - LOOKUP(ZN(SUM([数量])), -1)) / ABS(LOOKUP(ZN(SUM([数量])), -1))

9.3.2 RUNNING_SUM 函数：移动汇总计算

除了 LOOKUP 函数，第 2 个需要明确指定方向的表计算是 RUNNING_SUM 函数，就是名列快速表计算头把交椅的"汇总"，准确地说应该叫"移动汇总"，和合计不同，"移动汇总"总是包含前面的所有值。这种计算是自己和自己相加的计算，统计上称之为"递归计算"，以后凡是涉及递归运算，都是表计算的天下。

什么时候会用到移动汇总？如果领导不仅要看当月的销售达成，还要看年初到当月的累计完成及累计达成率时，就需要 RUNNING_SUM 函数，如图 9-25 所示。

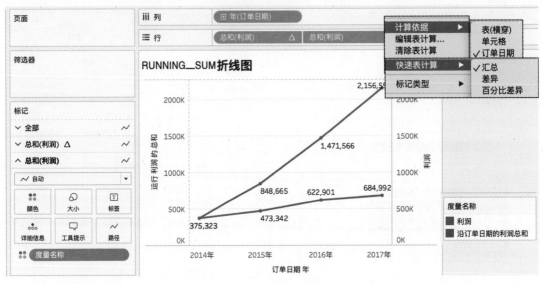

图 9-25　RUNNING_SUM 表计算

如果我们仅仅查看当年从年初到当下的 RUNNING_SUM，而非跨年的 RUNNING_SUM，通常把这种分析称之为"YTD 总计"，全称是"Year To Date 年初到当前移动汇总"，如图 9-26 所示。使用快速表计算的"YTD 总计"和"YTD 增长"有几个条件：

- 视图中有代表不同年度的离散日期。
- 还有一个比年更低层次的时间字段，代表当前。

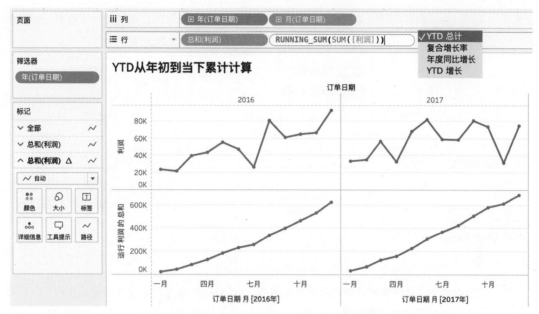

图 9-26　YTD 计算是多个时间版本的移动汇总

一般而言，我们做移动汇总都是从前往后计算，少数情况下，还需要从后往前倒序移动计算，比如在一个客户分析的高级分析中"计算至少购买 1 次、2 次……N 次的客户数量"，这里的"至少"就需要倒序汇总逻辑实现，会在第 10 章 10.7.7 节中介绍。

除了 RUNNING_SUM 这个移动汇总函数，表计算移动汇总函数还有其他多个函数，其设置和移动汇总完全一致，只是聚合方式不同。

- RUNNING_AVG：移动平均函数
- RUNNING_MAX：移动最大值函数
- RUNNING_MIN：移动最小值函数
- RUNNING_COUNT：移动计数函数

这一类的表计算函数的关键是指定表计算的计算依据（方向），同时也就间接地指定了计算的范围——方向的尽头就是范围。方向，是理解此类函数的关键。

9.3.3　实例：LOOKUP 和 RUNNING_SUM 表计算（TC5）

在"TC10 大表计算"的第 5 题[1]（简称 TC5）中，介绍了一个呼叫中心接听客户呼叫数量及处

1　通过搜索引擎搜索"Tableau 10 大表计算"可获得官方原题及笔者博客的深度解读。

理情况的实例。每一例客户呼叫（简称 Case）在接听和被处理完毕时都会被统计一次数量，少数此前已经处理完毕的呼叫还可能会被二次激活，需要二次处理，如图 9-27 所示。

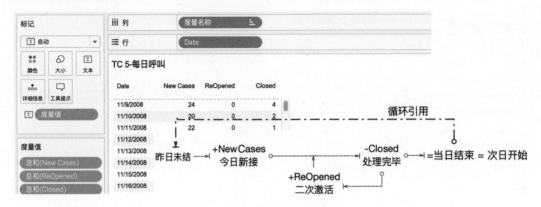

图 9-27　每日呼叫的计算逻辑

不过数据中缺少"当日需要处理的累计呼叫总量"，计算的关键是理解业务场景：我们可以从每天早上上班和下班两个时点来理解累计实例数，每天上班开始时，当天的累计待处理呼叫等于昨日下班时的累计待处理呼叫，而昨日的这个数又依赖于前一日的累计待处理加当日的新接听呼叫和二次激活呼叫，减去当日处理完毕的呼叫。

这种计算需要反复地引用"昨天的自己"，统计学上称之为"循环引用"，在 Tableau 中循环引用计算就是同一个聚合值在不同日期间的计算——只能用表计算来完成。

为了让领导清晰地看到当日的工作情况，我们可以展示以下几个指标：

- 当日新开、重开、处理实例数。
- 当日净增加呼叫数量（基于上述 3 个数计算）。
- 当日下班时累计待处理的呼叫总量（基于每日净增呼叫，移动计算）。
- 当日上班时需要处理的累计呼叫总量（偏移一位，返回昨日）。

第一步，计算每日净增加呼叫数量。

这非常简单，即当日的新增+重开–处理完毕呼叫。推荐读者使用即席计算输入，方法是在度量值下面的空白区域双击建立胶囊，然后从上方拖动字段建立计算。

这个计算是我们后期需要的字段，因此建议拖动计算胶囊到左侧的"数据"窗格中，Tableau 会自动建立计算字段，重命名为"每日净增待处理呼叫"，如图 9-28 所示。

$$SUM([New\ Cases])+SUM([ReOpened])-SUM([Closed])$$

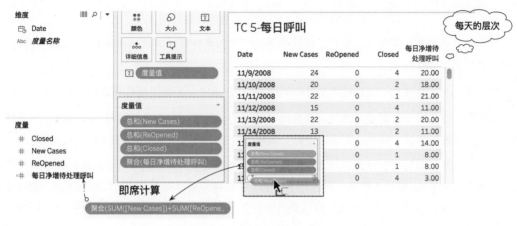

图 9-28　通过即席计算完成计算

第二步，计算"当日下班时累计待处理的呼叫总量"。

从每天下班时点来看，当日累计待处理的呼叫总量就是今天及之前的所有"每日净增待处理呼叫"的累计值。比如 11 月 10 日是两天的汇总，11 月 11 日是三天的汇总，从开始到当前值的移动汇总，可以使用 RUNNING_SUM 函数完成。

选择"每日净增待处理呼叫"字段，用鼠标右击，在弹出的下拉菜单中选择"快速表计算→汇总"命令，默认计算依据是"表向下"，对应的方向字段是行上的"Date"字段，这样就建立了从第一天到当前日期到累计待处理呼叫。快速表计算相当于替换了此前的字段，重新双击度量中的"每日净增待处理呼叫"，重新加入这个字段，如图 9-29 所示。

维度				
Date		颜色	大小	文本
Abc 度量名称		详细信息	工具提示	
		度量值		

TC 5-**每日呼叫**

Date	New Cases	ReOpened	Closed	每日净增待处理呼叫	ate 运行 每日净增待处理呼叫的..
11/9/2008	24	0	4	20.0	20.0
11/10/2008	20	0	2	18.0	38.0
11/11/2008	22	0	1	21.0	59.0
11/12/2008	15	0	4	11.0	70.0
11/13/2008	22	0	2	20.0	90.0
11/14/2008	13	0	2	11.0	101.0
11/15/2008	18	0	4	14.0	115.0
11/16/2008	9	0	1	8.0	123.0
11/17/2008	9	0	1	8.0	131.0

度量
- # Closed
- # New Cases
- # ReOpened
- # 每日净增待处理呼叫

度量值
- 总和(New Cases)
- 总和(ReOpened)
- 总和(Closed)
- 聚合(每日净增待处理呼叫)
- 聚合(每日净增待处理呼叫) △

图 9-29　计算的结果

由于移动汇总的字段也是我们需要的，和上面一样可以拖动字段到左侧建立字段，命名"每日结束累计待处理呼叫"。

RUNNING_SUM([每日净增待处理呼叫])

等到熟悉表计算的原理和函数后，建议读者通过"即席计算"来创建移动汇总字段，即席计算有助于保持思维的连贯性。

第三步，基于昨日的"每日结束累计待处理呼叫"，返回今天的"每日开始累计待处理呼叫"。

此前我们说，今天开始的待处理，就是昨日结束的待处理，因此只需要基于上一步"每日结束累计待处理呼叫"字段，偏移一位返回就好。偏移一位的查找返回使用 LOOKUP 函数。

使用"即席计算"可以快速返回上一个聚合。在度量值最后双击建立空白胶囊，输入前几个字母 LOOK，借助 Enter 键输入函数，然后把上面的"每日结束累计待处理呼叫"拖动进来，输入偏移参数"-1"，代表返回前一天的数值。默认的计算依据是"表向下"，建议改为"Date"绝对设置。

LOOKUP([每日结束累计待处理呼叫] ,-1   )

之后把这个即席计算拖到左侧度量，重命名为"每日开始累计待处理呼叫"。

至此，我们就把所有的字段都创建完毕，视图中也有了所有的数据清单，如图 9-30 所示。

图 9-30　查找上一个聚合值

第一个字段"每日净增待处理呼叫"是最普通的聚合计算，是多个聚合值的加减；后面两个字段是表计算，分别使用了 RUNNING_SUM（移动汇总）函数和 LOOKUP（查找返回）函数，都是基于前一个聚合值的二次聚合，方向均为"Date"。

第四步，将数据交叉表转为图表。

先"复制"当前工作表，之后更改图形样式。要把数据交叉表转化为折线图，视图中就必须有一个数据坐标轴，我们要让领导看"每日结束累计待处理呼叫"，就把这个绿色的胶囊拖到"列"上，移走"度量名称"，然后"行"和"列"交换位置（日期通常放在横轴上），如图 9-31 所示。

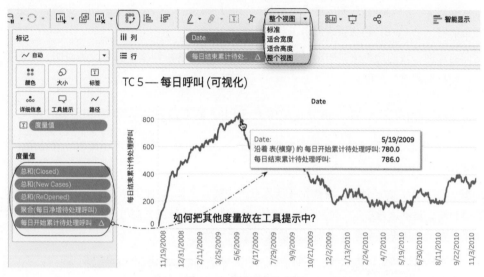

图 9-31　数据转化为图表

还有很多的度量，如果都加入视图中会模糊视图焦点。Tableau 提供了"工具提示"来存放需要展示给用户但又并非第一需求的度量，依靠鼠标悬浮即可查看。只需要把度量值中的字段，依次拖入"标记"的"工具提示"中。如果有必要，还可以点击"工具提示"编辑一下最终的效果，即可大功告成，如图 9-32 所示。

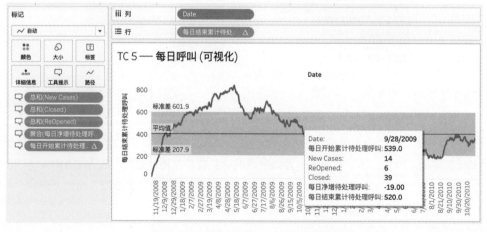

图 9-32　增加分布区间并修改工具提示

这个题目的关键是理解业务背景，实际上，这个业务就是 Tableau 全球服务的过程缩影[1]。Tableau 的正式客户在需要官方的技术支持时，可以在网页创建 Case（即服务案例）发起售后服务支持，客服中心就收到了一个 Case，在完成服务流程且征得客户同意后，Case 就被关闭；少数客户会重新发送邮件激活同一个 Case，再次请求服务支持。

后面的实例，我们会简化"即席计算"和通过拖动即席字段创建计算字段的说明，从而更加关注从业务到数据逻辑的过程。

9.3.4 最重要的表计算：WINDOW_SUM 窗口汇总函数

"无关方向"的表计算函数，不是不需要指定方向，只是方向内的顺序不影响计算结果，典型代表是 WINDOW_SUM（窗口汇总）函数。

如图 9-33 所示，为了计算"各类别在所属细分中的百分比"，使用 WINDOW_SUM 函数计算了细分的总利润，虽然这里指定"类别"为计算依据（即窗口计算的方向），但类别的先后关系并不会影响结果，在一个细分中的所有类别对应的聚合是相同的。

图 9-33　WINDOW_SUM 表计算

由于维度在表计算中的作用是"非方向即范围"，因此 Tableau 采用的策略是通过指定计算方向（即计算依据）间接地指定计算范围——**方向字段的尽头就是范围的边界**。在 WINDOW_SUM 类型的窗口计算中，"计算依据"字段对应的聚合数据，是要依次二次聚合的数据，比如上面的"类别"；

1　正式客户可搜索"Tableau 提起案例"搜索官方的案例库及发起服务申请。

而没有指定为方向的字段就是分区字段，构成了相互独立的窗口分区，比如上面的"细分"。深入学习表计算，务必要理解这个逻辑。

完整的 WINDOW_SUM 函数结构如下：

$$WINDOW\_SUM([聚合表达式],start,end)$$

窗口计算后面的两个参数，分别代表窗口计算开始和结束的位置，不同的组合可以产生截然不同的计算结果。参数表计算 FIRST 函数和 LAST 函数分别代表区域的第一行和最后一行，如果是从 FIRST()到 LAST()，范围参数可以省略，后来 Tableau 提供了更加简化的 TOTAL 函数，如图 9-34 所示。

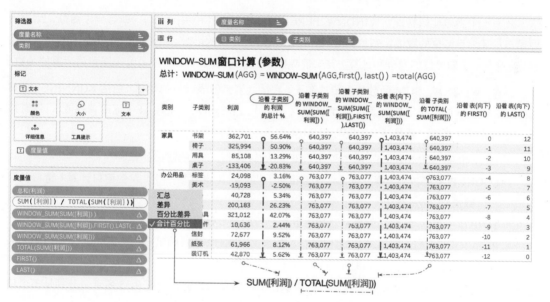

图 9-34 WINDOW_SUM 表计算的多种用法

因此，在同一个视图、相同方向设置下，对于非比率聚合字段，以下的表计算是完全一致的：

- =WINDOW_SUM([聚合表达式],FIRST(),LAST())
- = WINDOW_SUM([聚合表达式])
- = TOTAL([聚合表达式])

如果我们在"总和（利润）"字段中应用"快速表计算→合计百分比"（Percent of total）命令，那么系统自动的函数表达式是每个子类别的利润聚合和窗口合计的比例：

$$SUM([利润]) / TOTAL(SUM([利润]))$$

可见，快速表计算"合计百分比"的背后是 WINDOW_SUM（窗口汇总）函数。

在笔者看来，WINDOW_SUM 函数是最重要的表计算函数，没有之一。

首先，WINDOW_SUM 函数代表了一个完整的表计算系列，同类的函数还有 WINDOW_AVG（窗口求平均值）、WINDOW_MAX（窗口求最大值）、WINDOW_MIN（窗口求最小值）、WINDOW_MEDIAN（窗口求中位数）等多个函数。其用法和 WINDOW_SUM 函数完全一致。另外还有 WINDOW_CORR/STDEV/STDEVP/COVAR/COVARP 等统计函数。此处不再赘述。

在快速表计算中，有一个"移动平均"，对应的表计算函数是 WINDOW_AVG，相当于指定窗口的大小，计算窗口内的所有聚合值的平均值。

还有一个函数比较特殊，WINDOW_PERCENTILE(SUM([利润]),0.2)，即百分位函数，用户返回窗口中某个百分位的数值。它的第 2 个参数是代表百分位的小数。在前面介绍参考区间和盒须图时，曾经介绍了四分位的原理和计算方法，而 WINDOW_PERCENTILE 就是盒须图背后运算的函数。

其次，WINDOW_SUM 函数的重要性在于，它是众多其他表计算的始祖。包括 RUNNING_SUM（移动汇总）、LOOKUP（查找返回）、TOTAL（汇总）、PREVIOUS_VALUE（返回首行值），还有移动平均快速表计算等，都是 WINDOW_SUM 类型函数的简化版。

- RUNNING_SUM(AGG)：移动汇总，就是从首行到当前行的窗口计算。
- LOOKUP(AGG,-N)：查找返回，就是相对于当前行位置偏移-N 到-N 的窗口计算（窗口只有一个数值）。
- TOTAL(AGG)：汇总，就是从首行对最后一行的窗口计算。
- PREVIOUS_VALUE(AGG)：返回首行，就是 LOOKUP 区域的第一行，偏移参数为 FIRST()，也就相当于窗口范围从 FIRST()到 LAST()的窗口聚合。

为了更清晰地理解这些对应关系，我们可以模拟一组视图数据，如图 9-35 所示，分别是多个日期对应的聚合销售。每个函数都对应一个特定的窗口范围，无关方向，如图 9-36 所示。

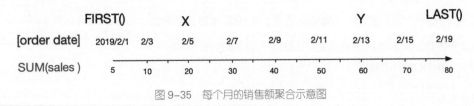

图 9-35 每个月的销售额聚合示意图

图 9-36 中的可视化窗口思维无数次帮助笔者理解各类表计算的逻辑，在 Tableau 中，初学者可以用类似的方式来理解多个表计算的逻辑，如图 9-37 所示。

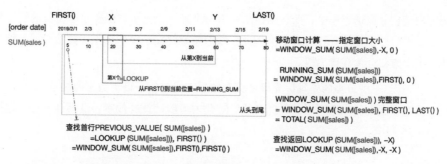

图 9–36　WINDOW_SUM 表计算与其他表计算的对应关系

子类别	利润	沿着 子类别 的 WINDOW_SUM(SUM([利润]),FIRST(),LAST())	沿着 子类别 的 TOTAL(SUM([利润]))	沿着 表(向下) 的 FIRST()	沿着 表(向下) 的 PREVIOUS_VALUE(SUM([利润]))	沿着 表(向下) 的 WINDOW_SUM(SUM([利润]),FIRST(),FIRST())	沿着 表(向下) 的 LOOKUP(SUM([利润]), FIRST())	沿着 表(向下) 的 RUNNING_SUM(SUM([利润]))	沿着 表(向下) 的 WINDOW_sum(SUM([利润]),FIRST(),0)	沿着 表(向下) 的 WINDOW_SUM(SUM([利润]),-6,0)
标签	24,098	1,403,474	1,403,474	0	24,098	24,098	24,098	24,098	24,098	24,098
美术	-19,093	1,403,474	1,403,474	-1	24,098	24,098	24,098	5,005	5,005	5,005
用品	40,728	1,403,474	1,403,474	-2	24,098	24,098	24,098	45,733	45,733	45,733
器具	200,183	1,403,474	1,403,474	-3	24,098	24,098	24,098	245,916	245,916	245,916
收纳具	321,012	1,403,474	1,403,474	-4	24,098	24,098	24,098	566,928	566,928	566,928
系固件	18,636	1,403,474	1,403,474	-5	24,098	24,098	24,098	585,564	585,564	585,564
信封	72,677	1,403,474	1,403,474	-6	24,098	24,098	24,098	658,241	658,241	658,241
纸张	61,966	1,403,474	1,403,474	-7	24,098	24,098	24,098	720,207	720,207	696,109
装订机	42,870	1,403,474	1,403,474	-8	24,098	24,098	24,098	763,077	763,077	758,072
书架	362,701	1,403,474	1,403,474	-9	24,098	24,098	24,098	1,125,778	1,125,778	1,080,045
椅子	325,994	1,403,474	1,403,474	-10	24,098	24,098	24,098	1,451,772	1,451,772	1,205,856
用具	85,108	1,403,474	1,403,474	-11	24,098	24,098	24,098	1,536,880	1,536,880	969,952
桌子	-133,406	1,403,474	1,403,474	-12	24,098	24,098	24,098	1,403,474	1,403,474	817,910

图 9–37　WINDOW_SUM 表计算与其他表计算的对应关系

再者，WINDOW_SUM/AVG/MEDIAN/COUNT 等窗口计算函数，以及窗口统计函数，实际上也是参考线、参考区间的基础。在可视化分析过程中，使用参考线、参考区间等方法优先于表计算，只有当参考线无法深入表达数据意图时，才考虑借助表计算将参考线转化为计算。

鉴于大部分的表计算函数，都是 WINDOW_XXX 函数的变种，而且大部分表计算并非在“表”（Table）的范围计算，而是在指定范围（Window）计算，因此笔者认为“表计算”（Table Calculation）翻译为“窗口计算”更加贴切，与 SQL 中的开窗函数可以对应，有助于 IT 背景分析师理解。在 Tableau 2020.1 版本中，Tableau 已经把开窗函数[patition by] <order by >函数加入 Prep 中。

9.3.5　WINDOW_SUM 函数初级实例：加权计算与合计百分比（TC6）

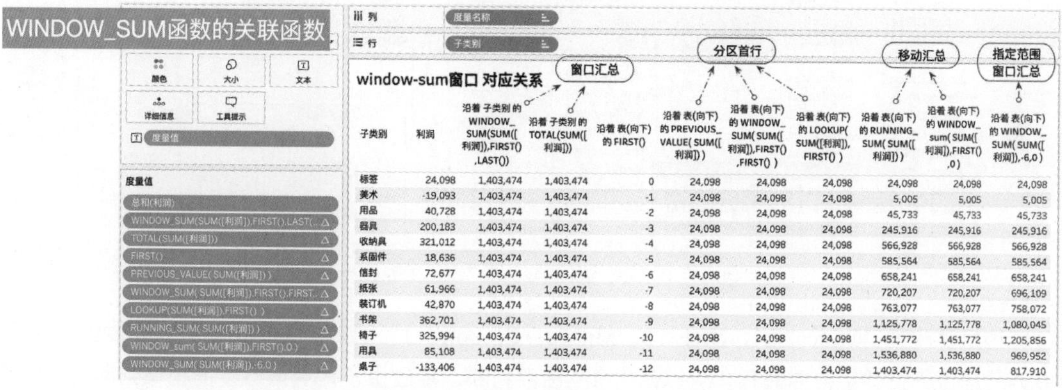

结合刚才的原理介绍，我们介绍一个窗口计算的典型实例：加权计算。参见官方“TC10 大表计算”第 6 题[1]。

1　通过搜索引擎搜索“Tableau 10 大表计算”可获得官方原题及笔者博客的深度解读。

在给客户销售并配送过程中，每一个订单都有一个配送优先级，但整个子分类的优先级如何？既要看订单优先级，也要考虑订单数量。因此，我们希望建立一个子分类优先级指标：综合考虑订单优先级的平均值和订单数量加权。

子分类的处理优先级= 订单的平均优先级×订单数量的加权

首先，把数据源中的字符串"订单优先级"转化为可以计算的数字，从而计算订单优先级的平均值，如图 9-38 所示。

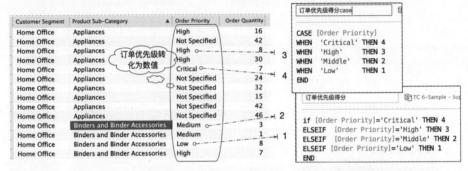

图 9-38　使用 CASE WHEN 函数将订单优先级转化为数值

这里要按照"Critical：4，High：3，Middle：2，Low：1"的对应关系把分类字段转化为度量，需要验证每一行的字符并转化，可以使用 IF 函数判断，不过由于是有限数量的相等判断，推荐用 CASE WHEN 函数更加清晰。

其次，将订单数量转化为加权系数。

加权是依据出现的频次赋予权重，数量越多，在总体中的权重越高。因此加权的过程是查看子分类在总体中占比的过程。每一个子分类的权重系数，等于它的订单数量和总体订单数量的比率，我们可以用"合计百分比"的方式快速将订单数量转化为订单的权重，如图 9-39 所示。

图 9-39　使用合计百分比表计算

官方的说明中没有使用"合计百分比"，而是使用了完整的 WINDOW_SUM 函数，随着表计算功能的更新，只要明白原理，就能选择最佳的方法。即便是手动输入，也可以选择 TOTAL 这样更加优雅、简洁的表达式函数。

SUM([Order Quantity])/WINDOW_SUM(SUM([Order Quantity]),FIRST(),LAST())

最后，我们可以把计算完成的结果转化为"可视化"。

这里明显是希望强调哪些子分类的总和权重更高/更低，属于此前问题类型的"项目排序"，因此推荐用条形图表达。将数据交叉表转化为条形图的最快方法是借助"智能显示"。

可视化图表创建后，可以根据希望表达的视图焦点增加颜色深度和层次，比如通过颜色将"综合权重"分为高中低的区间，借助排序突出高权重或者低权重的部分。还可以将即席字段的结果创建为计算字段予以保留和规范化，如图 9-40 所示。

图 9-40　将表计算的结果转化为可视化

在熟练使用逻辑和表计算之前，建议大家从数据交叉表开始，有助于把注意力集中在数据而非图表——图表是为了把最终的发现更好地展示给其他人。

9.3.6　标杆分析 WINDOW_SUM 函数中级实例：相对于选定子类别的差异

借助逻辑计算和 WINDOW_SUM 表计算，我们还可以计算相对于任意一个的差异。

下面以一个实例来说明，如图 9-41 所示，当我们选定一个子分类时，计算其他各子分类相对它的差异。

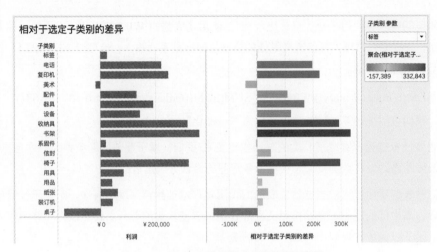

图 9-41　相对于任意选择子类别的相对差异

看似简单，却要使用逻辑判断和表计算两个函数。表计算在做"行间计算"时非常有效，多个子分类减去选中的子分类，也可以理解为"行间计算"的特殊形式。

第一步，创建"子类别"的利润条形图，并基于"子类别"创建一个参数，用于选择。

第二步，将"参数子类别"的利润转为单独的辅助列，从而计算差异。

表计算的差异可以计算每一个子类别和上一个的差异，但是要计算所有子类别相对于其中一个的差异时，表计算的差异就无法完成了。创建一个辅助列，将指定的子类别利润分离出来，这样就把行之间的差异计算改为了列之间的差异计算。

还是推荐使用"即席计算"的方式，直接在"总和（利润）"之后输入一个 IIF 函数，相当于增加辅助列，提取参数子类别的利润。不过，如果直接从左侧拖曳聚合的利润字段，则会出现报错"无法将聚合和非聚合参数与此函数混合"，如图 9-42 所示。最简单的解决方法是将 IIF 函数改为行级别判断——相当于在明细级别增加辅助列，凡是该行的子类别字段等于参数，那么辅助列就等于这一行的利润；如果不等于，则返回 0。

$$IIF([子类别]=[子类别\ 参数],[利润],0)$$

图 9-42　经典的报错：聚合和非聚合不能混合

还有一个解决思路，就是在子类别前面增加 MAX 聚合函数，改为正确的聚合表达式，如图 9-43 所示。

$$IIF(MAX([子类别])=[子类别\ 参数],SUM([利润]),0)$$

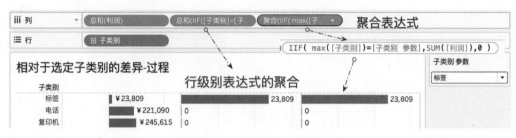

图 9-43　返回指定子类别的聚合值

第三步，计算差异是关键。

如果直接用聚合的利润减去 IIF 辅助字段聚合利润，则没有实现每一个子类别的利润总额减去参数子类别的总利润。为什么？

因为聚合计算只会对视图详细级别的每一行有效，不能跨行计算，就像行级别计算只能在明细的单行内计算，不能跨行一样。所以直接拖动生成的即席计算，是每个子类别的利润总额减去 0（除了参数子类别是减去它自己），如图 9-44 所示。

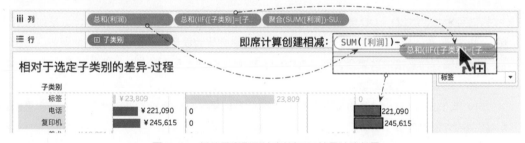

图 9-44　其他子类别无法直接与 IF 结果计算差异

此时，就是表计算"行间计算"的用武之地了。

在第二步辅助字段基础上，我们要创建一个新的辅助字段，用于将参数对应的"子类别"的利润总额，扩展到整个视图有效。最简单的方法是使用 WINDOW_SUM 函数，指定"子类别"为计算方向，相当于把所有子类别的辅助列都聚合起来。注意拖曳即席字段，要确认表计算中的数据是聚合的，如图 9-45 所示。

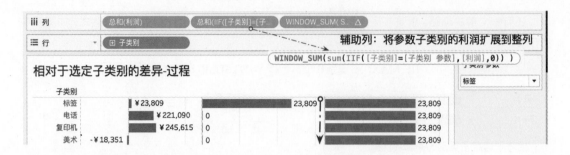

图 9–45　通过 WINDOW_SUM 表计算实现每个子类别与特定子类别的差异

至此，将前面的利润总和字段和表计算字段相减，就可以得出正确的结果了。为了突出差异，我们还可以把最终的字段再复制，拖曳到"标记"的"颜色"中，并移除中间的两个辅助列字段，就是实例开头的效果。

这个实例需要注意以下几点：

- 在不同的分析需求中，比如计算平均值，IIF 函数返回 0 还是 null 对结果可能是有影响的，在计算求和时没有影响；
- 在计算参数子类别的聚合时，推荐使用聚合表达式，性能更快；
- 这里的 WINDOW_SUM 函数还可以用 WINDOW_MAX 函数代替，都是为了将一个值扩展到整个列；
- 虽然可以用 FIXED LOD 表达式，但是并不推荐，一是表计算更优雅、简单，二是如果有维度筛选器，FIXED LOD 优先于维度筛选器，结果会导致误导；三是表计算性能更好，它是基于视图聚合的直接二次聚合，而 FIXED LOD 则是数据库重新计算。在后面介绍"如何选择计算"时我们会重提此事。
- 2019 年 Tableau 推出"参数动作"交互，因此可以将手动选择参数修改为视图中点击更新参数——方法详见第 7 章。

9.3.7　高级实例：相对于任意日期的百分比差异（TC1）

9.3.6 节的实例可以视为"TC10 大表计算"第 1 题的简化版，完整理解上面的实例后，我们可以更进一步分析："相对于任意日期的百分比差异"。

在股票或者期货分析中，经常要查看相对于某一天的股价波动，比如图 9-46 所示为三家公司多年的每日股价，选择其中一天，即可显示前后其他时间相对于这一天的波动（用差异百分比表示）。

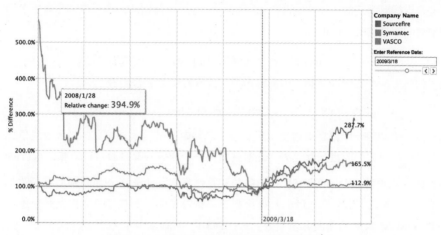

图 9-46　计算其他日期与参数日期的差异百分比

此实例和上面"相对于任意子类别的差异"相比有几个变化，这里增加了一个新的维度（公司名称），在相对任意日期的差异计算中，日期决定了计算的方向，而公司名称则决定了表计算的范围——每一家公司的波动变化都是相互独立的，比较是没有意义的。

做任何分析之前，务必清楚数据明细的详细级别，这里是每家公司的每天收盘价，可以先用连续的折线图来代表，不同颜色用来表示不同公司。我们要计算相对于某一天的百分比，就需要先把"某一天"的收盘价（Adj Close）通过辅助字段计算出来，在视图中增加即席计算，如图 9-47所示。

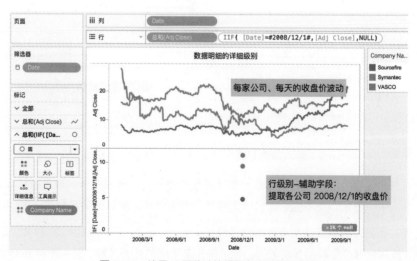

图 9-47　使用 IF 函数计算提取参考日的收盘价

这里先假定相对固定的一天: 2008 年 12 月 1 日，这里行级别的函数提取的是各家公司今天的收盘价，其他时间都是空值（null）。

$$IIF([Date]=\#2008/12/1\#,[Adj\ Close],NULL)$$

当然，按照上一个实例的说明，中高级用户可以直接使用聚合函数:

$$IIF(MAX([Date])=\#2008/12/1\#,SUM([Adj\ Close]),NULL)$$

到这一步，就和前一个题目非常相似了。接下来要做的是，让参考日的当天收盘价，扩展到每一天，从而可以与每天的收盘计算差异。此时就需要一个窗口计算函数：计算整个窗口的合计。

为了帮助大家理解 WINDOW_SUM 函数的计算过程，不妨先在上面的辅助字段添加"快速表计算→汇总"，会发现从参考日之后的收盘价都等于参考日的，而参考日之前的却还是空的。相比于 RUNNING_SUM 仅对后面的数值有效，WINDOW_SUM 则可以扩展到全部区域。最佳的方法是双击"汇总"表计算的胶囊，直接将 RUNNING_SUM 更改为 WINDOW_SUM 即可，如图 9-48 所示。

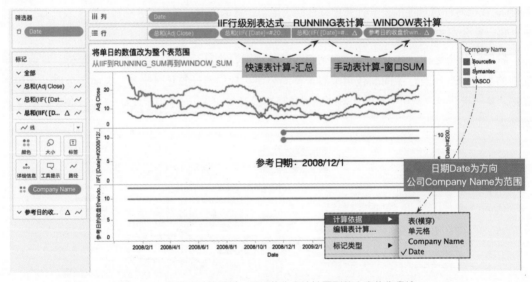

图 9-48　使用表计算把单一日期的收盘价扩展到整个表的收盘价

视图中有两个维度：日期和公司名称。表计算是做昨天、今天和明天的收盘价相加，相互计算的字段就是方向——日期；而不同公司的收盘价是没有意义的，所以公司名称是范围。

到这一步，差异计算需要的所有数据都已经在视图中了。我们可以移除 IIF 和 RUNNING_SUM 字段，然后计算剩余两个字段的相对差异。为了简化接下来的计算过程，可以把 WINDOW_SUM 表计算拖入左侧"数据"窗格创建字段为"参考日的收盘价 WINDOW_SUM"。然后创建每天收盘价相对于参考日收盘价的差异百分比，如图 9-49 所示。

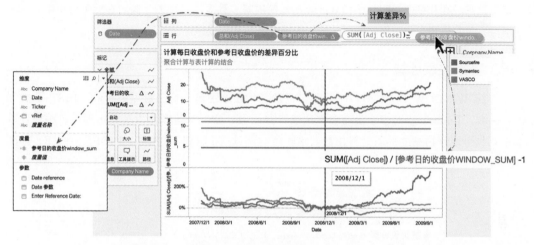

图 9-49 计算每天收盘价和参考线收盘价表计算的差异百分比

接下来，就可以把前面作为辅助字段的绿色胶囊全部移除，仅保留最后面的差异百分比波动。

整个过程已经完成，最后还有一步就是把此前的#2008/12/1#的参考日期改为参数。选择"Date"字段右击，在弹出的下拉菜单中选择"创建参数"命令，可以引用 Date 的日期范围。之后编辑"参考日的收盘价 WINDOW_SUM"字段，将其中的#2008/12/1#改为参数，如图 9-50 所示。

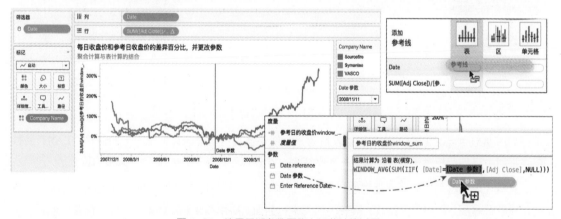

图 9-50 使用日期参数更改上述的计算过程

在 Tableau 推出"参数动作"功能之后，还可以通过点击视图中的点更新参数，无须右侧的参数控件，更进一步简化了互动过程。

至此，我们分享了两个使用 WINDOW_SUM 函数的实例，其中第 2 个实例中增加了一个范围字段、综合计算过程和参数。相当于把表计算与此前的基本计算函数融为一体。在业务分析中，可以随着学习不断升级和优化，用“模型思维”修炼分析的劳动成果。

9.3.8 参数类表计算

在介绍 WINDOW_SUM 函数时，我们提及了代表范围第一行和最后一行的 FIRST 函数和 LAST 函数，Tableau 中有多个没有参数的表计算函数，它们既可以作为参数出现在多种表计算函数中，也可以作为独立的表计算函数。这一类的函数有 FIRST、LAST、INDEX、SIZE，如图 9-51 所示。

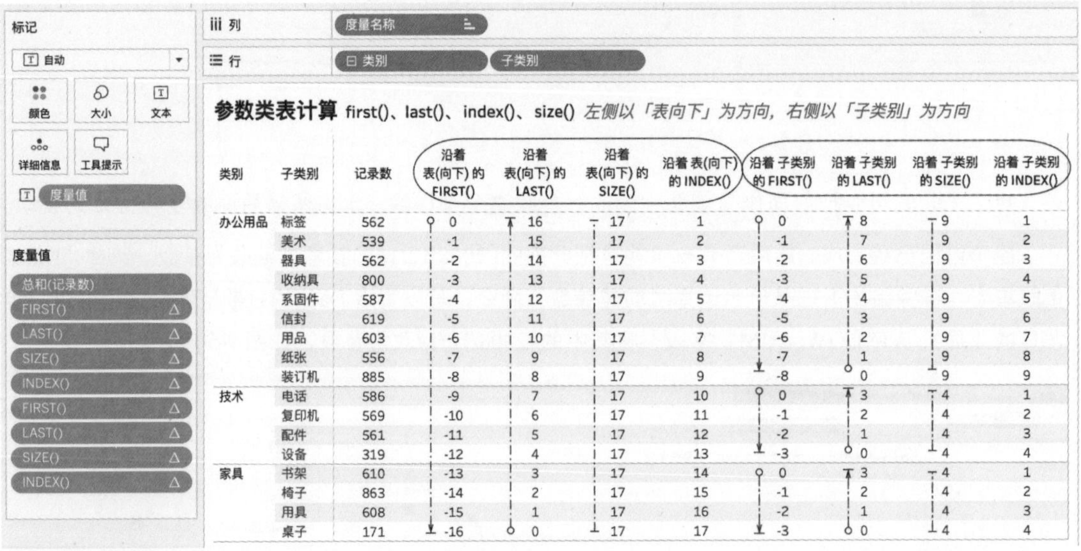

类别	子类别	记录数	沿着表(向下)的FIRST()	沿着表(向下)的LAST()	沿着表(向下)的SIZE()	沿着表(向下)的INDEX()	沿着子类别的FIRST()	沿着子类别的LAST()	沿着子类别的SIZE()	沿着子类别的INDEX()
办公用品	标签	562	0	16	17	1	0	8	9	1
	美术	539	-1	15	17	2	-1	7	9	2
	器具	562	-2	14	17	3	-2	6	9	3
	收纳具	800	-3	13	17	4	-3	5	9	4
	系固件	587	-4	12	17	5	-4	4	9	5
	信封	619	-5	11	17	6	-5	3	9	6
	用品	603	-6	10	17	7	-6	2	9	7
	纸张	556	-7	9	17	8	-7	1	9	8
	装订机	885	-8	8	17	9	-8	0	9	9
技术	电话	586	-9	7	17	10	0	3	4	1
	复印机	569	-10	6	17	11	-1	2	4	2
	配件	561	-11	5	17	12	-2	1	4	3
	设备	319	-12	4	17	13	-3	0	4	4
家具	书架	610	-13	3	17	14	0	3	4	1
	椅子	863	-14	2	17	15	-1	2	4	2
	用具	608	-15	1	17	16	-2	1	4	3
	桌子	171	-16	0	17	17	-3	0	4	4

图 9-51 参数类型表计算

如图 9-51 所示，FIRST 函数可以理解为是视图中当前行相对于分区第一行的偏移，LAST 函数代表视图中当前行相对于分区内最后一行的偏移，0 代表无偏移，绝对值代表偏移的位数。

正负代表偏移的方向。在视图中，上和左为前，下和右为后；前为正数，后为负数。由于所有行都在首行后面，所以均为负数；所有行都在末行前面，所以为正数。比如“配件”在最后一行“桌子”的前面第 5 位（+5），“收纳具”在首行“标签”后面第 3 位（-3）。

总之，FIRST 和 LAST 函数代表当前行相对于首行和末行的偏移，前面为正，后面为负。

SIZE 函数非常容易理解，代表分区的行数，可理解为 WINDOW_COUNT() 的简化形式。如果设置整个表为范围，每一行的 SIZE 返回值都是整个表的行数，因此都等于 17；而如果设置子分类为方向，那么类别是范围，每一行的 SIZE 返回值就等于所在类别的行数，因此标签对应的 SIZE 为 9。

SIZE 函数通常与其他函数结合使用，仅出现在一些高级分析场景中，比如在帕累托分析中，使用 INDEX()/SIZE() 来将离散的维度字段转化为百分位。

在所有参数类表计算函数中，INDEX 函数最为重要。

INDEX 函数与首行、末行无关，与字段的方向也无关，仅代表分区内的行的索引——不管孰前孰后，统一按照从 1 到 N 的方式编码，在很多地方我们可以把这个索引过程理解为对离散维度的"排序"——就像按照数据源顺序排序，无关大小，只看位置。

9.3.9 INDEX 与 RANK 函数：排序表计算

排序是表计算的独门绝技之一，Tableau 提供了多种排序计算方法，核心是 RANK 函数，不过随着 INDEX 参数函数的盛行，我们不妨把它也列入排序函数，并说明一下它们的应用场景，如图 9-52 所示。

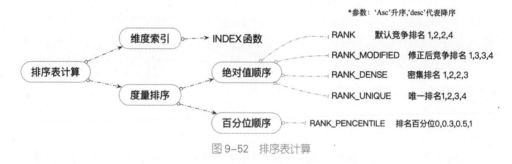

图 9-52 排序表计算

在很多场景中，我们需要对维度进行"排序"。准确地说，是给维度加上一个索引的编码。给维度加索引的函数是 INDEX，在 9.3.10 节的实例中，会用到 INDEX 给客户或者日期添加索引编码，并转化为连续的坐标轴。

度量排序的代表是 RANK(AGG,'asc'|'desc')，按照某一个聚合度量设置排序，默认是升序，比如 RANK(SUM([利润]))。RANK 函数返回的是整数，有时我们希望返回的是百分位，则可以使用 RANK_PERCENTILE 函数，如图 9-53 所示。

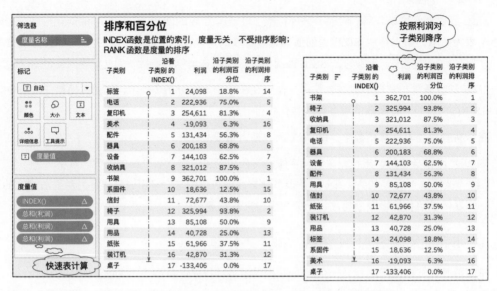

图 9-53　INDEX（索引位置）函数和 RANK（排序）函数的对比

排序和百分位函数应用较广，因此都被直接列入了"快速表计算"。

为了更好地实现排序分析，很多数据分析师希望在数据源层面增加排序的字段。不过，表计算的定位就是基于视图数据的二次聚合，它和数据源如何存储无关，在数据源层面实现排序一直难以完成。如今，Prep Builder 2020.1 可以解决这个问题，第 3 章介绍过这个函数，本章 9.6 节也会介绍。

下面结合实例说明这两个函数的用法。

9.3.10　实例：基于公共日期基准的销售增长（INDEX 函数）（TC2）

在"TC10 大表计算"中，有一个非常典型的 INDEX 题目：公共基准。旨在分析在不同年代上映的《玩具总动员》系列电影随日期的票房收入变化。

为了对比每部电影随日期的票房状况，最佳的策略不是查看每天的票房，而是查看累计的票房，因此每部电影最后一天的高点，就是这部电影的总票房，高点更高，即票房收入更高。计算每部电影的累计收入，就需要用"移动汇总"表计算函数——RUNNING_SUM。不过，不管是在视图中分别查看每部电影的累计趋势，还是用颜色标记显示在同一个坐标轴，都不能很好地展示随着日期变化的票房收入，如图 9-54 所示。

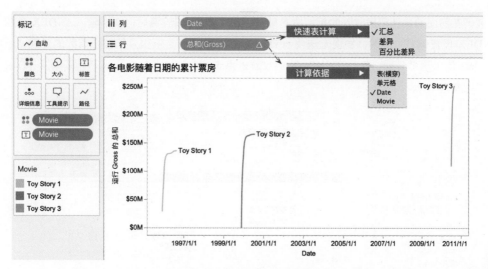

图 9-54　沿着绝对日期的汇总计算

可视化分析的判断标准是，能否无须过多的理性和思考参与，就能让访问者直觉地聚焦视觉重点。为了比较每部电影随日期的累计票房收入，就需要把每部电影的绝对日期（比如 1995 年 11 月 24 日）改为相对日期（上映第一天）。三部电影不能对应同一个绝对日期，但是可以对应同一个相对日期。

所以，问题的关键是把每一部电影的上映日期转化为上映第一天、第二天、第三天……这样的相对日期。为每一个日期加了一个 1、2、3……的编码，类似于为日期按照先后顺序设置了一个排序，我们称之为索引，实现的方法是使用 INDEX 函数，如图 9-55 所示。

行	Date	INDEX()	△

Date	INDEX()	
1995/11/24	1	1
1995/12/1	2	2
1995/12/8	3	3
1995/12/15	4	4
1995/12/22	5	5
1995/12/29	6	
1996/1/5	7	
1996/1/12	8	

Date:　　　　　　　1995/12/22
沿着 Date 的 INDEX()：5

图 9-55　把绝对日期改为相对索引日期

这里的关键是，如何为每一部电影设置独立的索引。

我们在前面的累计票房收入的折线图基础上，在 Date 字段胶囊后面双击输入 INDEX 函数。当为 INDEX 设置计算方向时，发现无法找到 Date 字段，这是因为索引只能基于离散的日期，所以先要把 Date 改为离散日期，然后在 INDEX 的胶囊上点击，在下拉菜单中选择"计算依据→Date"命令，如图 9-56 所示。

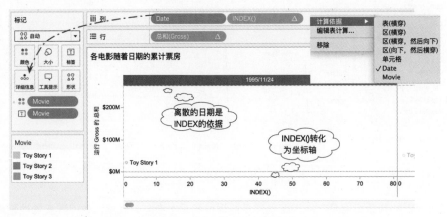

图 9-56　基于离散日期的坐标轴

接下来，最重要的一步。视图中我们要保留相对日期（INDEX 索引），不保留绝对日期（Date 字段）。但不能把 Date 字段移除，因为这个字段是 INDEX 函数的依据，同时决定了视图的详细级别。不在视图中显示又要决定视图的详细级别，因此把它拖曳到"标记"的"详细信息"（Level）中。此时默认是点图，在"标记"中改为"线"，就是最终的效果，如图 9-57 所示。

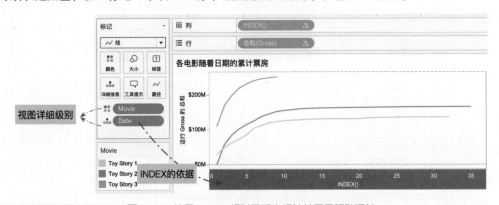

图 9-57　使用 INDEX 相对日期坐标轴并展示移动汇总

这是非常典型的 INDEX 实例，也能帮助我们理解维度在视图和表计算中的作用。在最终视图中，决定视图详细级别的是日期和电影名称；日期同时决定了 INDEX 函数的计算方向，电影名称通过颜色来体现。

如果 INDEX 函数的计算方向是相对方向，那么在拖动日期字段时，表计算就会出错，这也是笔者推荐"绝对计算方向"的重要原因。

使用这个题目的思路，读者可以完成业务中的众多分析场景，比如：

- 同一款商品在不同地区上市的累计销售对比；
- 同一款商品的不同版本，在不同时间的累计销售对比；
- 员工自入职到现在的综合绩效对比；
- 客户在不同年度的累计贡献曲线。

9.3.11　实例：随日期变化的 RANK 函数（TC4）

在业务分析中，我们经常会遇到排名问题，比如各区域随着月份的销售额排名、各采购单位每个月的促销经费排名等。使用排名函数做的多条凹凸线，构成了凹凸图（Bump Chart）。

我们看一下"TC10 大表计算"的第 4 题：各子分类随着季度的排名变化。为了更好地突出效果，这里使用了带序号的圆点和线的结合，并通过高亮突出选择的线条，如图 9-58 所示。

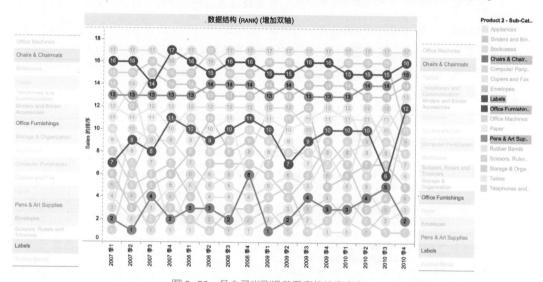

图 9-58　各个子类别沿着季度的排序变化

图 9-58 中并没有销售额，而是把销售额转化为排序展示。为了实现上面的排序，我们可以先看一下背后的数据交叉表：每个子类别、每个季度的销售额如图 9-59 所示。

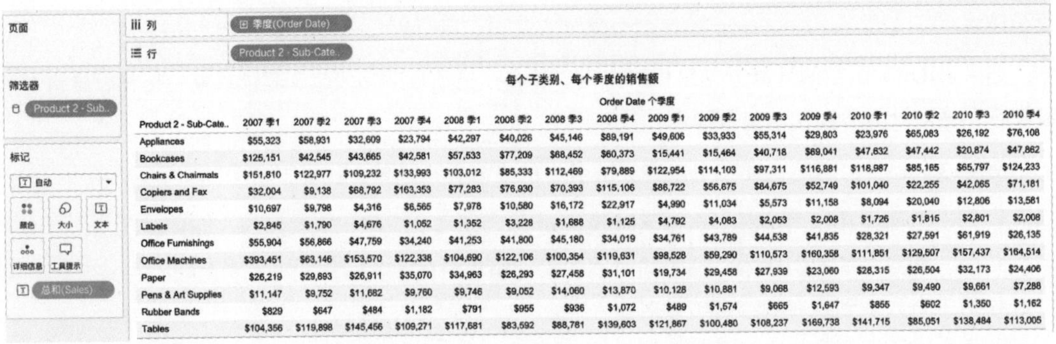

每个子类别、每个季度的销售额

Order Date 个季度

Product 2 - Sub-Cate..	2007 季1	2007 季2	2007 季3	2007 季4	2008 季1	2008 季2	2008 季3	2008 季4	2009 季1	2009 季2	2009 季3	2009 季4	2010 季1	2010 季2	2010 季3	2010 季4
Appliances	$55,323	$58,931	$32,609	$23,794	$42,297	$40,026	$45,146	$89,191	$49,606	$33,933	$55,314	$29,803	$23,976	$65,083	$26,192	$76,108
Bookcases	$125,151	$42,545	$43,665	$42,581	$57,533	$77,209	$68,452	$60,373	$15,441	$15,464	$40,718	$69,041	$47,832	$47,442	$20,874	$47,862
Chairs & Chairmats	$151,810	$122,977	$109,232	$133,963	$103,012	$85,333	$112,469	$79,889	$122,954	$114,103	$97,311	$116,881	$116,987	$85,165	$65,797	$124,233
Copiers and Fax	$32,004	$9,138	$68,792	$163,353	$77,283	$76,930	$70,393	$115,086	$86,722	$56,875	$84,675	$52,749	$101,040	$22,255	$42,065	$71,181
Envelopes	$10,697	$9,798	$4,316	$6,565	$7,978	$10,580	$16,172	$22,917	$4,990	$11,034	$5,573	$11,158	$8,094	$20,040	$12,806	$13,581
Labels	$2,845	$1,790	$4,676	$1,052	$1,352	$3,228	$1,688	$1,125	$4,792	$4,083	$2,053	$2,008	$1,726	$1,815	$2,801	$2,008
Office Furnishings	$55,904	$56,866	$47,759	$34,240	$41,253	$41,800	$45,180	$34,019	$34,761	$43,789	$44,538	$41,835	$28,321	$27,591	$61,919	$26,135
Office Machines	$393,451	$63,146	$153,570	$122,338	$104,690	$122,106	$100,354	$119,631	$98,528	$59,290	$110,573	$160,358	$111,851	$129,507	$157,437	$164,514
Paper	$26,219	$29,893	$26,911	$35,070	$34,963	$26,293	$27,458	$31,101	$19,734	$29,458	$27,939	$23,060	$28,315	$26,504	$32,173	$24,406
Pens & Art Supplies	$11,147	$9,752	$11,682	$9,760	$9,746	$9,052	$14,060	$13,870	$10,128	$10,881	$9,088	$12,593	$9,347	$9,490	$9,661	$7,288
Rubber Bands	$829	$647	$484	$1,182	$791	$955	$936	$1,072	$489	$1,574	$665	$1,647	$855	$602	$1,350	$1,162
Tables	$104,356	$119,898	$145,456	$109,271	$117,681	$83,592	$88,781	$139,603	$121,867	$100,480	$108,237	$169,738	$141,715	$85,051	$138,484	$113,005

图 9-59　各季度各子类别的销售额交叉表

这样的销售额清单虽然准确，但难以查看随季度的变化。类似于 9.3.10 节中把绝对日期改为相对日期（参考日都是上映第一天），这里可以理解为把绝对数值改为相对的数值排序位置（参考都是每个季度的最高值）。对度量的排序可以直接使用 RANK 函数，最快捷的方式是在右击"总和（Sales）"（绿色胶囊），在弹出的下拉菜单中选择"快速表计算→排序"命令。

如何设置计算方向和范围呢？我们的排序是每个季度内的子类别相互比较，比较的字段就是方向字段，而不能比较的字段（季度）就是范围，这是理解方向和范围的好办法，如图 9-60 所示。

为了把数据交叉表生成图表，务必确认表计算的方向是绝对字段的设置。为了生成可视化图表，行或列上需要有绿色的胶囊生成坐标轴，而我们用颜色代表子分类，所以把行字段"Sub-Category"（子分类）和"标记"中的"总和（Sales）△"（表计算排序）交换位置，子分类移动到颜色，就是随着季度排名的折线图了。

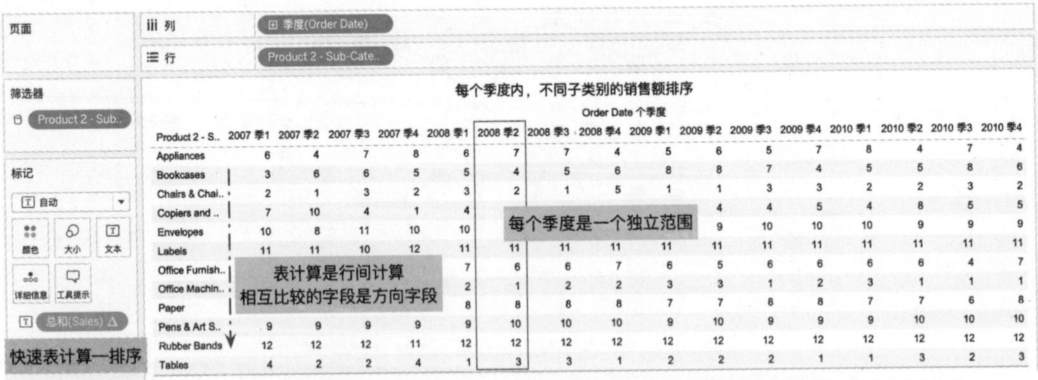

每个季度内，不同子类别的销售额排序

Order Date 个季度

Product 2 - S..	2007 季1	2007 季2	2007 季3	2007 季4	2008 季1	2008 季2	2008 季3	2008 季4	2009 季1	2009 季2	2009 季3	2009 季4	2010 季1	2010 季2	2010 季3	2010 季4
Appliances	6	4	7	8	6	7	7	4	6	5	4	5	4	4	7	4
Bookcases	3	6	6	5	5	4	5	7	10	9	7	4	5	6	8	8
Chairs & Chai..	2	1	3	2	2	2	1	5	1	1	3	3	2	3	4	2
Copiers and ..	7	10	4	1	4	3	4	3	4	4	5	6	3	8	5	5
Envelopes	10	8	10	9	10	8	8	8	9	10	10	10	10	7	9	7
Labels	11	11	9	12	11	11	11	11	11	11	11	11	11	11	11	11
Office Furnish..	5	5	5	7	7	6	6	9	7	6	6	7	7	5	6	6
Office Machin..	1	3	1	3	1	1	2	2	3	3	1	2	1	1	1	1
Paper	8	7	8	6	8	9	9	6	8	7	8	8	8	9	10	9
Pens & Art S..	9	9	9	10	9	10	10	10	10	8	9	9	9	10	11	10
Rubber Bands	12	12	12	11	12	12	12	12	12	12	12	12	12	12	12	12
Tables	4	2	2	4	3	5	3	1	2	2	2	1	6	2	3	3

图 9-60　季度作为分区，子类别作为计算依据

为了生成带有圆形标记的折线图，复制排名的"列"字段，对应的"标记"改为"圆"，同时把排序表计算复制到"标记"的"标签"中，为了让标签在圆的中心，需要点击标签，设置为居中。

必要时还要调整圆的大小和字体的大小。确认无误后，再把行上面的两个字段设置为"双轴"，同时增加"同步轴"保证完全重合，如图 9-61 所示。

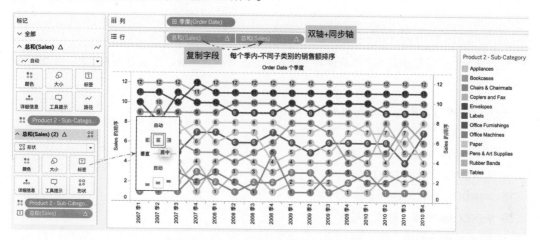

图 9-61　将数据交叉表转化为可视化图表

至此，关键部分就完成了。为了生成最初的效果，还需要通过仪表板整合主视图和两侧的标题——分别是第一个季度和最后一个季度的子分类排名标题。

我们可以创建一个单独的工作表，筛选器为图 9-61 中的第一个季度，行字段是子分类。不过这里默认的标签是"Abc"，很多人希望隐藏它，常见的办法是让标签显示标题，然后隐藏标题间接实现仅显示列表，如图 9-62 所示。

另外一个非常关键的步骤是必须按照销售额排序，从而和上面的凹凸图的左侧一致。

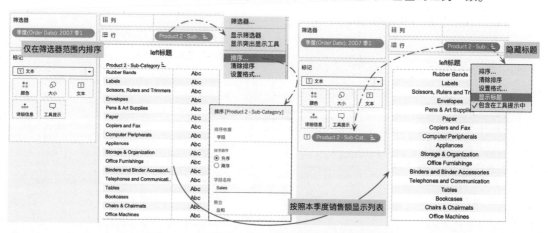

图 9-62　基于筛选器制作开始季度和结束季度的标题

右侧的列表制作方法和左侧一样，最后把三个工作表组合到仪表板，并隐藏凹凸图两侧的坐标轴。这里需要熟练使用仪表板。

9.3.12 统计类表计算和第三方表计算

统计是典型的范围计算，表计算提供了很多统计类表计算函数，主要有以下几类，在此就不多展开。

- WINDOW_CORR：皮尔森相关系数
- WINDOW_VORAR：样本协方差
- WINDOW_VORARP：总体协方差
- WINDOW_STDEV：样本标准差
- WINDOW_STDEVP：总体标准差
- WINDOW_VAR：样本方差
- WINDOW_VARP：总体方差

另外，还有几个第三方表计算，在与 R 语言和 Python 结合时使用，包括 SCRIPT_BOOL、SCRIPT_INT、SCRIPT_REAL、SCRIPT_STR。本书暂不做介绍。

9.3.13 快速表计算

至此，最主要的表计算函数介绍完了，其中常见的部分，以及和聚合函数的组合就加入了快速表计算，包括汇总（RUNNING_SUM）、差异（LOOKUP）、差异%（LOOKUP）、总和百分比（TOTAL）、排序（RANK）、百分位（RANK_PERCENTILE）、移动平均（WINDOW_AVG），如图 9-63 所示。

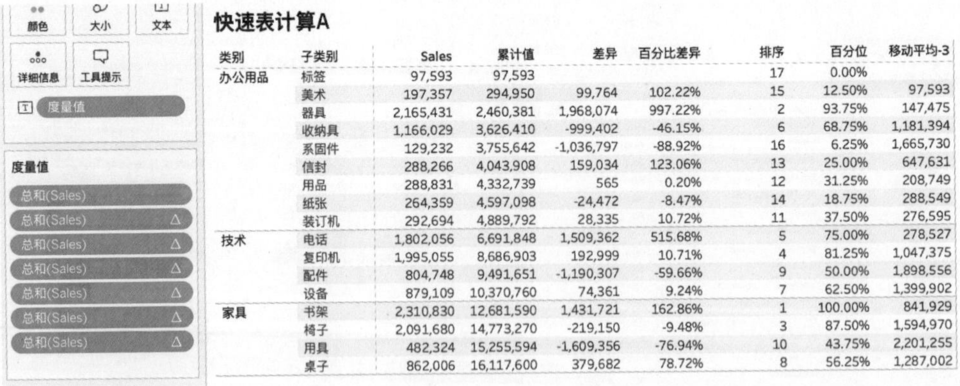

类别	子类别	Sales	累计值	差异	百分比差异	排序	百分位	移动平均-3
办公用品	标签	97,593	97,593			17	0.00%	
	美术	197,357	294,950	99,764	102.22%	15	12.50%	97,593
	器具	2,165,431	2,460,381	1,968,074	997.22%	2	93.75%	147,475
	收纳具	1,166,029	3,626,410	-999,402	-46.15%	6	68.75%	1,181,394
	系固件	129,232	3,755,642	-1,036,797	-88.92%	16	6.25%	1,665,730
	信封	288,266	4,043,908	159,034	123.06%	13	25.00%	647,631
	用品	288,831	4,332,739	565	0.20%	12	31.25%	208,749
	纸张	264,359	4,597,098	-24,472	-8.47%	14	18.75%	288,549
	装订机	292,694	4,889,792	28,335	10.72%	11	37.50%	276,595
技术	电话	1,802,056	6,691,848	1,509,362	515.68%	5	75.00%	278,527
	复印机	1,995,055	8,686,903	192,999	10.71%	4	81.25%	1,047,375
	配件	804,748	9,491,651	-1,190,307	-59.66%	9	50.00%	1,898,556
	设备	879,109	10,370,760	74,361	9.24%	7	62.50%	1,399,902
家具	书架	2,310,830	12,681,590	1,431,721	162.86%	1	100.00%	841,329
	椅子	2,091,680	14,773,270	-219,150	-9.48%	3	87.50%	1,594,970
	用具	482,324	15,255,594	-1,609,356	-76.94%	10	43.75%	2,201,255
	桌子	862,006	16,117,600	379,682	78.72%	8	56.25%	1,287,002

图 9-63 快速表计算

另外还有几个与日期有关的表计算：同比增长、复合增长率、YTD 合计、YTD 同比。它们也是上面表计算和其他函数的综合运算。

- 同比增长快速表计算就是差异百分比计算。
- 复合增长率是一种国际公司常用的特定计算方法，公式是 (当前利润/首年利润)^(1/年数) - 1，这里使用了 Power 幂函数，查找（ LOOKUP ）首年（ First ）聚合（ 也可以用 PREVIOUS_VALUE ）函数，以及索引（ INDEX ）当前年份数。

  POWER(ZN(SUM([利润]))/ PREVIOUS_VALUE([利润]),ZN(1/(INDEX()-1))) - 1

- YTD 合计，即 Year To Date（ 从年初的累计 ），因此需要有一个离散的年度和更低层次的日期字段才可用，背后是一个以离散年为分区，以另一个日期字段为方向的 RUNNING_SUM 函数——这里用到了高级的重启功能，如图 9-64 所示。
- YTD 同比，在 YTD 合计基础上，计算差异百分比，从而查看每年的年度累计，相当于往年年度累计的百分比增长状况。

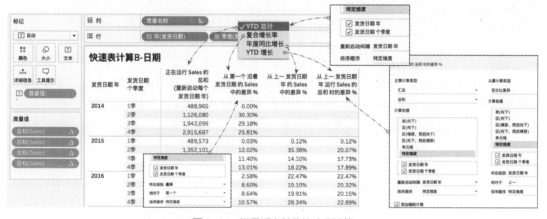

图 9-64　与日期有关的快速表计算

9.4　高级表计算设置

9.4.1　实例：多遍聚合的嵌套表计算（TC3）

至此，本书已经介绍了所有的表计算函数，部分表计算可以嵌套在一起使用，实现一些特殊的聚合计算。

"TC10 大表计算"中有一个典型的实例："随时间变化的销售总额百分比"，单月的销售额增长或者下跌虽然重要，但高层领导更希望从更高的视角查看随着时间的累积变化，这样可以避免被单月的数据误导。

图 9-65 左侧显示的是电商和传统渠道各年、各季度的零售开支（Retail Spend）的绝对数值，如果领导希望查看各季度的累积开支，则需要使用图 9-65 右侧基于移动汇总将零售开支做移动聚合的方法。

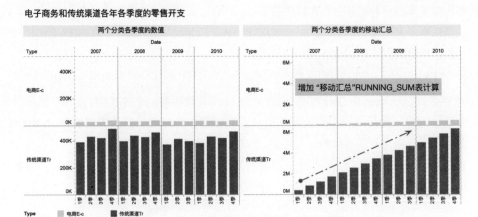

图 9-65　聚合和移动汇总

不过，图 9-65 右侧的移动聚合适合查看"每个分类的累积开支"，由于二者差异过大，无法对比二者的累积增长情况。"绝对值描述数量，比率描述质量"，基于最后的累积聚合值计算每个季度的累积占比，把上面的绝对值转化为百分比，有助于查看二者的各季度的增长差异。

基于移动汇总再做百分比，就是两次表计算的嵌套计算，在此前表计算基础上增加附加计算，如图 9-66 所示。

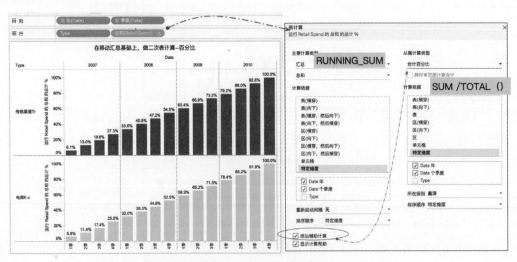

图 9-66　基于移动汇总再添加辅助计算合计百分比

　　这里，百分比都是每年、每季度的聚合和最后一个累积数据的百分比，也就是行间计算既跨年、又跨季度，因此表计算的计算依据是：年、季度。

　　表计算不仅可以嵌套使用，也可以与 LOD 表达式结合，9.5 节和 10.7 节的实例中，都会用到这样的方法。

9.4.2　实例：多个方向字段的深度优先原则

　　在多遍聚合的表计算设置中，视图中的两个日期维度都作为计算方向，那么这两个字段可以调整位置吗？

　　以 TC2 的数据为例，仅查看传统渠道的多年销售，在添加"快速表计算→移动汇总"（RUNNING_SUM）时，默认按照表横穿的方向计算，横穿经过两个字段，按照视图中列字段的顺序，先执行后面的季度，再计算年字段，这就是"深度优先原则"。如果把计算依据改为"特定维度"，下面的字段则优先完成行间计算，如图 9-67 所示。

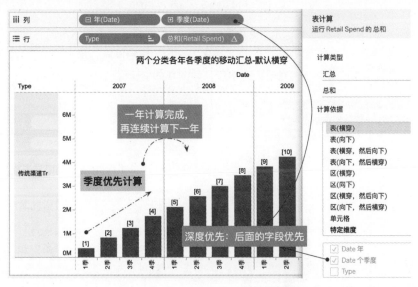

图 9-67　多个方向字段，深度优先计算

　　如果更换特定维度下面的维度字段，把日期的"年"放在"季度"之下，那么就会先计算第 1 季度在 2007 年、2008 年、2009 年、2010 年的聚合，然后计算第 2 季度的各年，如图 9-68 所示。

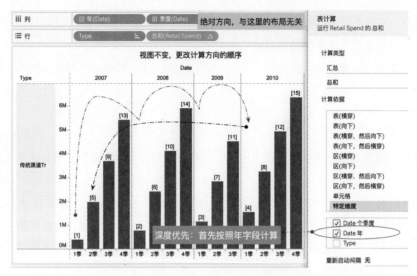

图 9-68 通过编辑表计算设置表计算的计算方向

注意，在"表计算"下面还有一个"重新启动间隔"，用来将计算方向字段同时设置为计算分区，默认是"无"，如果在图 9-68 的基础上选择"季度"字段为重启间隔，那么每个季度计算结束，下一个季度就会重新从头计算——相当于分区字段，如图 9-69 所示。

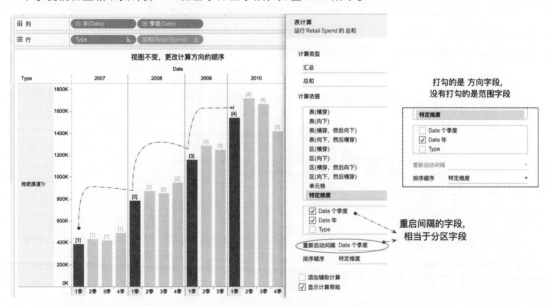

图 9-69 重启间隔字段

通过这种自定义的方式，可以在多个维度的表计算中精确控制计算的方向，不受视图中字段位置的影响，包括维度出现在"标记"中的情形。

9.5　综合实例：帕累托分布图制作方法

帕累托图以意大利经济学家 V.Pareto 的名字命名，他因对意大利 20% 的人口拥有 80% 的财产的观察而著名，这种极端分布、头部效应的分布被其他人命名为"帕累托法则"，又称"二八法则"。

作为分布分析的三大主力图表（条形图、盒须图、帕累托）之一，帕累托图（Pareto Chart）使用范围相对较窄，仅限于具有明显的"头部效应"的分析。比如"20% 的客户贡献了公司 80% 的营业额""20% 的商品贡献了 80% 的销售额"等。这里的 20% 是对客户或者商品计数的比例，而 80% 则是累积营业额的 80%，相对于全部客户或者销售额的百分位，都需要使用表计算完成。

还以超市数据为例，先假定客户的贡献具有明显的头部效应，通过帕累托图来分析 80% 的销售额是由哪一部分的客户贡献的。结合筛选器、仪表板可以分析每个区域的帕累托分布和头部客户名称，如图 9-70 所示。

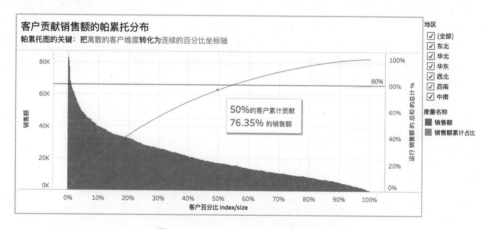

图 9-70　前 50% 的客户贡献的帕累托图

通常，为了更好地体现帕累托的累计趋势，会保留每位客户的销售额，二者结合具有更好的视觉效果。

第一步，生成柱状图背景。按照图 9-71 的样式加入客户名称和销售额两个字段，设置"条形图"显示，并按照降序排列，把显示改为"整个视图"，就构建了帕累托图所需要的所有信息和背景。

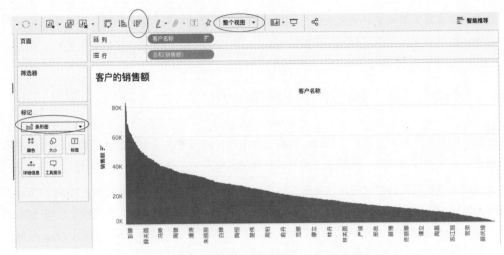

图 9-71 客户的销售额分布柱状图——帕累托图的起点

第二步，生成累计的销售曲线。复制"总和（销售额）"胶囊，或者重新拖入该字段，用鼠标右击，在弹出的下拉菜单中选择"快速表计算→汇总"命令，每位客户的销售就会包含此前所有客户的销售，即累计的销售金额。将"标记"改为"线"，即可生成帕累托所需要的主视图，如图9-72 所示。

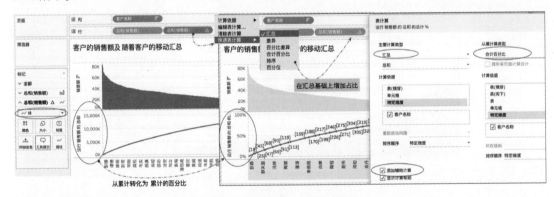

图 9-72 帕累托图，增加多遍聚合

不过，仅仅显示"累计销售额"还不够，帕累托要用占比显示当前位置相当于累计金额的占比，参考 9.4 节"多遍聚合的嵌套表计算"，在"汇总"基础上编辑表计算，增加辅助计算"合计百分比"，就会把坐标轴和度量转化为百分比。之后，把两个度量改为"双轴"，如图 9-73 所示。如果前面没有设置标记样式和排序，那也可以在这个阶段重新设置。同时，为了显示方便，可以为图例中的度量名称设置别名。

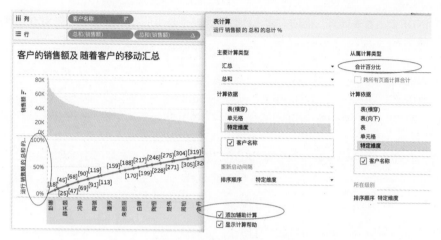

图 9-73　阶段性的帕累托分布图

至此，帕累托的雏形就已经成型了，如果不追求精确的客户占比，那这样的帕累托图已经可以满足一部分需求。如果要实现精确的客户占比（比如 40% 的客户贡献了 80% 的销售），则还需要把横轴的客户名称转化为每位客户在全部客户的百分位。而这也正是帕累托图的关键所在。

如图 9-74 所示，要把离散的客户字段转化为客户在全部客户中的百分比位置，就需要先用计数把离散客户转化为数字 1，之后使用"汇总"和"合计百分比"转化为每位客户所在的百分位。

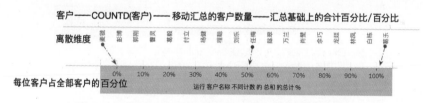

图 9-74　把离散的客户字段转化为连续百分位坐标轴的逻辑

结合 9.4.1 节中多遍聚合的方法，初学者可以按照这样的思考逻辑实现客户从"离散客户维度"到"连续百分位坐标轴"的转化。

- 在客户上做度量聚合——计数（不同）；
- 在上一步计数基础上增加表计算——汇总；
- 在上一步汇总基础上增加辅助表计算——合计百分比或者百分比；
- 确保"客户名称"在"标记"的"详细信息"中；
- 设置表计算的计算依据是"客户名称"。

理解了背后的逻辑，再进行帕累托分析，就可以使用"参数表计算函数"简化这个过程。假设有 100 名客户，将客户计数（不同）并汇总的过程，相当于为每位客户增加一个索引：1、2、3⋯⋯

100，对应 INDEX 函数表计算；而所有客户的数量，就是表中的行的数量，对应 SIZE 函数表计算。逻辑关系如图 9-75 所示。

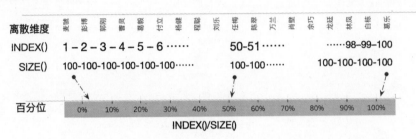

图 9-75　使用参数表计算快速实现帕累托坐标轴转化

总结一下，下面 3 种方式的结果是一样的：

- RUNNING_SUM(COUNTD([客户名称])) / TOTAL(COUNTD([客户名称]))
- RANK_PERCENTILE(RUNNING_SUM(COUNTD([客户名称])))　//百分位
- INDEX()/SIZE()　//参数表计算方法

至此，在图 9-73 的基础上，把"客户名称"字段拖到"标记"的"详细信息"中，确保整个视图的详细级别依然停留在客户名称。之后在"列"的位置输入"INDEX()/SIZE()"，并设置视图中所有表计算的计算依据为"客户名称"，如图 9-76 所示。

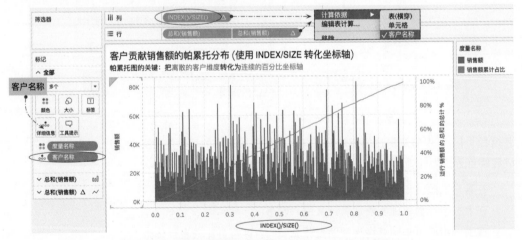

图 9-76　使用 INDEX()/SIZE()完成帕累托的客户百分比转化

至此，帕累托图已经接近尾声，唯一的不足是尚未按照客户的销售额排名，此时快速工具栏中的"排序"功能也已经失效。此时需要使用手动排序，并且是基于视图中没有直接出现的字段——客户名称设置的，如图 9-77 所示。这就是在第 5 章中提及的"基于隐形字段设置排序"的方法。

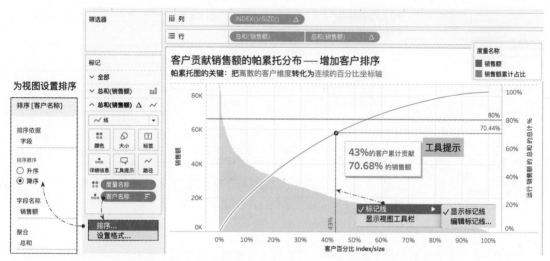

图 9-77　为帕累托图增加排序、标记线、参考线并修改工具提示

为了更好地展示帕累托图，可以拖入参考线（常量线），显示标记线及其标签；还可以修改工具提示，更好地突出关键数值。

至此，帕累托图就完成了。

9.6　综合实例：作为筛选器的表计算

在用到表计算的业务分析中，经常遇到这样的客户咨询：对每天的销售额添加了 7 天移动平均值计算，如何仅仅筛选当月的数据显示，又不影响月初几天的移动平均计算？[1]

这里，本书依次介绍题目包含的计算和难点、寻找问题解决的思路、创建表计算、基于表计算字段筛选日期。

1. 构建问题的主视图

如图 9-78 所示，使用"订单日期"作为筛选器仅保留 2019 年 12 月的销售额，完成当月的每天的销售额分析，并在第 2 个销售额字段上点击，选择"快速表计算→移动平均"命令，之后点击　"编辑表计算"，设置为包含前面 6 个数值和当前值，对应的表计算函数为 WINDOW_AVG(SUM([销售额]), -6, 0)。默认是两条单独的折线，右击第 2 个坐标轴，在弹出的下拉菜单中选择"双轴"和"同步轴"。

1　本实例可以从 Tableau 官方知识库查询，搜索"筛选视图而不筛选基础数据"。

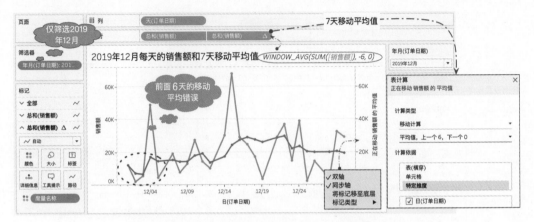

图 9-78　基于维度筛选器的单日销售额聚合和 7 天移动平均聚合

注意，两个折线前面的几个数值与第 1 个数值完全重合。这是因为第 1 天的移动平均值仅为它自身。同理，前面两天的移动平均值都不完整，因为缺少了 11 月的数值。

如何解决这个问题呢？由于表计算仅对视图中的数据有效，也无法把维度筛选器的优先级调整到表计算之后，所以基于维度筛选器的方式是无解的。

2. 寻找解决问题的思路

所有涉及不同操作优先级的问题，都要从 Tableau 设定的筛选器与计算的优先级中寻找思路和突破口，在第 5 章中，介绍过多个筛选器的优先级，特别是如何使用上下文筛选器调整相互之间的优先级。视图层面的筛选器优先级可以用图 9-79 展示。

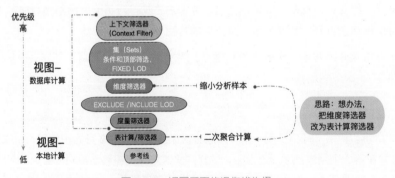

图 9-79　视图层面的操作优先级

从图 9-79 中可见，表计算的优先级远低于维度筛选器。那如何既能实现视图中的数据筛选器，又不影响表计算的计算结果呢？似乎只有一种方法：想办法把维度筛选器调整到表计算的层级。

官方把这个问题概括为"筛选视图而不筛选基础数据"。

3. 创建表计算

那如何把筛选器调整到表计算的层级呢？

对复杂问题而言，建议从交叉表，而非从可视化图表出发。在图 9-78 对应的工作表上右击，在弹出的下拉菜单中选择"复制为交叉表"命令，就会自动创建一个没有坐标轴的交叉表，如图 9-80 所示。

图 9-80　基于交叉表的思考方式

为了实现日期筛选，这里需要创建一个表计算函数，既能与前面的日（订单日期）字段对应，又能使用表计算函数——即用表计算函数返回它自己。

可以把这个过程理解为一种返回它的计算，与此相关的函数是 LOOKUP 或者 PREVIOUS_VALUE 函数，而表计算的范围应该是单元格，从而保证仅仅返回它自己。

接下来，使用两种方式返回它自己。如图 9-81 所示，在"行"中"天（订单日期）"胶囊之后双击输入计算，下面的两种计算都可以：

- LOOKUP(MIN([订单日期]),0)
- PREVIOUS_VALUE(MIN([订单日期]))

图 9-81　创建表计算字段

默认表计算的计算依据是"表（向下）"，这里的结果是对的。不过，正如此前所建议的，为了避免后期调整布局时出现错误，建议点击表计算的"△"图标位置，确认一下计算依据，在可视化结束时将其改为绝对依据。由于 LOOKUP 函数中的位置 0 已经锁定了返回就是它自身，所以更加安全，而 PREVIOUS_VALUE 函数如果设置不当，则会仅仅返回视图中第一天的数据。

确认表计算返回无误后，把即席计算创建的字段拖入左侧"数据"窗格，并命名为"表计算当前日期"，从而创建计算字段。

4. 基于表计算字段筛选日期

接下来，可以把这个字段拖入筛选器建立筛选，不过默认会出现错误。这是因为"表计算当前日期"字段默认是离散的，而这里要选择日期的连续范围，所以还需要选择字段右击，在弹出的下拉菜单中选择"转化为连续"命令，如图 9-82 所示，胶囊就会从蓝色变成绿色。之后把字段拖入筛选器，选择日期范围，并删除之前的"日（订单日期）"维度筛选器。

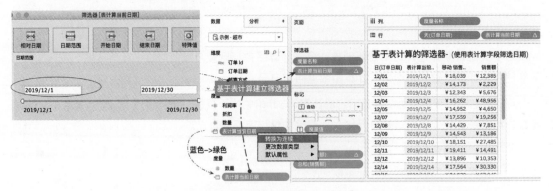

图 9-82　转化字段为连续，并建立筛选

此时再看，12 月 1 日对应的销售额和移动平均销售额，两个数据此处不相等了。这是因为 12 月 1 日的移动平均，包含了 11 月末 6 天的销售额。之后，把连续的绿色胶囊拖曳到列中，删除无关字段，转化为折线图即可。

这个实例，是进一步了解表计算的灵活性和 Tableau 操作顺序重要性的绝佳机会。

9.7　Prep Builder2020 新功能：计算特定层次的排名

Tableau 2020.1 版本的 Prep Builder 增加了对高级计算的支持，在第 4 章 4.3 节和 4.4 节，分别介绍了 Prep Builder 的 FIXED LOD 和排名计算。这里对比一下视图中排名和数据源排名的使用差异，帮助数据分析师将部分复杂的排名计算转移到数据源层面，简化分析模型的构建难度。

通常，视图中的排名是对聚合度量的排名，数据源中的排名也是如此，简单的排名是全局的排名，比如"各个地区销售额的排名"；而复杂的排名增加了排名的范围，比如"在每个季度中，各个子分类的销售额排名"。在 Desktop 中通过拖曳实现指定层次的聚合，通过表计算计算方向、设置方向；而 Prep Builder 则通过 FIXED LOD 实现指定层次的聚合，通过 PARTITION 函数指定排名的分区，因此 FIXED LOD 和排名通常结合起来使用。

基于可视化、表计算、FIXED LOD，这里介绍一个实例，对比 Desktop 和 Prep Builder 在排序上的方法不同和思维差异。比如，"每个季度中，各个子分类的销售额排名"，排名在每个季度中相互独立，因此季度日期是分区，相互比较的字段（子分类）是计算方向。这里使用 Prep Builder 2020 版本的超市数据，在 Desktop 中创建交叉表，点击"总和（销售额）"字段，在弹出的下拉菜单选择"快速表计算→排序"命令，如图 9-83 所示。

图 9-83　在 Desktop 中实现各个季度中，各个子类别的销售额排名

设置"排序"表计算，设置"子类别"为计算依据。可见，"电话"在所有季度都是排名前三——子类别是计算依据、比较对象。

使用同样的数据在 Prep Builder 中完成"每个季度中，各子类别的销售额排名"，首先要计算每个季度中、各个子类别的销售额聚合，为此还需要先计算每个订单日期的所在季度（连续季度字段），如图 9-84 所示。

在 Prep Builder 中使用 FIXED LOD 表达式计算指定层次的聚合。表达式如下：

"连续季度"字段：DATETRUNC('quarter',[订单日期])

指定层次的聚合"每个子分类、每个季度的销售额"字段，表达式如下：

{FIXED [子类别],[连续季度]:SUM([销售额])}

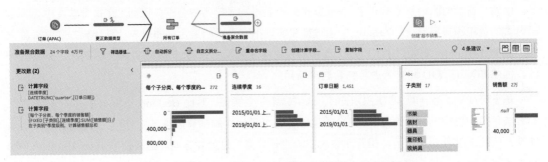

图 9-84　在 Prep Builder 中增加辅助字段和指定层次的聚合

"连续季度"字段是分区，排序是对聚合销售额的排序，选择"每个子分类、每个季度的销售额"聚合字段，用鼠标右击，在弹出的下拉菜单中选择"创建计算字段→排名"命令。默认是在全公司范围对指定聚合的排名，要在每个分区内设置排序，就需要将"分组依据"（对应表计算中的分区）设置为"连续季度"，默认是降序（Z→A）排列，如图 9-85 所示。

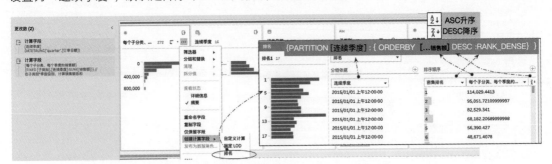

图 9-85　在 Prep Builder 中设置指定层次的排名

将计算结果重命名为"在季度内排序"，Prep Builder 就在数据库层面插入了一个辅助列，标记了在每个季度中，各个子类别的销售额排序。有读者会好奇，为什么这里没有设置"子分类"为排名计算的方向字段？子分类其实已经通过 FIXED LOD 表达式指定为排名的详细级别了，实现了 Desktop 中的视图功能。

在 Desktop 中预览 Prep Builder 的数据处理结果，把"连续季度""子类别"字段加入视图构建主视图，在 Prep Builder 中生成的排序字段加入标签以文本显示，如图 9-86 所示。

图 9-86 基于 Prep Builder 的排序字段在 Desktop 中构建排序

最重要的是，Prep Builder 生成的排序字段"在季度内排序"默认是度量，度量默认计算总和，所以必然导致数据偏大，可以改为平均值或者中位数等聚合方式，或者直接改为维度。Prep Builder 生成的辅助字段是行级别的，即 2015 年第 2 季度所有"电话"下的销售交易都对应"2"这个排序数值，改为维度，结果就不受交易的行数影响了。

这就是借助 Prep Builder 在数据源级别实现特定层次排序的方法，这种方法适用于高级分析师的特殊需求。想必在不久的将来，Prep Builder 中的 PARTITION 函数也会出现在 Desktop 中，帮助数据分析师更好地构建分析模型。

第 10 章

高级计算：狭义 LOD 表达式

笔者将"LOD（详细级别）表达式、表计算和集动作"比作"Tableau 高级分析三剑客"。借助于 LOD 表达式，分析师可以优雅地开展多层次的业务分析，也正因此，Tableau 才从同类的数据分析软件中脱颖而出。能否较熟练地使用这三项技能，是判断一个人是否具备 Tableau 高级分析能力的基本标准。

笔者会不吝笔墨地介绍 LOD 表达式的独特性和原理、语法的结构、各种表达式的场景，及其与表计算的区别和联系。最后以会员 RFM 指标为例，详细介绍 LOD 表达式、聚合计算、表计算的结合用法，帮助更多人进入高级业务分析领域。

在本书中，广义的 LOD 表达式指生成特定层次的表达式，本章的 LOD 表达式仅指狭义的 LOD 表达式——FIXED /INCLUDE/EXCLUDE LOD 三种语法。

10.1 LOD 表达式的独特性和原理

在第 9 章开头，我们以 WINDOW_SUM 函数和 FIXED LOD 表达式为代表介绍了高级计算的两种主要场景。高级计算的场景之复杂，不在于它同时使用了多少个维度或者度量字段，而在于问题包含了多个"层次"（详细级别），多个层次的数据需要二次聚合计算，这就是表计算和 LOD 表达式的共同目的。而二者的差别是，表计算只能完成视图级别或者更高层次的计算（典型代表是差异和窗口计算），而 LOD 表达式可以完成低于、高于或者独立于视图级别的计算（典型代表是 FIXED LOD 的独立层次计算）。

图 10-1 可以帮助读者更好地理解高级计算。

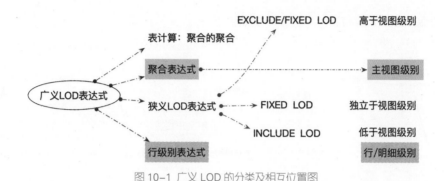

图 10-1 广义 LOD 的分类及相互位置图

简单地说，LOD 表达式的独特性是在当前视图详细级别基础上增加了额外的详细级别。官方介绍中有一句话最能说明这个特点。

LOD 表达式是回答有关单一视图中包含多个数据颗粒度级别问题的、简洁而强大的方法。

LOD Expressions represent an elegant and powerful way to answer questions involving multiple levels of granularity in a single visualization.

读者只有明白 LOD 表达式的分析场景，才能更加优雅地使用 Tableau 的计算。另外，由于行级别字段和聚合计算是 LOD 表达式的基础，因此还要清楚所有计算之间的相互关系，才能选择最佳的用法。在这里，笔者尝试介绍 Tableau 中所有计算的关系，并用可视化图表直观表达。

- "行级别计算"是仅在明细中每一行内执行的计算，单行有效；它的作用是要么生成维度构建详细级别，要么生成度量构建视图聚合；行级别字段和数据库字段为其他计算提供"原材料"。

- "聚合计算"是从数据明细到视图层次聚合的过程，是对明细中多行的聚合（行间聚合）；它的作用是生成视图中的聚合度量，描述问题的答案。

- "表计算"是在视图级别中"聚合计算"的二次计算，是视图中聚合行的行间计算；它的作用是对视图中聚合结果的二次聚合分析，因此表计算嵌套的计算必须是聚合的；典型的应用如差异和窗口汇总。

- "LOD 表达式"是在视图详细级别增加额外的详细级别的聚合度量，额外的详细级别可以指定**完全独立的详细级别**（FIXED），也可以**相对于视图级别**指定（INCLUDE/EXCLUDE）；可以作为维度的形式出现（FIXED LOD），也可以作为度量出现。

图 10-2 展示多种计算相互之间以及其与视图的关系。

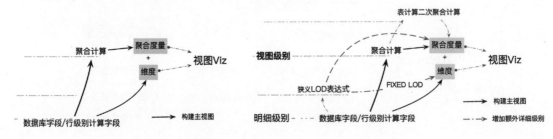

图 10-2 Tableau 多种计算相互之间以及其与视图的关系

可见，数据库字段和行级别计算是其他计算和视图的"原材料"，"聚合计算"的聚合度量是"表计算"的"原材料"。而 LOD 表达式专用于在视图详细级别增加额外的详细级别计算。

基于这样的综合认识，我们看一下"各年度的利润总和及利润贡献的客户矩阵分布"。这个问题的主视角焦点很清晰：各年度的利润总和，同时还要增加另一个详细级别——客户所在的矩阵年度（即首次购买日期的年度）。如图 10-3 所示，以 FIXED LOD 的结果作为维度，通过颜色增加了主视图的层次——客户矩阵。

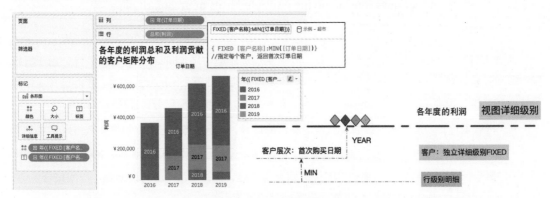

图 10-3 每年利润的客户矩阵

在加入 LOD 字段之前，主视图层次是行级别字段"订单日期"决定的，利润的聚合代表结果。同时要引用的第二个层次是"客户的矩阵年度"，这个层次与当前视图没有关系，是完全独立的层次。可以用图 10-4 更加深入地表示过程。

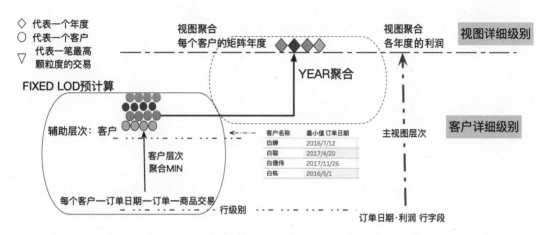

图 10-4　每年利润的客户矩阵之示意图

当我们把 LOD 计算加入视图中时，日期自动进一步聚合为"年"，从而生成每个客户的矩阵年度。我们也可以将聚合函数直接写入 LOD 表达式，因此，图 10-5 所示的多个表达式结果是一样的，只是计算稍有不同。

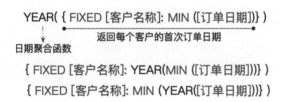

图 10-5　实现每年客户矩阵的多种表达式

总结一下，什么时候用 LOD 表达式？

当我们要在主视图中增加另一个详细级别的数据时。

注意，LOD 表达式即详细级别表达式，并不独占"详细级别"（LOD）这个词汇！行级别、视图级别都可以被称为 LOD，所以从广义角度看，所有的计算都是 LOD 表达式。本章的 LOD 表达式专指在视图详细级别增加额外详细级别的计算。

10.2　LOD 表达式的语法

LOD 表达式有 3 种语法：FIXED/INCLUDE/EXCLUDE LOD，分别适用于不同的计算场景。3 种语法的结构完全一致，如图 10-6 所示。

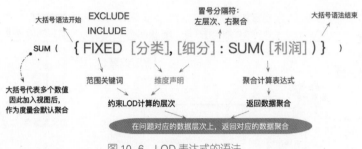

图 10-6　LOD 表达式的语法

如图 10-6 所示，所有的 LOD 表达式以大括号为标志符，大括号中第一个词是 3 种 LOD 表达式的范围关键词，它与之后的维度字段共同决定层次的维度字段。层次和指定层次的聚合类型，通过中间的冒号进行分隔：左侧决定计算的层次，右侧决定聚合的方式。图 10-6 中的表达式是在每个分类、每个细分的层次计算利润的总额。

FIXED、INCLUDE、EXCLUDE 三种语法类型分别代表不同的范围，FIXED 可以理解为绝对指定，层次仅由 FIXED 后面的维度决定；INCLUDE 和 EXCLUDE 可以理解为相对指定，层次由其后的维度和主视图维度共同决定。

这里还有一个至关重要的知识：LOD 表达式的标志性符号是大括号。但为什么是大括号呢？

这个问题曾经困扰笔者很久，后来才明白，由于 LOD 表达式是在某个层次上的聚合计算，除非是最高的层次，否则它的结果都是多个数值组成的。比如，{ FIXED [客户名称]: MIN ([订单日期])} 返回每个客户的首次订单日期，去除重复值，最终结果也会有很多。如何代表很多值呢？使用大括号。

大括号在数学中代表数组，顾名思义，就是很多数的组合，Excel 中有数组函数。但就其结构而言，LOD 表达式更像是 Python 中的字典。如图 10-7 所示，使用 LOD 表达式返回每个客户的最小订单日期，LOD 表达式的结果是每一位客户的首次订单日期的数组，构成了典型的键值字典。

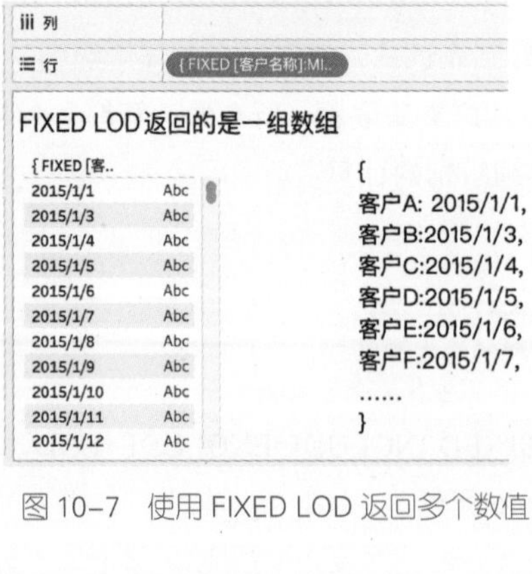

图 10-7　使用 FIXED LOD 返回多个数值

正因为此，当 LOD 表达式的结果为度量时，将其拖曳到视图都会默认聚合。而当 LOD 表达式和其他聚合表达式计算时，也务必要增加聚合，否则就会出现报错："无法将聚合和非聚合参数与此函数混合"，如图 10-8 所示。

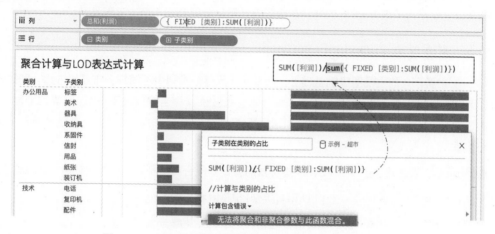

图 10-8　LOD 表达式的结果需要聚合才能和其他聚合一起运算

明白了语法之后，接下来重点介绍 FIXED LOD 表达式。

10.3　FIXED LOD 表达式的 3 种类型

FIXED LOD 是最重要的 LOD 表达式，相对于 INCLUDE 和 EXCLUDE 函数相对指定，其灵活性也最好。这里，笔者先用最简单的模型介绍一下 FIXED LOD 的原理，然后结合实例进一步说明。

由于 LOD 表达式是相对于主视图的详细级别而存在的，所以我们依据其与视图详细级别的关系，将 LOD 表达式分为 3 类，如图 10-9 所示。

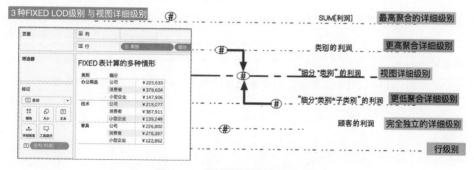

图 10-9　多种详细级别的相对位置

- LOD 表达式的详细级别聚合度高于视图详细级别。
- LOD 表达式的详细级别聚合度低于视图详细级别。
- LOD 表达式的详细级别聚合度独立于视图详细级别。

这里以主视图为"细分*类别的利润总额"为参照，分别介绍上面的三种类型。

10.3.1 聚合度高于视图的详细级别

在"细分*类别"的主视图级别基础上，如果要计算每个类别中不同细分市场的占比，则需要计算每个类别的利润合计，对应的详细级别"细分的利润总额"，聚合度就高于视图。计算这个聚合值，首先应该想到的是表计算——WINDOW_SUM，设置细分为方向，类别为范围，就能计算每个类别的利润总额。

借助于 LOD 表达式，可以用 FIXED 指定我们要计算聚合的级别，生成想要的聚合，表达式为：

$$\{ FIXED\ [类别]:SUM([利润])\}$$

不考虑分析样本，它和下面的表计算表达式在这里的结果是一致的：

$$WINDOW\_SUM(SUM([利润]))\quad （细分为方向，类别为范围）$$

虽然语法不同，但二者都是在类别的范围内计算合计。区别在于，FIXED 是指定类别，从数据库行级别聚合；而表计算是指定方向，从视图聚合。也正因为此，表计算是本地计算，不会增加数据库压力，因此二者选择时更加优先。

在计算比率时，只需要用"类别*细分的利润总额"除以类别的利润总额。不过，FIXED LOD 的结果还需要增加一个聚合计算。二者语法为：

$$SUM([利润])/ SUM (\{ FIXED\ [类别]: SUM([利润])\})$$

$$SUM([利润])/ WINDOW\_SUM(SUM([利润]))$$

使用即席计算，可以快速完成如图 10-10 所示的交叉表。

如果用分解动作来看这个过程，则可以用图 10-11 来表示。左侧的详细级别是"类别*细分"，右侧是聚合度更高的类别详细级别。为了让类别的聚合能加入左侧的视图中，可以使用 FIXED LOD 从明细数据聚合为 3 个数值，不过这 3 个数值如何显示在视图中呢？由于视图中每个类别分别对应三个细分，所以每个 FIXED LOD 聚合值都要重复显示多次——这个过程被称为"复制"。

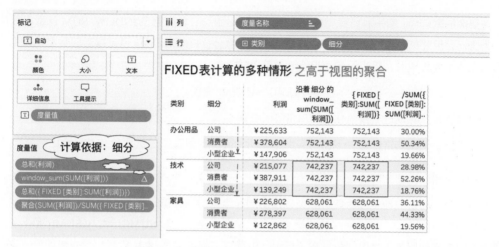

图 10–10　使用 FIXED LOD 完成高于视图的聚合

FIXED 表计算的多种情形

类别	细分	利润	{ FIXED [类别]:SUM([利润])}		聚合度高于视图的聚合	
					类别	
办公用品	公司	¥225,633	752,143		办公用品	¥752,143
	消费者	¥378,604	752,143			
	小型企业	¥147,906	752,143			
技术	公司	¥215,077	742,237		技术	¥742,237
	消费者	¥387,911	742,237			
	小型企业	¥139,249	742,237			
家具	公司	¥226,802	628,061		家具	¥628,061
	消费者	¥278,397	628,061			
	小型企业	¥122,862	628,061			

图 10–11　更高层次的聚合值通过复制加入视图

可以用一个更简单的图来表示"在视图中增加聚合度更高详细级别的数值"，如图 10-12 所示。

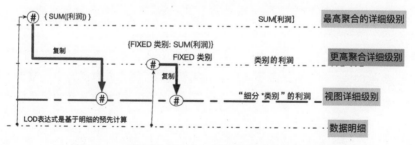

图 10–12　在视图中增加聚合度更高详细级别的数据示意图

在更高的聚合中，有一种特殊情况——整个数据的聚合，如同用 WINDOW_SUM 函数设置所有字段为方向，因此整个表是分区，这时就会返回一个数值。FIXED LOD 也可以返回最高的聚合，当我们指定的维度为空时，相当于最高聚合，其表达式为：

$$\{ \text{FIXED} :\text{SUM}([利润])\}$$

这个表达式又可以进一步简化为 $\{\text{SUM}([利润])\}$ 。

这个表达式使用非常广泛。下面用实例来说明，分析全国新型冠状病毒肺炎治愈比例。[1]

实例：分析全国新型冠状病毒肺炎治愈比例

数据是每个省份的新型冠状病毒肺炎确诊病例和治愈病例数量，如图 10-13 位置 a 所示，先双击"治愈"和"累计确诊"两个字段生成聚合，并创建聚合级别计算 SUM([治愈])/ SUM([累计确诊])。之后，在视图中保留这个比率字段，在"标记"中选择"圆点"，每个点代表一个省份的治愈率（见图 10-13 位置 b）；再从"分析"窗格拖入"平均线"，这里获得的平均值是 91%（见图 10-13 步骤 c）。

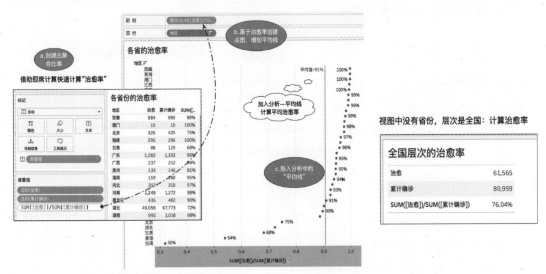

图 10-13 在各省平均值基础上，通过参考线增加视图聚合值的平均值

这里的平均值 91% 是全国的治愈率吗？新建一个工作表，不加入省份，在最高聚合层面计算治愈率，结果是 76.04%。为什么二者不同？这与参考线的计算方式有关，平均值参考线是视图中聚合度量的平均值，等同于 WINDOW_AVG 表计算函数，因此是每个省份的"平均治愈率"的平均值，即：

1 数据来源：国家及卫建委每日信息发布（以 2020 年 3 月 11 日的新增及累计数据为分析样本）。

91%=（西藏平均治愈率+青海平均治愈率+……+ 台湾平均治愈率）/34 个省

但是全国层次的治愈率，应该是：（全国的治愈病例数）/（全国的累计确诊病例数），这个计算是在省份更高一层次的级别（国家）执行的，所以需要用 LOD 表达式预先计算更高层次的结果，使用 FIXED LOD 可以轻松完成：

$$\{SUM([治愈])\}/\{SUM([全国累计确诊])\}$$

为了在当前视图层次（省份）中加入更高层次的参考线，把上面的比率表达式字段拖入"标记"中的"详细信息"位置，之后从"参考线"AS 拖曳一条新的"平均线"到视图中，选择这个 LOD 计算字段即可，如图 10-14 所示。

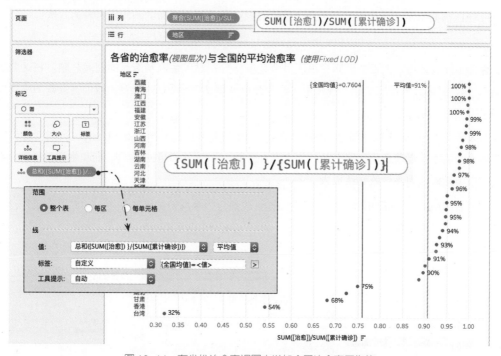

图 10-14　在省份治愈率视图中增加全国治愈率平均值

还可以更进一步分析：如果只看华北区域的各省治愈率，同时与全国治愈率均值（76.04%）做比较，应该如何操作？将省份加入维度筛选器，会影响视图聚合数值的数量，从而影响 91%参考线的变化，但是不会影响全国均值的变化——因为 FIXED LOD 的操作级别优先于维度筛选器。

如果还是上面的视图，但数据源是全世界多个国家的数据，同时增加一个国家筛选器（仅保留中国），此时 FIXED LOD 的结果就是全世界的平均治愈率；如果只看中国的平均治愈率，则需要把国家筛选器"添加到上下文"，因为上下文筛选器优先于 FIXED LOD 执行；或者使用建立在视图基础上的表计算：

$$WINDOW\_SUM（SUM([治愈])）/WINDOW\_SUM(SUM([全国累计确诊]))$$

可见，计算的选择并非仅仅取决于计算的层次，同时也要综合考虑计算的优先级，后面详细介绍。

10.3.2　聚合度低于视图的详细级别

同理，如果我们要在视图中增加聚合度低于视图的详细级别的聚合，则只需通过 FIXED 指定这个详细级别的维度字段。比如在"细分*类别"的视图层次中增加"细分*类别下，各制造商利润总额的平均值"。对应的详细级别聚合度低于视图。

FIXED 需要指定所有的维度，因此这里计算视图层次下制造商的利润能力表达式是：

$$\{ FIXED [类别],[细分],[制造商] :SUM([利润])\}$$

大括号代表数组，上面的计算会返回多个数值，分别对应每家制造商的利润总额。将这个表达式加入"类别*细分的盈利总额"视图中，多个数值就默认按照 SUM 聚合，我们需要改为平均值函数（AVG）。

有人会问，为什么还要指定类别和细分呢，如果使用{FIXED 制造商:SUM([利润])}会如何？这个表达式是独立于视图类别和细分的，它计算的是每一家[制造商]的总盈利，而和生产的类别、销售的细分市场无关，因此数值必然更大。

把上面两个 FIXED LOD 结果加入视图，并更改聚合为平均值的结果如图 10-15 所示，每一行中，第 2 个数值明显高于第 1 个数值。

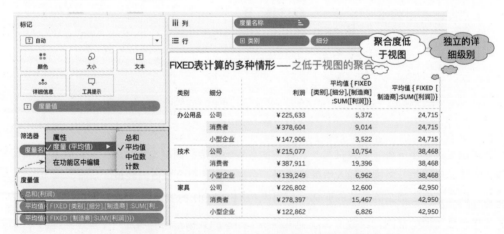

图 10-15　使用 FIXED LOD 完成聚合度低于视图详细级别的聚合

第 1 个数值，就是"在每个类别和细分内供应商的盈利能力的均值"，这里的盈利是对应的"类别*细分”贡献的利润总额。第 2 个数值，看似也是“类别*细分”中供应商的盈利能力的均值，不过这里的盈利是这个供应商跨所有类别和细分的利润总额，所以数值更大。比如有 10 家办公用品供应商，13 家技术供应商，19 家家具供应商，后面的平均值分别是这些供应商的总体盈利能力均值。

为了帮助读者理解，可以把视图的详细级别调整到供应商级别，从而用表计算的方式计算上面的平均值。图 10-16 中视图的详细级别是“类别*细分*供应商”，左侧用圆形代表每一家供应商的盈利总额，通过 WINDOW_AVG 函数计算，以供应商为计算方向，“类别*细分”为范围，返回平均值。这个数值和上面的 FIXED 结果是一样的。但是主视图的详细级别不同，计算方法也不同。

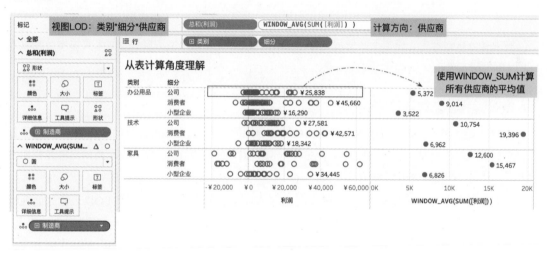

图 10-16　通过窗口表计算计算视图所有聚合的合计

把上面两者结合起来，我们看一下 FIXED 更低聚合的分解版本，如图 10-17 所示。

类别	细分	利润	平均值 {FIXED [类别],[细分],[制造商]:SUM([利润])}
办公用品	公司	¥225,633	5,372
	消费者	¥378,604	9,014
	小型企业	¥147,906	3,522
技术	公司	¥215,077	10,754
	消费者	¥387,911	19,396
	小型企业	¥139,249	6,962
家具	公司	¥226,802	12,600
	消费者	¥278,397	15,467
	小型企业	¥122,862	6,826

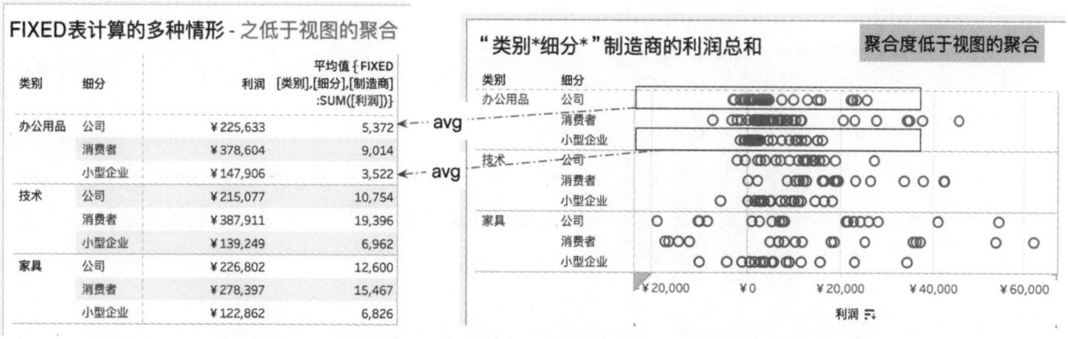

图 10-17　通过 FIXED LOD 增加聚合度低于视图详细级别的聚合

由于 FIXED LOD 返回多个数值，把字段拖曳到左侧主视图时，多个数值默认会聚合为一个值，"聚合即减少"，这里使用了平均值聚合。可以用更简单的图形来说明上面的逻辑，如图 10-18 所示。

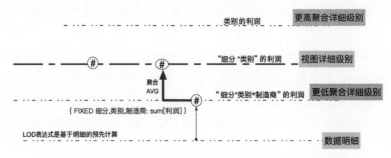

图 10-18　使用 FIXED LOD 增加聚合度低于视图详细级别的聚合

在业务分析过程中，通常不会使用 FIXED 来计算聚合度更低的层次聚合，而是使用后面介绍的 INCLUDE 表达式。

10.3.3　独立于视图的聚合

FIXED 最主要的应用场景是独立于视图的详细级别的聚合。比如之前分享的客户的矩阵年度（首次订单日期所在的年度）（{ FIXED [客户名称]: MIN ([订单日期])})、每个供应商的总体盈利能力（{ FIXED [供应商]: SUM ([利润])})。

本章的开头使用"各年度的利润总和及利润贡献的客户矩阵分布"介绍了 LOD 表达式的独特性——一个视图中包含两个详细级别的聚合。通过 FIXED 计算了每个客户的首次订单日期的年度，之后把这个字段拖曳到"各年的销售额"的主视图中，这样每年的销售额就被客户的年度切分为不同的颜色，如图 10-19 所示。

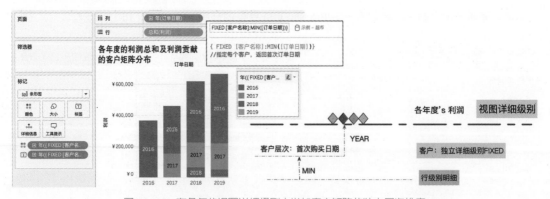

图 10-19　在各年的视图详细级别中增加客户矩阵的独立层次维度

在 10.3.2 节的介绍中，使用 FIXED LOD 返回了每家制造商的利润总额，然后将其放到"类别*细分"详细级别中计算平均值，代表不同类别下所有客户的平均利润贡献。为什么每个类别中数值相同，请看图 10-20 的分步骤逻辑图。

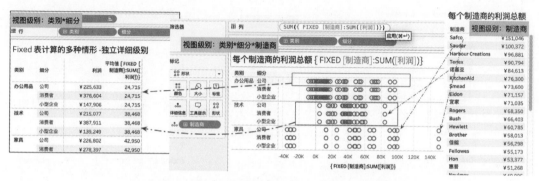

图 10-20　各细分、类别的利润及相关客户的平均利润贡献额

所有的 FIXED LOD 计算都是基于明细级别的聚合，它返回的是类似于{Safco:151046,Sauder: 100372,诺基亚:84613……}的多个值的数组（有点类似 Python 的字典）。当把这个 FIXED 结果数组拖曳到视图中后，它会根据明细数据的对应关系出现在视图的一个或者多个位置，比如上面的"诺基亚"制造商同时出现在了技术下的公司、消费者、小型企业中。每个细分对应的供应商都是一样的，二次聚合的平均值自然也会相同。

可以用图 10-21 代表视图中增加独立详细级别聚合的逻辑。

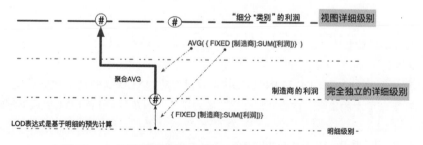

图 10-21　在视图详细级别中增加独立的详细级别聚合的示意图

可以把 LOD 计算理解为基于明细数据的预先计算，之后根据视图详细级别和聚合的方式决定把预先计算的结果放在视图中。

10.3.4　3 种语法的原理说明

可以用图 10-22 来说明上述 FIXED LOD 的三种语法。每一种 FIXED 计算，都必然属于其中之一。而 FIXED 中的 SUM[利润]则是明细级别的聚合过程，为了简化图形，省略了从明细到每一个"#"的聚合连接。借助图 10-22 的逻辑示意图，可以更好地理解图 10-2 中所讲的计算之间的依赖性。

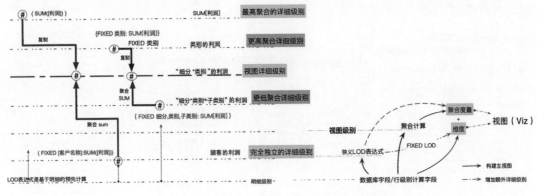

图 10-22　三种 FIXED LOD 表达式的逻辑示意图

从上面的关系，我们可以把 LOD 表达式计算分为两步：首先就要找到问题的参考系（即主视图的详细级别在哪里）；其次，找到要加入视图中的第二个层次，并确定它的聚合度与视图的关系，从而选择合适的 LOD 表达式及语法。

通常而言，FIXED LOD 主要完成上述第 3 种类型的分析，即 LOD 表达式的详细级别聚合度独立于视图详细级别。而另外的两种类型，在不考虑筛选器等其他要素影响下，可以用 INCLUDE 和 EXCLUDE 这两种更加简洁的表达式来完成。

10.4　INCLUDE/EXCLUDE LOD 表达式

从某种意义上讲，EXCLUDE 和 INCLUDE 可以视为是 FIXED LOD 的简化形式，分别对应更高层次的聚合和更低层次的聚合。在此分别介绍二者的用法，以及其与 FIXED LOD 的差异性。

10.4.1　EXCLUDE LOD 实现更高层次的聚合

EXCLUDE 是"排除"之意，排除什么？排除当前视图中的某个维度。EXCLUDE LOD 就是从当前视图详细级别中排除某个或者多个维度，在一个聚合度更高的详细级别聚合计算，然后将结果加入当前视图中。

依然以"类别*细分"视图详细级别为参考系。从视图中排除"细分"维度后，就只有"类别"维度了。因此，{EXCLUDE [细分]:SUM([利润])}对应类别的详细级别，在没有筛选器等其他因素影响下，结果与以下两个表达式结果相同，如图 10-23 所示。

{FIXED [类别]:SUM([利润])}

WINDOW_SUM(SUM([利润]))（细分为方向，类别为范围）

类别	细分	利润	{ EXCLUDE [细分]:SUM([利润])}	{ EXCLUDE [细分]:SUM([利润])} 总和	{ FIXED [类别]: SUM([利润])}	沿着 细分 的 WINDOW_SUM(SUM([利润]))
办公用品	公司	¥225,633	752,143	752,143	752,143	752,143
	消费者	¥378,604	752,143	752,143	752,143	752,143
	小型企业	¥147,906	752,143	752,143	752,143	752,143
技术	公司	¥215,077	742,237	742,237	742,237	742,237
	消费者	¥387,911	742,237	742,237	742,237	742,237
	小型企业	¥139,249	742,237	742,237	742,237	742,237
家具	公司	¥226,802	628,061	628,061	628,061	628,061
	消费者	¥278,397	628,061	628,061	628,061	628,061
	小型企业	¥122,862	628,061	628,061	628,061	628,061

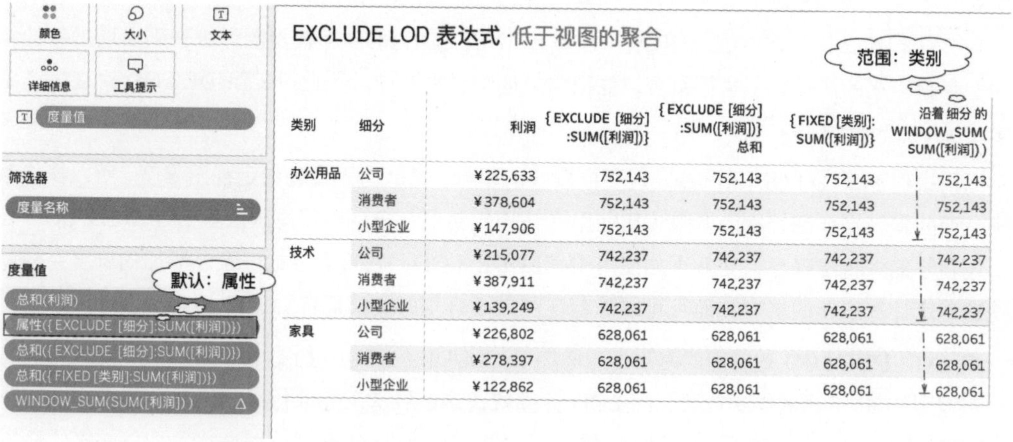

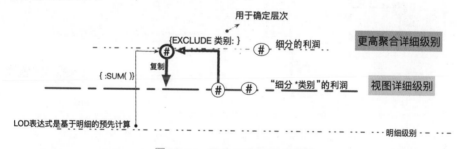

图 10-23 在视图详细级别中增加聚合度更高的详细级别的聚合

可以用图 10-24 来代表 EXCLUDE LOD 的过程。

图 10-24 EXCLUDE LOD 示意图

由于 EXCLUDE LOD 是在比视图聚合度更高的详细级别中创建聚合计算的，因此它返回的数值会比视图中的数据行更少，比如上面的返回结果可以理解为以下 3 个数的组合：

{办公用品:752143，技术:742237，家具:628061}

为什么从 EXCLUDE LOD 的结果到视图是复制呢？因为包含这 3 个数值的 EXCLUDE LOD 返回到"类别*细分"的视图中时，每个类别对应了 3 行数据，因此每个聚合值就复制了多次。

正因为 EXCLUDE LOD 代表更高层次的聚合，返回的数值更少，因此使用即席计算输入 EXCLUDE LOD 表达式时，通常会出现"属性"的聚合类型，而不像 FIXED LOD 默认都是"总和"

聚合。属性（ATTR）通常用于检查数据是否唯一，如果数据唯一，则返回数值，否则显示为*（星号）。

10.4.2　INCLUDE LOD 实现更低层次的聚合

与 EXCLUDE 相对，INCLUDE 是"包含"，INCLUDE LOD 即在视图详细基础上增加新的维度字段，在新构建的详细级别执行聚合，并把结果返回到视图中。因此 INCLUDE LOD 对应的详细级别聚合度必然低于视图。

之前说过 FIXED LOD 虽然能实现更低层次的聚合，但是由于要先指定视图维度，所以操作难免烦琐。而随着视图详细级别的调整（比如层次结构的钻取、日期字段更改层次），FIXED LOD 还要手工调整才能保持准确性，这就不如使用 INCLUDE LOD，它只需要指定额外增加的维度字段就可以快速确定计算所在的层次，而且可以随着视图详细级别的变化而自动调整。

在 EXCLUDE LOD 逻辑图的基础上，增加 INCLUDE 的说明，如图 10-25 所示。 这里绿色的线条用于识别 LOD 计算的层次位置，而 LOD 计算就在这个层次上完成行级别的聚合过程。

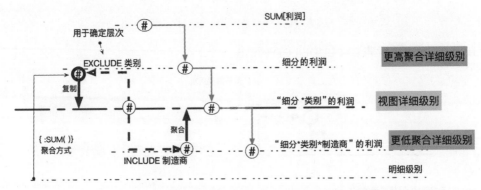

图 10-25　INCLUDE LOD 和 EXCLUDE LOD 的逻辑图

INCLUDE LOD 对应的详细级别聚合度必然是低于视图的，因此聚合的结果比视图中更多，所以会有一个聚合的过程回到视图。这和 FIXED LOD 完成更低级别聚合的过程一致。

10.4.3　FIXED、EXCLUDE、表计算的计算逻辑与优先级

前面我们介绍过，在没有筛选器等其他元素影响之下，在"类别*细分的利润总额"视图中的 3 个表达式结果是相同的：

$$\{EXCLUDE\ [细分]:SUM([利润])\}$$

$$\{FIXED\ [类别]:SUM([利润])\}$$

WINDOW_SUM(SUM([利润]))（细分为方向，类别为范围）

结果虽然相同，但是计算逻辑却迥然不同，它们背后的计算逻辑，可以非常清晰地反映多种表达式之间的差异，从而影响如何选择表达式。三者与视图详细级别的关系与计算过程可以如图 10-26 所示。

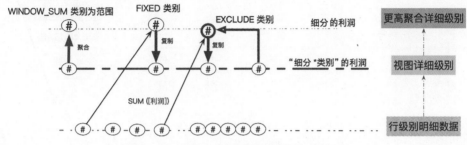

图 10-26　多种聚合度高于视图的表达式的区别

在这里，笔者通过下面的两根线，代表了 LOD 表达式中包含的 SUM([利润])聚合计算。LOD 表达式是在指定层次的聚合，结果从行级别明细聚合而来，所以 LOD 表达式是在数据库层面运算的，因此，Tableau 是把 LOD 表达式函数列在"聚合函数"之中的；相比之下，表计算是视图数据的二次聚合，视图数据已经生成，仅需本地计算即可。表计算有助于改善计算性能，在相同情形下建议优先选择它。

由于 FIXED LOD 表达式是独立于视图详细级别的绝对指定，其起点与当前视图无关，结果只与表达式本身有关，所以 FIXED LOD 并没有像 EXCLUDE LOD 从视图到更高聚合的绿色线。

EXCLUDE LOD 是在聚合度更高层次执行聚合，这个层次是通过排除视图中的字段而间接指定的，因此随着视图的变化，EXCLUDE LOD 的聚合层次也会变化，这就是绿色线的意义。

二者的区别，类似第 8 章 8.4 节"行级别逻辑判断函数"和"聚合级别逻辑判断函数"。包含 SUM([利润])的 IF 逻辑计算依赖视图，所以结果只能是度量，不能是维度。而行级别的 IF 逻辑计算不依赖视图，所以在视图中作为维度，也可以作为度量。

因此，FIXED LOD 的结果可以作为维度，也可以作为度量；而 EXCLUDE 和 INCLUDE 依赖视图，所以结果只能是度量。这是二者最关键的区别。

另外，INCLUDE 和 EXCLUDE LOD 依赖当前视图，所以 Tableau 设定它们运行的优先级低于维度筛选器；而不依赖当前视图，是绝对层次的聚合，因此其优先级高于维度筛选器。所以，在视图中增加维度筛选时，FIXED 的结果不会变化，而 INCLUDE 和 EXCLUDE LOD 的结果则发生了变化，如图 10-27 所示。

图 10-27　详细级别表达式与 Tableau 操作顺序

很多时候，我们希望维度筛选器也对 FIXED LOD 计算起作用，应该如何？此时需要把维度筛选器提高到上下文筛选器的高度。

10.5　如何选择高级计算类型——层次分析

至此本书已经介绍了所有的计算类型：基本计算、表计算和狭义 LOD 表达式，由于所有表达式的目的都是在特定的详细级别（LOD）完成聚合，因此笔者统称之为"广义 LOD 表达式"。即"LOD 表达式"并非独占 LOD（Level Of Detail）这个词，它只是在已有的详细级别基础上，增加另一个详细级别数据而采用的聚合计算。

计算是熟练使用 Tableau 的必备技能，在熟练了解各种计算的语法和逻辑之后，就会面临关键问题：如何选择最佳的计算类型，如何完成高级业务分析？

10.5.1　高级分析的 4 个步骤

对于初学者而言，可以把思考的过程拆分为 4 个步骤：分析问题、确定层次、聚合数据、可视化展现。按照这样的思路，有助于理解复杂问题背后的逻辑，熟练之后即可逐渐简化。各个阶段的重点如下（见图 10-28）。

- 分析问题：区分问题中的维度、度量、筛选和聚合类型。
- 确定层次：确认数据最低的聚合度层次用于行级别计算（5.2.1 节）；确认问题的"主视图焦点"从而构建主视图；确认除主视图焦点外的详细级别及其与主视图的关系，从而选择高级计算表达式。

- 聚合数据：直接拖曳字段生成主视图聚合，使用表计算或者狭义 LOD 表达式生成除视图外层次的聚合；特殊情况下，主视图的维度也可以用 FIXED LOD 表达式聚合。
- 可视化展示：将交叉表转化为可视化图表，并通过颜色、大小、形状等方式增加数据层次。

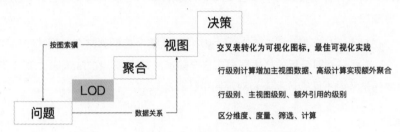

图 10-28　复杂业务分析的 4 个步骤

下面详细介绍这 4 个步骤的分析方法。

1. 分析问题

明确数据分析描述的业务问题，是分析的开始。按照第 2 章的介绍，这个阶段的关键是区分问题中的维度和度量字段，提取问题中的筛选条件及类型、聚合类型。例如，使用蓝色代表维度、绿色代表度量、波浪线代表筛选条件、着重号标记聚合类型、水平线代表主视图焦点。初学者也可以在思考问题时使用这样的"可视化语言"——可视化应该是一种思考方式，而不仅仅是数据分析的方法。

比如 10.7.7 节即将介绍的一个高级题目：

> "在每个订单年度（比如 2014 年），中各个客户矩阵年度，购买至少 1 次、2 次、3 次……N 次的客户数量的占比？
> What percent of customers from each cohort (year of acquisition) purchased at least 1, 2, 3, N times in order date（2014）？"

这个问题要分析的是每年的客户数量中，来自不同矩阵年度的**客户结构**。什么结构？不同购买次数的占比结构。

- 多个维度字段：订单年度、客户矩阵年度、1 次 2 次 3 次……N 次（作为客户的分类维度）；
- 只有一个度量字段：客户数量（维度字段的计数聚合为度量）；
- 包含一个筛选器：在每个订单年度——订单年度是维度，维度筛选器的优先级低于 FIXED LOD，但高于表计算，这可能会影响表达式选择和视图构建；

- 聚合类型及二次聚合：不同计数（客户）、至少、占比。

分析中只要出现"至少""占比""排序""累计""百分位""同比""环比"等聚合计算方式，都优先使用表计算，表计算是在聚合计算基础上的二次计算，因此一定在聚合计算完成（即也就是构建视图）之后添加。

而类似于"在每个订单年度中""在各个国家中""从某个日期到某个日期的阶段"等的问题表述，通常都对应筛选器——即分析的样本局限在这个筛选的范围在。在 Tableau 中建立筛选器非常容易，而至关重要的是考虑不同筛选器类型对视图中计算的影响。

2. 确定层次

有 3 个数据层次（即详细级别 LOD）是分析师必须确认的，这是高级计算最关键的一步：

- 数据表的行级别层次（即明细数据级别）。
- 构建主视图的视图层次（即主视图框架对应的详细级别）。
- 在视图中额外引用的其他层次（通过高级计算预先计算或者二次聚合）。

每一种计算方式，只有在对应的详细级别中才有意义。在高级分析过程中，务必确认问题中包含的这 3 类层次，才有可能做出最佳的计算表达式选择。图 10-29 清晰地描述了它们之间的关系和位置。

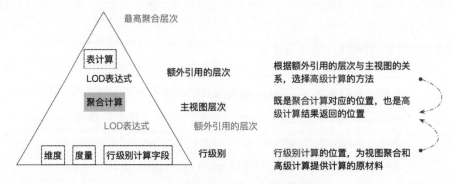

图 10-29　层次分析中的 3 个主要数据层次

确认行级别的最佳方法见 5.2.1 节中介绍的"识别数据表行级别的唯一性"。以零售交易为例，通常是以每一种商品为明细记录的，但商品编码不足以代表交易的唯一性，通常使用流水号，或者"订单 ID+商品编码"字段组合。药品销售还会记录药品的批次，客户的订单中可能包含同一个商品的多个批次，因此"订单 ID+商品编码+批次"才是行级别字段；类似的情形也发生在发票开票明细表的情形中。

而最重要的详细级别是主视图详细级别。在包含多个详细级别的问题中，主视图详细级别指"主视图焦点"对应的层次（参见 5.3.2 节）。主视图的层次只能是由维度字段组成的，如图 10-30 所示，它们可以来自数据库维度字段、行级别计算生成的维度字段，或者 FIXED LOD 表达式生成的独立层次聚合字段。任何的聚合表达式和度量都不会影响视图的详细级别。

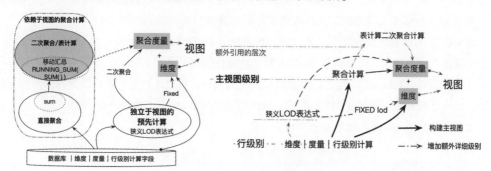

图 10-30　主视图中维度和聚合的来源

比如"各订单年度的利润及客户矩阵贡献"，主视图焦点是"各订单年度的利润总额"——订单日期（年）决定主视图的层次，利润聚合是问题的答案，主视图问题对应的问题类型决定了可视化图形的选择，即折线图或者柱状图[1]。客户矩阵是独立于主视图的额外详细级别的——在客户的层次计算每个客户的首次订单日期，所以需要高级计算来返回这个层次的聚合——{FIXED [客户 ID]:MIN[订单日期]}。

3. 聚合数据

确定了问题中包含的层次，也就理解了它们之间的关系。额外层次与主视图之间的关系，是选择高级计算最重要的要素。图 10-31 清晰地展示了相对主视图级别的多种级别的位置，并对应不同的表达式。

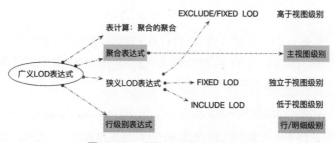

图 10-31　广义 LOD 的多种表达式

1　思考过程：因为有日期字段，日期字段要在横轴展示，所以默认使用折线图；由于要添加矩阵年度进一步拆分，在查看趋势的同时关注相互之间的多少，所以标记类型改为柱状图。

为了接下来能完成可视化，需要通过计算为主视图创建需要的维度和度量字段，同时完成额外详细级别的聚合。常见的选择如下。

- 主视图所需要的**维度**，只能来源于数据表已有的分类字段、行级别计算字段（字符串函数或者日期函数居多）、FIXED LOD 表达式（比如会员分析的购买频次）；
- 额外层次所需要的聚合度量：表计算，或者狭义 LOD 表达式。

在选择表达式类型时，还会受到 Tableau 默认的操作顺序的影响。当一个图形中同时出现多种筛选器和计算类型时，Tableau 会为它们设置执行的先后顺序，在 5.5.1 节"常见筛选器及其优先级"的基础上，增加表计算、多种 LOD 表达式，从而构成了 Tableau 操作顺序的完整层次图，不同操作对应的主要目的如图 10-32 右侧的标签所示。

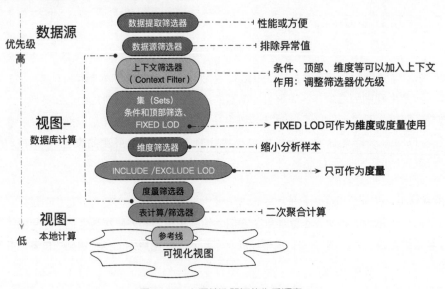

图 10-32 主要筛选器与的先后顺序

特别注意的是，狭义 LOD 表达式中的 FIXED LOD 可以作为主视图的维度使用，因此它优先于维度筛选器；相比之下，INCLUDE 和 EXCLUDE LOD 只能作为度量使用，结果展示依赖于视图维度构建的详细级别，因此优先级低于维度筛选器。

在业务分析中，有几个情形是最常见的。

- 同时有顶部筛选器（比如销售前 10 名的客户）和维度筛选器（比如筛选华北大区）时，顶部优先，如果希望先执行维度筛选器（比如查看华北区域的销售前 10 名的客户），则需要把维度筛选器添加到上下文，使其优先级先于顶部筛选器（参考 5.5.1 节）；条件筛选、FIXED LOD 表达式与此同理。

- 在用 FIXED/INCLUDE/EXCLUDE LOD 表达式选择时，关键的影响因素是计算结果是否需要受维度筛选器影响，如果受其影响，则选择 INCLUDE/EXCLUDE LOD 表达式，如果既要受维度筛选器影响，又必须用 FIXED LOD 表达式（比如作为维度使用），则需要把维度筛选器添加到上下文。
- 在特殊情况下，表计算可以转化为表计算筛选器，从而实现仅对视图的数据筛选，而不对构成视图的基础数据做筛选（参考 9.6 节实例）。
- 表计算适用于非常特殊的行间计算，所有有关累计汇总、差异、同比、排序、百分位等的计算，都优先考虑表计算，部分问题甚至只能使用表计算。
- 表计算和 LOD 表达式在很多地方有重合，如果二者都可以实现，则建议优先使用表计算，表计算不仅易懂，而且有助于提高计算性能。如果计算要优先于维度筛选器，则选择 FIXED LOD 表达式。

4. 可视化展示

高级分析通常从交叉表开始，在确保计算准确之后将其转化为可视化图表。选择图表的逻辑、增加参数等互动方式的过程，与第 5 章的基本可视化过程完全一致。

特别注意的是，在从交叉表向可视化图表转化的过程中，表计算非常容易出错，务必确认表计算的计算依据。

10.5.2　高级分析 4 个步骤的简要示例

概括而言，单一层次的问题通常用于描述答案，多层次的问题通常用于分析结构。单一层次的问题通常使用聚合计算，多层次的问题需要使用表计算或者 LOD 表达式。

这里先对比一下两类问题的差异。

单一层次的问题通常只包含决定层次的维度、描述答案的度量、控制样本的筛选器 3 个部分。这里用蓝色和绿色代表维度和度量，用波浪线代表筛选，如下所示。

- 各细分市场，过去多年销售额增长趋势如何？
- 每个类别的销售额前 10 名的商品是什么？
- 2020 年，各个省份的销售额和利润分别是多少？

上面 3 个问题的详细级别分别是"细分*年""类别""省份"。度量的聚合都是默认聚合，也没有差异、排序等行间计算，因此按照第 5 章的可视化方法，根据问题选择可视化图形，之后拖曳字段、聚合度量即可完成可视化。

随着分析的深入，一些复杂问题会直接或者间接地包含多个详细级别，并且使用多种聚合类型，这里使用着重号代表聚合类型，用实线代表主视图，用虚线代表额外的层次聚合，如下所示。

- 2019 年，各类别的利润总额，以及其在总公司的占比。
- 各省份所有交易的销售额均值，以及各省份每位客户的销售贡献平均值。
- 每个细分市场中，每月获得的新客户数量。

多层次的问题首先会有一个清晰的主视图焦点（实线部分），它们分别对应一个完整的视图。在此基础上，还要增加另一个数据层次的聚合（虚线部分）。

在第 1 个问题中，主视图的焦点是"类别的利润总额"，需要增加的另一个详细级别计算"求总公司的利润总额"，然后借助更高聚合的总公司利润来计算百分比。

在视图中增加更高层次的聚合，可以使用表计算、FIXED LOD 或者 EXCLUDE LOD。由于问题中还有维度筛选器"2019 年"，计算应在维度筛选器之后，因此用表计算或者 EXCLUDE LOD 更加方便，而表计算更优先。表计算和 EXCLUDE LOD 两种方法如图 10-33 所示。

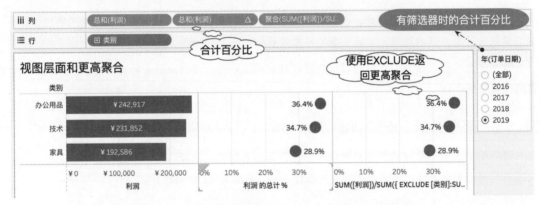

图 10-33　使用表计算和 EXCLUDE LOD 实现更高层次的聚合

通过在聚合度量上添加快速表计算设置"合计百分比"和基于 EXCLUDE LOD 的聚合计算，结果是一样的，特别注意的是需要在狭义 LOD 表达式内嵌套一层聚合计算，对应的计算如下：

$$SUM([利润]) / TOTAL(SUM([利润]))　（类别为方向）$$

$$SUM([利润])/SUM(\{ EXCLUDE [类别]:SUM([利润])\})$$

考虑不同表达式的性能差异[1]，同样的情形下，建议优先使用表计算。

第 2 个问题中，主视图的焦点是"各省份所有交易的销售额均值"，省份决定详细级别；需要增

1　表计算是基于视图聚合的二次聚合，而狭义 LOD 表达式是基于明细数据的聚合，前者性能更好。

加的另一个详细级别是"各省份每位客户的销售贡献均值"，详细级别是更低聚合的"省份*客户"。

在视图中增加更低层次的聚合，可以使用 FIXED 或者 INCLUDE LOD 表达式。为了对比与行级别均值的差异，图 10-34 同时展示了行级别销售额的均值和 INCLUDE LOD 结果的均值。

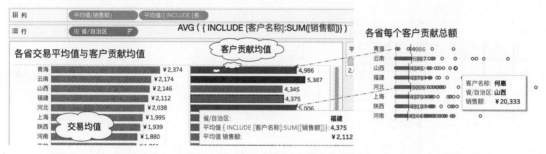

图 10-34　使用 INCLUDE LOD 完成聚合

图 10-34 左侧的平均值(销售额)是求数据库明细数据的平均值，与数据库的最低聚合度有关，比如零售公司 1 笔订单中有 3 种商品，可以将其拆分为 3 条记录。交易平均值就是商品交易的平均值；而如果数据行级别是订单交易，则图 10-34 左侧的均值就是订单交易均值。

图 10-34 右侧的"客户贡献均值"，使用 EXCLUDE LOD 表达式 AVG（{ INCLUDE [客户名称]:SUM([销售额])}），则是每个省内所有客户销售额总额的平均值，借助于 LOD 表达式可以将均值的计算锁定到客户层次。比如青海省共有 10 位客户，图 10-34 右侧每个点代表每位客户在青海省的总消费（销售贡献），这 10 位客户的平均值是 4986 元，即青海省所有客户的消费贡献均值。

通过数据可以看出，河北省的每次商品交易均值虽然落后于青海、云南，但是客户的平均贡献却更高[1]。即，河北的客户虽然每笔订单中的单品交易较低，但是单客贡献却更高，如果结合客户的到店频率、购物篮数量等分析，则能进一步分析出结构性差异。

第 3 个问题中，主视图的焦点是"每个细分市场、每月的新客户数量"[2]，"细分*月"决定详细级别，新客户数量是度量值；不过，由于数据库中没有一个字段代表"新客户"，因此就需要预先做"新客户"的判断。

当天的客户是否计入新客户，是由客户的首次订单日期和当天日期判断决定的，只有二者相等才是新客户；"每个客户的首次订单日期"是在客户详细级别计算的，它是与主视图详细级别无关的独立层次的数据聚合。在视图中增加独立层次的聚合，只能使用 FIXED LOD 表达式。

1　这里使用的是超市数据，因此默认数据的明细级别是订单中商品交易金额，而非订单金额。

2　10.7.5 节实例与此实例可以对照学习。

为了给每个客户创建出"新客户"的标签从而用于计数，可以从每个客户的订单日期交叉表开始计算。如图 10-35 所示，在"每个客户每天的购买记录"交叉表中，使用 FIXED LOD 计算每个客户的首次订单日期，然后与所有的做逻辑匹配判断，从而为每位客户的当天交易打标签："新客户"或"老客户"。

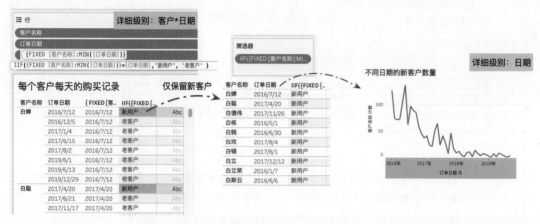

图 10-35　使用 FIXED LOD 计算每位客户的首次订单日期

完成了辅助字段计算，接下来就是调整详细级别到主视图层次并进行聚合，如图 10-35 右侧所示，用客户名称或者新客户标签做计数[1]，更改日期的层次并将其转化为连续轴。最后，记得把细分加入颜色生成最终效果。

这种增加新老客户标签的方法，可以分析两类客户群体的增长变化。如果仅仅是计算新客户数量，也可以直接使用 FIXED LOD 的结果生成坐标轴，之后对客户做计数聚合。

这种处理方法用到了"15 大详细级别表达式"[2]，结合了 FIXED LOD、维度筛选器、逻辑判断函数，属于比较典型的 LOD 应用。

总结一下，所有涉及两个或者层次详细级别的复杂问题，必须先明确主视图的焦点，之后以主视图详细级别为参考系，确认要增加的其他详细级别问题的聚合度是更高、更低还是独立，从而选择最佳的计算类型。

接下来，结合第 2 篇介绍的基本计算、表计算与狭义 LOD 计算，通过会员分析模型和商品分析模型，来展示 Tableau 在计算方面的强大与语法的优雅。

1　假设一个客户一天三次到店，那么对应的都是"新客户"，使用计数会重复计算，使用不同计数函数 COUNTD 则仅计算一次，注意区别。

2　通过搜索引擎搜索"15 大详细级别表达式"，可以获得官方的实例原文和笔者的深度阶段系列文章。

10.6 高级应用：嵌套 LOD 表达式（NESTED LOD）

至此，本书介绍了所有的 LOD 表达式类型及其使用方法，FIXED LOD 表达式指定层次做聚合，指定层次可以与主视图层次无关，而 INCLUDE 和 EXCLUDE LOD 则是相对于视图层次做更低或者更高层次的数据聚合，如图 10-36 所示。

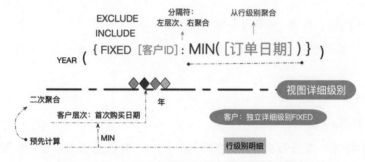

图 10-36　LOD 表达式都是指定层次从行级别计算聚合

这些聚合有一个共同的特征：先指定层次，然后从行级别明细数据计算聚合。因此，狭义 LOD 计算被列入聚合计算类型。只是相当于视图而言，它预先聚合，之后作为视图维度或者二次聚合成为度量。

那有没有可能不从行级别的明细数据聚合，而从指定的层次再做聚合呢？这就是"嵌套 LOD 表达式"所要实现的功能。嵌套 LOD 表达式是整个高级计算的巅峰，用于处理复杂的层次分析问题。嵌套 LOD 可以证明 Tableau 在高级业务分析方面的超强能力。

嵌套之难不在语法，而在层次关系。当然，建议初学者完全跳过本节，直接学习 10.7 节的会员分析模型。等学习 Tableau 半年以后，遇到多层次分析问题时再重读此章。

笔者借鉴 Ana Yin 对嵌套 LOD 的相关介绍[1]，使用 Tableau 2020 版的超市数据分析以下问题：

> "以各销售区域中的各国家为范围计算每位客户的
> 销售额累计贡献，每个销售区域和每个国家，
> 最高价值客户金额分别是多少？"

这个问题最终要展示的，是每个销售区域和每个国家的最高价值客户金额，也就是一个视图两个层次；同时，增加了"客户金额"的限定范围：以销售区域中的国家为范围计算，如果一个客户

1　搜索 Ana Yin nested LOD 可查看英文原文，Ana Yin 使用了订单分析，这里改为客户更易于理解。

分别在多个销售区域、多个国家有消费记录，那么应该分别计算。接下来，以"销售区域*国家"为主视图层次，使用 4 步分析完成这个实例。

10.6.1 实例：使用 4 步分析完成嵌套 LOD

1. 分析问题

确认问题中的维度、度量、筛选器和聚合类型。

（1）包含 3 个维度字段：销售区域、国家、客户。其中销售区域和国家具有层次关系，而客户可以跨地区购买。

（2）只有 1 个度量字段：销售额。

（3）没有筛选器。

（4）两种聚合类型：累计贡献是对销售额求和（SUM 聚合），最高价值是对客户销售额贡献求最大值（MAX 聚合）。

2. 确定层次

找到主视图层次和需要引用的额外层次。

（1）主视图层次：主视图层次是由"每个国家和所属区域的最高价值客户金额"中的维度字段（销售区域和国家）决定的；这个问题属于典型的"离散字段排序分析"，因此主视图使用条形图；由于涉及地理位置，也可以考虑在地图中展示最终数据。如图 10-37 所示，数据详细级别是"每个国家和所属区域"。

图 10-37　使用条形图显示最大价值客户金额[1]

1　国家字段，对应视图中的"国家/地区"字段。

（2）除主视图层次外，还需要引用两个数据层次，多个层次之间的关系如图 10-38 所示。

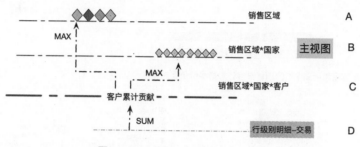

图 10-38　多个层次之间的聚合关系

- 在主视图之外，首先要引用一个更低层次的聚合，即在"销售区域*国家*客户"层次（C 层）计算销售额聚合，销售额聚合中的最大值就是最高价值客户。
- 在主视图之外，在"销售区域"层次（A 层）计算最大值，不过这个最大值必须从"销售区域*国家*客户"层次（C 层）出发计算，排除"国家"维度计算，引用但不显示客户维度，结果就是在"销售区域"层次，计算"销售区域*客户"的最大值，即对 LOD 表达式结果的二次 LOD 计算。

3．聚合数据

使用高级表达式在需要引用的层次创建聚合计算，并加入视图。

（1）把销售区域、国家字段加入视图，这是接下来的主视图。

（2）由于"销售区域*国家*客户"层次低于主视图层次，因此可以使用 INCLUDE LOD 表达式，在主视图层次上增加"客户"字段聚合，聚合每个客户的销售贡献；为了计算最大值，在 INCLUDE LOD 表达式之外使用 MAX 求最大值聚合，如图 10-39 所示。

图 10-39　使用 INCLUDE LOD 表达式返回更低层次的聚合

为了对比，把销售额直接拖入主视图中，度量默认按照 SUM 聚合；把图 10-39 中的 INCLUDE

LOD 表达式加入视图，就是"每个国家所属区域的销售额总额及最高价值客户金额"[1]，如图 10-40 所示。

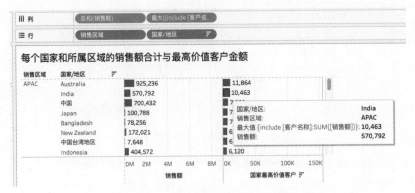

图 10-40　每个国家和所属区域的销售额合计和最高价值客户金额

这个可视化图形中包含两个视图详细级别的聚合，两个度量值聚合分别对应图 10-39 中 B 和 C 两个层次。

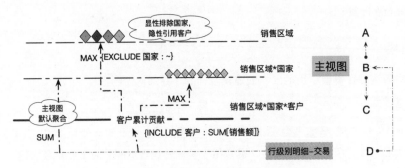

图 10-41　多个层次的关系图和聚合

接下来的一步是关键，基于图 10-41 中 C 层 MAX（INCLUDE LOD）表达式的结果，把详细级别调整到"销售区域"层次进一步聚合最大值，需要排除"国家/地区"字段，还要间接引用"客户"层次，从而获得 4 个数值，对应图 10-41 中从 C 层聚合到 A 层的过程。

由于 C 层是通过 INCLUDE LOD 表达式聚合而成的，从 C 层进一步聚合到 A 层，相当于在 B 层排除"国家"字段，因此使用 EXCLUDE LOD 表达式完成如下：

$$\{ EXCLUDE\ [国家/地区]:MAX(\{INCLUDE\ [客户名称]:SUM([销售额])\}) \}$$

1　为了对比，也可以把默认的"总和（销售额）"改为按照求最大值聚合，即"最大值（销售额）"，代表区域内交易明细中的最大交易金额。

把这个表达式加入此前的视图，如图 10-42 所示。

图 10-42　在主视图的基础上增加嵌套 LOD 表达式

按照预计，APAC 区域中，以国家/地区为单位的客户累计贡献，最高贡献金额是"Australia"（澳大利亚）的最高价值客户金额 11864 元，APAC 区域对应的第 3 个度量应该全部是这个数值。哪里出了问题？

这就涉及嵌套表计算的默认逻辑——维度范围继承。

在上面的嵌套 LOD 表达式中，被嵌套的 INCLUDE LOD 表达式在指定计算的详细级别时，会先自动继承 EXCLUDE LOD 的维度范围。本来{INCLUDE [客户名称]:SUM([销售额])}是在主视图中增加客户即 C 层计算，但是由于嵌套，详细级别要先 EXCLUDE [国家/地区]，即从主视图层次排除"国家/地区"，之后再加入"客户名称"，因此变成了"每个销售区域、每个客户"的层面，即图 10-43 中的 E 层。因此最终的聚合是各销售区域中、各个客户（跨国家）累计销售额，所以导致了结果 16654 元超过了此前的值。

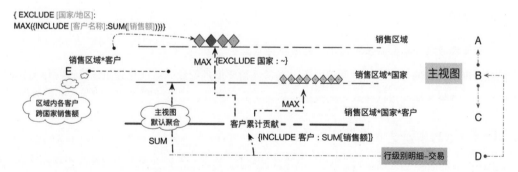

图 10-43 嵌套 LOD 表达式的层次（维度范围继承）

如果想要避免嵌套 LOD 自动继承导致被嵌套的 LOD 表达式计算层次变化，则可以在被嵌套的 LOD 中明确指定外层中的字段，这样虽然先排除了外层的字段，但是内层又增加了这个字段，即图

10-43 中从 B 到 A 的聚合过程。表达式如下所示：

{ EXCLUDE [国家/地区]:MAX({INCLUDE [国家/地区],[客户名称]:SUM([销售额])})}

用这个表达式替换此前的嵌套 LOD，结果如图 10-44 所示。

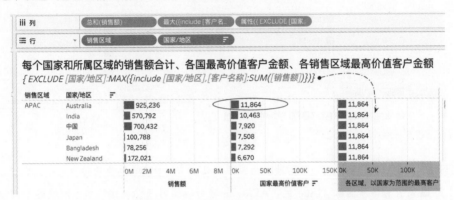

图 10-44　嵌套 LOD 表达式（避免维度范围继承导致层次变化）

至此，就在"销售区域*国家/地区"主视图层面，同时展示了 3 个聚合值，分别是：每个销售区域下每个国家的销售额总计、每个销售区域下每个国家的最高价值客户金额、每个销售区域下最高价值客户金额（以国家为统计范围）。10.6 节开头的问题，分别对应图 10-44 中第 2 个和第 3 个条形图。

> *"每个销售区域和每个国家，最高价值客户金额分别是多少？"*

4. 可视化

将交叉表或者基本图表按照需求调整展示样式。

部分可视化与聚合可以同时并行，不过通常还需要更多细致的可视化设置：修改字段名称、修改坐标轴、调整字体或边框样式、更改标题和说明等。还可以与其他图表结合成为综合仪表板。

10.6.2　嵌套 LOD 表达式的变化

10.6.1 节的嵌套 LOD 题目，是在"销售区域*国家/地区"主视图层面完成的，由于每个销售区域对应很多个国家/地区，因此最后"每个销售区域下最高价值客户金额（以国家为统计范围）"就出现了好多次重复数值。这个题目的本意只是计算这一个数值，而从"每个销售区域、国家/地区"的层次开始是最简单的方法。

在图 10-44 的基础上，从主视图中排除"国家/地区"维度字段，主视图详细级别就变成了"销售区域"，如图 10-45 所示。

图 10-45　在销售区域级别的嵌套 LOD

由于嵌套 LOD 表达式中明确引用了国家和客户字段，计算是从"销售区域、国家/地区、客户"层次做进一步聚合的，结果没有受主视图详细级别变化的影响。而中间字段 INCLUDE LOD 是在视图级别增加新维度指定详细级别，结果就是"各销售区域、各客户"的销售额合计的最大值，因此 16654 元是 APAC 区域最高价值客户在多个国家/地区的销售额，明显高于后面的 11864 元。

在视图发生变化时，10.6.1 节中的层次图就会发生变化。

这里的嵌套 LOD 能用 FIXED LOD 表达式吗？

当然，上面的嵌套 LOD 表达式可以用下面的表达式代替：

{ EXCLUDE [国家/地区]:MAX({FIXED [销售区域],[国家/地区],[客户名称]:SUM([销售额])})}

由于被嵌套的 LOD 表达式的层次是在视图层次上增加客户名称，因此就需要指定所有的维度，这样明显比 INCLUDE 更麻烦，特别是当主视图中维度较多时。

另外，由于 FIXED LOD 结果不受维度筛选器影响，因此，假如要增加每年的筛选器范围，那么 FIXED 和 INCLUDE LOD 的方法就会出现不同的结果，此时就要考虑筛选器和计算的优先级。

至此，所有的语法和设置部分告一段落。接下来，将结合基本计算、表计算等综合内容，介绍业务分析中常用的会员 KFM 分析模型和商品交叉分析模型。

10.7　高级分析模型：会员 RFM 分析模型

单一层次的问题通常用于描述答案，多层次的问题通常用于分析结构。聚合计算回答问题，高级计算辅助诠释结构。在业务分析中，用户结构分析、商品结构分析是最常见的。在此以会员的 RFM 分析模型为例，综合介绍高级计算的具体用法。

10.7.1 会员 RFM-L 指标体系

随着整个社会从供小于求的供给市场转向需求市场，同时借助于日益方便的互联网工具，会员经济成为整个经济中的重要话题。每个企业都在努力地把客户升级为会员，把会员提升为粉丝，同时努力提高会员的复购和活跃度。在业务过程中，我们需要用数据来分析会员的质量和随时间的波动情况，如图 10-46 所示。

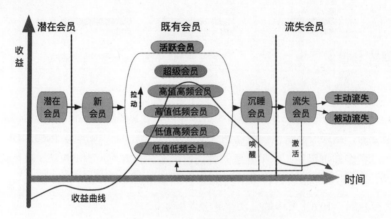

图 10-46　会员阶段分析模型

在业务分析中，经常涉及两大类分析：其一是根据会员活跃度、忠诚度、购买力的静态分类分析（活跃、沉睡、流失等）；其二是随时间变化的会员动态阶段（接触、新购、复购、流失分析等）。不管是静态分类，还是动态分析，都需要依赖对每一位会员的指标描述，最关键的指标概括为 RFM-L 模型。

图 10-47 形象地代表一位会员的购买记录，将以此说明各指标。

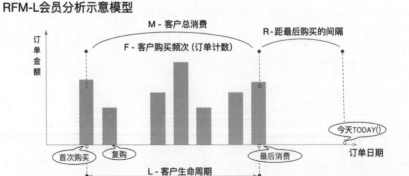

图 10-47　RFM-L 会员模型示意图

作为商家，每个客户的最关键指标分别如下。

- 最后购买的距今间隔（Recent）：最后购买的距今间隔是描述客户是否流失及忠诚度的指标；
- 购买频次（Frequency）：总共消费的次数是忠诚度的关键指标；
- 贡献总额（Money）：总共消费的金额是购买力的关键指标；
- 生命周期（Longitude）：从首次购买到最后一次购买的间隔是客户忠诚度和黏性分析的关键指标。

除 RFM-L 指标外，有时也会用到另一个指标"复购间隔（R2）"：从首次购买到第二次购买的间隔，反映客户黏性。

所有这些指标构成了静态分类指标和动态分析的基础。

很多单位都会对客户进行一定的划分，比如如家商旅把会员分为"E 会员"（免费注册）、"银会员"（3 个间夜或 1000 分）、"金会员"（5 个间夜或 1500 积分）、"白金会员"（15 个间夜或 10000 分）、"钻石会员"（40 个间夜或 25000 分）。等级由间夜或者积分确定，间夜就是购买频次（F），积分则是贡献总额（M）按照比例兑换而来的。

在此以超市数据为例，介绍上述 4 个指标的计算方法。

首次，上述所有指标都是在会员的详细级别上计算的，通常使用客户的唯一编码（比如"客户 ID"）来生成计算。

每个客户的首次购买日期、最后购买日期对应的订单日期的最小值和最大值，而购买频次和贡献总额则对应订单 ID 的不同计数和销售额的总额。使用 FIXED 指定客户层次以完成上述聚合，表达式如下：

- lst 首次购买日期：{ FIXED [客户 ID] : MIN([订单日期])}
- last 最后购买日期：{ FIXED [客户 ID] : MAX([订单日期])}
- 购买频次（F）：{ FIXED [客户 ID] : COUNTD([订单 ID])}
- 贡献总额（M）：{ FIXED [客户 ID] : SUM([销售额])}

最后购买日期距今的时长以及生命周期（L），分别使用 DATEDIFF 函数计算。这里以天来计算间隔，如下：

- 最后购买距今间隔：

    DATEDIFF('day', {FIXED [客户 ID] :MAX([订单日期])},TODAY())

- 生命周期（L）：

    DATEDIFF('day', [1st 首次购买日期],[last 最后购买日期])

使用即席计算可在 Desktop 中快速完成上述计算，确认无误后，将字段拖曳到左侧数据创建为字段，方便后面反复使用，如图 10-48 所示。

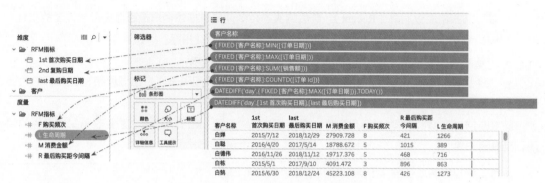

图 10-48　Tableau 完成 RFM–L 指标体系

此处的难点在于复购日期的计算。

复购日期是首次购买日期之后的第 2 次购买日期，在排除首次购买日期之后的订单日期中，重新计算首次购买金额。因此先使用 IIF 函数生成排除首次购买日期的辅助列，然后使用 FIXED LOD 重新计算最小日期，就是复购日期了。使用日期函数 DATEDIFF，就能轻松完成"复购间隔"，如图 10-49 所示。

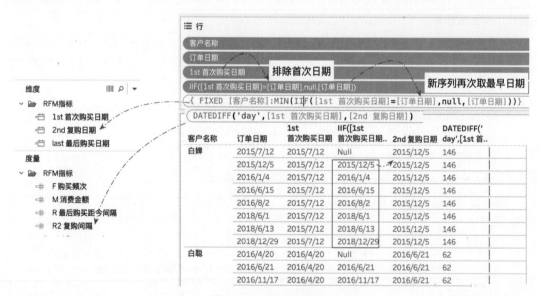

图 10-49　增加复购分析

至此，最为关键的会员指标就创建完毕了。最终的字段被添加到左侧字段中，就可以在后面的案例中重复使用。

10.7.2　会员分析的常见视角

从企业角度，企业关注每位客户的购买能力和忠诚度，购买能力通常用客户的总贡献（M）和客户的最大交易金额（MAX）来描述，而忠诚度通常用客户的购买频次（F）、生命周期（L）和复购间隔（R2）来描述。

另外，会员分析最重要的变量是时间。日期范围的长度会对指标分析产生影响，而随着日期的变化和增长也是最为常见的分析场景。

随着各自行业的分析日渐深入，大家可以逐步总结本行业的关键指标，比如零售关注频次、酒店关注间夜、互联网电视关注浏览时长等，然后参考各级领导常用的分析角度，逐步增加维度筛选器、关联条件、逻辑判断等，最终构建日渐完善的分析模型。常见的问题类型，不外乎可视化分析中讲到的占比、排序、时间序列、频率分析、相关性分析，如图 10-50 所示。

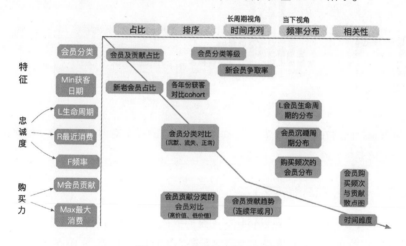

图 10-50　常见的会员分析角度

接下来，参考 "15 大详细级别表达式" 分析几个关键案例，从而进一步介绍 LOD 表达式的用法，并重点阐述多个层次的关系。

10.7.3　会员客户频率分析（LOD15-1）

频率分析是会员结构分析的第一个图表，用于描述 "不同购买频次的客户分别有多少"。可视化是由维度和度量构成的，这里的度量很明显是 "客户数量"（COUNTD[客户 ID]）; 分类字段是 "不同购买频次"，这个字段决定了主视图焦点。

主视角焦点已经确定，"不同购买频次" 却需要依赖完全独立于视图的详细级别——"客户 ID"，因此需要 FIXED LOD 预先计算每位客户的购买频次，其结果作为维度使用，也就是上面创建的 "F

购买频次"指标。

- 购买频次（F）：{ FIXED [客户 ID] : COUNTD([订单 ID])}

由于"F 购买频次"默认是度量，这里却要作为维度使用，有两种转化方式。其一，复制字段，然后拖曳到维度中；其二，在度量字段上创建数据桶，间隔为 1，后期还可以根据需要手动调整数据桶间隔，或者使用参数随时调整。这里使用后者，并结合参数完成，如图 10-51 所示。

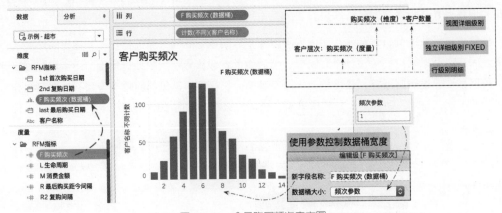

图 10-51　会员购买频次直方图

为了进一步理解，同时在图 10-51 右上角做了两个层次的关系简图，类似的"可视化分析思路"有助于帮助读者理解业务问题。

10.7.4　矩阵分析（LOD15-2）

"矩阵"（Cohort）不易理解，可以转化为完整的描述："每年的销售额趋势，以及来自不同年度的客户贡献"（客户首次购买的年度称之为客户所在的矩阵年度），如图 10-52 所示。

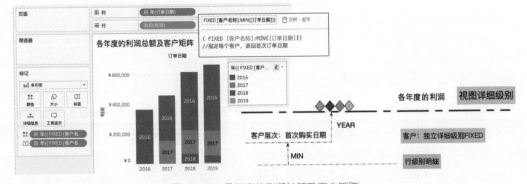

图 10-52　各年度的利润总额及客户矩阵

10.7.3 节中 FIXED LOD 构建了主视图维度，这里的主视图维度是"订单日期（年）"，之后加入的客户矩阵 FIXED LOD，把每个条形图切分为不同颜色，增加了主视图的层次。

这里使用了此前创建好的"1st 首次购买日期"FIXED LOD 计算字段。

- 1st 首次购买日期：{ FIXED [客户 ID] : MIN([订单日期])}

10.7.5　新客户争取率（LOD15-5）

在前面我们介绍了"每个细分市场中，每月获得的新客户数量"。这里的主视图焦点详细级别是"细分*月"，需要计算"新客户数量"。是否为新客户是由每位客户每天的级别来判断的，此前的解题思路，是从我们熟悉的详细级别（客户*订单日期）开始的，在创建完辅助字段（通过"1st 首次购买日期"为每天的状态打标签）之后，再把视图详细级别改为日期，如图 10-53 所示。

- 标签字段：IIF ({ FIXED [客户 ID] : MIN([订单日期])}= [订单日期], '新客户','老客户')

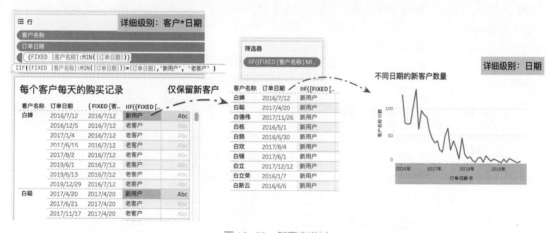

图 10-53　新客户增长

10.7.6　各时间段不同复购间隔的客户数量（LOD15-10）

"各时间段不同复购间隔的客户数量"对应主视图的详细级别是"时间段*复购间隔"，而度量是"客户数量"。

比如 2019 年 1 月，可能有 10 人间隔 10 天复购，有 20 人间隔 20 天复购，有 50 人间隔 30 天复购。这里的 2019 年 1 月，是每位客户的首次购买日期，而 10 天、20 天、30 天的间隔则是首次购买与第二天购买的复购间隔（R2）。在前面的指标介绍部分，通过 FIXED LOD 和 DATEDIFF 函数计算了"1st 首次购买日期"和"R2 复购间隔"。对应的客户层次的明细如图 10-54 所示。

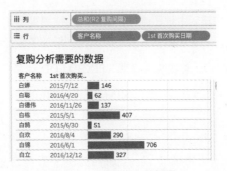

图 10-54　客户的复购间隔

　　由于视图中有两个维度，我们可以把首次购买日期和复购间隔分别放在"行"和"列"上，复购的客户数量用交叉数值表示。为了查看不同复购间隔对应的客户数量，这里也需要把复购间隔从度量改为维度，使用数据桶的方式，如图 10-55 所示，选择"R2 复购间隔"度量字段，用鼠标右击，在弹出的下拉菜单中选择"创建→数据桶"命令，将数据桶间隔设置为 90 天，即可转化为离散的维度字段"复购间隔-90"。

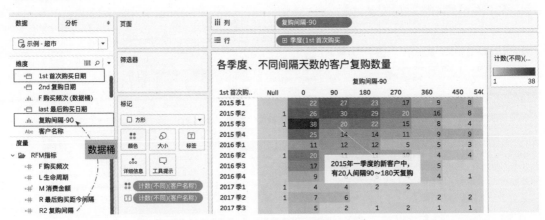

图 10-55　不同季度复购间隔的分布

　　由于很多客户的间隔是几个月，我们也可以把"R2 复购间隔"的计算参数从"天 day"改为"月 month"，从而查看不同季度分别有多少客户间隔了 1 个月、2 个月……N 个月复购。

　　这个实例相对于此前的难点在于，构建视图的两个维度都需要在独立的客户层面提前计算，结果作为维度使用，只能使用 FIXED LOD 来完成。

10.7.7　各个客户矩阵的年度购买频率（LOD15-15）

　　"在每个订单年度中（比如筛选 2014 年），各个客户矩阵年度（即每个获客年份），购买至少 1

次、2 次、3 次……N 次的客户数的占比？

首先，这里有两个地方要用到表计算，其一是"至少"，其二是"占比"，"至少"对应的是移动汇总，占比则是"合计百分比"。表计算主要解决排序、移动汇总、差异计算等行间计算的问题，我们把这两个计算需求先搁置，放在视图完成后再添加——因为表计算依赖于视图的聚合结果。

其次，问题还需要添加筛选器，查看"每个订单年度"的客户占比，我们要明确这里的筛选器类型（维度筛选器），之后暂时搁置，或者仅显示一年（比如 2014 年）的数据开始分析。因此，上述问题先简化为：

"各个客户矩阵年度，购买 1 次、2 次、3 次……N 次的客户数量有多少？"

这个问题的主视图详细级别是"客户矩阵年度*购买频次（维度）"，客户按计数聚合描述结果。这里决定详细级别的两个维度都依赖于独立的客户详细级别，因此需要先用 FIXED LOD 计算，分别就是上面的"1st 首次购买日期"字段和"F 购买频次"字段，后者再通过数据桶转化为维度。可以在 10.7.3 节"客户的频率分析"的视图基础上，增加一个"首次订单日期"的维度字段为颜色，即构建了"客户矩阵年度*购买频次（数据桶）的客户数量"视图。

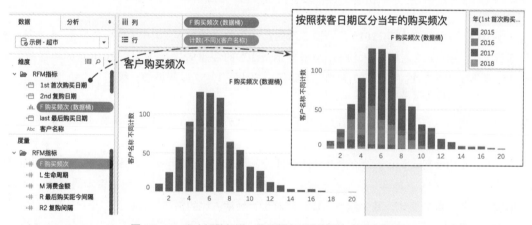

图 10-56　客户矩阵年度、购买频次（数据桶）的客户数量

至此，主视图已经完成。需要特别注意的是，这里的"F 购买频次"表达式仅指定了客户单一维度（FIXED 客户名称），因此结果是每位客户在多年累计购买频次，这就导致购买 1 次、2 次的反而较低，时间范围越长，这种情形越明显，时间范围缩短（比如仅分析 1 个月），低频次会员会增加，因为范围之前的购买不在分析之内，下一次购买还没到来。

我们此时要考虑加入维度筛选器，这一步是本题的关键，也是后面表计算的基础。

领导希望查看单一订单年度的分析，比如 2016 年的所有订单消费，有多少 2015 年的新客户

（矩阵）购买了 1 次，购买了 2 次……又有多少 2016 年的新客户购买了 1 次，购买了 2 次……。
也就是说购买频次是以维度筛选的年为范围的，FIXED LOD 表达式需要指定到这个层次。因此，
此前多年的"F 购买频次"需要更改为了"每个消费年度的购买频次"，即增加维度筛选器，复制
"F 购买频次"字段并编辑、重命名，之后复制一份改为维度。在此对比一下二者的区别，如图 10-57
所示。

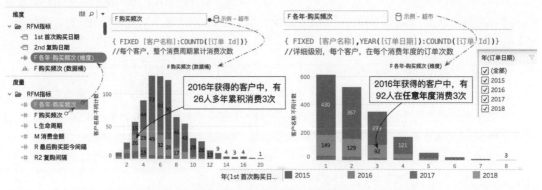

图 10-57 两种详细级别的对比

图 10-57 左侧客户矩阵，2016 年消费 3 次的合计 26 人，含义是 2016 年的新客户有 26 人多年累
积消费 3 次；图 10-57 右侧客户矩阵，2016 年消费 3 次的合计 92 人，含义是 2016 年的新客户有 92
人在任意年度消费 3 次。图 10-57 右侧的详细级别要比图 10-57 左侧更低一级。

例如，如果客户 A 在 2016 年消费 3 次、2017 年消费 4 次，那么在图 10-57 左侧会出现在消费 7
次的条形图中且只会出现一次；而在图 10-57 右侧会分别出现在消费 3 次和消费 4 次的条形图中，
共出现两次。

至此，我们就完成了除表计算之外的所有部分，即"在各订单年度中，各个客户矩阵年度购买 1
次、2 次、3 次……N 次的客户数量有多少？"通过维度筛选器，可以灵活查看每年的部分。为了更
好地展示频率之间的变化，减少颜色干扰，同时也为后期占比的需要，我们把"标记"改为"线"，
如图 10-58 所示。

完整的视图完成了，才到了加入表计算的时刻。

使用移动汇总计算"至少"。"至少购买 1 次"代表所有客户，"至少购买 2 次"包含了消费 2 次、
3 次及以上的客户，可见"至少购买 1 次、2 次……N 次"就是"沿着购买频次客户数量移动汇总
RUNNING_SUM，次序为倒序"。可以使用快速表计算 RUNNING_SUM，并设置倒序，也可以直接
用窗口计算函数 WINDOW_SUM 代替，指定计算的范围为 0（当前值）到 LAST()（最后的购买频次），
设置计算依据为购买频次，如图 10-59 所示。

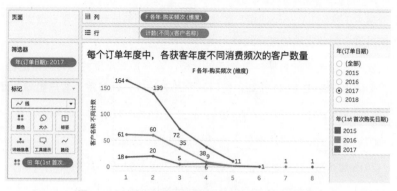

图 10-58　使用折线图查看不同购买频次的客户数量

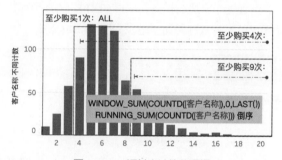

图 10-59　汇总表计算的逻辑

坦诚地讲，笔者对通过指定排序字段实现 RUNNING_SUM 倒序心有余悸，总是尝试好多次才能如愿。反而不如直接使用即席计算输入 WINDOW_SUM(聚合,0,LAST())方便。虽然默认的相对方向结果是对的，依然建议改为绝对的方向字段："F 各年-购买频次（维度）"，如图 10-60 所示。

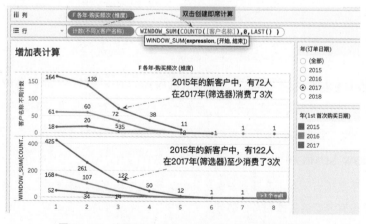

图 10-60　使用 WINDOW_SUM 表计算实现倒序汇总

这样"至少购买 1 次、2 次……的客户数量"就清晰了，最后一步计算"占比"，依据哪一个总体计算占比？依据每个颜色代表的客户矩阵年度。

由于当前的视图是维度筛选后某一年的订单分析，客户矩阵年度的客户数量是独立于视图详细级别的，这里需要使用 FIXED LOD 计算。使用下面的表达式，计算每个客户矩阵年度的会员总数：

{ FIXED YEAR([1st 首次购买日期]) :COUNTD([客户名称])}

由于只有 4 个年度，因此可以理解这个表达式返回如下的数值：

{2015 年:506 人，2016 年：202 人，2017 年：52 人，2018 年：11 人}

计算占比，就是计算上面 WINDOW_SUM 的结果与这个 FIXED LOD 的占比。在 FIXED LOD 之后创建出即席计算，计算前面两个字段的比例，记得 FIXED LOD 前面应该增加聚合（SUM）。为了对比，笔者把前面两个图表设置为双轴并同步轴，如图 10-61 所示。

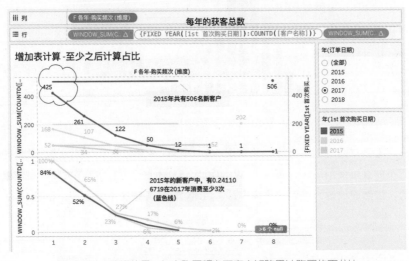

图 10-61　最终效果：每个购买频次下客户矩阵累计购买的百分比

为什么 2015 年的新客户总共 506 人，但是 WINDOW_SUM 累计的客户数量却只有 425 人？这是因为前者包含了 2017 年前流失掉的客户，而表计算的累计只有 2017 年还有消费记录的客户。

笔者第一次做这个题目时，由于理解错误按照如下的表达式计算占比：

WINDOW_SUM(COUNTD([客户名称]),0,LAST())/TOTAL(COUNTD([客户名称])

这个占比，不是相当于各年度获客总数的占比，而是各年度获客总数中当年还有消费客户总数的占比——后者没有考虑流失掉的客户部分。

至此，我们从上面视图中移除前面的两个度量字段，就是最终的分析图了。

10.8　商品的交叉购买和购物篮分析

销售领域有一个特别重要的主题是商品的交叉分析，又称之连带购买分析。这一类分析偏重于多个层次的结构性分析，特别是从客户数量、类别数量、订单数量等高于商品层次的角度，分析商品的连带结构。多个层次的结构分析必然要用到表计算和 LOD 表达式等高级分析技术。

首先要理解"并集"和"交集"的关系，假定有 3 个商品分类，分别为类别 A、类别 B 和类别 C，每个圆圈代表购买这个类别的客户总数，相互之间的重叠部分即为同时两个或者三个类别的客户数量，而两个圆圈的共同部分即为至少购买一个类别的客户数量，如图 10-62 所示。

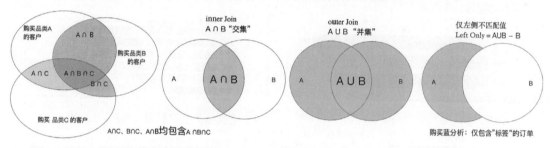

图 10-62　理解并集和交集关系：理解同时购买或者至少购买一个的客户数量

10.8.1　实例：不同交叉购买次数的客户数量

基于这样的理解，可以分析"每个类别下，购买 1 个、2 个、3 个类别的客户分别有多少"的结构分析。问题中只包含 1 个维度字段"类别"和 1 个度量字段"客户数量"（COUNTD[客户 ID]），按照第 5 章的可视化方法，可以先制作"各个类别的客户数量条形图"。而要分析"购买 1 个、2 个、3 个类别的客户数量"，就在当前视图中增加另一个完全独立详细级别的聚合：每个客户的购买类别数。独立的详细级别，且结果作为维度字段使用，就必须通过 FIXED LOD 表达式提前完成聚合。逻辑过程如图 10-63 所示。

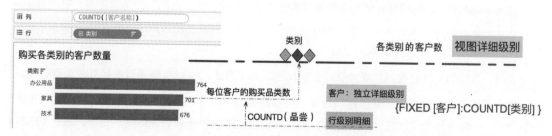

图 10-63　在类别条形图中增加客户的购买类别数

{FIXED [客户]:COUNTD[类别] }相当于提前从行级别返回每位客户的购买类别数量，大括号代表多个数值，其结果可以用 Python 的字典来代表：

{蔡安:3，蔡晨:3，蔡菊:3，蔡梦:2…… }

通过 LOD 表达式，实现了仅把客户层次对应的聚合数值加入视图，而不把客户字段拖入视图。逻辑过程如图 10-64 所示。

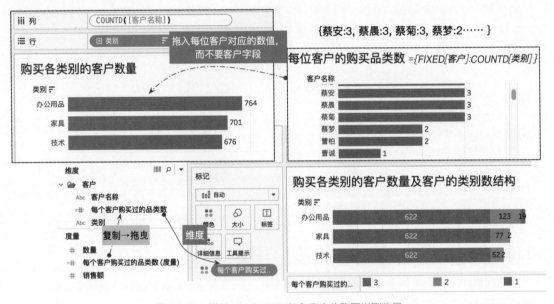

图 10-64　借助 FIXED LOD 加入客户的购买类别数量

注意，由于 FIXED LOD 的结果默认是度量，度量加入视图默认会聚合，但分析想要的是"购买 1 个、2 个、3 个类别的客户数量"，FIXED LOD 结果要作为分类字段（维度）使用，因此需要在视图中更改字段属性，也可以复制一个字段拖曳到维度中。

如图 10-64 所示，视图自动出现了代表"购买 1 个、2 个、3 个类别"的分类图例，可以看出：共计 622 名客户购买了所有 3 个类别的商品，而购买两个类别商品的客户中，有 123 人购买了办公用品、77 人购买了家具、52 人购买了技术。

显然，这样的绝对值难以直观地反映数据比例，为了对比，可以考虑通过表计算改为百分比。

使用"快速表计算→合计百分比"命令，可以将绝对值改为百分比，百分比的大小取决于如何设置分区——即在哪个范围内计算百分比。同时，还可以根据需要增加筛选器，不过，由于 FIXED LOD 的操作顺序先于维度筛选器，因此要把日期筛选器"添加到上下文"作为更加靠近数据源的背景筛选。

查看 2019 年，以整个表为计算依据的合计百分比，发现 16%的客户仅购买了办公用品，因此在做买赠策略和客户营销时，可以进一步分析这个群体的特征，并提供更具有吸引力的搭配促销，如图 10-65 所示。

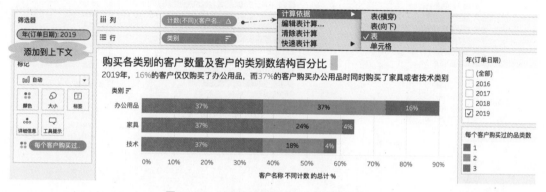

图 10–65　使用表计算查看每个部分的百分比

想要针对 16%的客户群体继续分析，只需要点击"仅保留"这部分客户，然后加入其他的条件即可验证。

10.8.2　超级实例：基于订单中的购物篮交叉购买分析

零售分析中把每个客户的一次订单交易（通常对应一张交易小票）模拟为一个虚拟购物篮，购物篮分析是交叉分析的典型代表。经典的案例是"啤酒和尿裤"，通过把关联商品陈列在一起促进客户的连带购买，从而提高顾客每次消费总价。因此，基于大数据统计分析哪些商品具有更强的关联性，就具有营销方面的引导意义，甚至可以结合价格分析指导关联营销中的定价策略[1]。

基于超市的数据，假设要为某个子类别板块，比如"标签"的负责人提供以下分析："在购买标签的订单（购物篮）中，其他哪些子类别被同时关联购买的概率更高？从销售数量的角度分析。"

这个实例会综合使用逻辑判断、狭义 LOD 表达式、筛选器等分析方法。

第一步，分析问题。

分析一下这个问题，其中涉及"子类别""订单 ID"两个维度字段和"数量"度量字段。主视图当然就是"各个子类别的购买数量"，要看孰高孰低，首选条形图。最终效果如图 10-66 所示。

1　强烈推荐戈尔曼·西蒙的《定价圣经》和《定价制胜》，定价领域的经典。

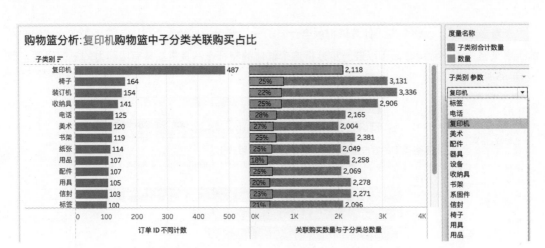

图 10-66　选择任意子分类，查看其他子分类关联购买占比

难点在于，问题中隐含着筛选条件——如何把数据范围筛选到所有包含"标签"的订单交易中。

第二步，关键步骤：通过计算建立筛选。

推荐读者从熟悉的详细级别开始复杂的问题分析。购物篮分析针对的是订单层次，双击订单 ID、子类别，加入视图，如图 10-67 所示，凡是不包含"标签"分类的，即购物篮中没有消费这个子类别。

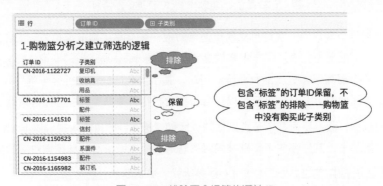

图 10-67　排除不含标签的订单 ID

如何排除不包含"标签"的订单呢？答案就在问题之中——不包含"标签"的订单有一个共同的特征：不包含"标签"。因此，创建一个辅助列，仅保留"标签"信息，把其他子类别名称都替换为 NULL（空），之后在订单 ID 层面计数，凡是等于 0 的订单就是不包含"标签"的订单，就可以排除了。

思路有了，方法如图 10-68 所示，首先使用 IIF 逻辑判断增加一个辅助列 IIF([子类别]='标签',[子类别],NULL)，注意这个是行级别的逻辑判断——如果当前行所对应的商品交易属于标签子类别，则保留子类别的名称，否则全部替换为 NULL（空）。

　　之后可以用这个辅助字段的计数大小，来判断订单是否属于包含"标签"的订单。由于要在订单层次做判断，使用 FIXED LOD 将结果指定在"订单 ID"层次计算，即 { FIXED [订单 ID]:COUNTD(IIF([子类别]='标签',[子类别],NULL))}。

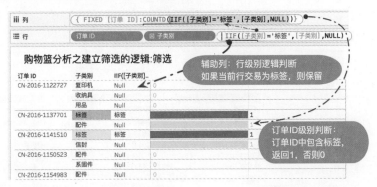

图 10-68　使用 IIF 建立辅助列，使用 FIXED LOD 计算作为分类标准

　　这里使用了即席计算，直接把 IIF 的辅助字段拖入 FIXED LOD 表达式计数。

　　FIXED LOD 计算的目的是为了分类，也就需要作为分类字段（维度）使用，这也是 FIXED LOD 最独特的使用场景。

　　将列中的表达式拖入左侧"数据"窗格创建字段，命名为"是否包含标签"（见图 10-69 位置 a）。分类字段应该是维度而非度量，因此选择字段，右击，在弹出的下拉菜单中选择"转换为维度"，字段就会转到维度区域并成为蓝色胶囊（见图 10-69 位置 b）。至此，就可以把这个字段拖入筛选器，针对数据做筛选了，选择"1"，即仅保留了包含"标签"的订单交易。

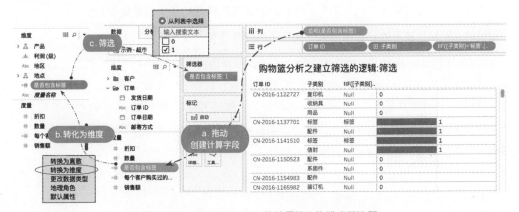

图 10-69　把 FIXED LOD 的结果转化为维度筛选器

第三步，基于筛选后的数据建立排序。

移除视图中的"订单 ID"字段，就是仅包含"标签"的交易数据了，此时的"总和（是否包含标签）"对应的是订单的数量，拖入"数量"字段就可以看到标签的销售数量，和与标签关联购买的其他子类别销售数量，如图 10-70 所示。

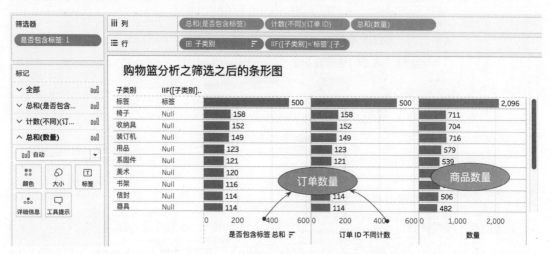

图 10-70 购买标签同时购买其他子类别的数量

最后记得排序，就可能清晰地发现"椅子""收纳具"和"装订机"是与"标签"关联购买最好的子类别。

第四步，把"标签"的分析扩展到其他子分类。

为了简化问题，开篇以"标签"为例展开了整个分析，那如何结合互动，把这个分析方法扩展到其他子分类，从而可以任意选择某个子分类查看其关联销售的子类别数量呢？

此类的问题都涉及更改计算中的某个变量，而参数是单一变量最好的方法。

如图 10-71 所示，选择"子类别"字段，右击，在弹出的下拉菜单中选择"创建→参数"，可以快速创建包含子类别数据的参数列表。之后选择"是否包含标签"字段，右击，在弹出的下拉菜单中选择"编辑"，将计算字段中的"标签"更改为"子类别 参数"即可。

这样，在视图中通过选择子类别，就可以查看该子类别关联的购物篮子类别排名，为了通过标题突出所选的子类别，还可以在标题中插入参数。

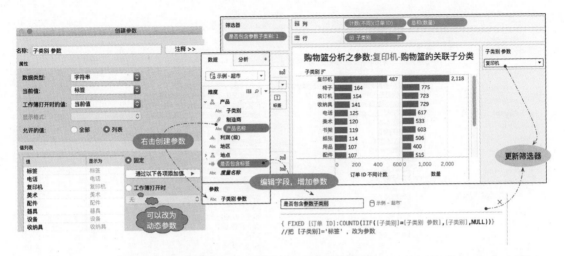

图 10-71 将参数加入 FIXED 判断过程

如果使用层次结构进一步展开，或者结合某些重点单品做进一步筛选，则可以指导组合营销策略。

第五步，为每个子类别增加背景信息。

在图 10-71 中，虽然可以清晰地看到指定子类别的关联子类别排名，但是由于缺少每个子类别的总计销售，因此难以估计连带购买率。

要增加的背景信息要优先于维度筛选器，因此使用 FIXED LOD 计算每个子类别的销售数量，即 { FIXED [子类别]:SUM([数量])}。如图 10-72 所示，在列中双击增加一个计算胶囊。

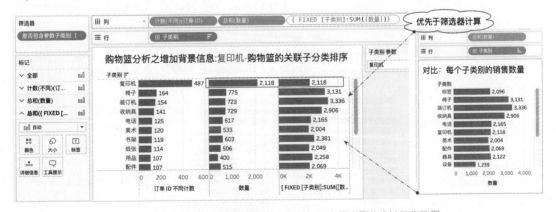

图 10-72 在购物篮关联排名基础上，增加每个子类别的合计销售数量

为了更好地对比当前子类别的关联销售数量和合计销售数量的占比，可以把第 2 个和第 3 个度量建立双轴，并通过调整颜色和大小增加层次性，如图 10-73 所示。

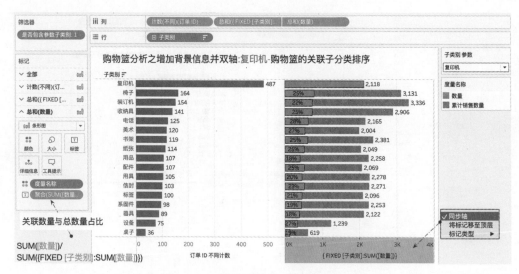

图 10-73 增加双轴同步，并增加比例计算

至此，业务负责人才能清晰地看到每个子类别的关联购买情况，只有这种精确的计算，才能引导精确的分析。最佳可视化的基本标准，就是无须深度思考，即可直观表达关键结论。

第六步，增加层次分析（如需）。

当然，按照同样的逻辑，如果想要查看每个子类别下面不同制造商的情况，则可以进一步增加维度，并适当调整计算字段。通常，业务决策必须依赖于层层钻取的深入分析，才能精确地指导运营工作。如图 10-74 所示，增加"制造商"字段，并调整 FIXED LOD 表达式，可以查看制造商品牌状况。

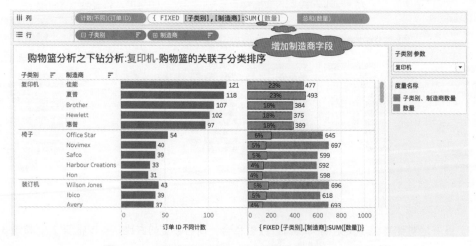

图 10-74 增加制造商字段，进一步查看各品牌的关联购买

这个实例最重要的环节，是基于订单级别的数据筛选（第二步），使用了 IIF 的行级别逻辑判断和 FIXED LOD 表达式。通过这个实例，也可以深入理解行级别函数、FIXED LOD 表达式作为维度使用的灵活性和重要性。

10.9　高级计算的最佳实践

至此，我们已经全面地介绍了从基本计算到高级计算的场景。综合业务分析都是多种计算的结合，恰当地选择计算依赖于我们对业务问题的理解（详细级别是关键），以及对各类计算的熟练掌握（独特性与适用性）。

在这里，笔者总结此前的基础知识、视图的构成要素、不同计算的区别，尝试介绍如何在业务中更好地使用 Tableau。

10.9.1　视图中哪些位置决定详细级别[1]

视图是由分析的样本范围、维度构成的详细级别和聚合度量[2]（维度或者度量的聚合）三部分构成的，维度描述问题，聚合提供答案。

维度字段放在视图中的哪些位置才能决定详细级别呢？

先说结论：**维度决定问题/视图的详细级别，维度字段放在视图中的行、列，以及标记中的颜色、大小、文本、详细信息中，会更改视图的详细级别。而其他位置（页面、筛选器、工具提示）则不会影响视图的详细级别。**

如何判断视图详细级别是否变化？可以用视图中聚合标记的数量作为判断依据。视图详细疾病的变化，是视图中标记数量变化的充分但不必要条件。官方帮助文件中，"视图的详细级别决定视图中标记的数量"[3]（The level of detail of the view determines the number of marks in your view.）。

通常，当把详细级别低于视图的维度字段拖放到视图中的行、列，以及标记中的颜色、大小、文本和详细信息中时，主视图的层次就会发生变化；但是，如果拖放的字段和视图原有层次一致甚至聚合度更高，视图层次本身没有本质变化。比如在"各个订单 id 的销售额总和"中拖入"订单日期"字段，详细级别从"订单 id"变成了"订单 id*订单日期"，但由于二者是一对一的关系，问题

1　特别注意，本节首印内容阐述有误，重印特此修订，并会在"Tableau 传道士"公众号说明。

2　首印版本中，"度量聚合"有偏颇之处，准确的表述应该是"聚合度量"——聚合的结果一定是度量，而聚合可以来自于维度聚合，也可以是度量聚合，后者更为常见。

3　详见 Tableau 帮助之"Desktop 与 web 制作帮助"关于"详细级别"的章节。

层次并非发生实质变化，度量标记也不会增加；但是拖入"商品 ID"字段，详细级别和问题才会实质性变化，标记也会增加。如图 10-75 所示。

图 10-75　各个位置与视图详细级别的关系

因此，标记数量变化，可以作为视图详细级别变化的依据。具体如图 10-76 所示。

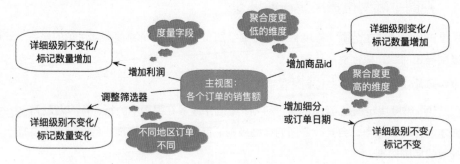

图 10-76　标记变化是详细级别变化的既不充分也不必要条件

从问题分析的角度，筛选器虽没有减少标记，也没有更改详细级别，但缩小了分析的范围，分析范围变化，可能引起视图中标记的变化（如图 10-75 所示）；在分析过程中，维度筛选器构成了视图详细级别的重要参与者，并与 FIXED LOD、TOP 和条件筛选等的优先级设置共同影响数据结果。

页面可以理解为把筛选的每一个范围动态播放出来，是筛选器的切片轮播状态。

10.9.2　各类计算如何构成视图的组成部分

简单地说，视图是由维度构成的详细级别和度量构成的聚合两部分构成的。借助于数据库的字段只能完成有限的分析，只有借助计算的强大力量，分析才从有限的字段分析走向无限的业务分析。那么各种类型的计算和视图两部分（详细级别和聚合度量）有什么关系呢？

其一，行级别计算字段可以是维度，也可以是度量，而聚合计算只能是度量。

其二，表计算由于是视图中聚合结果的二次聚合，其结果必然是度量，因此结果不会更改视图的详细级别，要么与主视图详细级别一致（比如排序），要么增加了更高聚合度的详细级别（比如窗口计算）。

其三，FIXED LOD 相对于 INCLUDE、EXCLUDE LOD 的关键区别，就是它的结果既可以作为维度，也可以作为度量，因此常用于在视图中增加独立的详细级别；而 INCLUDE 和 EXCLUDE 由于计算过程依赖于视图，结果只能作为度量，在不改变主视图详细级别的基础上增加更高或者更低的层次聚合。

结合此前各种计算的关系图（行级别是聚合计算的基础，而聚合计算是表计算和 LOD 表达式的基础），在这里把维度也加入其中，描述一下相互关系，如图 10-77 所示。

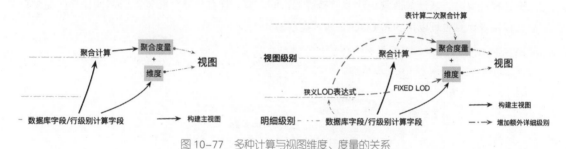

图 10-77　多种计算与视图维度、度量的关系

在图 10-77 中，可以看一下多种计算分别与维度和度量的关系。决定详细级别的维度字段来自行级别计算字段或者 FIXED LOD 字段，这就是 FIXED LOD 最关键的用途，正如此前会员 RFM-L 指标所代表的用处。

10.9.3　如何选择计算类型及其优先级

每当我们要把分析的需求转化为可视化时，应该分析以下几个问题。

- 问题中包含一个还是多个详细级别；
- 主视图是否可以直接通过左侧"数据"窗格的字段拖曳完成；
- 主视图之外的详细级别与主视图聚合的层次关系；
- 是否存在排序、移动汇总、同比等行间计算。

从分析问题的层次开始，可以用图 10-78 的路径代表整个思考逻辑。

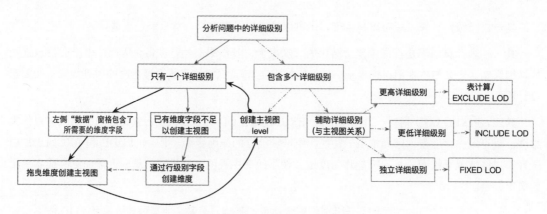

图 10-78　选择计算类型的一种思考方式

在选择计算时，表计算通常用于非常特殊的行间计算，比如排序、移动汇总、同比等，而窗口汇总可以用表计算也可以用狭义 LOD 表达式完成。

而正如 10.5 节所讲，另一个影响计算的关键是筛选器与计算的相对顺序，如图 10-79 所示。

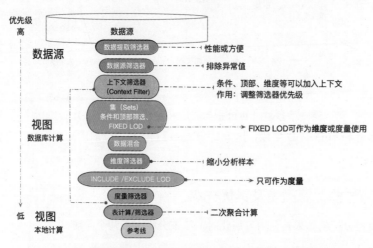

图 10-79　多种筛选器和计算的先后顺序

至此，本书介绍了全部的计算函数和方法，帮助我们从有限的数据走向无限的数据探索。

第 3 篇

从可视化到大数据分析平台

第 11 章

Tableau Server 数据平台

随着多年的不断发展，Tableau 已经从可视化分析工具发展为完整的数据可视化分析平台，而 Tableau Server 正是这个平台的中心。

本章和第 12 章将围绕 Tableau Server，介绍如何把数据洞见，进一步扩展到整个组织机构，从而将数据转化为价值，并加强数据管控的安全性。

11.1 敏捷 BI 加速从数据资产到价值决策的流动

在第 1 篇，本书把数据分析的步骤分解为数据准备和模型、数据可视化、理解与分享三个阶段，可以与 DIKW 模型的不同阶段、Tableau 的多种功能相对应，如图 11-1 所示。

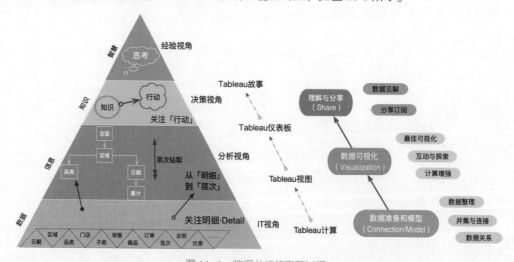

图 11-1　数据分析的完整过程

借助 Prep Builder 敏捷的数据处理能力和 Desktop 敏捷的可视化分析能力，就可以满足大部分的业务分析场景。

不过，一个完整的数据分析平台不应该以发布分析结果为终点，而应该追求分析模型的持续完善、不断优化。

在 Tableau 产品组合中，Prep Builder 和 Desktop 可以分别把数据整理模型与数据可视化模型发布到 Tableau Server 服务器中，从而为整个组织的其他分析师、数据用户提供广泛的数据编辑与浏览。

11.2　从 Desktop 发布到服务器：分析模型自动化

在 Desktop 工作表或者仪表板中完成可视化分析结果后，就可以通过发布到服务器提供给更多的人访问。如图 11-2 所示，选择菜单栏"服务器→登录"，登录到本地或者云端的 Tableau Server 服务器，之后就可以"发布工作簿"或者"发布数据源"。初学者可以使用 Tableau 托管的云 Server ——Tableau Online，借此学习本章的服务器内容[1]。

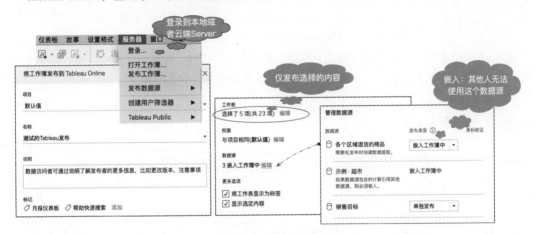

图 11-2　发布工作簿

二者的对象不同，"发布数据源"仅仅发布的是当前工作簿使用的数据源，其目的是为其他的数据分析师提供一致的数据来源。这个过程也可以在下面的"发布工作簿"中一并完成。

点击"发布工作簿"之后，需要设置一些常见的发布选项，包括工作簿名称与位置、发布哪些工作表和仪表板、发布之后的权限控制、数据源安全设置等。通常，权限控制和数据源设置需要站点或者服务器管理员协助确定，从而保证加强数据的管控。

1　第 11 章和第 12 章使用的截图，来自于 Tableau Online 2020.1 版本，与本地 Tableau Server 可能略有差异。

在图 11-2 最后的"更多选项"中,默认勾选"将工作表显示为标签"复选框可以使同时发布的多个工作表和仪表板以类似浏览器选项卡的方式显示,从而实现快速切换。点击"确定"发布之后,浏览器会默认打开发布的仪表板,如图 11-3 所示。在嵌入到其他平台之后,这种布局也不会暴露其他的页面,同时还支持跨标签页跳转。

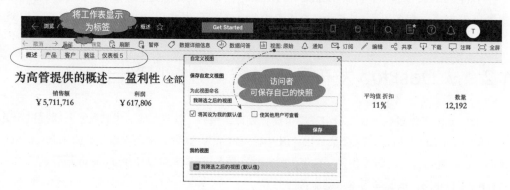

图 11-3 发布后的 Tableau 文件,以及设置自定义快照

一个仪表板,如何满足不同人差异化的访问需求呢?如图 11-3 所示,不同的访问者通过筛选器找到关注的数据之后,可以点击"视图:原始"将其保存为快照,甚至保存为默认值,这样同一个用户的多次登录,都会以此为默认视图。访问者也可以把自定义视图分享给其他人查看。

借助 Data Management,分析师还可以跟踪仪表板使用的数据源、数据字段及其质量,如 11-14 左侧所示。在工作簿上方的工具栏中,还有多个功能与数据分享有关。

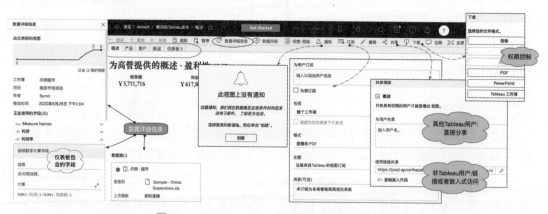

图 11-4 Tableau Server 推动数据共享的常见工具

- 订阅:在服务器配置了 SMTP 服务器且打开了站点"订阅"功能之后,上方会出现"订阅"按钮;数据的所有者,可以为其他人设置订阅计划——比如每周一早上 8 点,借助订阅把当

前的视图推送到部门负责人的邮箱。

- 通知：通知可以理解为基于条件，而非按时间推送的订阅。选择一个连续的度量字段并点击"通知"，设置通知的临界值——比如达成率低于 80% 时，给整个部门的用户推送提醒。
- 分享：点击会生成当前工作簿的链接，以及嵌入式开发使用的 JS 脚本。
- 下载：Tableau 支持图片、PPT、PDF 等多种格式，还可以下载数据明细和源文件，每个人的下载范围取决于权限的设置；
- 注释（Remarks）：数据分析的持续改进，依赖于组织内部的沟通，借助于注释功能，任何一个有权访问的浏览者都可以针对视图提供见解，还可以使用 @ 标记提醒对方查看。

借助上述的多种沟通机制，分析师可以快速响应访问者的需求及时更改，把面向结果的数据分析转变为共同参与的数据沟通。对于有在线编辑权限的用户而言，还可以通过"编辑"修改其他人发布的视图。

11.3　Prep 输出到服务器或数据库表：数据流程自动化

从 Prep Builder 发布到 Tableau Server 的方法与 Desktop 类似，可以在本地发布数据源，或者发布完整的数据流程模型。

2020.3 版本支持输出到数据库表。如图 11-5 所示，在 Prep Builder 中，点击最后的"输出"流程，选择"作为数据源发布"或者"数据库表"，点击"运行流程"，可以把数据整理的结果发布到 Tableau Server 或者写入到指定数据库表以供其他数据分析师使用。

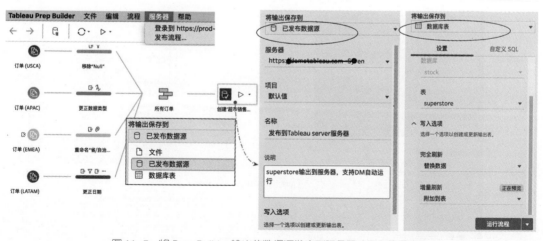

图 11-5　将 Prep Builder 输出的数据源发布到服务器或写入数据库表

对于来自数据库的数据处理流程，分析师更希望把流程发布到服务器并实现自动运行、定时输出。在 Prep Builder 的菜单栏中选择"服务器→发布流程"，可以发布完整的 Prep Builder 流程文件，不过这需要 Data Management 的许可证支持。发布结束如图 11-6 所示。

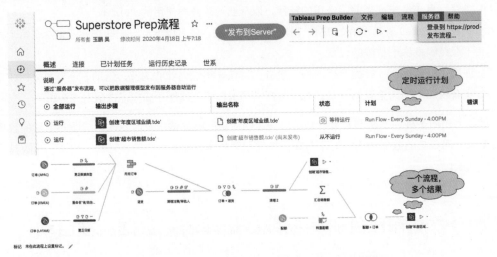

图 11-6　发布 Prep Builder 流程到服务器并设置定时运行

在浏览器中，可以设置立即运行流程或者设置定时运行计划，生成的结果可供其他用户在线创建工作簿或者与本地 Desktop 和 Prep Builder 连接。

在 Prep Builder 或者 Desktop 中，选择数据连接中的"Tableau Server"，可以查询服务器中的数据源。从 Prep 2020.2 版本支持设置增量更新刷新数据，有助于提高数据访问的性能，如图 11-7 所示。

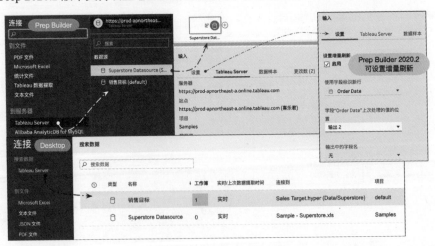

图 11-7　在 Prep Builder 和 Desktop 中连接 Tableau Server 中的数据源

基于这样的流程，IT 分析师或者高级业务分析师可以为组织设置完全一致的数据源，从而保证组织内部的数据一致性和准确性。

11.4 Data Management：从复杂数据准备到深度业务分析

Data Management 包含两个产品：Prep Conductor 流程自动化和 Tableau Catalog 元数据管理。

借助 Data Management 的流程模型自动化功能，分析师可以将本地处理的分析模型发布到服务器自动运行，定时的运行计划可以服务组织内的数据分析和访问。特别是在中大型企业，借助 IT 部门复杂数据整理和业务部门深度业务分析的劳动分工，可以在数据准确性和业务分析灵活性之间取得平衡。

根据笔者工作及项目实施经验，很多企业在数据分析领域举步维艰，主要有以下几个障碍：

* 数据分散，数据不一致，缺乏统一治理，业务人员又无能为力；
* IT 部门有专业的数据整理能力，但通常对业务缺乏深入理解，因此难以身兼数据整理和业务分析双重角色；
* 业务部门对复杂的数据逻辑、SQL 处理语言望而生畏，依赖于 Excel 或传统 BI 工具的数据整理又难当大任，数据质量限制了业务分析的深度和广度，即便最专业的数据分析师，也"巧妇难为无米之炊"。

正因为此，在企业数据分析中，通常接近 80%的时间用于反复的数据整理，而且这个过程难以模型化、自动化。

2017 年，Tableau 推出的 Prep Builder 为缓解上述困境提供了可行性的道路。

不过，在企业环境中，想要从根本上提高效率并确保数据一致性，还必须让模型化的 Prep Builder 流程通过组织共享的方式服务所有人，而非"据为己有"。借助 2019 年推出的 Prep Conductor 服务器组件，Tableau 提供了将本地流程发布到服务器并定时运行的功能，这就是 11.3 节图 11-6 所看到的依赖于服务器自动运行的流程模型。

笔者通常把 Prep Builder 视为数据处理和准备的敏捷 ETL 工具，Prep Conductor 则帮助组织将数据变成持续使用、灵活更新、全员受控使用的资产。毕竟，数据是中立的，未经过去伪存真和挖掘的数据很可能不仅不能创造价值，还会引向错误的决策。Prep 产品扩展了业务部门的领地，得以使传统上委托给 IT 部门完成的数据处理和准备工作重回业务，数据分析应该服务决策，而数据整理则是大厦之基，如图 11-8 所示。

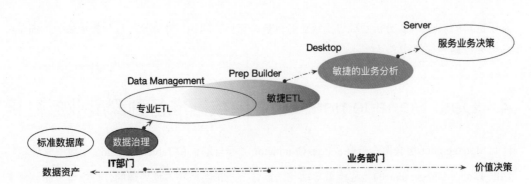

图 11-8　Data Management 扩大了业务部门的领地

当然，这不意味着 IT 部门丢弃城池，IT 部门的专长在于信息架构、数据库维护、数据治理等专业领域，也包含复杂的、固定的数据逻辑，但一旦数据大厦建成，面向业务的灵活的数据处理，就应该由业务部门完成，毕竟，业务部门拥有业务逻辑。很多企业由于业务部门不具备数据分析和处理能力，导致 ERP 系统中不断增加冗余数据、数据输入混乱等，看似都不是大问题，但日积月累，直到整个体系臃肿不堪。

即便是像 SAP 客户，Tableau 敏捷的数据处理过程也能在很大程度上弥补 IT 部门在业务逻辑上的不足，多个数据表根据复杂的业务逻辑层层展开，最后根据分析需要输出多个数据源，Prep Builder 和 Data Management 是衔接数据处理到数据分析的桥梁，如图 11-9 所示。

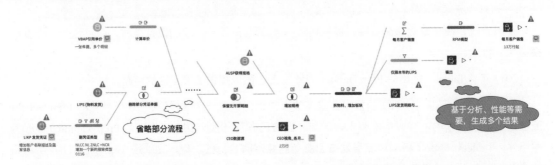

图 11-9　基于 SAP HANA 数据库，使用 Prep Builder 完成复杂的业务逻辑

除了上面的自动化流程，Data Management 还包含 Tableau Catalog 元数据管理功能。如果把自动化的流程比作从数据处理到数据分析的桥梁，各种字段就是桥梁上行驶的汽车。业务分析中经常出现对某些字段的更改导致了不可逆的全局影响，通过元数据管理可以尽可能防止这种事情发生。如图 11-10 所示，点击"世系"可以快速查看字段的来源数据库和数据表、相关的数据源和所有者。

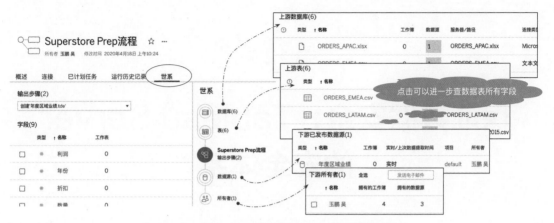

图 11-10 使用"世系"功能跟踪流程中的所有数据资产

在世系基础上，可以为数据库、数据表甚至字段设置"质量警告"，如图 11-11 所示，"启用警告"并设置警告类型（警告/已弃用/过期数据/正在维护/敏感数据），分析师再使用这个数据资产时就会收到提醒，甚至可以通过"启用高可见性"强制提醒已经使用此数据的用户。

图 11-11 使用元数据管理的质量警告，确保企业环境中的数据一致性

借助于 Data Management 中的元数据管理功能，有助于提高数据资产在企业环境中的一致性，避免数据错落和数据差错。

第 12 章

保证数据安全：Tableau Server 的安全体系

数据发布之后，特别重要的是如何保证数据的访问是受控的，Tableau 设置了多种安全机制提高数据的安全性。Tableau 的安全可以分为网络安全、数据安全、身份验证和授权 4 个部分，主要内容如下。

- 网络安全：建议把服务器部署在具有防火墙的局域网内部，可配置 SSL 安全访问；Tableau Server 还默认启用单击劫持保护。
- 数据安全：通过服务器登录限制和用户筛选器设置，把数据开放给对应的用户。
- 身份验证：Tableau Server 支持多种身份验证策略，包括 SAML、Kerberos、OpenID、受信任的身份验证等，借助这些验证策略，可以实现企业级的单点登录体验。
- 授权：针对数据内容为用户赋予编辑、筛选、下载摘要或者完整数据、下载格式、另存为等，可以把每一种权限理解为一种能力。

这里，重点介绍业务中常用的权限机制和用户筛选器，更多专业内容，需要 Tableau 工程师协助。

12.1 推荐的 Tableau Server 权限机制

Tableau Server 是涵盖数据访问、数据编辑、数据治理、数据共享等的庞大体系，其核心是如何管理数据资产、如何管控用户访问。

Tableau 可以分为服务器、站点、项目 3 大层次，分别对应服务器节点或集群、服务器内的相互隔离的站点、每个站点内存放数据资产的项目。项目可以嵌套，类似于文件夹，每个项目中都可以包含工作簿、仪表板、数据源和 Prep Builder 流程等数据资产，如图 12-1 所示。

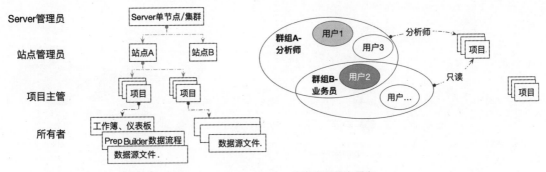

图 12-1 Tableau Server 的资产和用户层次

不同的层次默认由不同的用户管理（见图 12-1 左侧）。通常 IT 部门工程师管理 Server 和站点，而组织内的部门负责人或者项目负责人作为项目主管管理对应的项目资产，内容的发布者默认就是所发布内容的所有者。

理论上，不同的角色都可以给下级设置权限，不过，缺乏规则的管控往往会导致混乱。因此，Tableau 提供了最佳的管控建议，核心准则为：

- 基于项目管理内容，
- 基于群组管控用户，
- 基于项目为群组赋予权限。

12.1.1 基于群组和项目设置权限

假设组织内有 10 名专业的分析师，20 名高管和部门负责人时常有分析需求，50 名销售经理需要查看所在区域销售报表，则可以设置分析师群组、高管群组、部门负责人编辑群组、业务代表受限群组等，之后把不同的用户加入不同的群组中，再根据群组为项目设置权限。过程如下。

1. 添加用户并赋予站点角色

在 Tableau Server 中，首先要为每一个用户添加 Tableau Server 的用户账号，如图 12-2 所示。添加用户的关键是选择合适的"站点角色"，站点角色是一组权限的集合，相当于 Tableau 预设的权限模板，通常用它来限定用户的最高权限。

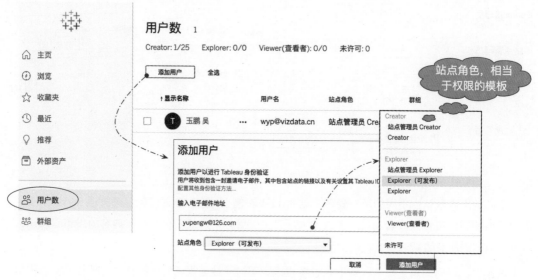

图 12-2　添加用户

　　站点角色中的最高权限是"站点管理员"，通常使用 Creator 许可证，在 Creator 许可证不足时也可以分配 Explorer 许可证，具有站点管理能力；Creator 分析师，对应 Creator 许可证，适用于本地的分析师。组织内的高管和部门负责人，不需要本地 Desktop 和 Prep Builder 工具，但是希望具备在线编辑的能力，可以授予"Explorer（可发布）"或者"Explorer"角色，二者的区别在于前者可以在线创建甚至覆盖他人的内容。组织内的销售经理通常仅需查看，则可以赋予"Viewer（查看者）"角色。

　　注意，可以添加有效用户的上限，就是组织购买的 Creator 许可证数量。超过许可证数量的用户会被赋予"未许可"的角色，无法登录和访问数据。如果组织仅采购了 Creator 许可证而没有 Explorer 和 Viewer 许可证，每增加一个角色都将使用一个 Creator 许可证，只是这种方式并不经济，如图 12-3 所示。

图 12-3　添加用户将使用 Tableau 许可证

2．添加群组并设置群组权限

创建用户之后，就可以创建群组了。Tableau 默认把所有的用户添加到"所有用户"群组，管理员可以根据需要添加自定义群组。如图 12-4 所示，点击"群组"打开群组面板。点击"新建组"输入群组名称，之后添加用户即可。

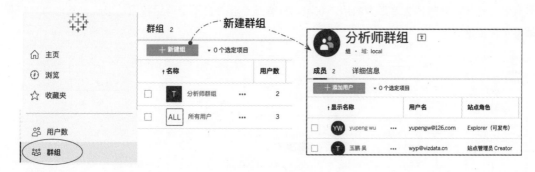

图 12-4　添加群组

3．添加项目并设置权限

Tableau Server 中的项目类似计算机中的文件夹，可以嵌套，可以单独设置权限。

如图 12-5 所示，点击 "浏览"可以查看当前项目，通过"创建→项目"可以创建顶级项目，创建项目和创建工作簿如同在计算机中创建文件夹和文件。为了更好地分辨项目，推荐在项目说明中增加一个图片 URL 作为项目封面。

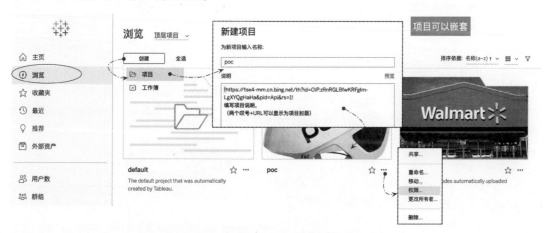

图 12-5　创建项目并设置项目的封面图片

默认情况下，新建的项目会继承默认的 "default"项目的权限设置。组织的站点管理员可以把默认项目的权限设置为空，强迫每个项目单独设置权限增强安全性。点击每个项目右下角的"…"按钮，选择"权限"即可开始设置。

　　如图 12-6 所示，默认显示"所有用户"群组的权限。首先把所有用户的权限撤销，其次基于新的群组增加对应的权限。点击"所有用户"群组右侧的 "…"按钮，在弹出的下拉菜单中选择"删除规则"命令。此时再去看下方的用户权限，只有站点管理员不受群组权限的影响，其他用户权限都标记为拒绝。

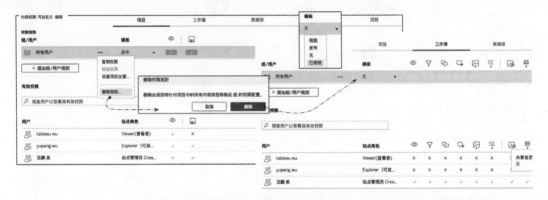

图 12-6　基于群组设置权限策略

　　之后点击"添加组/用户规则"命令，输入对应的群组名称"分析师群组"，接下来就可以设置项目、工作簿、数据源、数据角色、流程的对应权限。如图 12-7 所示，Tableau 为每个环节都设置了一组权限模板，用户只需要点击选择即可快速设置。比如工作簿中的"发布"权限，几乎包含了所有权限能力，但是最后 3 个选项（移动、删除、设置权限）属于更高级的"管理"权限模板。

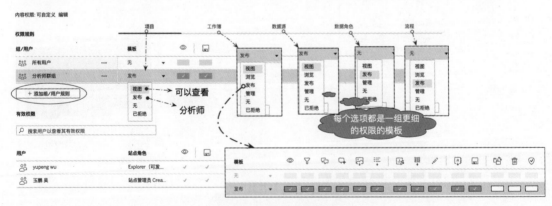

图 12-7　为新群组设置权限

　　基于这样的设置方法，可以为各个群组设置非常细致的权限组合。

12.1.2 在项目中锁定权限（必要时）

每个工作簿都有它的"所有者"，通常是它的发布者，同样，每个项目也都有它的"所有者"，通常称之为"项目主管"。工作簿的所有者和项目的项目主管可以设置管辖的内容权限（见 12.1.1 节）。这种默认的方式赋予了数据管理者非常高的灵活性，给予所有者充分的数据分发和管控权限。管理员或者项目主管可以为所管理的内容更改所有者，所有者则可以进一步为其他人设置权限。

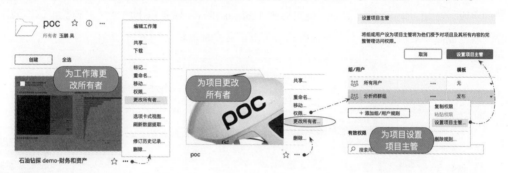

图 12-8 为工作簿和项目更改所有者

Tableau 提供了"将权限锁定到项目"的管控模式，类似于回收了内容所有者的设置权限的权限，只能依赖于继承上一级项目的权限设置，如图 12-9 所示。

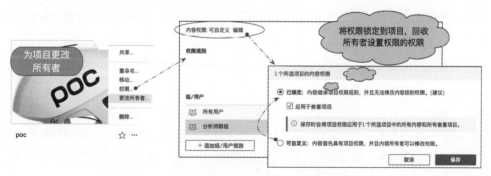

图 12-9 将项目的权限锁定，并应用到嵌套的项目

12.2 行级别数据安全管理：用户筛选器与用户函数[1]

上面介绍的是在 Tableau Server 服务器层面，为访问者设置基于浏览器的访问权限。这种控制都

---

1 更详细的行级别的权限管理，请查阅"喜乐君"博客。

是基于工作簿、数据源的，而非针对数据库中的明细数据，能否为"地区经理"设置权限从而仅能访问各自地区的数据呢？即"华北区域"经理打开工作簿时仅能查看其区域的数据，而不能查看"东北区域"。

简单的行级别控制可以通过"用户筛选器"实现类似的行级别控制。

如图 12-10 所示，在 Desktop 中，在菜单栏选择"服务器→创建用户筛选器"命令，选择一个要筛选的字段，比如"地区经理"，之后就可以把 Tableau Server 服务器上的用户，和数据源中的字段建立一对一或者一对多的匹配（比如销售总监可以查看全部区域）。

图 12-10 新建用户筛选器

用户筛选器本质上是"集"，正如第 7 章所讲，集在本质上是一个传递多个变量的参数。由于这个筛选器要优先于其他所有筛选器，因此默认会成为"上下文筛选器"。

但是，这种方法仅适用于简易环境，不适用于大规模部署下的受控访问。Tableau 同时提供了基于用户函数的受控访问方法。

比如，数据库中有几十甚至上百位"地区经理"，每个人在登录 Tableau Server 时，数据库可以将登录的用户名与数据库中的字段做匹配验证，只有验证匹配的行授权访问。此时仅需要创建一个基于用户函数的计算字段，把它加到页面的筛选器即可。

USERNAME()=[地区经理]

可以同时使用多个用户函数，比如数据库中有两个用户字段："地区经理"和"城市经理"，则可以同时使用下面的函数：

USERNAME()=[地区经理-online] OR USERNAME()=[城市经理]

如果数据库中的用户字段和 Tableau Server 中的用户名不一致时，还需要使用数据连接或者函数的方法建立映射关系。

USERNAME 函数适用于数据库的用户匹配，对于数据库中没有的用户（比如高管、分析师），则可以使用 Tableau Server 中的群组和群组函数，把高管的用户加入到单独的群组中，比如命名为"Managers"，然后使用 ISMEMBEROF 函数判断，如果登录用户在这个群组中，则给予全部数据访问权限。

$$ISMEMBEROF('Managers')$$

12.3 Tableau Server 权限评估规则

12.1 节和 12.2 节是 Tableau Server 推荐的权限策略，随着权限体系越来越大，会出现用户在多个群组、许可证限制、权限冲突等情况。Tableau Server 中的权限验证遵从确定的逻辑规则，如同 Desktop 中多个筛选器的操作顺序。

每个用户对给定内容资产的有效权限，由以下因素确定：

- 通过站点角色所允许的最大能力。
- 用户是否拥有内容项（对应是否为所有者）。
- Tableau 对用户所属的所有组的权限规则的评估。

这个判断逻辑如图 12-11 所示，站点角色决定了用户权限的最大可能性，比如"Viewer（查看者）"站点角色的用户，不管所在群组如何设置都无法发布或者编辑工作簿。同时，内容的所有者对内容具有最高权限，除非权限被项目锁定，否则可以为其他人分配权限。

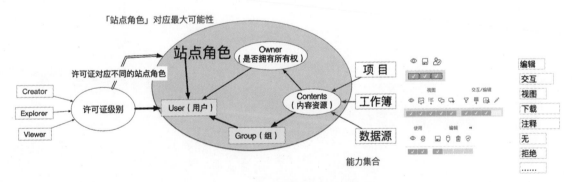

图 12-11 用户最终权限的影响要素

如果同时存在为用户赋予权限、为群组设置权限，而且还是所有者等综合要素时，那么 Tableau Server 如何验证呢？这就涉及更加复杂的逻辑体系，基本的准则有以下几条：

（1）权限基于资产，即权限只分配给内容。

（2）单独用户权限优先于组权限。

（3）"已拒绝"优先于"允许"，均未指定导致"已拒绝"。

（4）角色权限决定权限的"上限"。

（5）所有者始终拥有发布内容的全部权限。

（6）内容所有者、项目主管、管理员可以更改内容所有权。

综合各种要素，Tableau Server 的权限评估规则与顺序如图 12-12 所示。

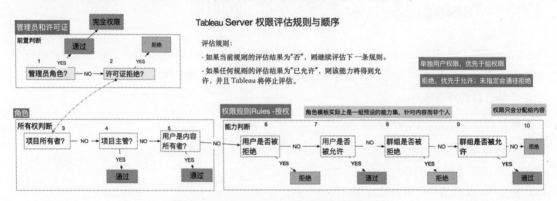

图 12-12　Tableau Server 权限评估规则与顺序

至此，本章介绍了 Tableau Server 业务环境中常用的权限和安全相关的主要功能，相对于 Prep Builder 和 Desktop，Tableau Server 通常需要依赖于 IT 部门的专业技术能力。

写在最后

说明：参考资料中的文章、图书，均为作者仔细阅读过，并为本书贡献了知识基础。

1. Tableau 官方网站、技术白皮书、蓝皮书、博客、知识库等。

2. Tableau Public 网站。

3. 文章：What is the DIKW Pyramid?

4. 文章：4 Steps Of DIKW Hierarchy: Essential Tools for Knowledge Management，Master of Project Academy。

5. 博客：VizPainter: Tableau Tips and Tricks, Storytelling, and Data Visualization。

6. 博客：The Information Lab。

7. 博客：Tableau Nested LODs: A Dummy's Guide，by Ana Yin。

8. 丹尼尔·卡尼曼 著 ，《思考，快与慢》，中信出版社。

9. 瑞·达利欧 著，《原则》，中信出版社。

10. [美] 克里斯坦森 等 著，《你要如何衡量你的人生》，吉林出版集团。

11. 陈博、蒋韬，"规范化－数据库设计原则"，2006 年 5 月 31 日发布，IBM Developer 网站。

12. [美] 基恩·泽拉兹尼 著，马晓路、马洪德 译，《用图表说话：麦肯锡商务沟通完全工具箱》（The Say it wity Charts Complete Toolclit），清华大学出版社。

13. [美] 科尔·努斯鲍默·纳福利克（Cole Nussbaumer Knaflic）著，陆昊，吴梦颖 译，《用数据讲故事》，人民邮电出版社。

14. Joshua N Milligan 著，Learning tableau 10-Second Edition， Packt Publishing，2016-09-16。

15. Steve Wexler, Jeffrey Shaffer, Andy Cotgreave 著,The Big Book of Dashboards: Visualizing Your Data Using Real-World Business Scenarios , Wiley; 1 edition (April 24, 2017)。

16. 高云龙、孙辰 著,《大话数据分析: Tableau 数据可视化实战》,人民邮电出版社。

17. [美] 邱南森 著,《数据之美: 一本书学会可视化设计》,中国人民大学出版社。

18. Michael Milton 著,李芳 译,《深入浅出数据分析》,电子工业出版社。

19. [美] Alberto Cairo 著,罗辉、李丽华 译,《不只是美: 信息图表设计》(the Functional Art),人民邮电出版社。

20. [美] 黄慧敏(Dona M.Wong)著,白颜鹏 译,《最简单的图形与最复杂的信息: 如何有效建立你的视觉思维》,浙江人民出版社。

21. [加] 阿利斯泰尔·克罗尔(Alistair, Croll)、本杰明·尤科维奇(Benjamin, Yoskovitz) 著,韩知白、王鹤达 译,《精益数据分析》,人民邮电出版社。

22. [英] 维克托·迈尔-舍恩伯格、[英] 肯尼思·库克耶 著,盛杨燕、周涛 译,《大数据时代》,浙江人民出版社。

23. IBM 商业价值研究院 编,《大数据云计算价值转化》,东方出版社。

24. 涂子沛 著,《大数据》,广西师范大学出版社。

25. [美] 多兰、[美]赫尔曼·西蒙 著,董俊英 译,《定价圣经》,中信出版社。

26. [德] 赫尔曼·西蒙(HermannSimon)著,《定价制胜》。